内 容 简 介

《黄河流域十年实地调查记（1914—1923）》又名《十年行程录》，是北疆博物院最重要的学术著作，全套6册，包括文字分册、地图分册和图集分册。该套学术成果是北疆博物院创始人桑志华在1914—1923年间，对我国黄河以北广大地区探寻考察的真实记录。该书不仅有作者详细记录的所到各地风土人情、环境物候、动植物资源、河流湖泊等情况，还包括多幅手绘地形地貌及部分科考途中拍摄的照片，是北疆博物院自建馆以来最具代表性和影响力的科研成果，对研究中国北方动植物资源、地质地貌、河湖流域以及人文历史有着重要的学术价值，同时在民俗宗教、北疆博物院历史及藏品研究等方面也具有极大的参考价值。本书即是对的是对其中地图分册前半部分的最新研究成果，包含原书法语手绘图77张及其翻译研究版GIS地图，以期全面展示、公布天津自然博物馆文物收藏与研究的现状。

本书适合对地理历史、近代史、民俗学感兴趣的专家学者及社会人士阅读、参考。

审图号：GS（2021）5225号

图书在版编目（CIP）数据

《黄河流域十年实地调查记（1914—1923）》手绘线路图研究. 第一册 / 天津自然博物馆编；张彩欣主编. —北京：科学出版社, 2021.10
ISBN 978-7-03-069606-9

Ⅰ. ①黄… Ⅱ. ①天… ②张… Ⅲ. ①黄河流域－生态环境保护－研究报告－1914-1923 Ⅳ. ①X321.22

中国版本图书馆CIP数据核字（2021）第173810号

责任编辑：张亚娜　郑佐一 / 责任校对：邹慧卿
责任印制：肖　兴 / 书籍设计：北京美光设计制版有限公司

科学出版社 出版
北京东黄城根北街16号
邮政编码：100717
http://www.sciencep.com

北京汇瑞嘉合文化发展有限公司 印刷
科学出版社发行　各地新华书店经销
*
2021年10月第　一　版　开本：889×1194　1/8
2021年10月第一次印刷　印张：52
字数：2 228 000

定价：598.00元

（如有印装质量问题，我社负责调换）

编委会

主　编

张彩欣

副主编

冀建勇　王凤琴　匡学文　赵　晨

成　员

张洪涛　覃雪波　刘晓晨　李　明

序　言

北疆博物院是天津自然博物馆的前身，由法国博物学家、动物学家、地质学家、古生物学家、天主教神甫桑志华（Paul Emile Licent）于1914年来华创建。作为中国最早的自然历史博物馆之一，北疆博物院在20世纪30年代享誉世界，在中国乃至世界自然历史博物馆发展史上都具有特殊的地位和重要影响。历经百年沧桑，北疆博物院原址、原建筑、原藏品、原展柜和原文献资料依然完好保存，堪称中国近代早期博物馆发展史上的一座“活化石”。

百年变迁，北疆博物院不仅留存有二十余万件珍贵的自然标本，还留存有一万四千余册研究价值极高的19世纪晚期至20世纪早期图书，以及大量珍贵照片、手稿、地图等文献资料。在这些文献资料中，尤以桑志华所著的《黄河流域十年实地调查记（1914—1923）》和《黄河流域十一年实地调查记（1923—1933）》最为珍贵。这两部著作真实记录了桑志华20余年间在中国黄河、白河（今海河）流域进行的科学考察。书中不仅详细记录了重要标本的采集过程和采集地的资源、气候、气象、物候、地形、地貌、地质、水文等重要自然信息，还生动记录了考察沿途的政治、经济、文化、军事等社会信息。这两部著作是北疆博物院最具代表性和影响力的科考成果，不仅对研究北疆博物院的科学考察历程、标本采集成果、社会历史影响等具有重要的学术价值，对研究20世纪初中国北方自然环境以及社会变迁等也具有重要的史料价值。除大量的文字记载外，《黄河流域十年实地调查记（1914—1923）》和《黄河流域十一年实地调查记（1923—1933）》还分别包含154张、77张桑志华亲手绘制的地理历史信息详尽的野外调查线路图，线路图周边配以大量的考察照片，这些手绘线路图对于解读这两部著作具有重要的资料支撑作用。

为了更好促进北疆资料的挖掘、整理和研究，2018—2019年，天津自然博物馆与天津师范大学合作，利用地理信息技术，首次尝试对《黄河流域十年实地调查记（1914—1923）》中的77幅手绘线路图进行处理、研究。由于手绘路线图中包括大量的线条、符号、法语的中文方言等，与现代地图对照，无位置、无坐标，其中大量地图要素或偏差或缺失。如道路、河流无名称、比例尺无标注且不统一；地理环境又经历山川河流、人文社会百年变迁，物非人非；百年前法语的中文方言的识读等，这些都给研究带来了很大的难度。

随着现代地理信息技术水平的提高，对手绘地图进行研判、进行空间位置配准、拉伸，在与民国时期的地图进行反复比对基础上，与现代地图叠加，对手绘线路图的行程路线及符号标识逐步进行科学解读与分析；对于法语的中文方言的解读，我们也进行了大量不厌其烦的调研考证，力求准确。历时两年克服重重困难，终于形成了现代版的手绘地图。该研究成果包括矢量化的电子地图、现代手绘中文电子地图，以及经研究整理的各类信息数据库。现将研究成果结集出版成《〈黄河流域十年实地调查记（1914—1923）〉手绘线路图研究》（第一册），填补了北疆资料研究利用的空白，封存近百年的历史终于可能公之于众了。

在出版《〈黄河流域十年实地调查记（1914—1923）〉手绘线路图研究》（第一册）的基础上，今后我馆还将继续开展上述两部书籍中所有手绘线路图的整理、研究和出版工作，将陆续整理出版《〈黄河流域十年实地调查记（1914—1923）〉手绘线路图研究》（第二册）和《〈黄河流域十一年实地调查记（1923—1933）〉手绘线路图研究》。

鉴于是首次尝试，虽力求准确，但由于经验不足、水平所限，难免会出现一些疏漏、失误甚至错误之处，恳请广大读者批评指正。

张彩欣
天津自然博物馆馆长
2020年12月27日

凡　例

一、本书的整理原则

对桑志华原手绘地图尽量保持原状，如版面大小、页面顺序、地图内容保持不变，地图中的字号和位置也参照原地图中的位置。部分手绘地图按现代地图的相对位置进行拉伸，法文翻译成中文。法文地名使用了现代地名；已经消失的地名则按当时地图名称；个别无法考证的地名音译为中文地名，有待今后进一步考证。

二、本书内容

对桑志华著述中的《黄河流域十年实地调查记（1914—1923）》（以下简称原图册）中前半部分的 77 幅手绘地图进行中文绘制和编辑。

三、本书的涉及的范围

本书覆盖的空间范围包括桑志华在原图册前半部分中所记述的路径范围，北至河北省丰宁县，南至河南省周口市川汇区，东至辽宁省绥中县，西至青海省门源回族自治县。路径范围涉及现在的 8 个省区市（甘肃省、河北省、河南省、辽宁省、山西省、陕西省、内蒙古自治区、宁夏回族自治区、北京市和天津市）、43 个地市、514 个区县。

四、本书新制地图的时间跨度

77 幅手绘地图主要是 1914—1919 年的行程路线，个别地图中有 1920、1922、1923 年的行程路线。

五、本书新制地图的法文翻译说明

法文地名对照现代地图位置及考证历史，确定中文字型和字意后，按原地图样式标注在地图中。

对于法语发音的地名，采取在音译的基础上核对现代地图资料的方法进行翻译。

对于部分在现代地图资料及历史资料中均没有直接参考的地名，采取直译的方式，根据发音和地图中常用汉字给出地名，并在地名后加符号（ ’ ）。例如“Sounn K.t’ai”直译为“孙家台 ’”。

有些地名有实际参考但与现在地名不一致，直接采用了现在的地名。例如：“Hiatieull”翻译为“下淀”，直译过来应是“下淀儿”，本书选用“下淀”。

手绘地图中存在部分地名磨损、缺失、模糊不清难以辨别的情况，在中文版地图中未进行标注。

个别法语的名词采取了直接翻译的方式，以避免歧义。例如“Calcalre bleu”直接翻译为“石灰岩蓝色”。

六、本书新制地图的绘制说明

因本书实际页码与原地图页码不一致，中文地图中未添加原手绘地图的页码。

本书编制方式为原手绘地图在先、中文地图在后，两者前后对照。

手绘地图中因为页面中缝导致地图存在线条不连续的情况。仅对原图册第 76 页陇东陇南山河图中的经纬线做了连接。其他页面在中文地图中遵循手绘地图的线条位置，未做修改。

图中图例为手绘地图中的图例，中文地图中保留手绘地图中的各类符号，未对任何地物类型进行单独解析。

手绘地图中有两个相同图名的，在中文地图中也标注了两个相同图名。

中文地图中地名及地物的拼写长度和法文的拼写长度不同，在空间位置上存在一定的差异。

第 31、36、44、71 号地图原有指北针；除此 4 张地图之外的手绘图所对应的中文地图，编者已考证研究，为其增绘了指北针。

目　录

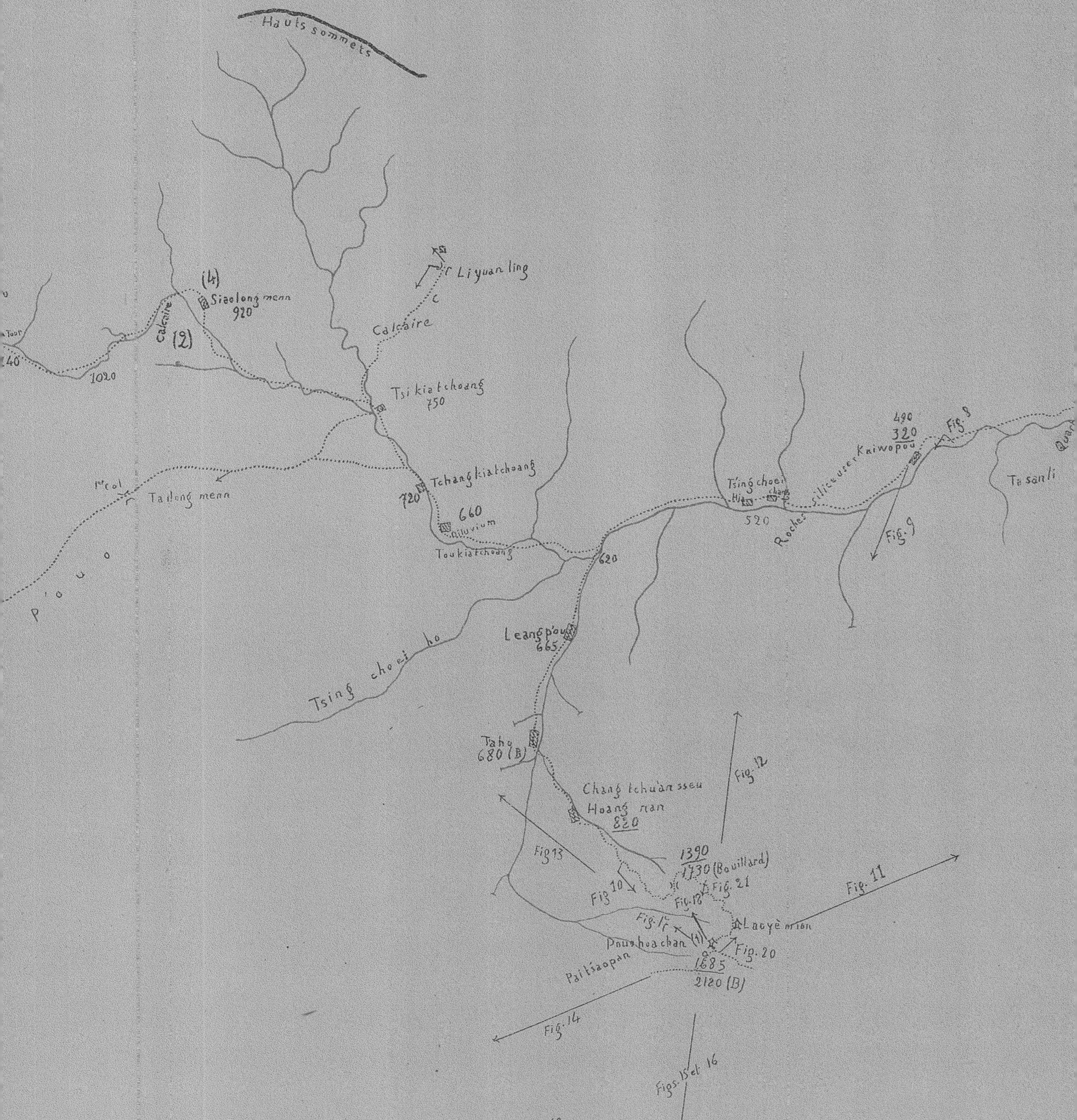

Hauts sommets
Li yuan ling
Siaolong menn
920
Calcaire
Calcaire
1020
Tsi kia tchoang
750
Tchang kia tchoang
720
660
Alluvium
Tou kia tchoang
Tai long menn
1er col
620
Tsing choei ho
Leang p'ou
665
Taho
680 (B)
Chang tchu'an sseu
Hoang nan
820
1390
1730 (Bouillard)
Fig. 10
Fig. 11
Fig. 12
Fig. 13
Fig. 14
Figs. 15 et 16
Fig. 18
Fig. 19
Fig. 20
Fig. 21
Laoyè
Pailsaopan
1685
2120 (B)
Tsing choei
520
Roches siliceuses
Kaiwopou
490
320
Fig. 8
Fig. 9
Ta san li

Fig. 5.

Fig. 1.

Fig. 2.

Fig.6.

Fig. 3.

Fig. 4.

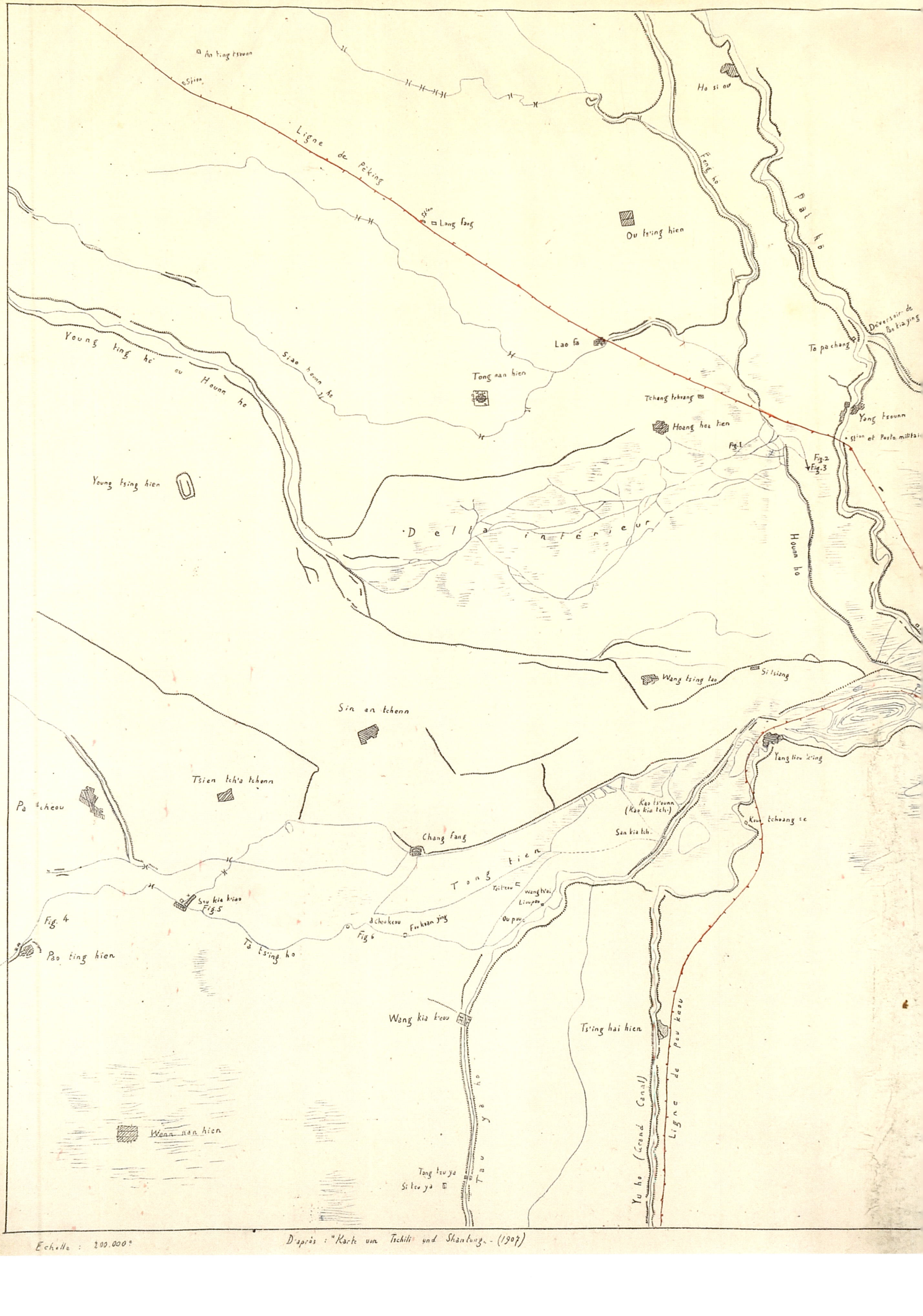
An ting tsounn
Ligne de Péking
Lang fang
Ou ts'ing hien
Ho si ou
Fong ho
Pai ho
Déversoir de Pao kia ying
To pa chang
Lao fa
Tong nan hien
Young ting ho ou Hounn ho
Siao hounn ho
Tchang tchoang
Hoang hoa tien
Yang tsounn
Stion et Poste militaire
Fig. 1
Fig. 2
Fig. 3
Young tsing hien
Delta intérieur
Hounn ho
Wang tsing tao
Si tsiang
Sin an tchenn
Yang liou ts'ing
Tsien tch'a tchenn
Pa tcheou
Kao ts'ounn (Kao kia tch.)
Kou tchoang tse
San kia tch.
Chang fang
Tong tien
Sou kia kiao
Fig. 5
Fig. 4
Pao ting hien
Tà ts'ing ho
Fig 6
Fou kouan ying
Ou pou
Wang kia k'eou
Ts'ing hai hien
Wenn nan hien
Tang tsu ya
Si tsu ya
Tsu ya ho
Yu ho (Grand Canal)
Ligne de pou kaou
Echelle : 200.000e
D'après : "Karte von Tschili und Shantung" (1907)

1号地图

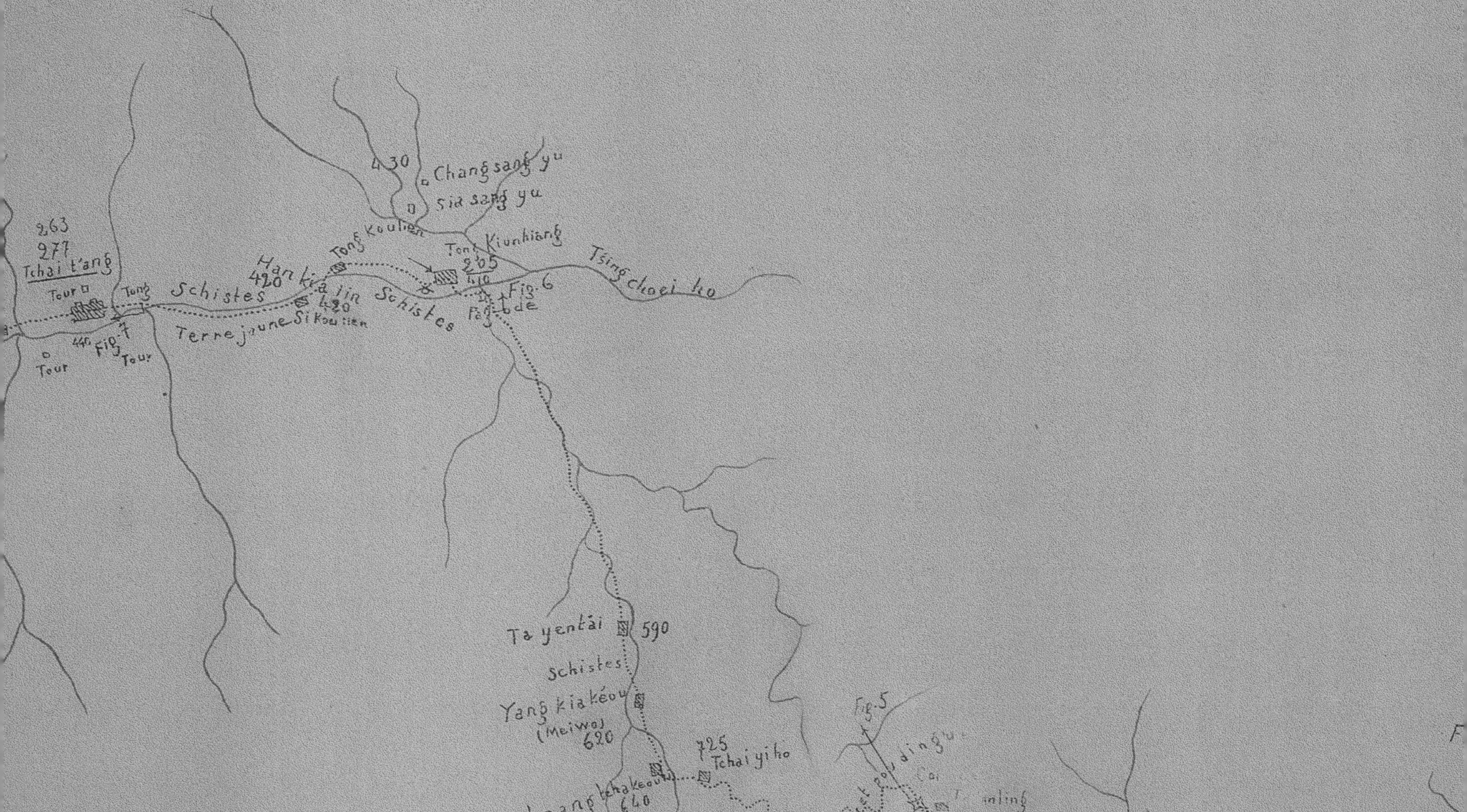

263
277
Tchai t'ang
Tour
Tong
Fig. 7
440
Tour
Tour
Schistes
Terre jaune
Si Koutien
420
Han kia lin
420
Tong Koutien
430
Changsang yu
Sia sang yu
Tong
Kiunhiang
265
410
Fig. 6
Pagode
Schistes
Tsing choei ho
Ta yentai
590
Schistes
Yang kiakéou
(Meiwo)
620
725
Tchai yi ho
Leang tchakeou
640
380
Fig. 5
1015
235
1095 (?)
Pagode
540
Ts'ien kiun tai
Tchouang wo
500
450
Grand Pic

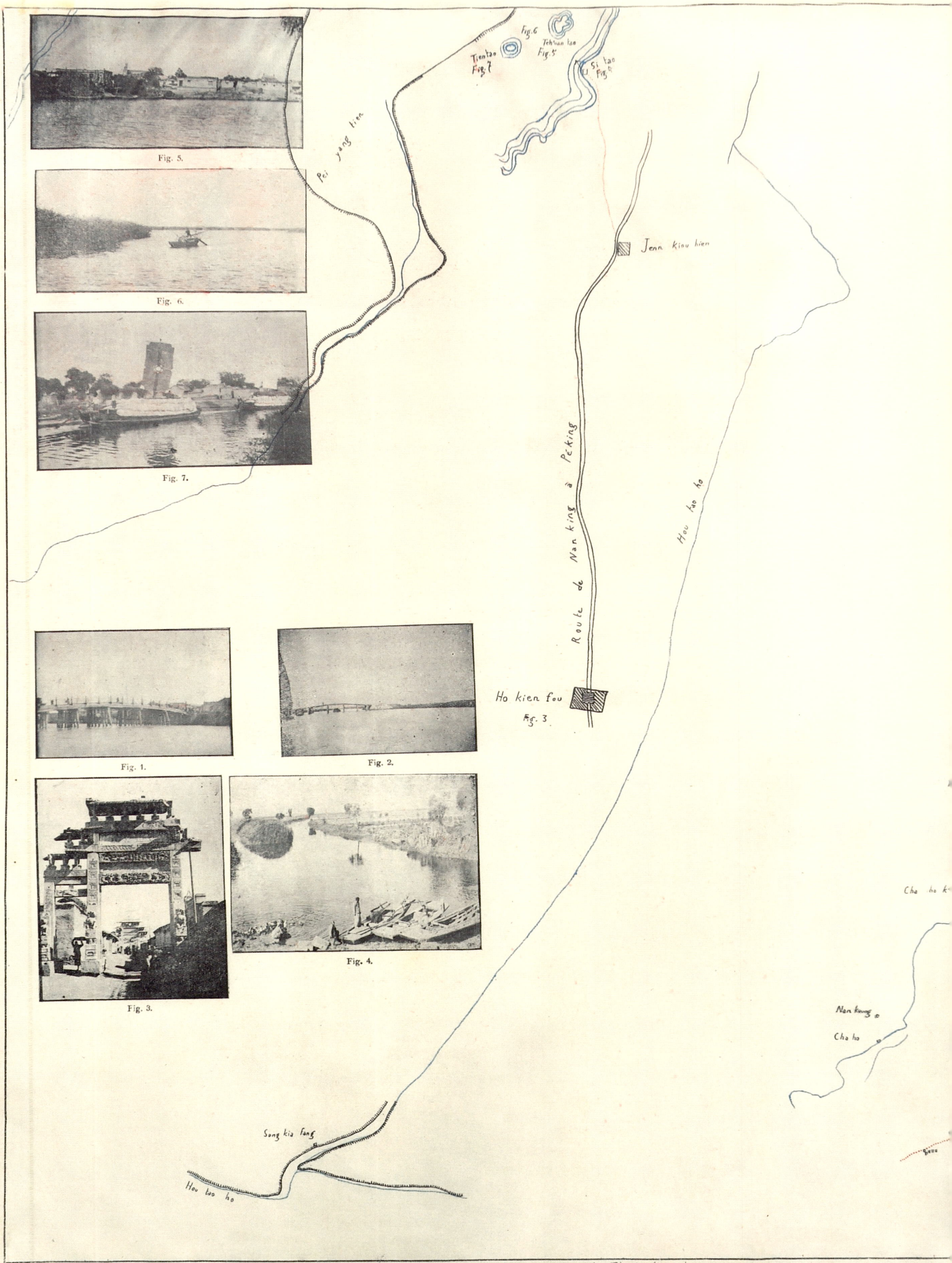

Approximatif : 1 : 200.000

Daprès une Carte du Théâtre des Opérations dans le Tcheu ly (1900-01) conservée à l'Etat-major du Corps d'Occupation

2号地图

图5

图1

图2

图6

图3

图4

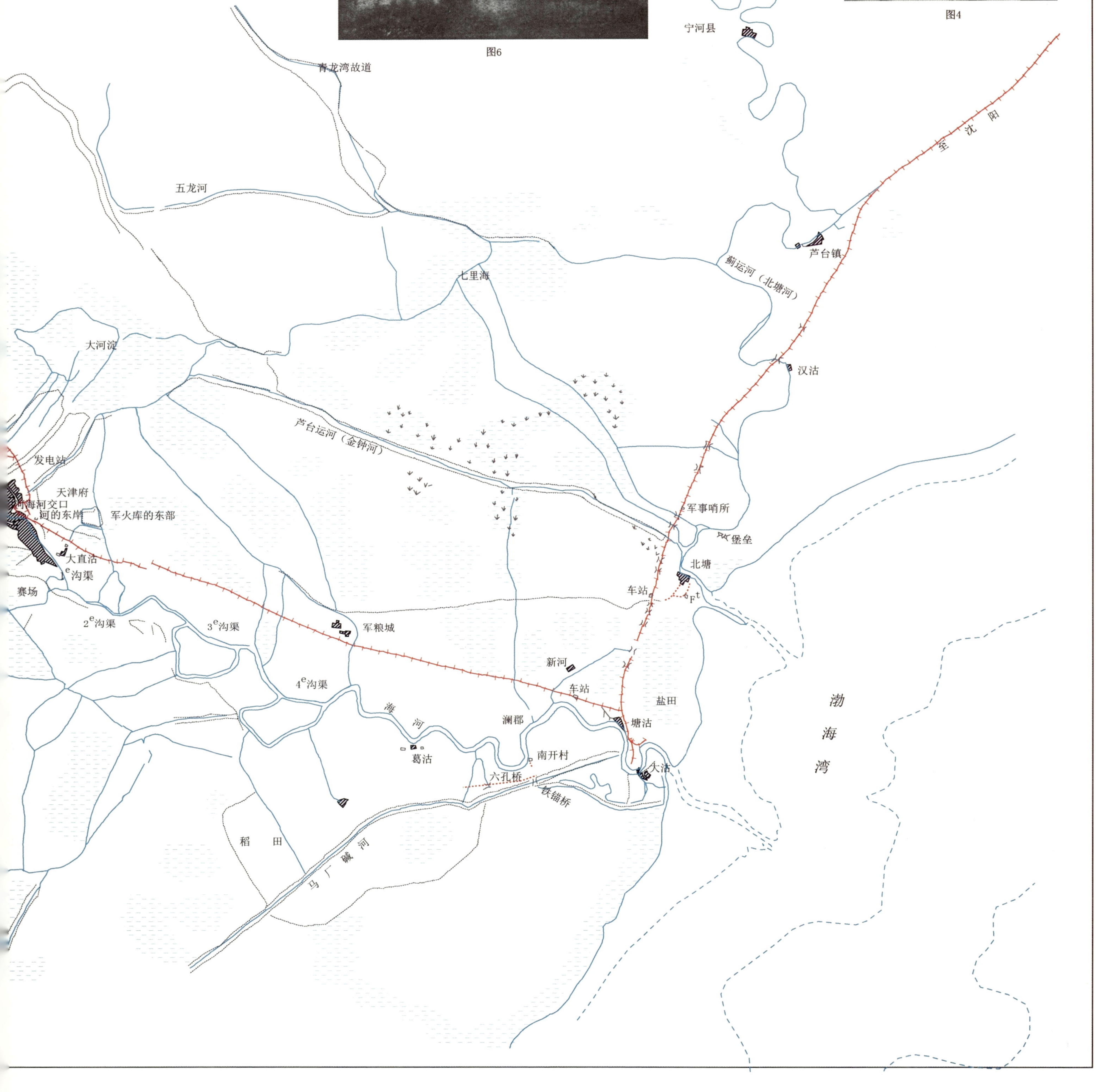

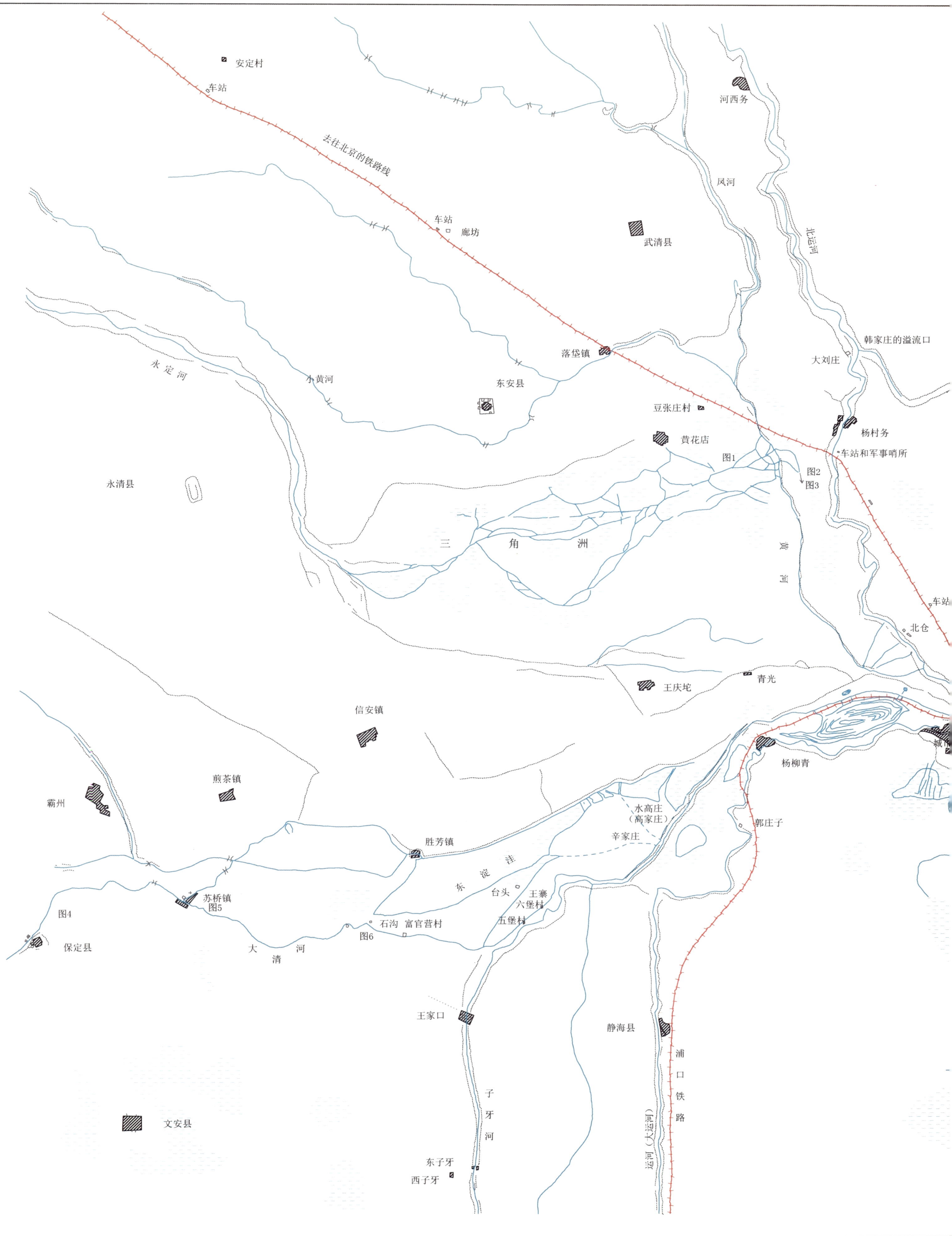

比例尺　1：200,000　　　　根据1907年直隶（今河北）—山东地图绘制

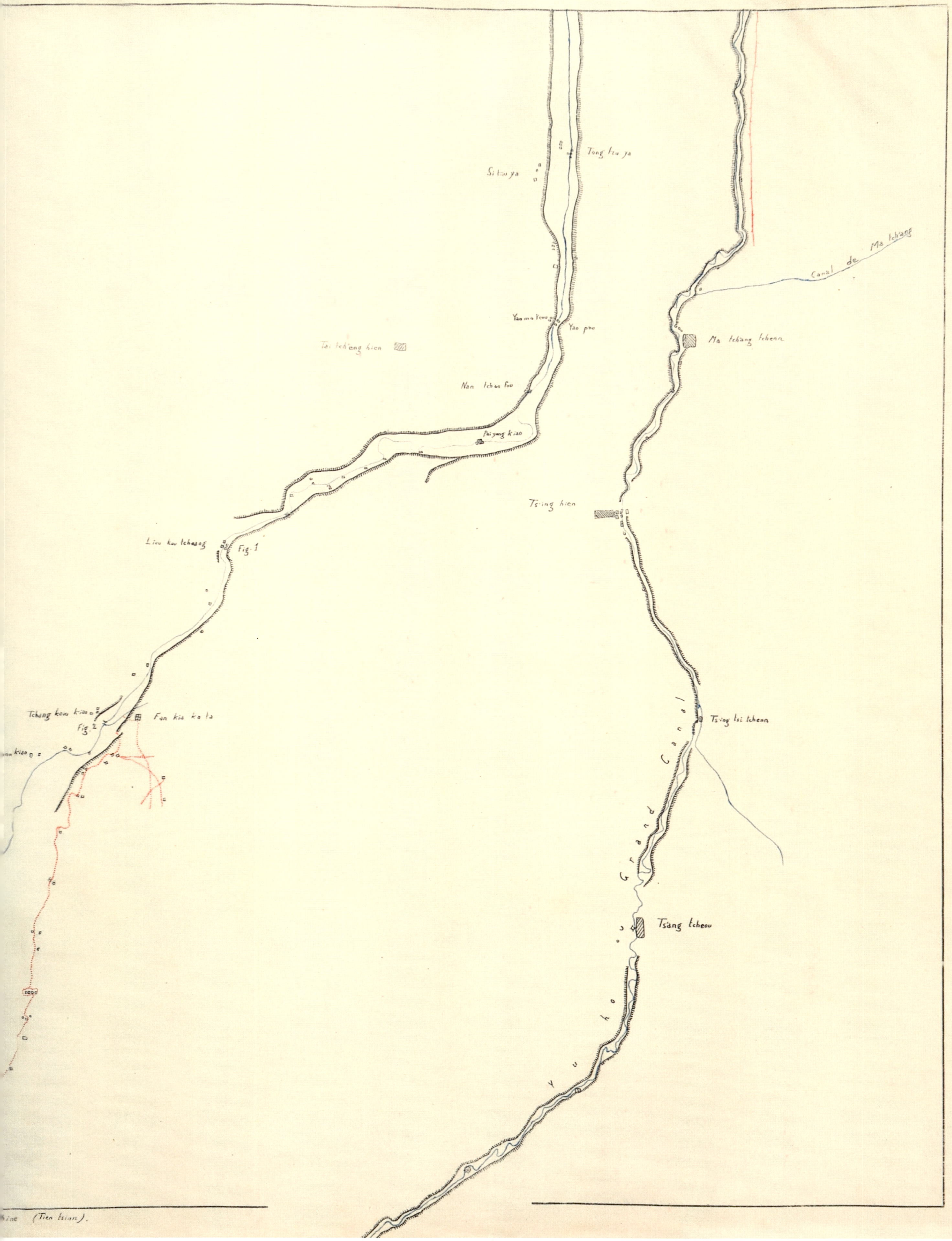
Tong tcu ya
Si tcu ya
Yao ma tcou
Yao pao
Tai tch'eng hien
Nan tchao fou
Pai yang kiao
Canal de Ma tch'ang
Ma tch'ang tchenn
Ts'ing hien
Liou kou tchoang
Fig. 1
Tchang kcou kiao
Fig. 2
Fan kia ko ta
kiao
Ts'ing tsi tchenn
Grand Canal
Tsang tcheou
Yu ho
(Tien tsin).

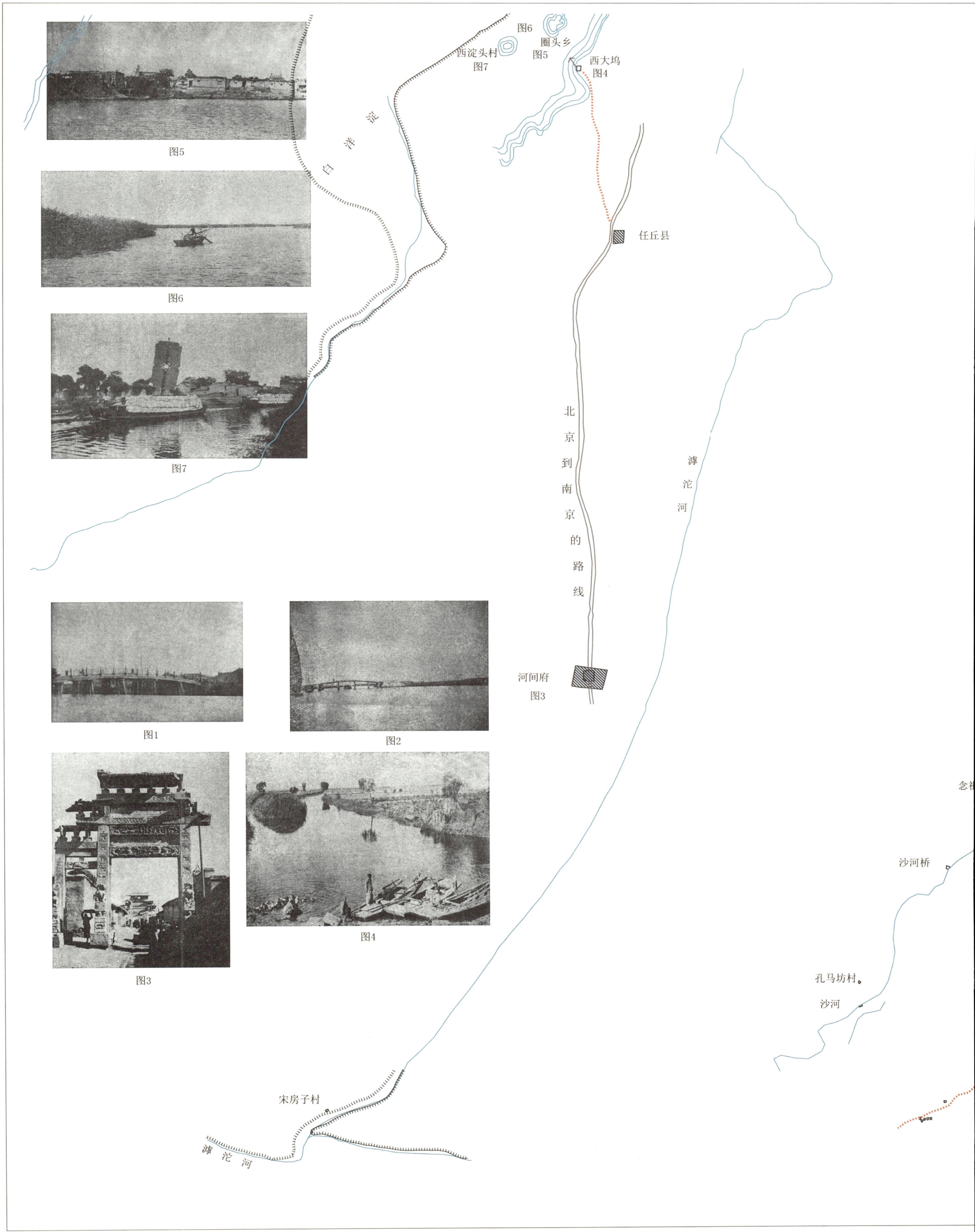

图5

图6

图7

图1

图2

图3

图4

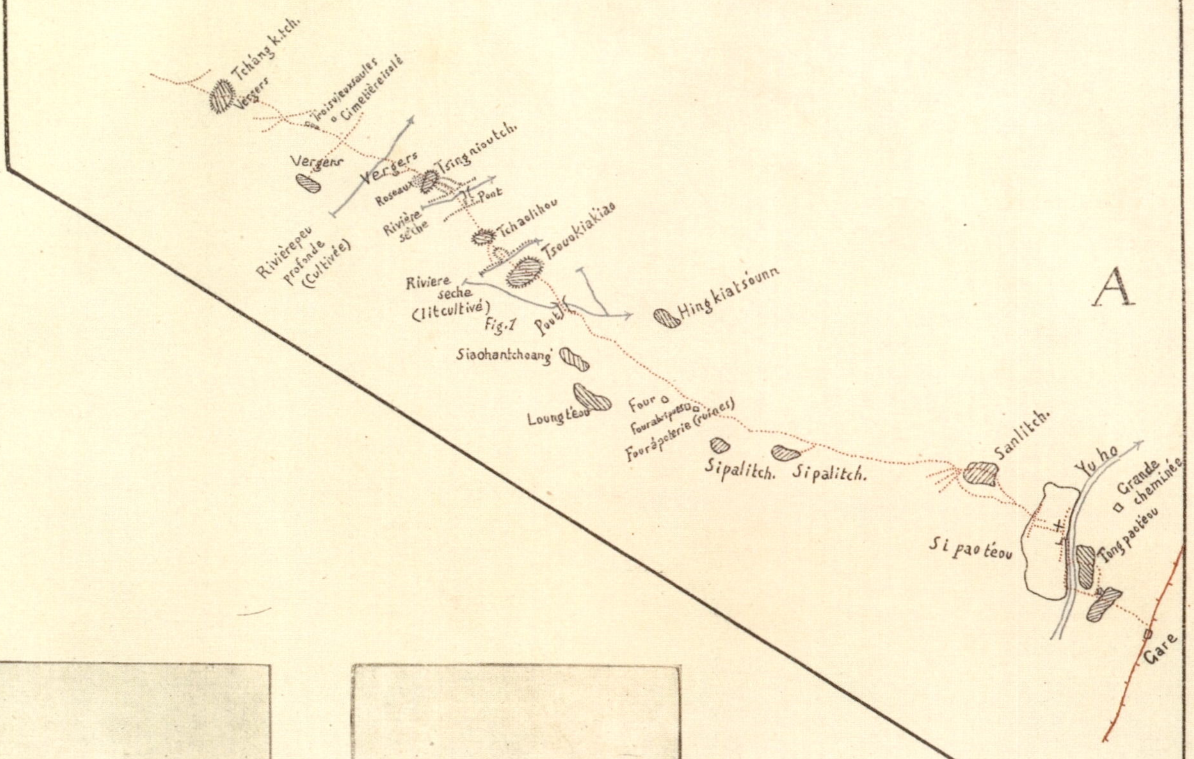

Fig. 1.

Fig. 2.

Fig. 3.

Fig. 4.

Fig. 5.

Fig. 6.

Fig. 7.

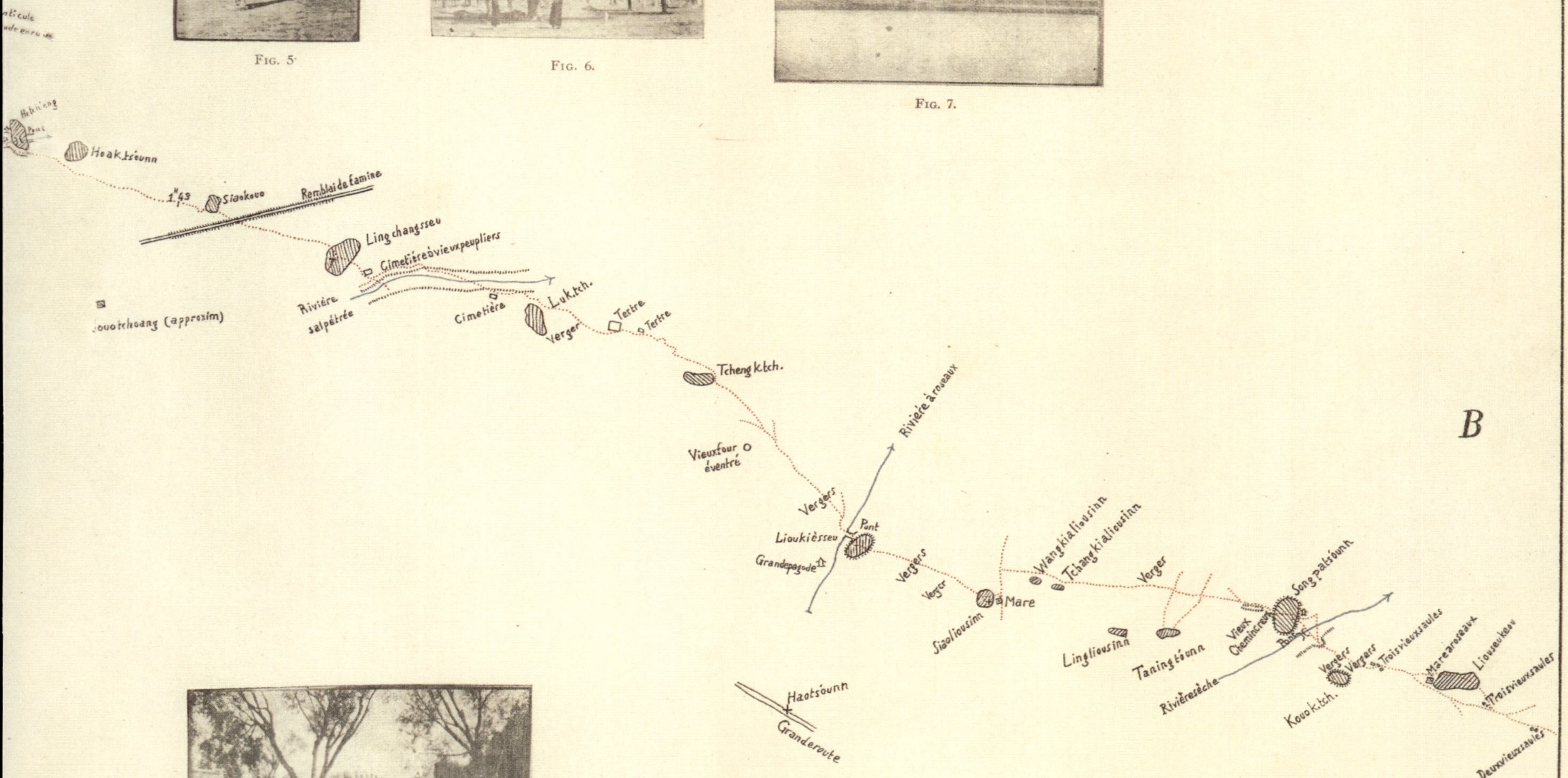

Fig. 8.

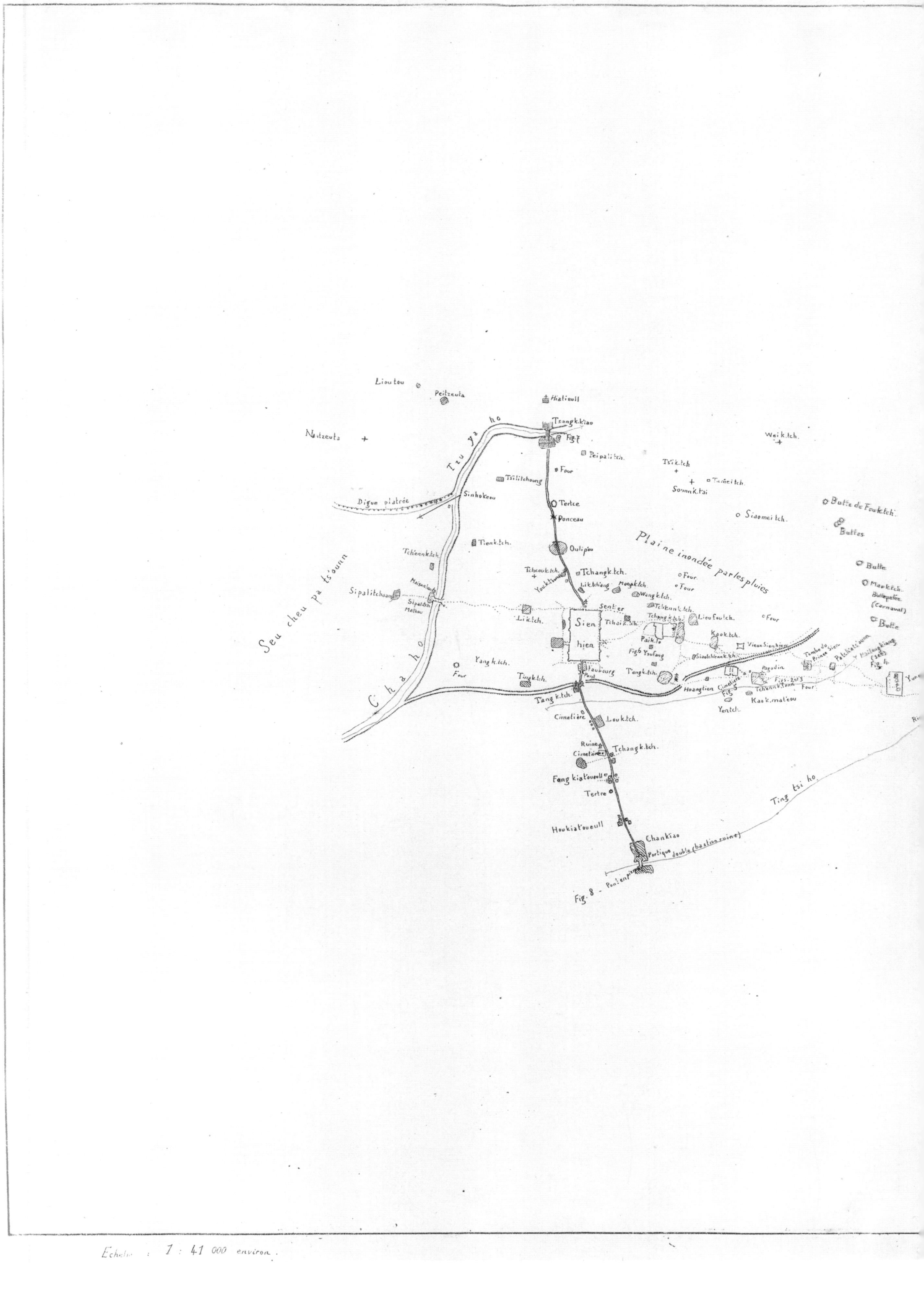

Echelle : 1 : 41 000 environ.

3号地图

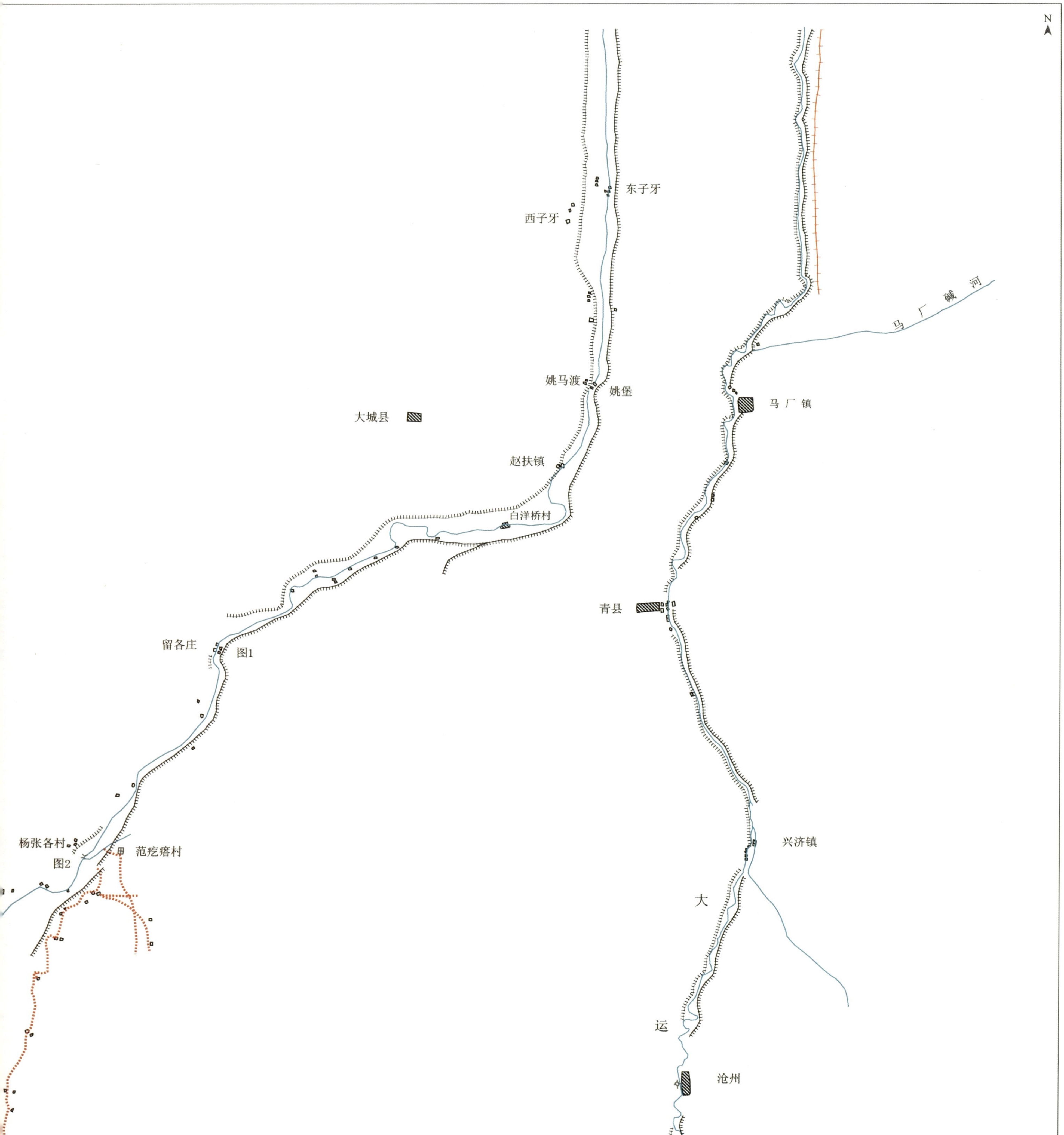

N
东子牙
西子牙
姚马渡
姚堡
大城县
赵扶镇
白洋桥村
留各庄
图1
杨张各村
图2
范疙瘩村
马厂碱河
马厂镇
青县
兴济镇
大
运
河
沧州

Fig. 1.

Fig. 2.

Fig. 3.

Fig. 4.

Fig. 6.

Fig. 5.

Fig. 7.

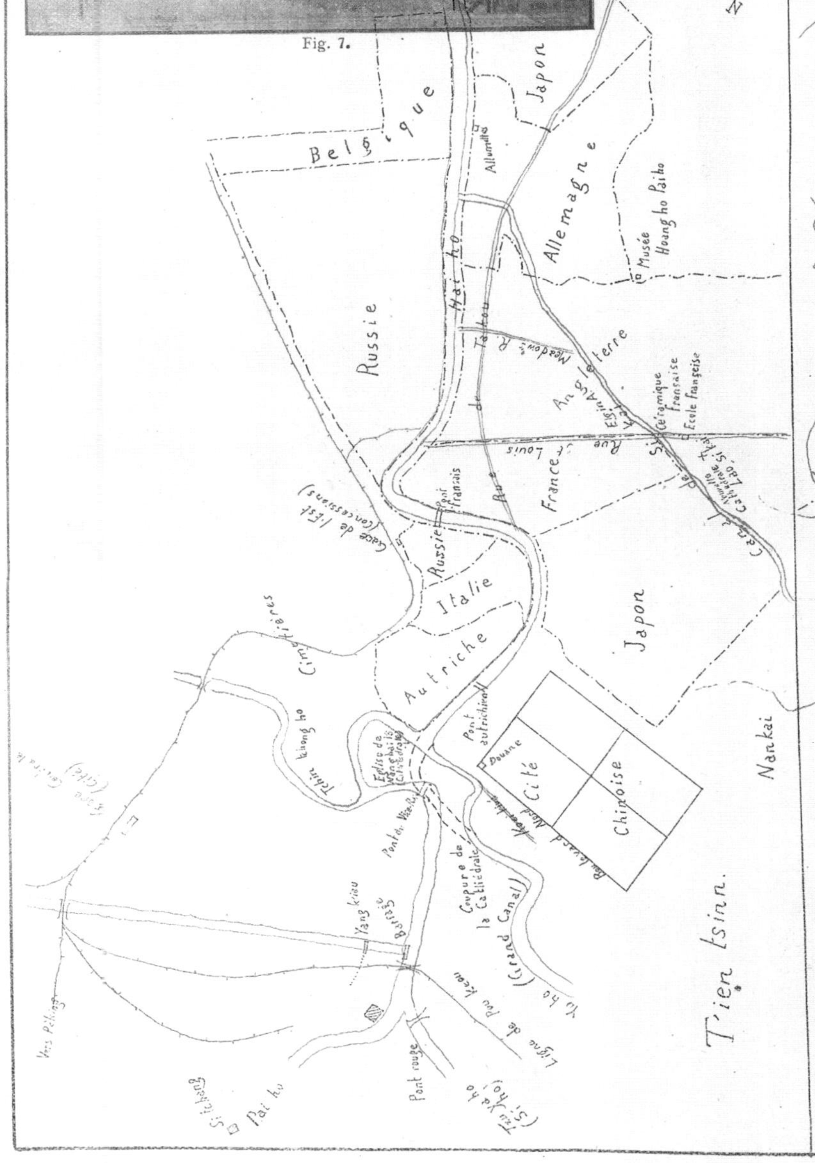

4号地图

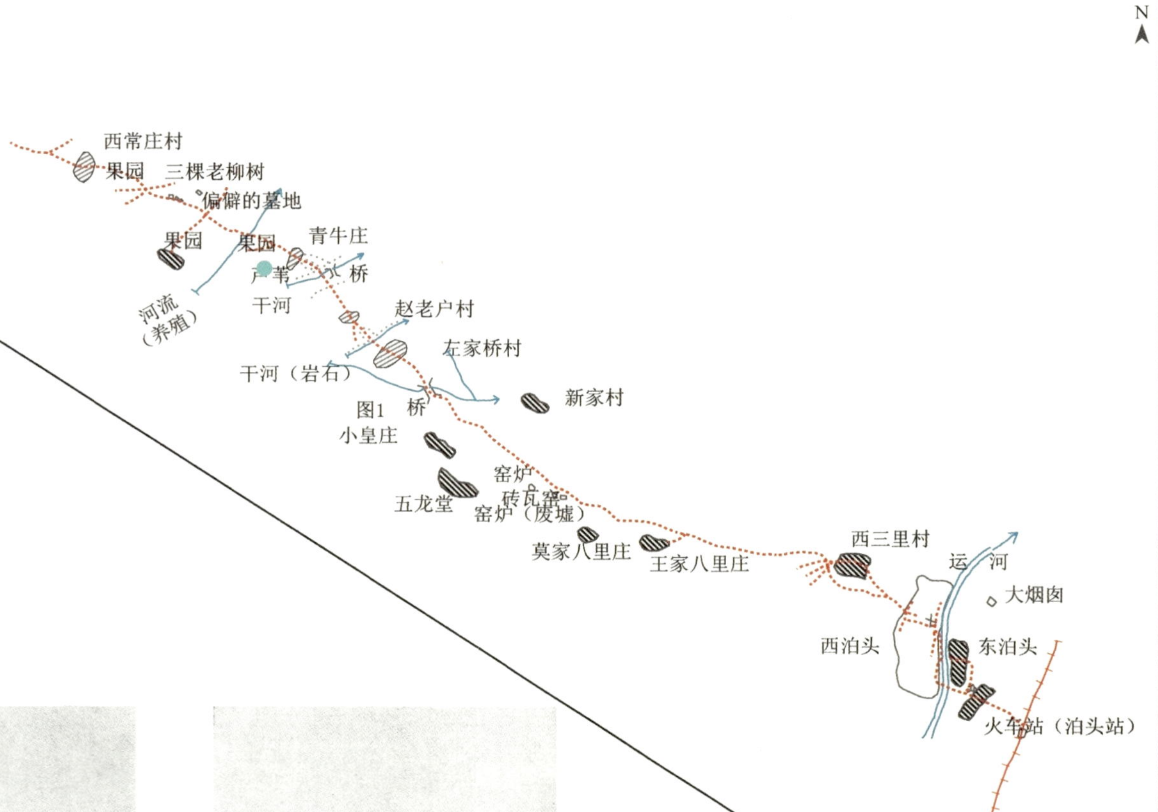

A

图1

图2

图3

图4

图5

图6

图7

图8

B

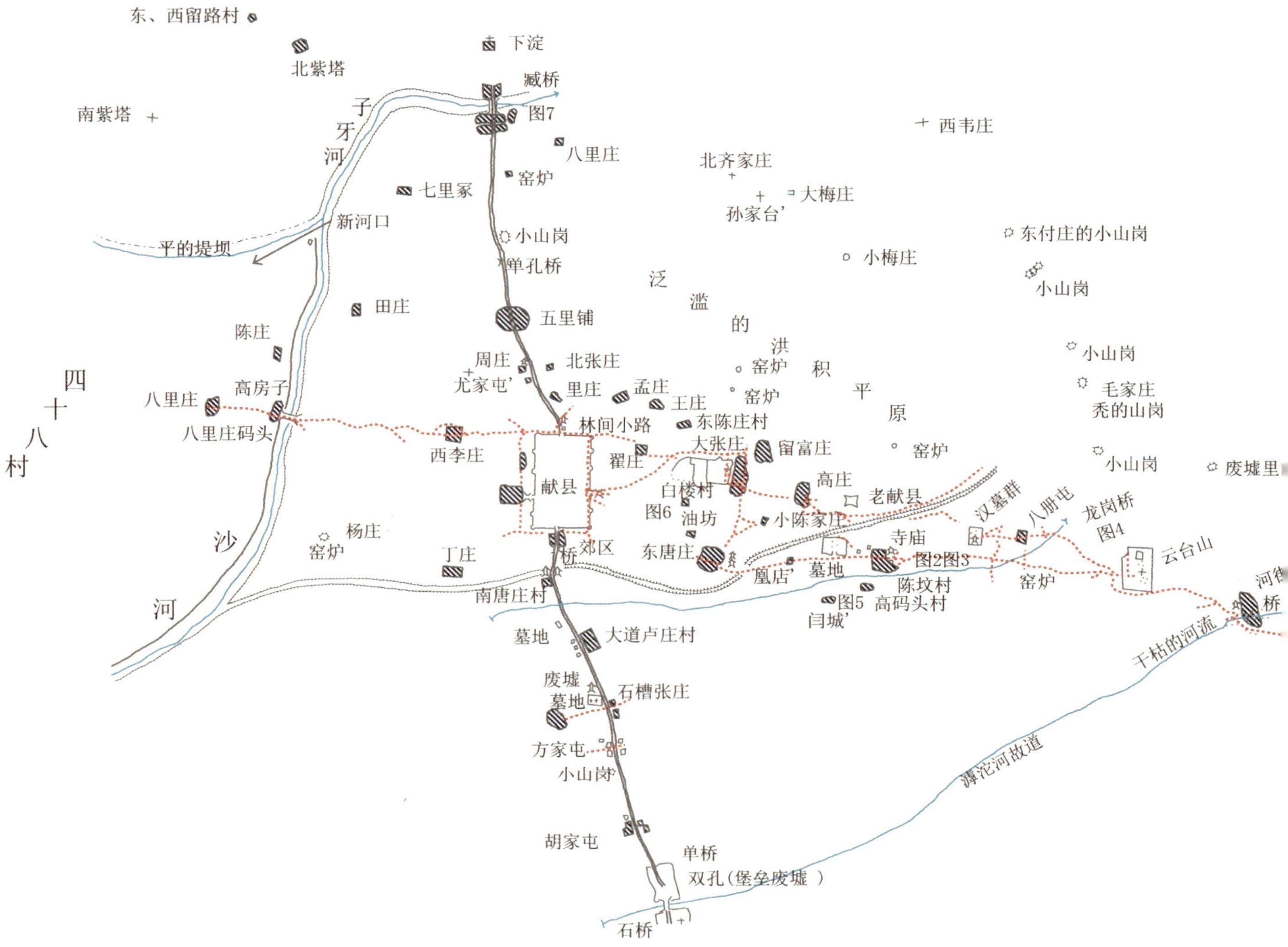

图8

比例尺　约1：41,000

Réseau Fluvial du Tcheu ly Inondations de 1917 4

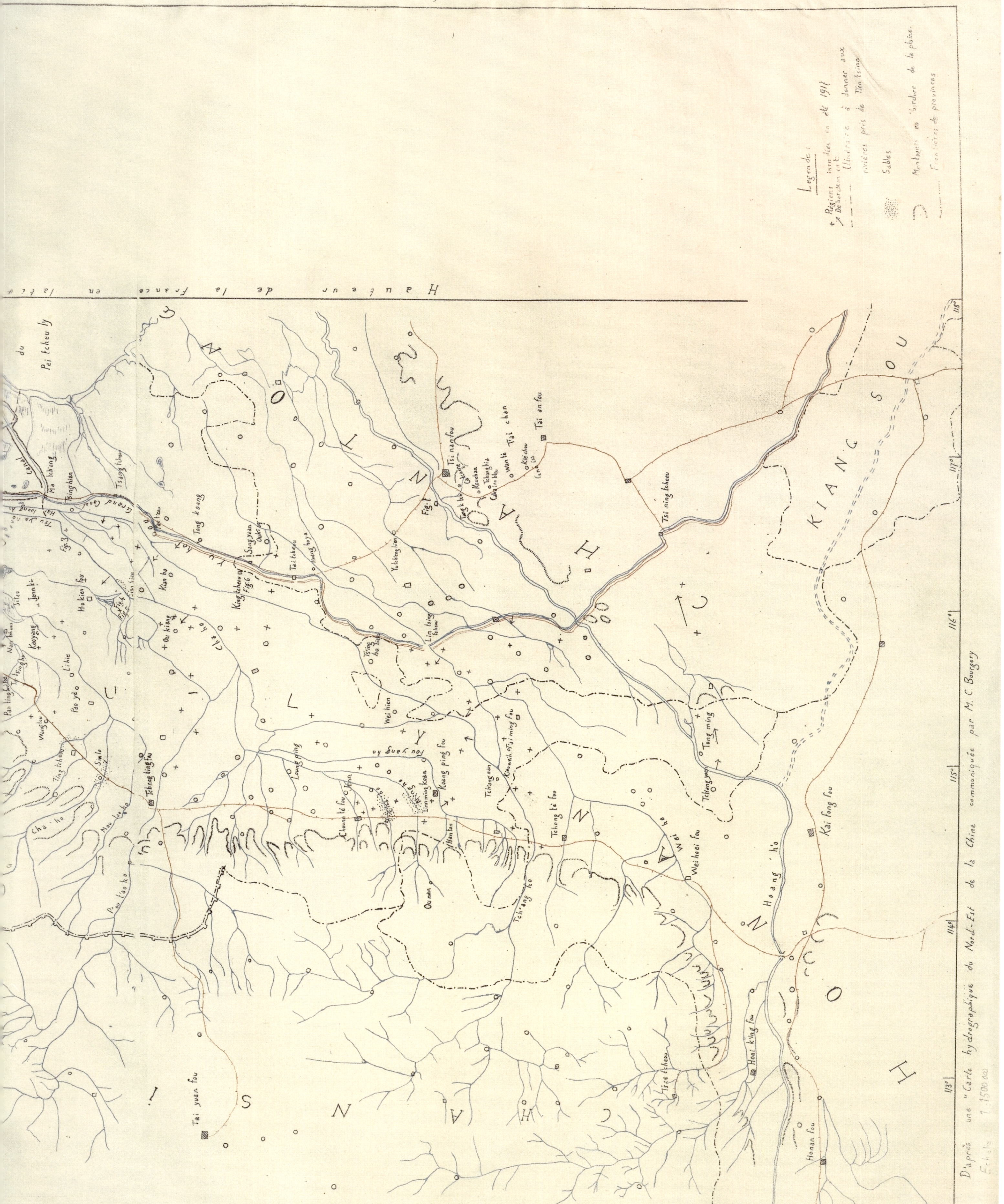

图1

图2

图3

图4

图6

图5

图7

与

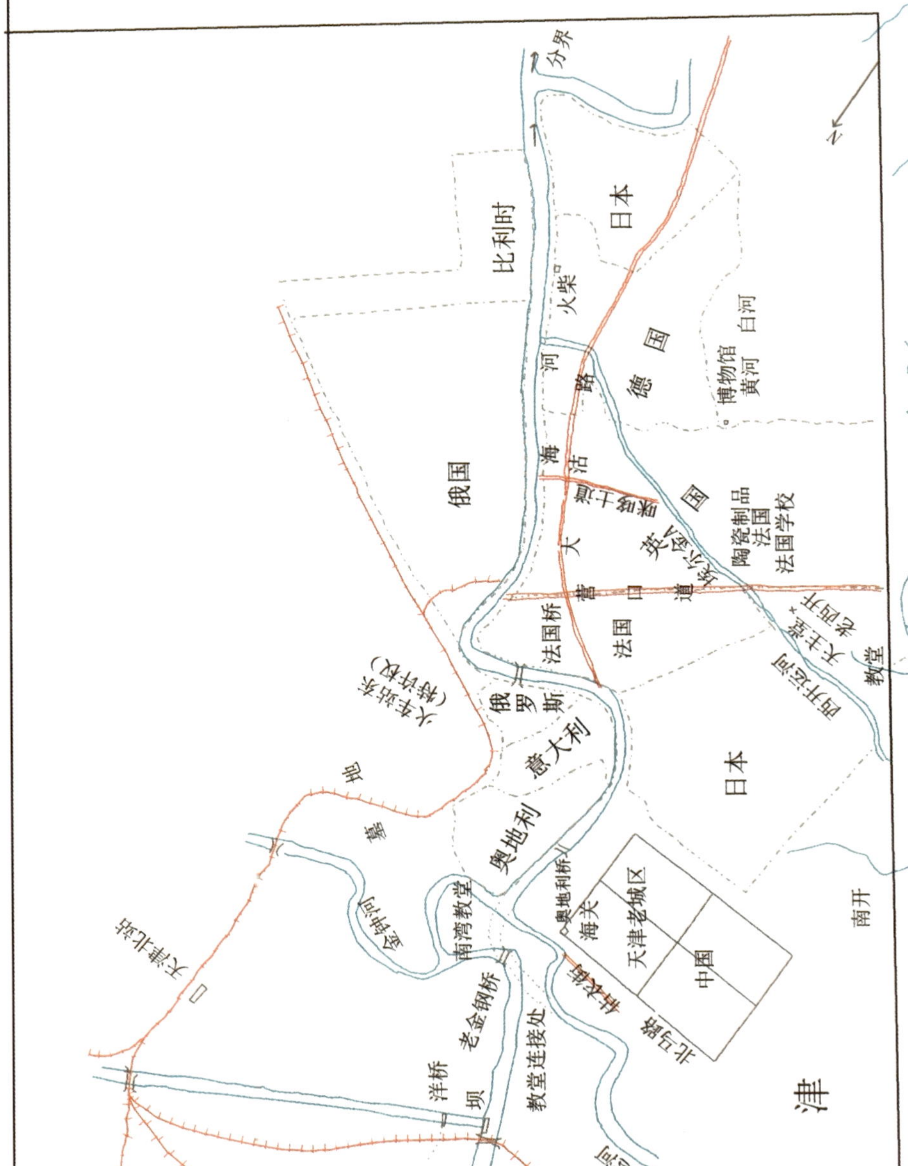

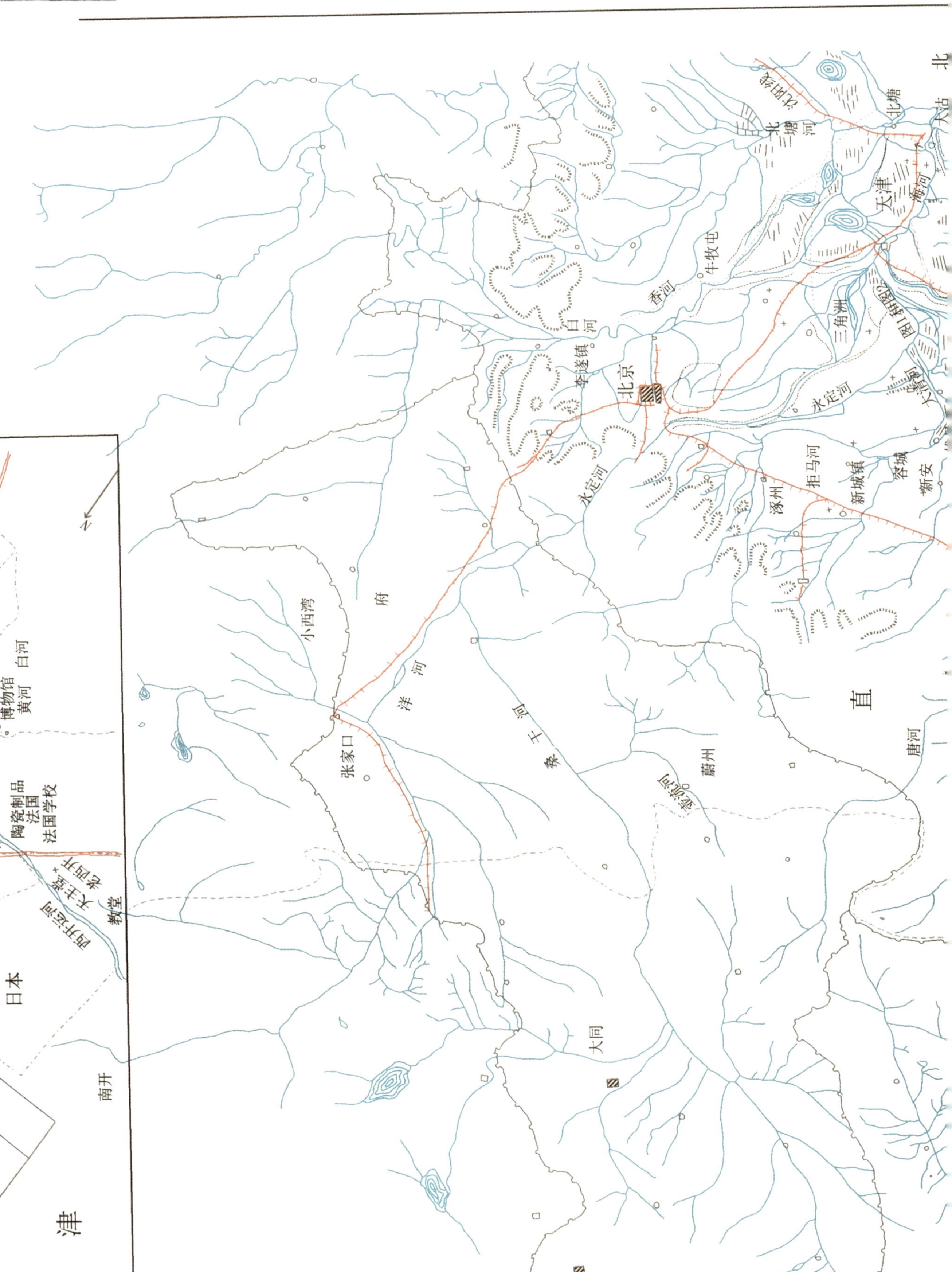

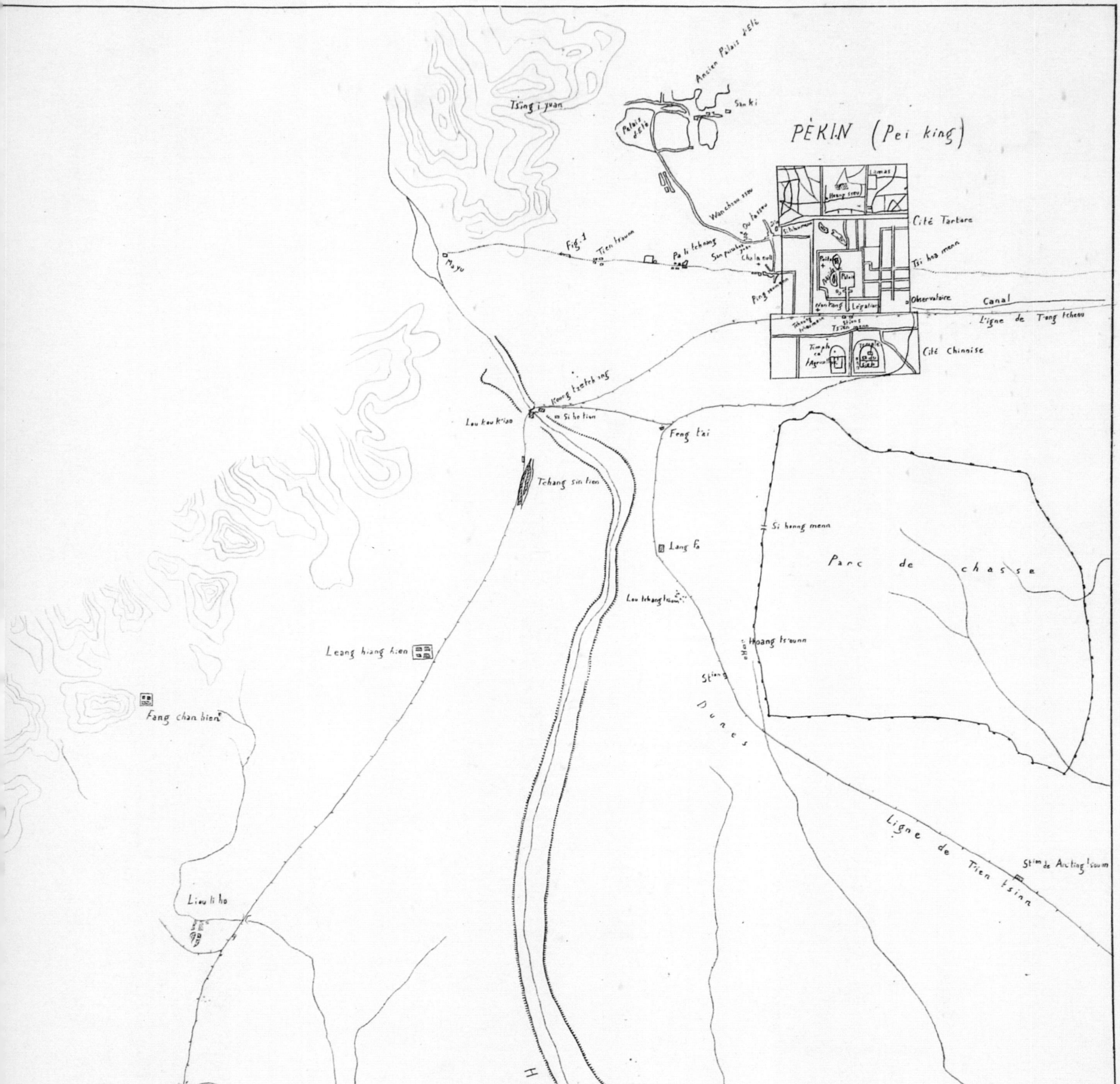

Fig. 1.

Fig. 2.

Approximatif: 200.000e. D'après une Carte du Théâtre des Opérations (1900-01) - Etat-major Français - Tien tsinn

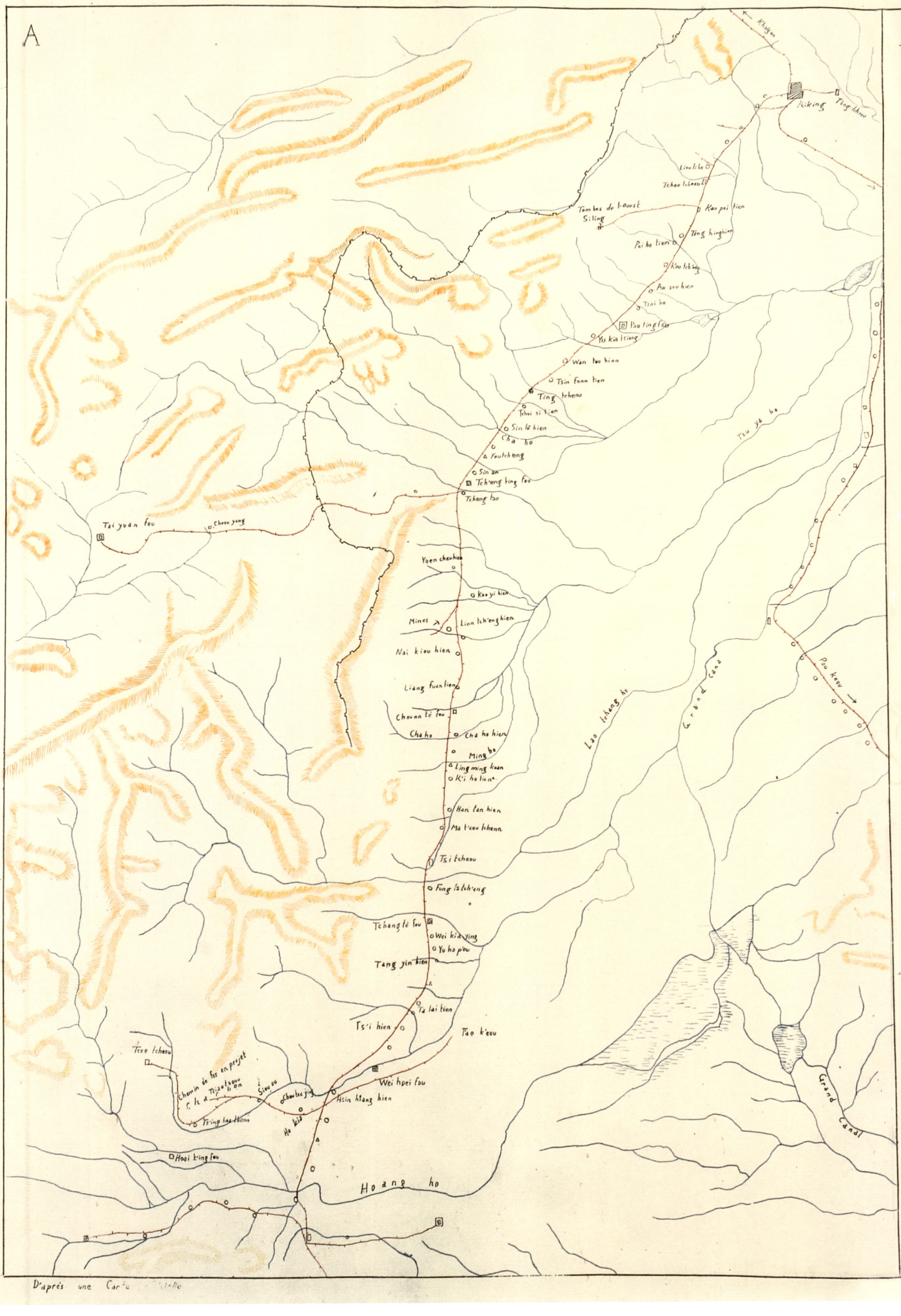

D'après une Carte ...

5号地图

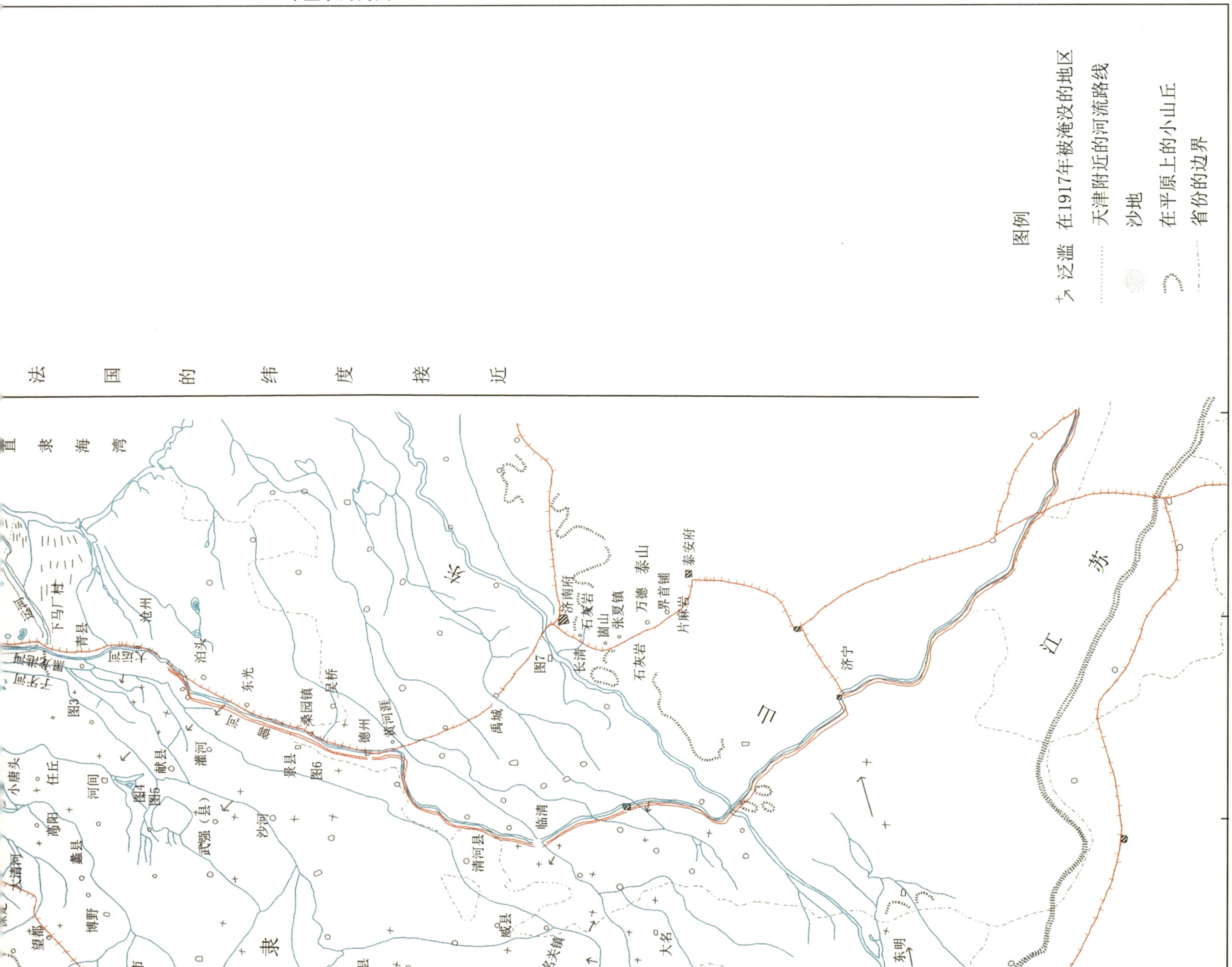

比例尺 1∶1,500,000 根据M. C Bourgery提供的中国东北的水文图绘制

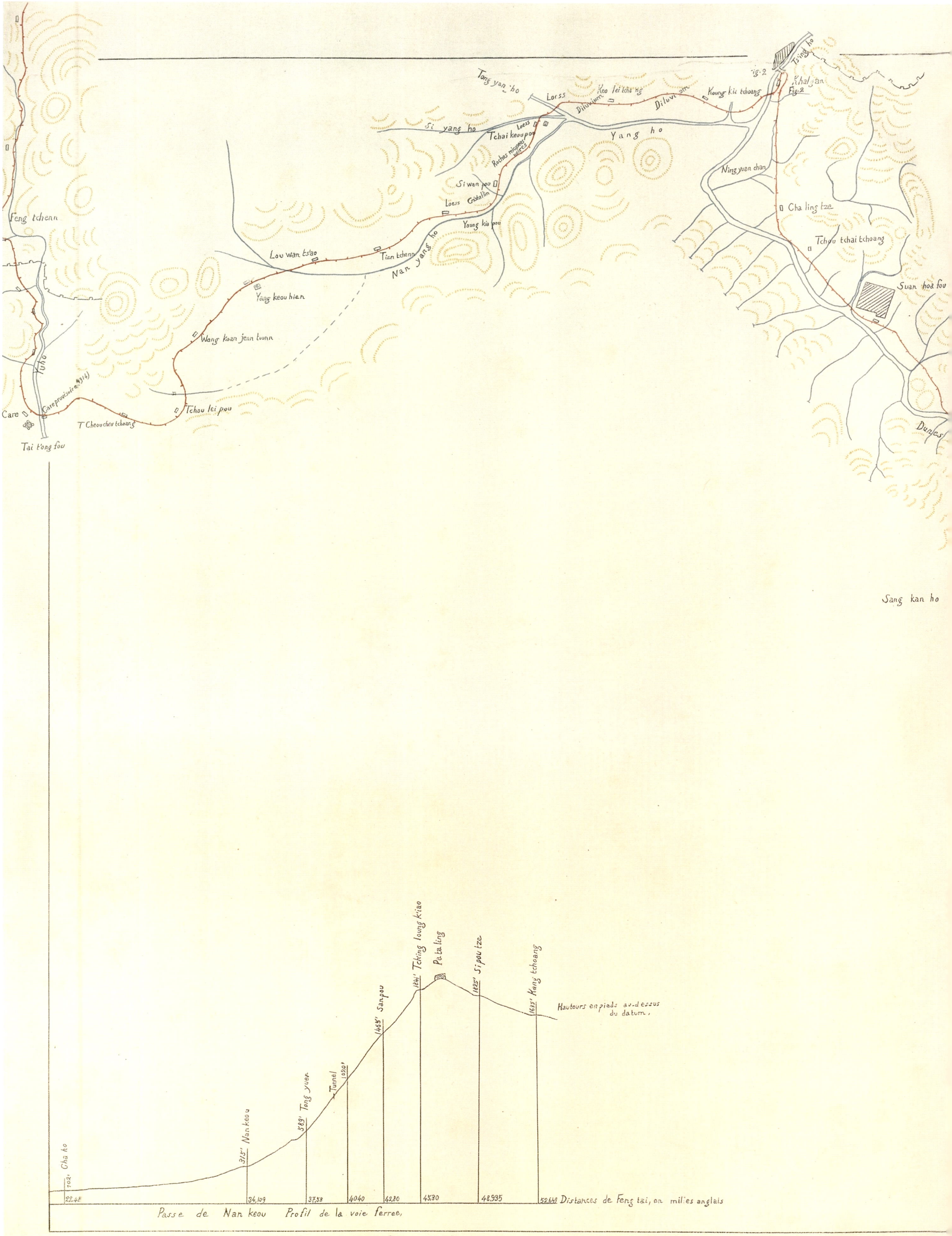

1 : 250.000 . D'après un plan officiel de la ligne Péking - Ville Bleue

6号地图

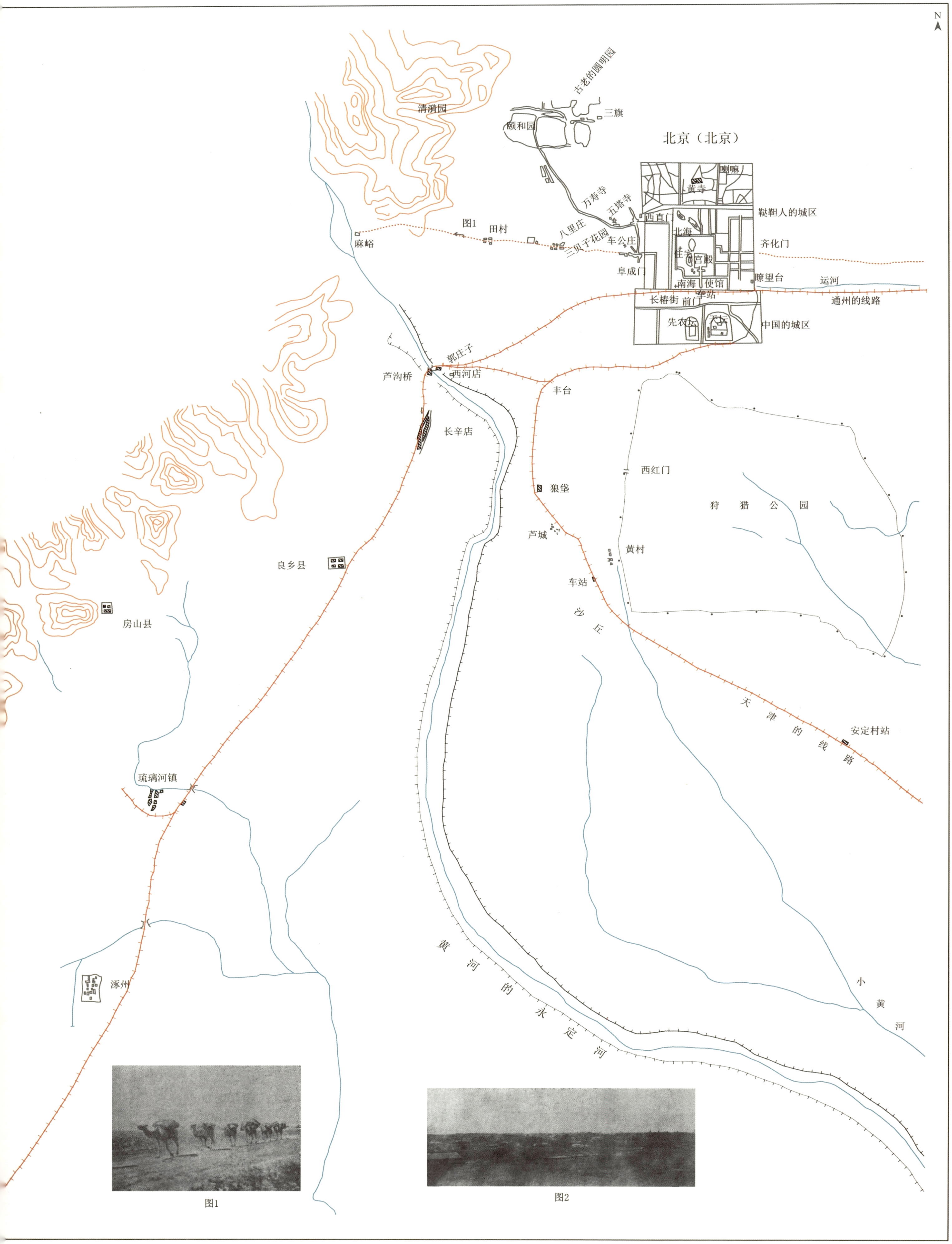

图1

图2

比例尺　约1：200,000　以“行动（1900—01）—法国参谋部—天津”地图为背景

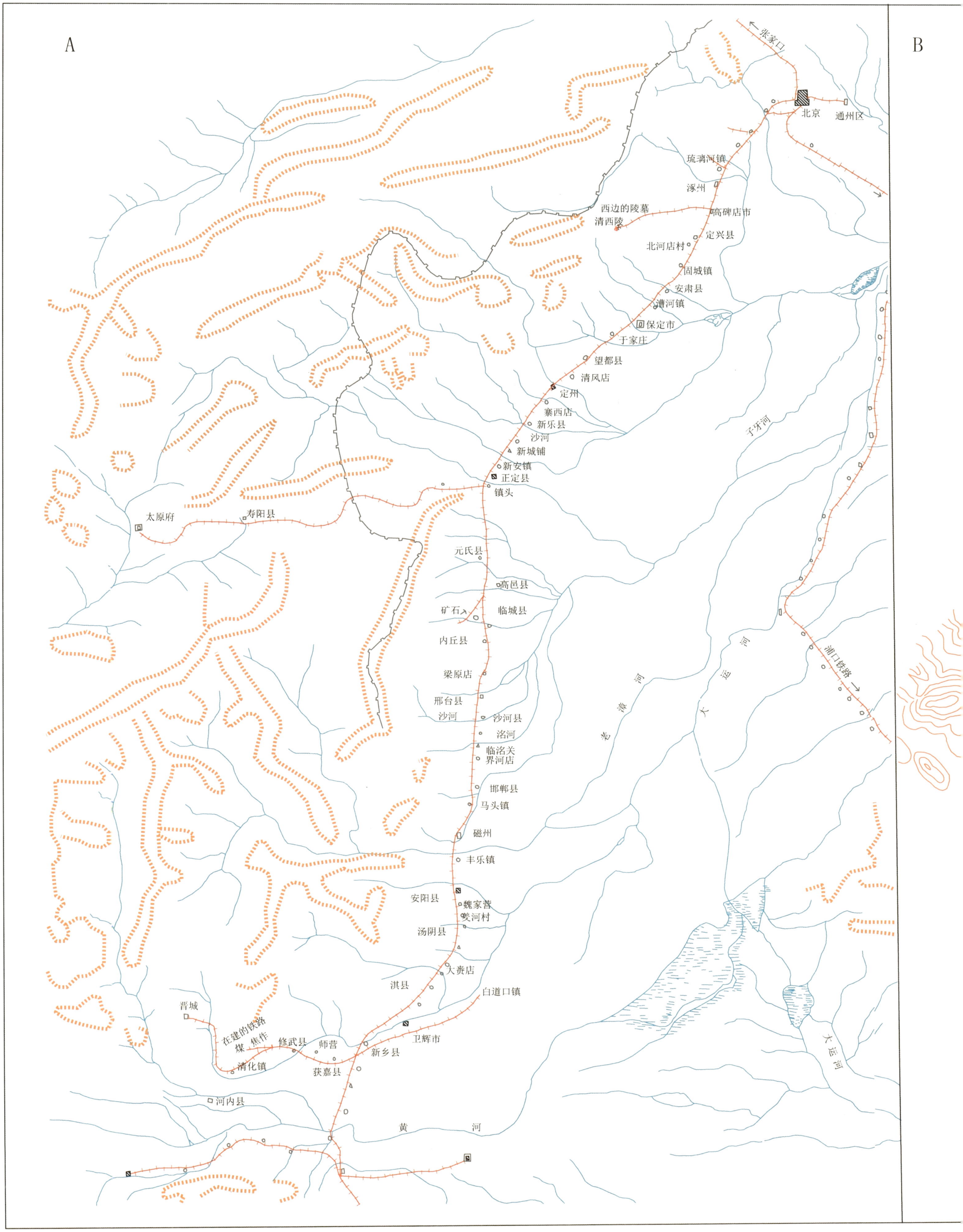

A
B
张家口
北京
通州区
琉璃河镇
涿州
西边的陵墓
清西陵
高碑店市
定兴县
北河店村
固城镇
安肃县
漕河镇
保定市
于家庄
望都县
清风店
定州
寨西店
新乐县
沙河
新城铺
新安镇
正定县
镇头
子牙河
太原府
寿阳县
元氏县
高邑县
矿石
临城县
内丘县
梁原店
邢台县
沙河
沙河县
洺河
临洺关
界河店
邯郸县
马头镇
磁州
丰乐镇
老漳河
大运河
浦口铁路
安阳县
魏家营
姣河村
汤阴县
大赉店
淇县
白道口镇
晋城
在建的铁路
煤
焦作
修武县
师营
卫辉市
新乡县
清化镇
获嘉县
河内县
黄
河
大运河

Fig. 1.

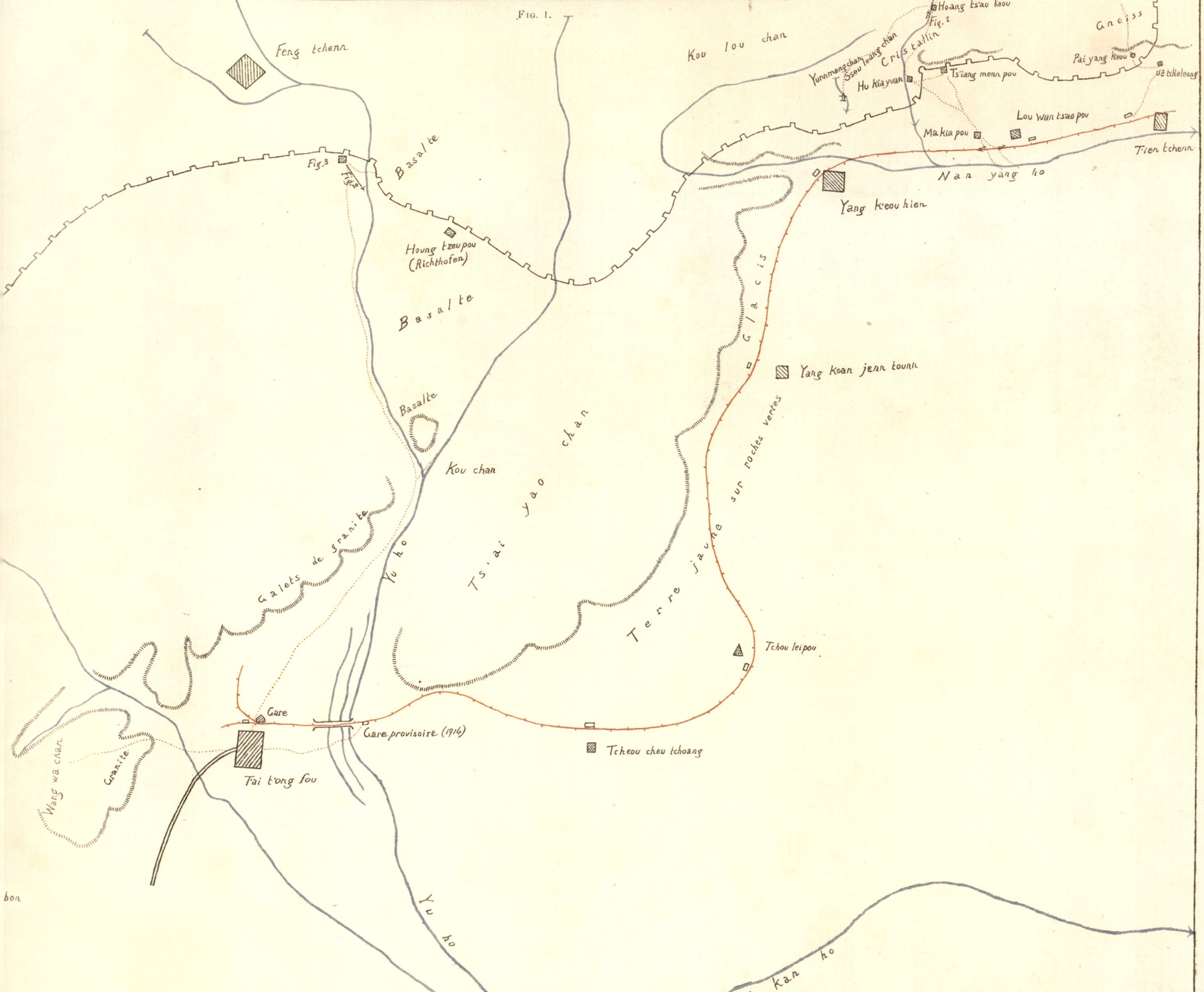

Feng tchenn
Kou lou chan
Cheu meull chan
Cheu meull
Hoang ts'ao keou
Fig. 1
Argent
Gneiss
Cristallin
Pai yang keou
Ts'iang menn pou
Hu kia yuan
Lou wan tsao pou
Ma kia pou
Tien tchenn
Nan yang ho
Yang keou hien
Fig. 3
Fig. 2
Basalte
Houng tzeu pou
(Richthofen)
Basalte
Glacis
Yang koan jenn tounn
Basalte
Kou chan
Tsi'ai yao chan
Terre jaune sur roches vertes
Galets de granite
Yu ho
Tchou lei pou
Gare
Gare provisoire (1914)
Tcheou cheu tchoang
Tai t'ong fou
Wang wa chan
Granite
Yu ho
Sang kan ho

Fig. 2.

Fig. 3.

Aporozimatif : 200.000e.

7号地图

图2

图1

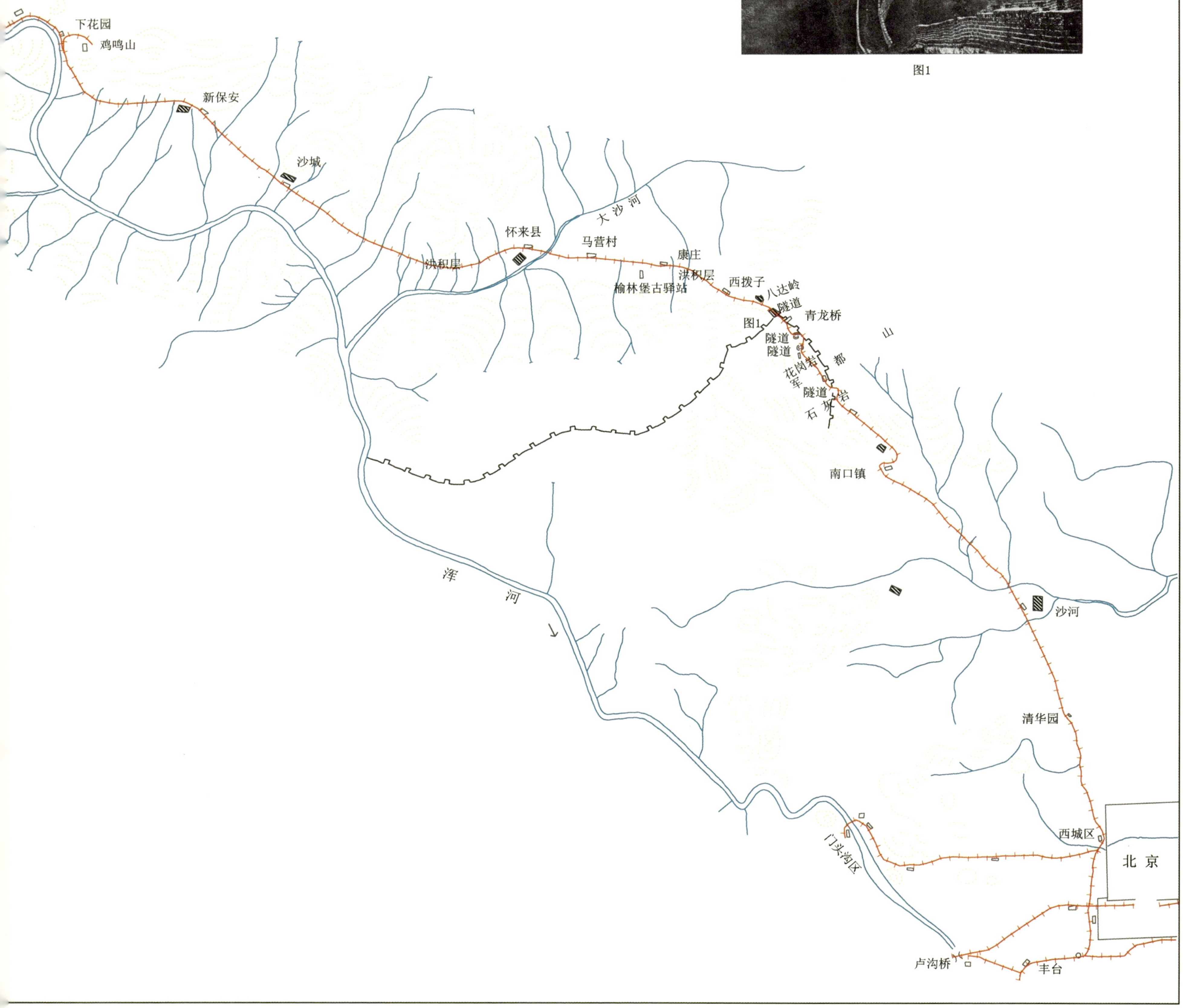
N
下花园
鸡鸣山
新保安
沙城
大沙河
怀来县
马营村
沉积层
康庄
沉积层
榆林堡古驿站
西拨子
八达岭
隧道
青龙桥
图1
隧道
隧道
花岗岩
军
都
山
隧道
石灰岩
南口镇
浑
河
沙河
清华园
西城区
北京
门头沟区
卢沟桥
丰台

D'après la "Karte von Tschili und Schantung" au 200.000e.

8号地图

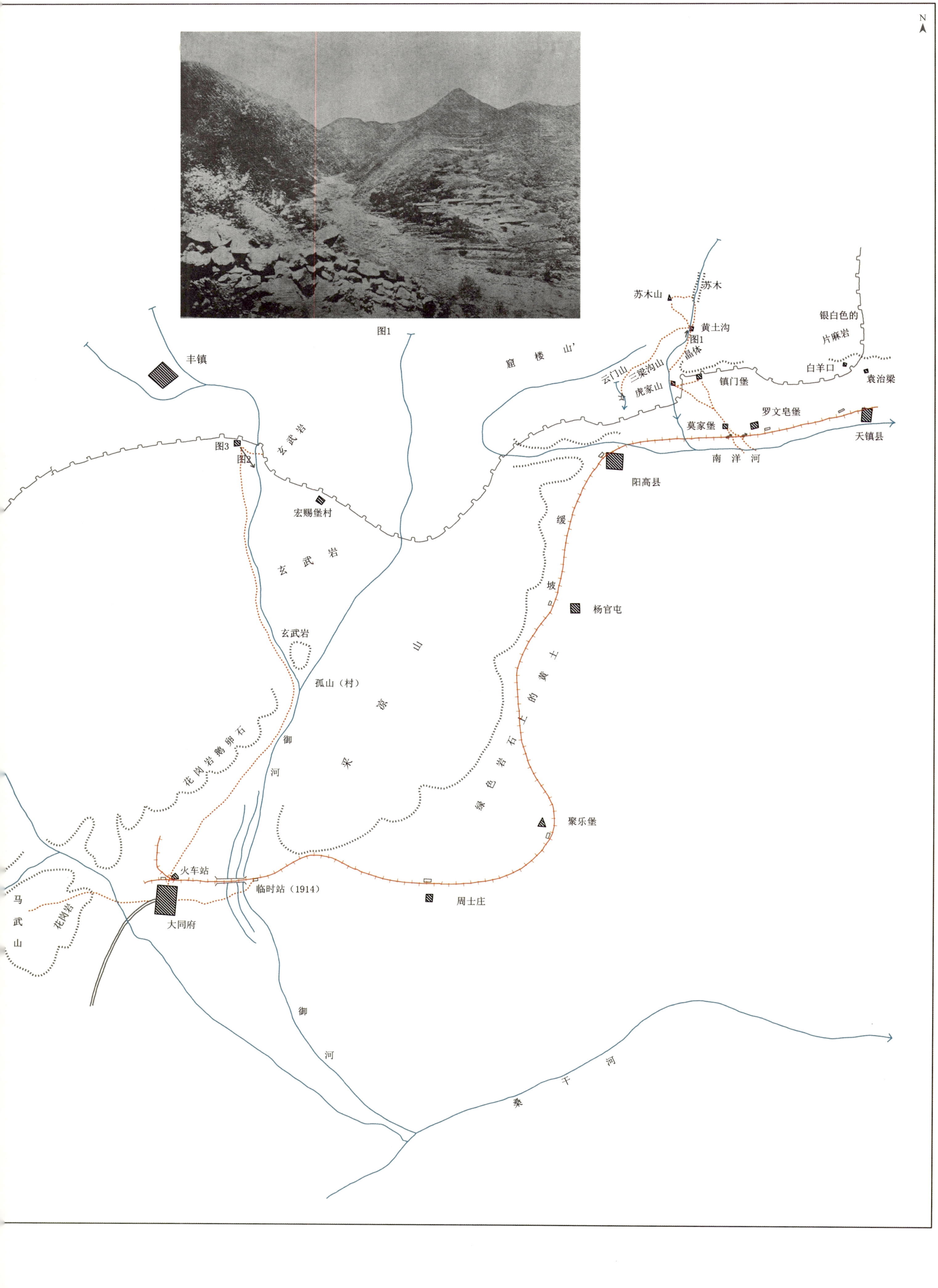
N
图1
丰镇
图3
图2
玄武岩
宏赐堡村
玄武岩
玄武岩
孤山（村）
采凉山
御河
花岗岩鹅卵石
火车站
临时站（1914）
大同府
马武山
花岗岩
周士庄
御河
桑干河
窟楼山'
云门山
三梁沟山
虎家山
苏木山
苏木
黄土沟
图1
晶体
镇门堡
银白色的
片麻岩
白羊口
袁治梁
罗文皂堡
莫家堡
天镇县
南洋河
阳高县
缓坡
杨官屯
绿色岩石上的黄土
聚乐堡

图2

图3

比例尺　约1：200,000

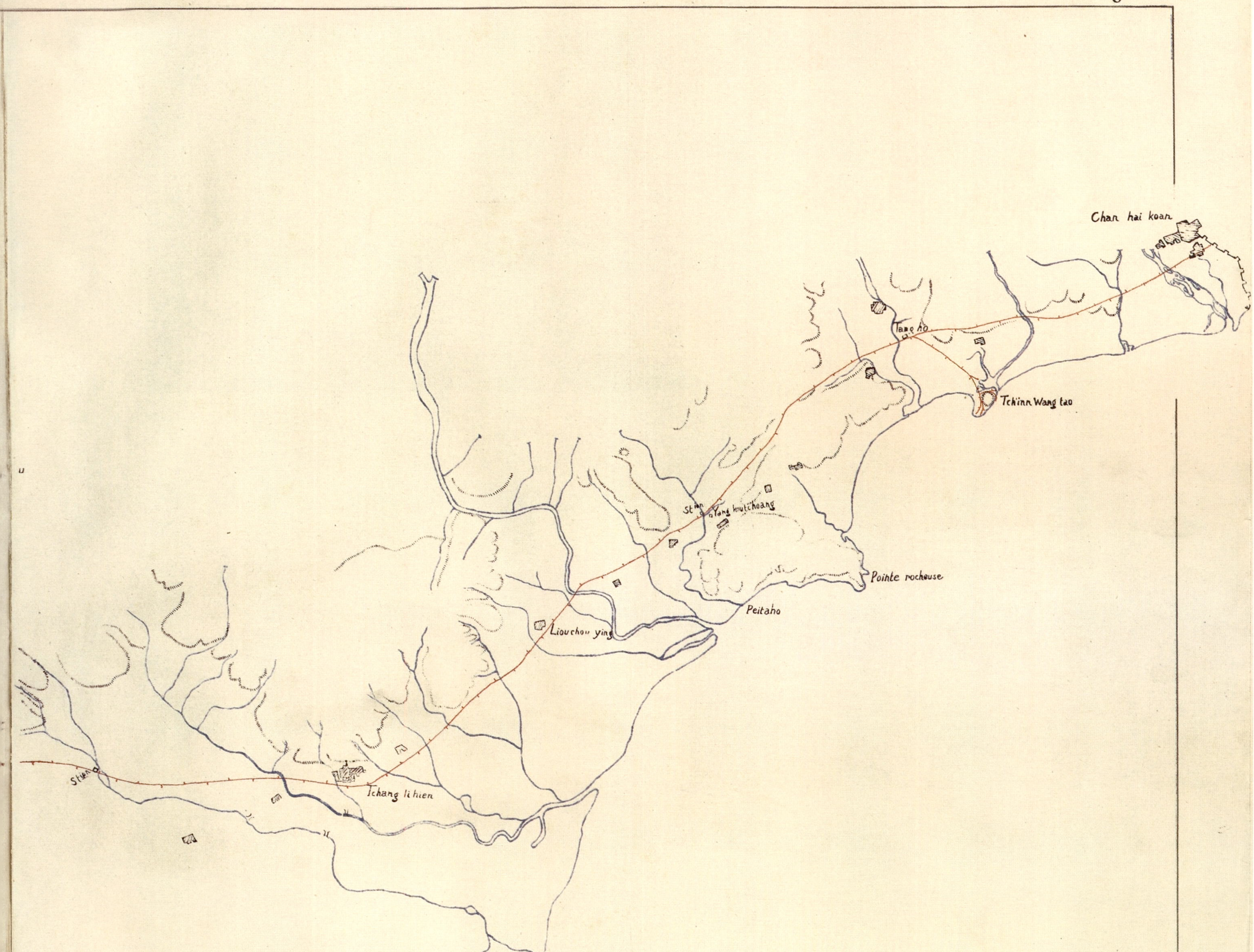
Chan hai koan
Tang ho
Tch'inn Wang tao
St^{ion} Yang koutchoang
Pointe rocheuse
Peitaho
Liouchou ying
Tchang li hien
St^{ion}

根据直隶（今河北）—山东1：200,000的地图绘制

!0.

16.

Fig. 17.

Fig. 19.

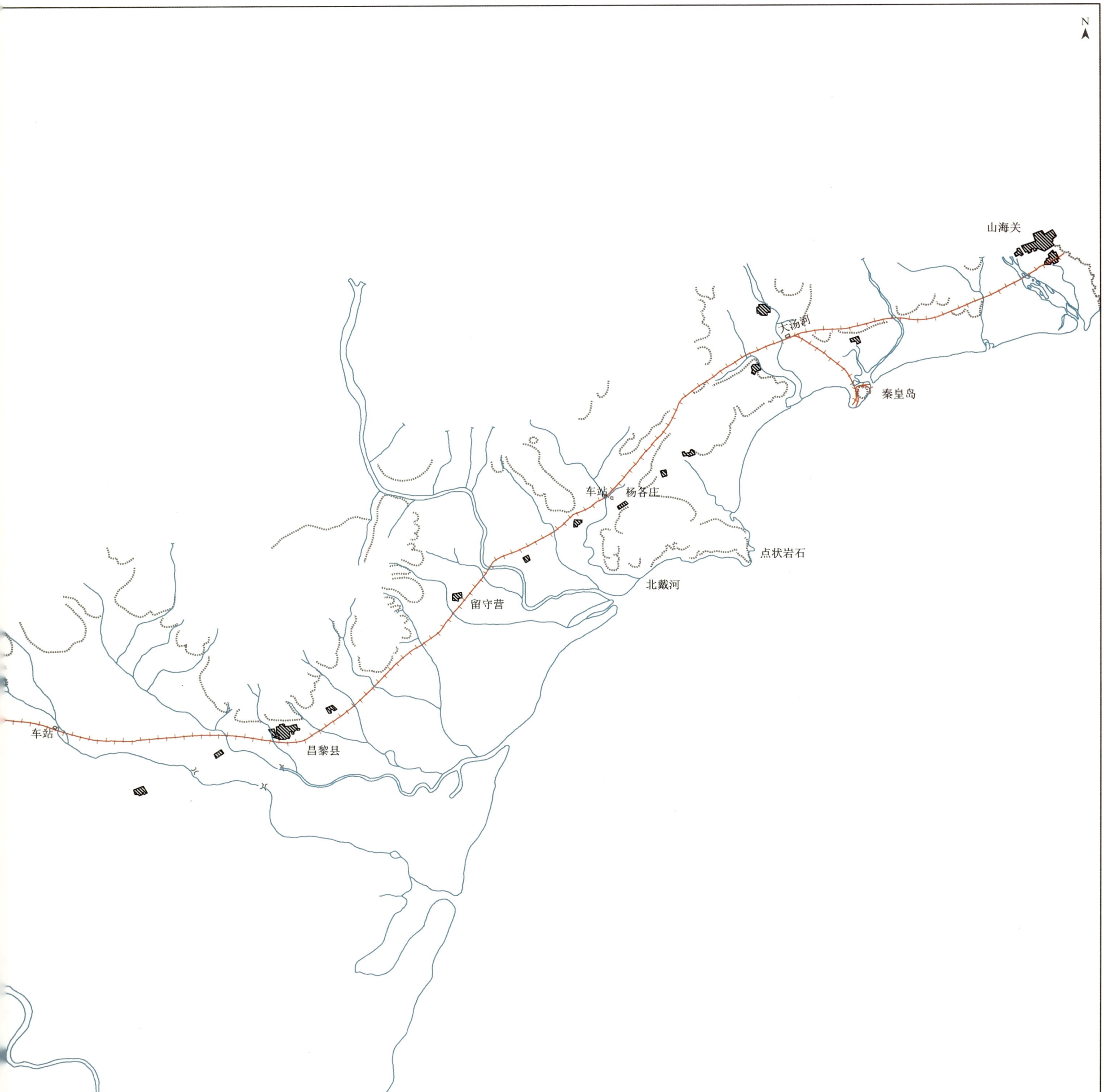
N
山海关
大汤河
秦皇岛
车站
杨各庄
点状岩石
北戴河
留守营
车站
昌黎县

Fig. 1.

Fig. 2.

Fig. 9.

Fig. 10.

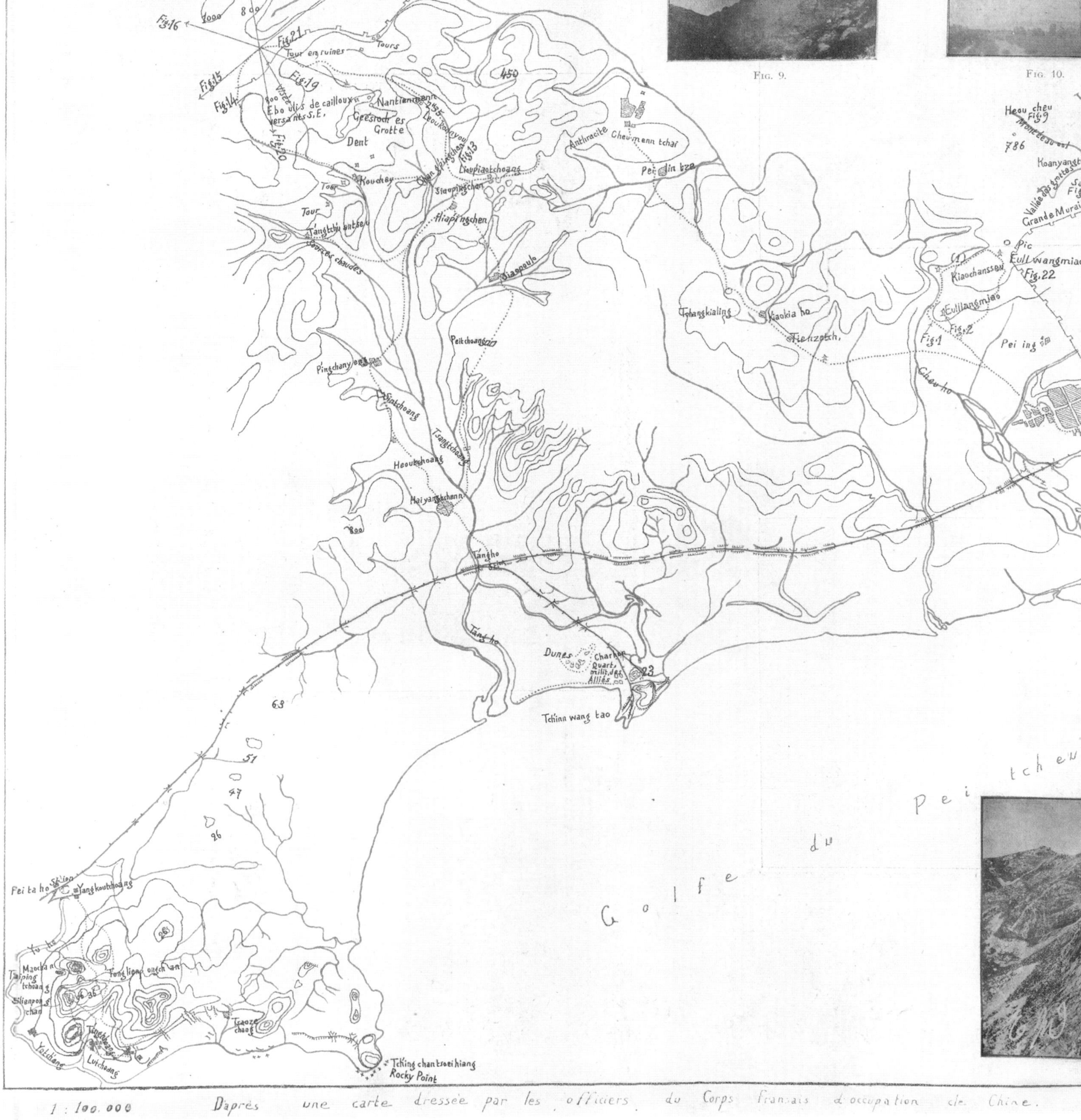

1 : 100.000 D'après une carte dressée par les officiers du Corps Français d'occupation de Chine.

9号地图

图20

图16

图17

图19

Fig. 5.

Fig. 3.

Fig. 11.

Fig. 6.

Fig. 4.

Fig. 13.

Fig. 7.

Fig. 8.

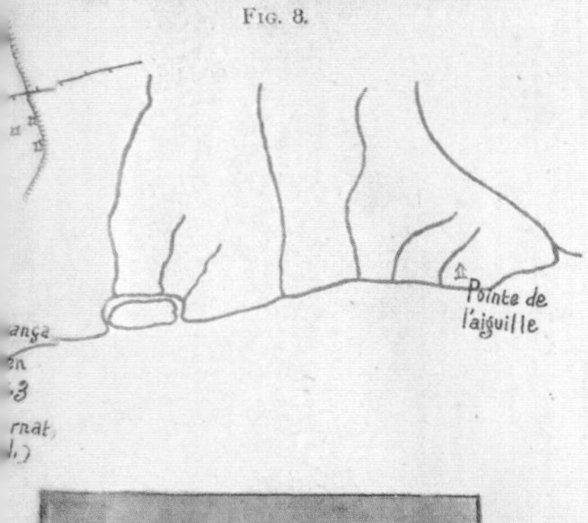

Fig. 14.

Fig. 15.

Fig. 12.

2.

Fig. 18.

Fig. 21.

图1

图2

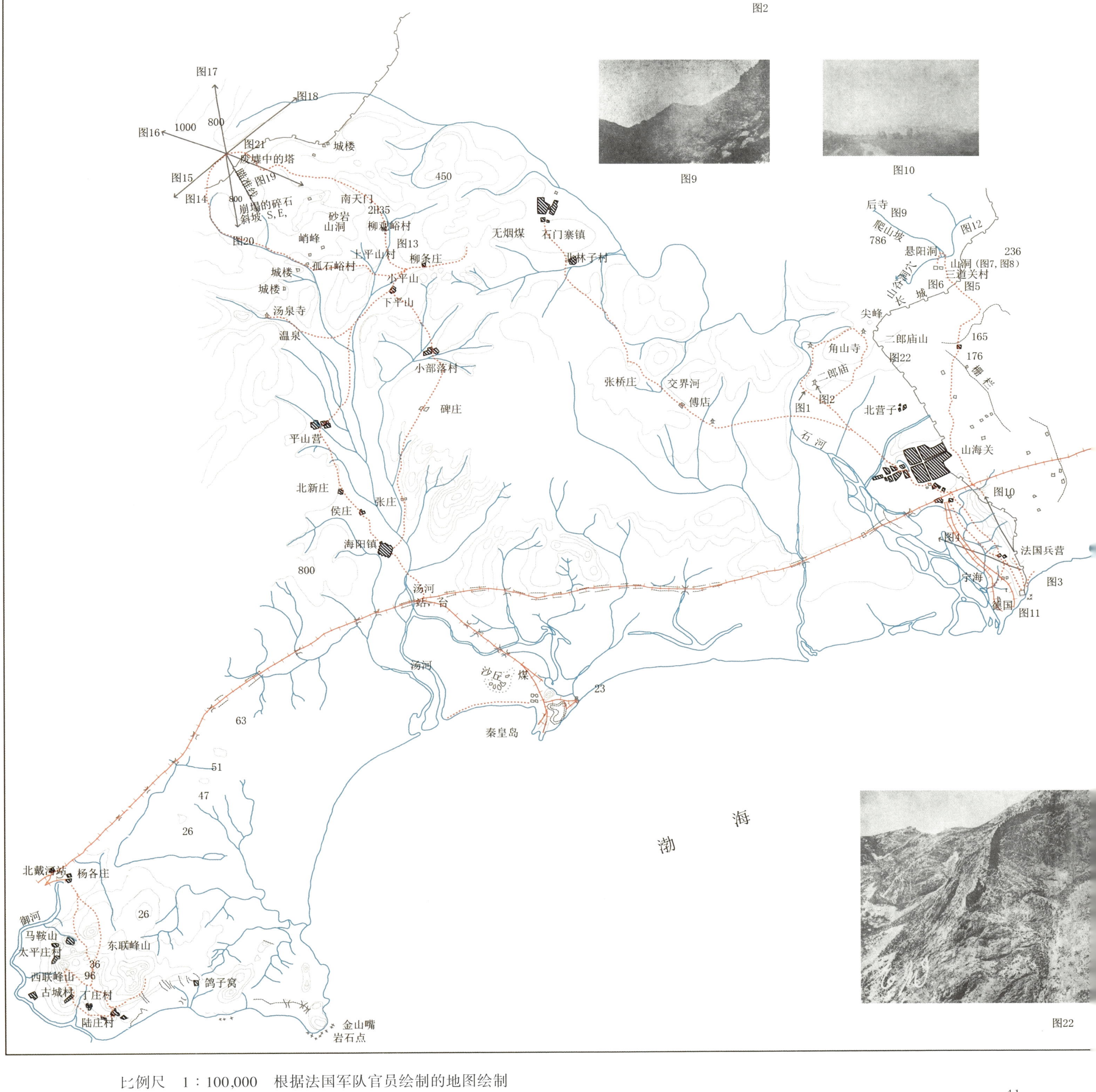

图9

图10

图22

比例尺　1：100,000　根据法国军队官员绘制的地图绘制

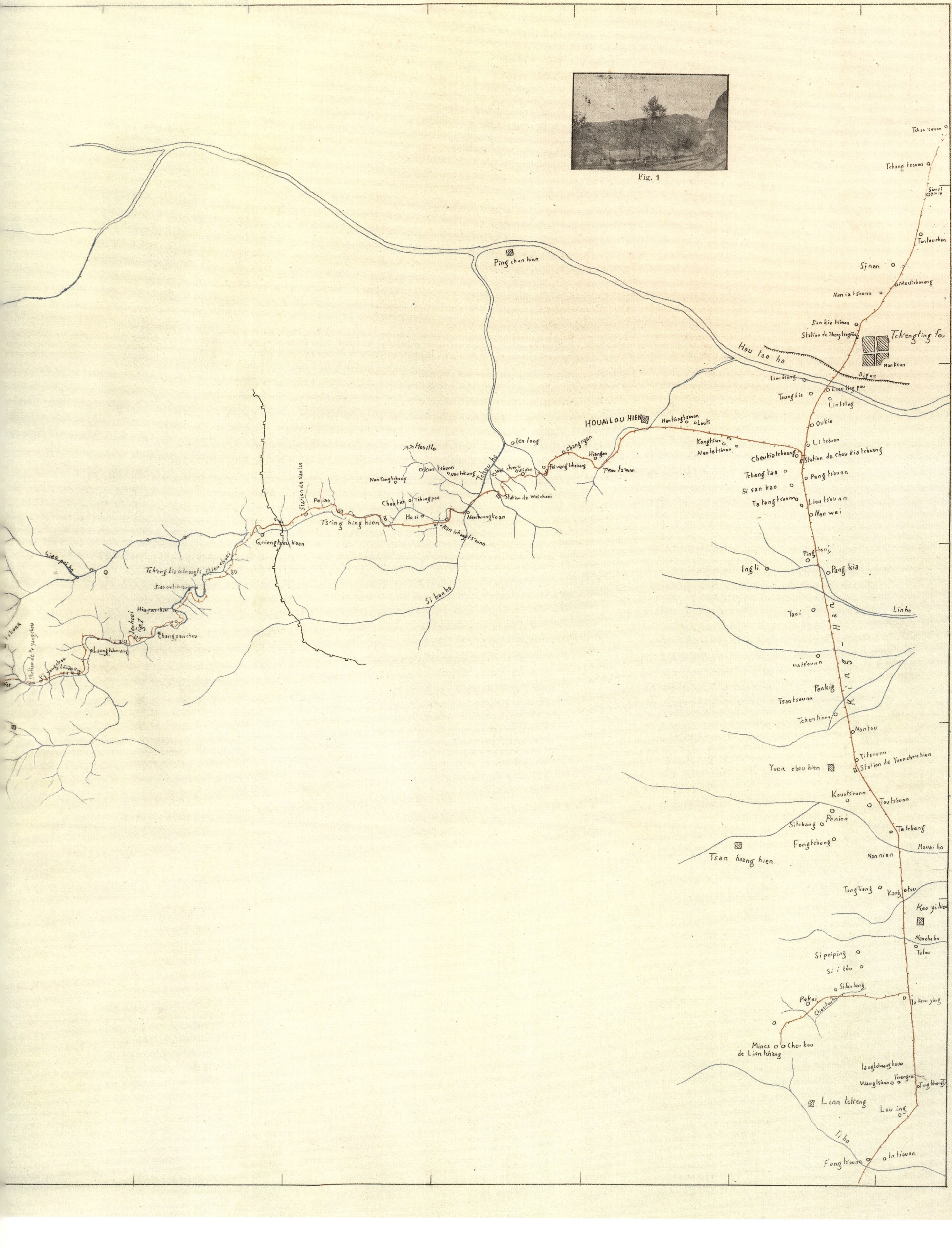
Fig. 1
Ping chan hien
Hou tao ho
Digue
Tch'engting fou
Nankoan
Station de Tcheng ting fou
San kia tsouen
Nan ia tsounn
Si nan
Moutchouang
Tanlouchen
Tchang tsounn
38°20'
38°10'
38°
37°50'
37°40'
37°30'
HOUAILOU HIEN
Louki
Kongtsiao
Nanletsounn
Station de cheu kia tchoang
Cheukiatchoang
Li tsounn
Oukia
Lintsing
Toungkia
Liou tiang
Tcheng tao
Si san kao
Ta tang tsounn
Peng tsounn
Liou tsounn
Nan wei
Ping tong
Ingli
Pang kia
Linho
Taoi
Matsounn
Penkia
Tsaotsounn
Tchentsoun
Nantou
Titsounn
Station de Yuencheu hien
Yuen cheu hien
Koutsounn
Toutsounn
Penien
Sitchang
Fongtcheng
Tatcheng
Houai ho
Nannien
Tsan hoang hien
Tongliang
Kangtou
Kao yi hien
Nanchaho
Tatou
Si peiping
Si i tou
Pakai
Ta kou ying
Mines de Linn tch'eng
Cheukou
Wanglsouen
Linn tch'eng
Lou ing
Ti ho
Fong tsounn
In tsounn
Changngan
Hiangon
Teou tsounn
Peiwangtchoang
Leo tong
Tcheu ho
Station de Wei choei
Houille
Kountsounn
Nanfongtchoang
Choutao
Tchongpou
Hosi
Nanhoungkoan
Nan tchoangtsounn
Ts'ing hing hien
Peiao
Station de Nanioo
Gniengtseu koan
Si tsan ho
Tch'eng tia tchoangti
Siao outchoang
Hia panchou
Chang panchou
Loungtchouang
Station de Pe yangchou
Siao pai ho
80

D'après le Plan Général de la ... du Chan... au 1/50 000, gracieusement communiqué par M. Jaquet, Ingénieur en chef.

10号地图

图5

图3

图11

图6

图7

图4

图13

图8

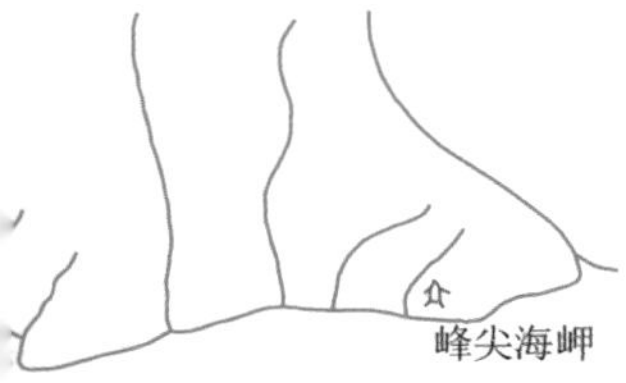

图14

图15

图12

图18

图21

11号地图

Ville de T'ai yuan fou

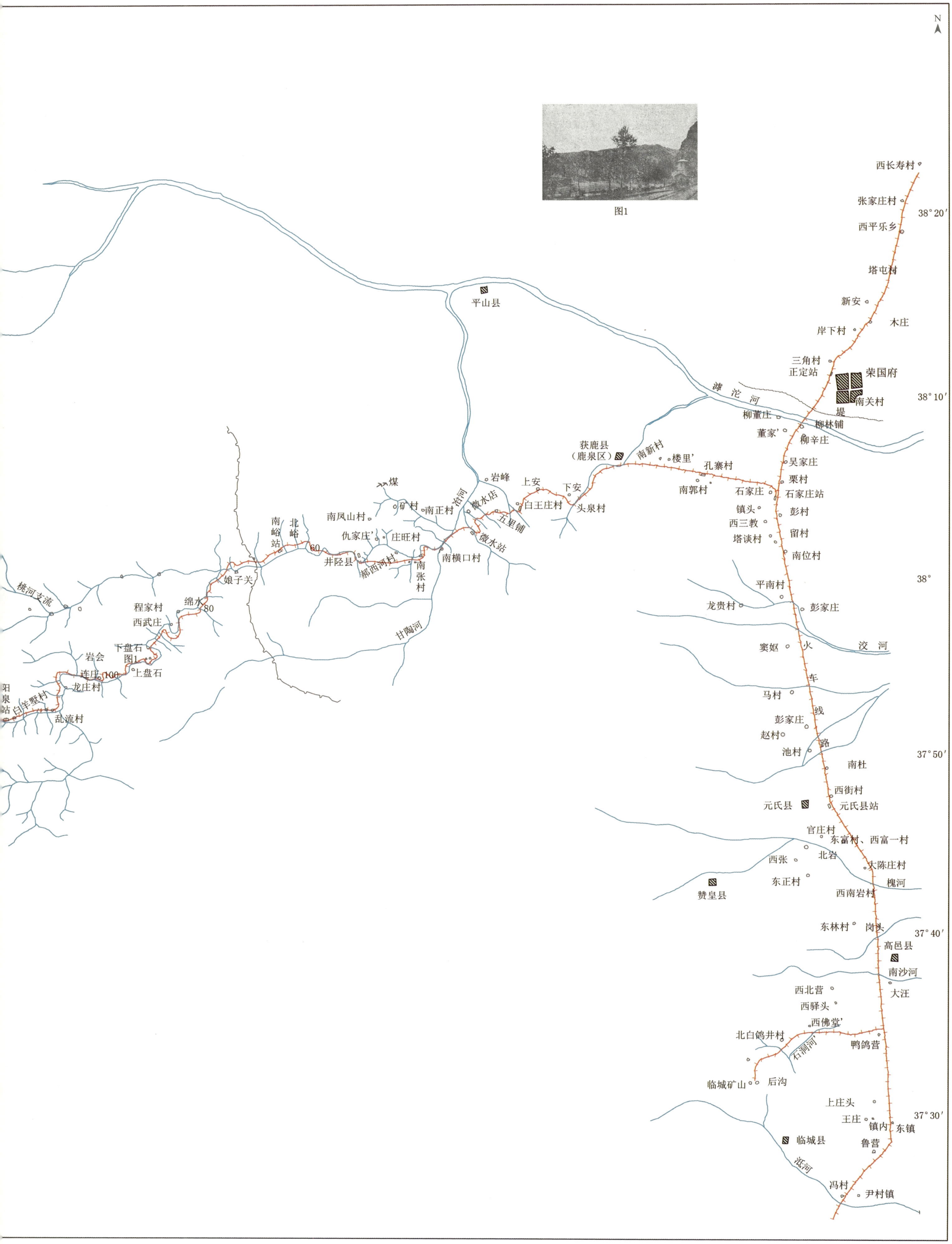
图1
N
西长寿村
张家庄村
西平乐乡
38°20′
塔屯村
新安
木庄
岸下村
平山县
三角村
正定站
荣国府
南关村
38°10′
滹沱河
堤
柳董庄
柳林铺
董家
柳辛庄
获鹿县
（鹿泉区）
南新村
楼里
孔寨村
吴家庄
栗村
南郭村
石家庄
石家庄站
岩峰
上安
下安
白王庄村
头泉村
煤
矿村
南正村
冶河
微水店
五里铺
微水站
南凤山村
仇家庄
庄旺村
南峪站
北峪
60
井陉县
郝西河村
南张村
南横口村
镇头
西三教
塔谈村
彭村
留村
南位村
38°
平南村
龙贵村
彭家庄
桃河支流
娘子关
绵水
80
程家村
西武庄
下盘石
图1
岩会
上盘石
连庄
100
龙庄村
阳泉站
白羊墅村
乱流村
甘陶河
窦妪
火
车
线
路
洨河
马村
彭家庄
赵村
池村
37°50′
南杜
西街村
元氏县
元氏县站
官庄村
东富村、西富一村
北岩
西张
大陈庄村
槐河
东正村
赞皇县
西南岩村
东林村
岗头
37°40′
高邑县
南沙河
大汪
西北营
西驿头
西佛堂
北白鸽井村
石洞河
鸭鸽营
临城矿山
后沟
上庄头
37°30′
王庄
镇内
东镇
临城县
鲁营
泜河
冯村
尹村镇

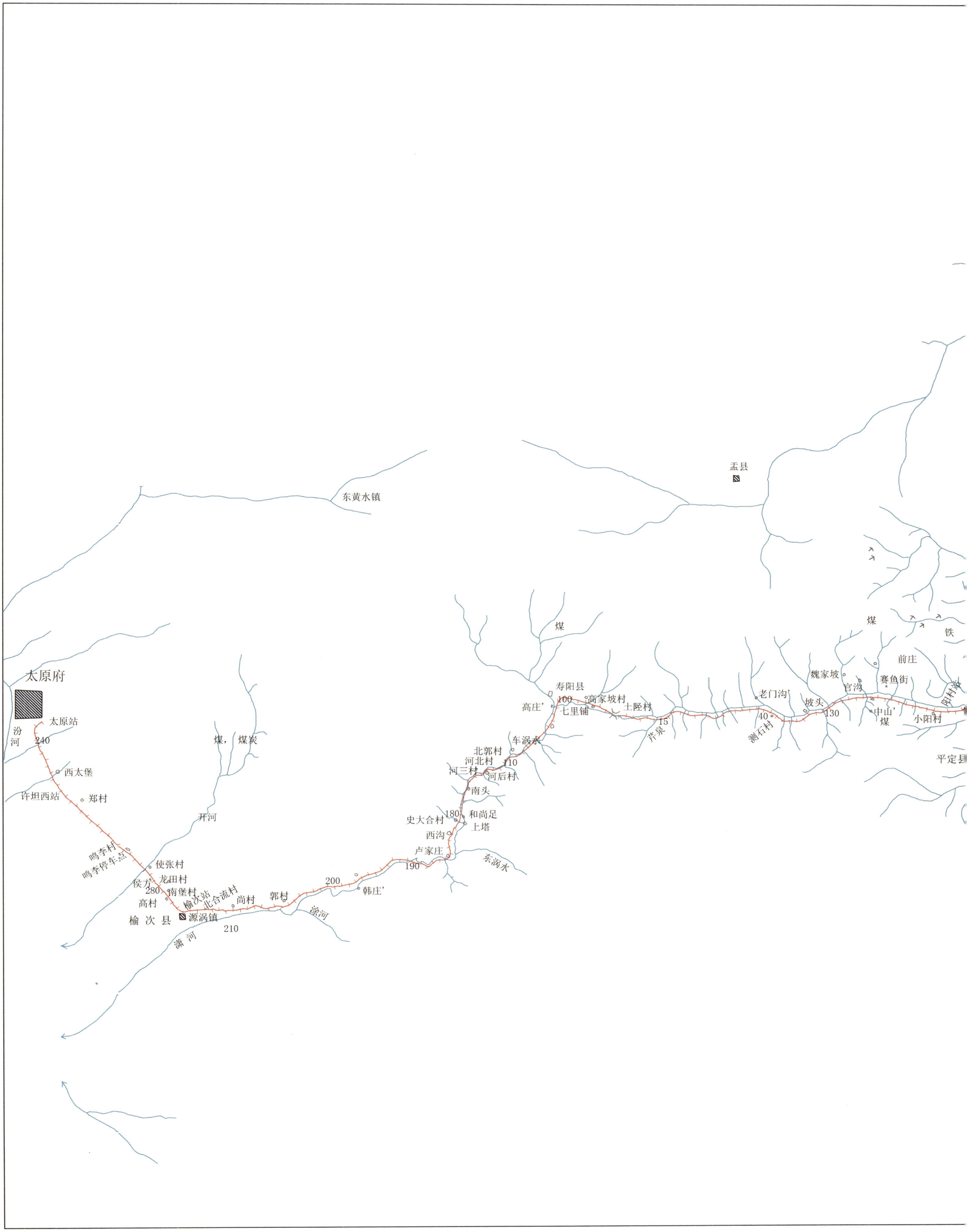

通用地图绘制，总工程师M Jaqoet免费公报　根据直隶（今河北）—山西1：250,000

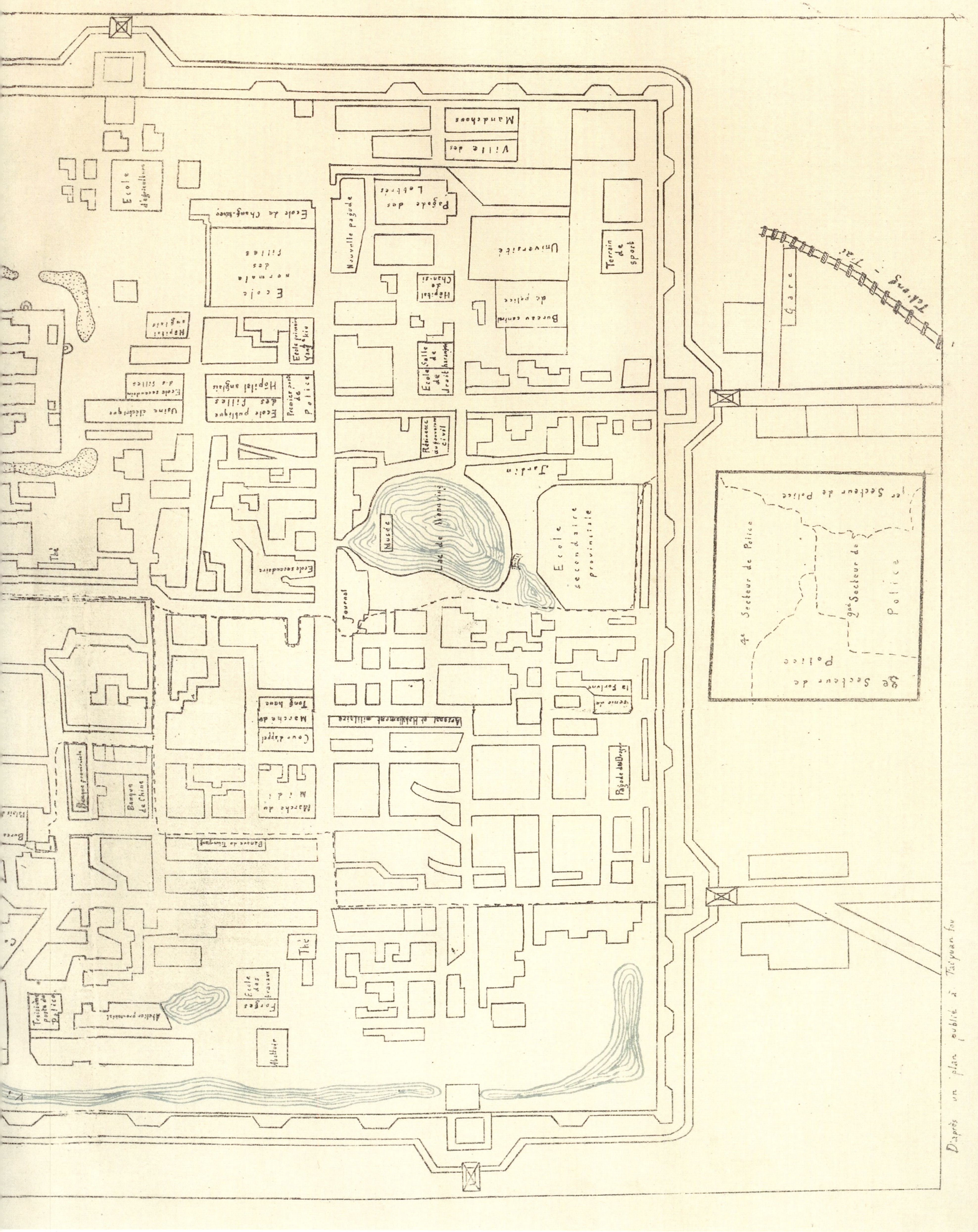
Ville des Mandchous
Ecole d'agriculture
Nouvelle pagode
Pagode des Lettrés
Université
Terrain de sport
Gare
Ecole normale des filles
Bureau central de police
Hôpital anglais
Ecole de droit
Ecole secondaire des filles
Hôpital anglais
Premier poste de police
Ecole publique des filles
Usine électrique
Jardin
Ecole secondaire provinciale
Musée
Journal
Ecole secondaire
1er Secteur de Police
2e Secteur de Police
3e Secteur de Police
4e Secteur de Police
Thé
Arsenal et Habillement militaire
Cour d'appel
Marché du Midi
Banque provinciale
Banque de Chine
Ecole des travaux
Forges
Thé
Troisième poste de Police
Atelier provincial
Abattoir
D'après un plan publié à Taiyuan fou

太原府城区

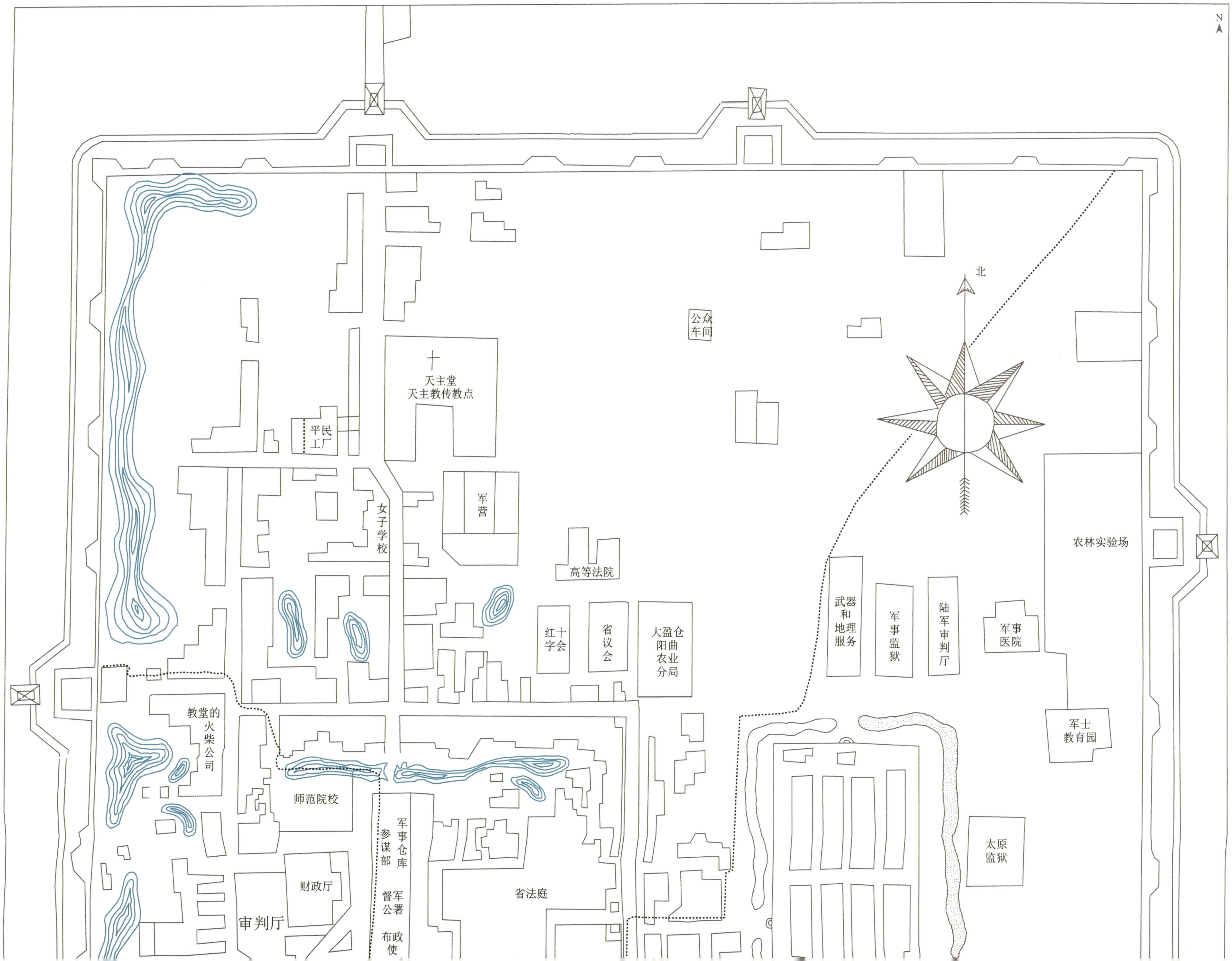
N
北
农林实验场
军士
教育园
军事
医院
太原
监狱
陆军审判厅
军事监狱
武器
和
地理
服务
公众
车间
大盈仓
阳曲
农业
分局
省议会
高等法院
红十
字会
军营
天主堂
天主教传教点
平民
工厂
女子学校
省法庭
军事仓库
参谋部
督军
公署
布政
使
师范院校
财政厅
审判厅
教堂的
火
柴
公
司

Fig. 10.

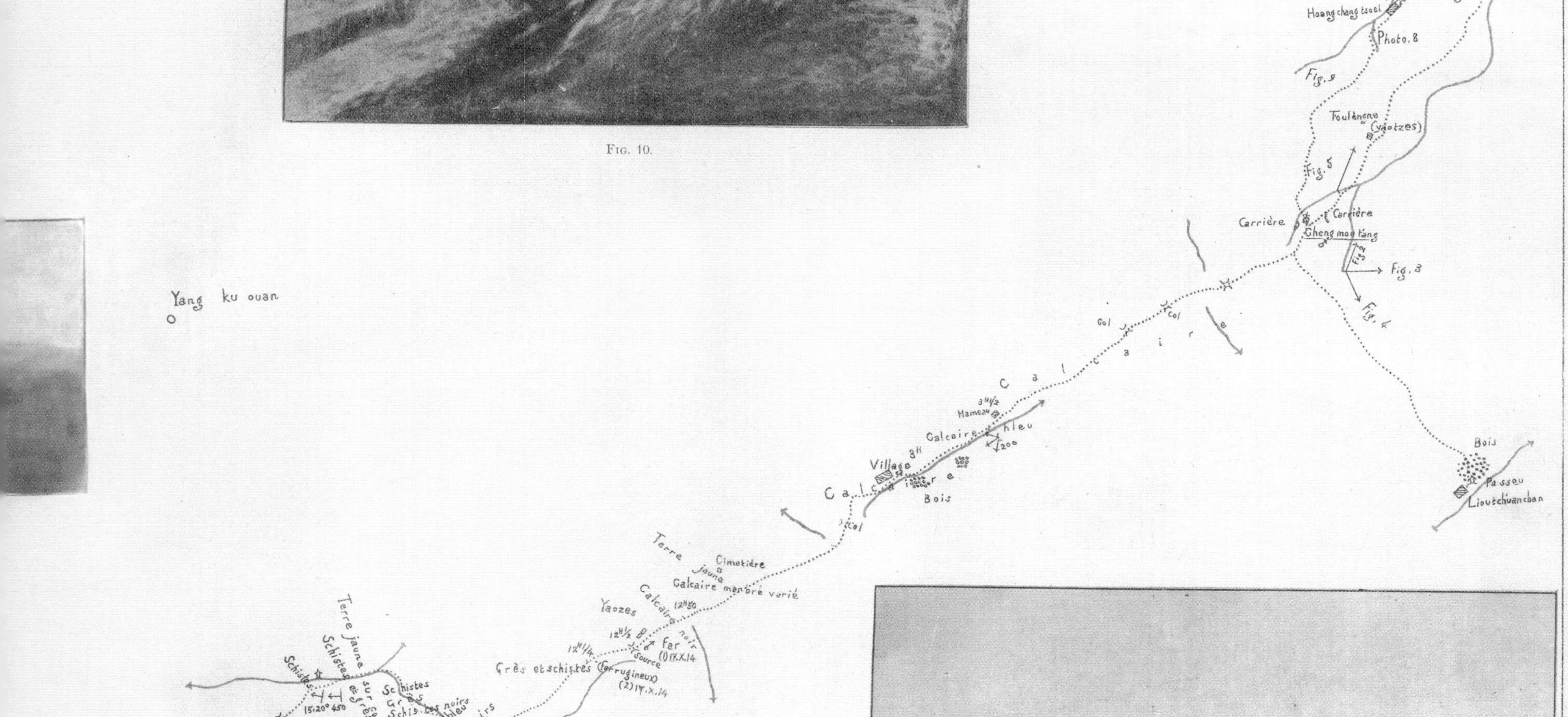

Fig. 7.

Fig. 8.

Fig. 12.

Fig. 13.

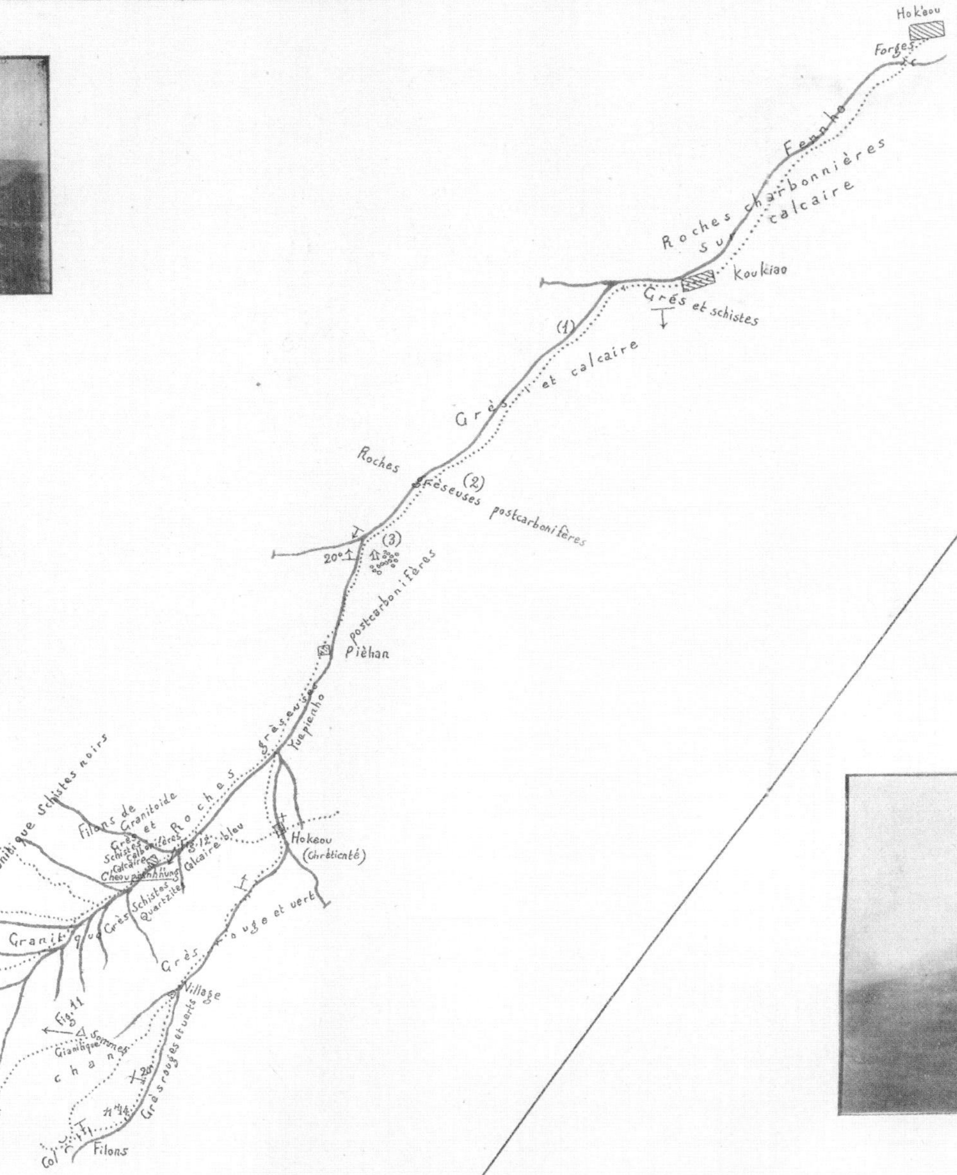

Fig. 11.

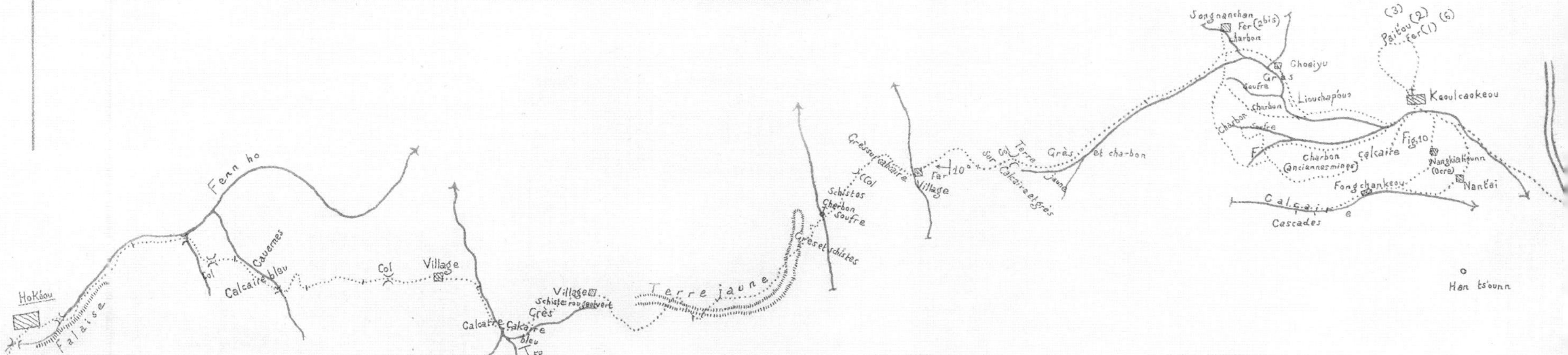

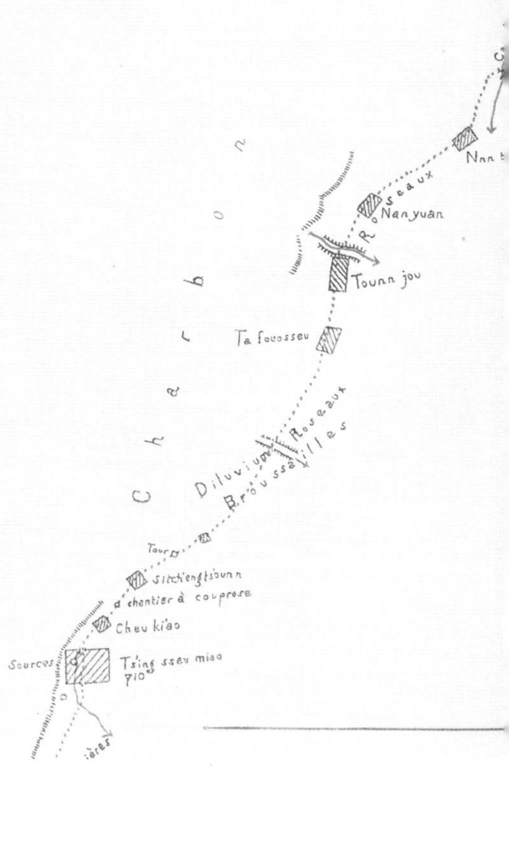

Fig. 4.

12号地图

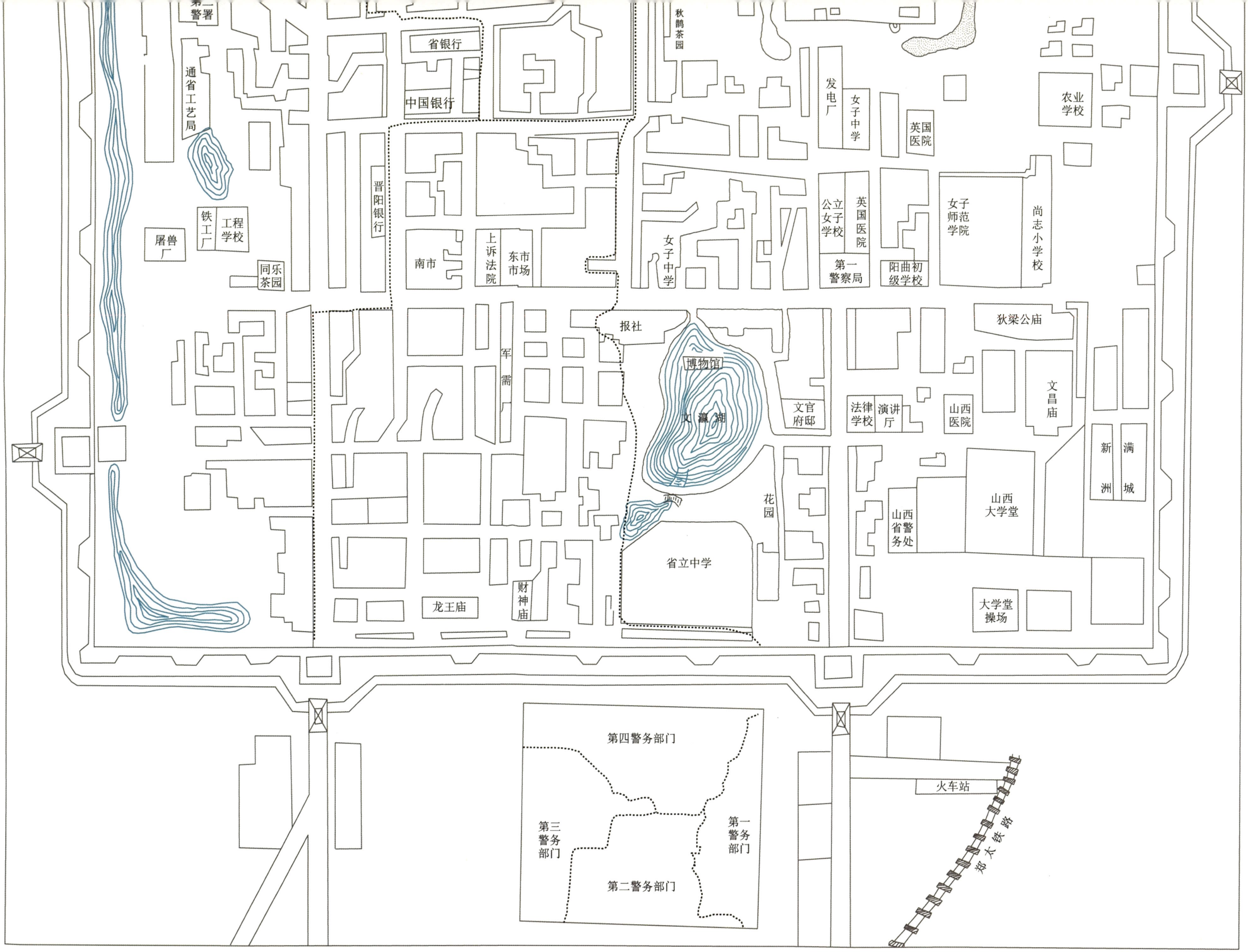
第二警署
省银行
中国银行
通省工艺局
秋鹊茶园
发电厂
女子中学
英国医院
农业学校
晋阳银行
铁工厂
工程学校
屠兽厂
同乐茶园
南市
上诉法院
东市市场
女子中学
公立女子学校
英国医院
第一警察局
阳曲初级学校
女子师范学院
尚志小学校
报社
狄梁公庙
军需
博物馆
文瀛湖
文官府邸
法律学校
演讲厅
山西医院
文昌庙
新洲
满城
花园
山西省警务处
山西大学堂
省立中学
龙王庙
财神庙
大学堂操场
第四警务部门
第三警务部门
第一警务部门
第二警务部门
火车站
郑太铁路

根据太原府规划图绘制

FIG. 1.

FIG. 2.

FIG. 3

FIG. 4.

FIG. 5.

FIG. 6.

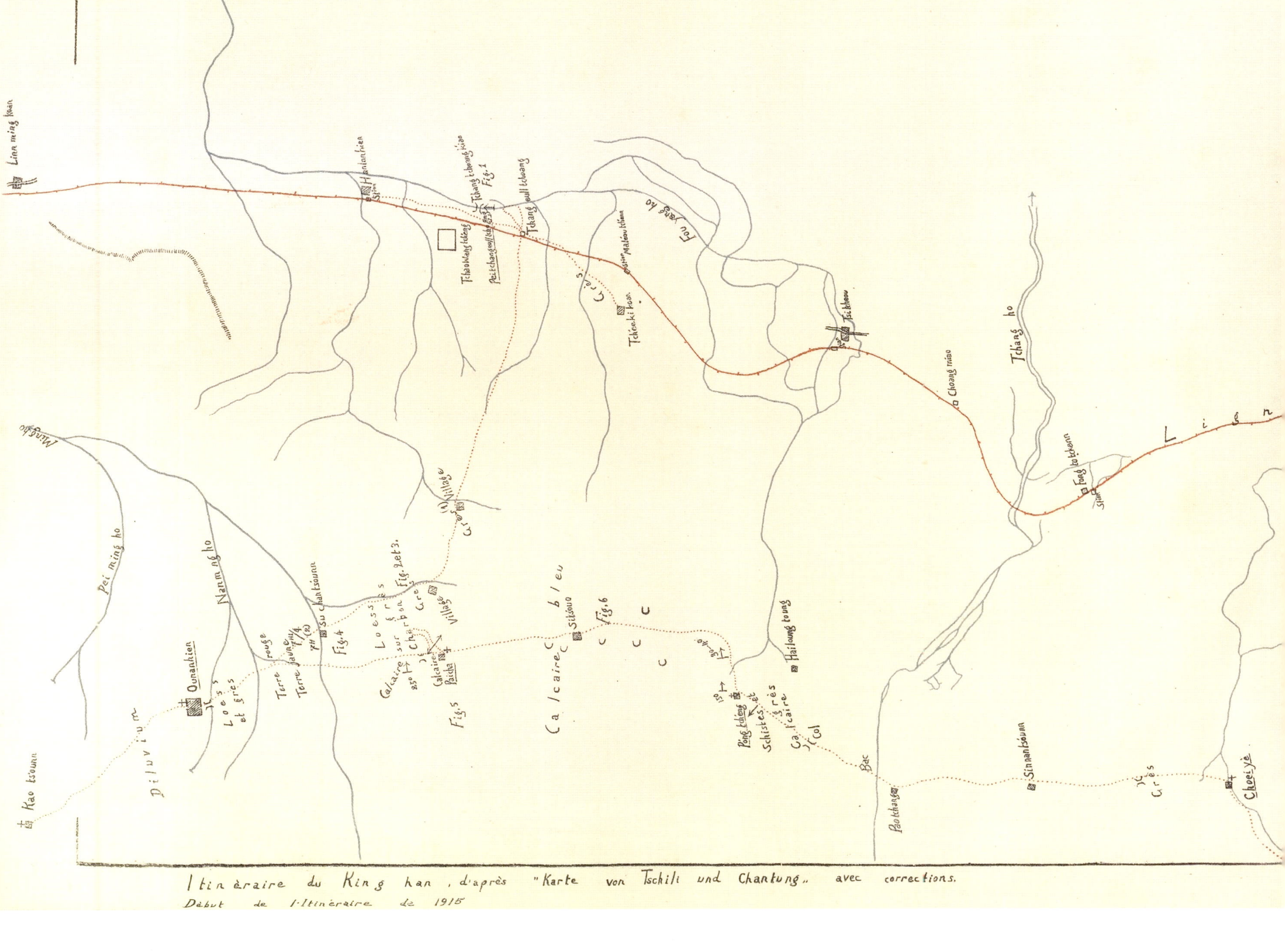

Itinéraire du King han, d'après "Karte von Tschili und Chantung" avec corrections.
Début de l'Itinéraire de 1915

13号地图

图10

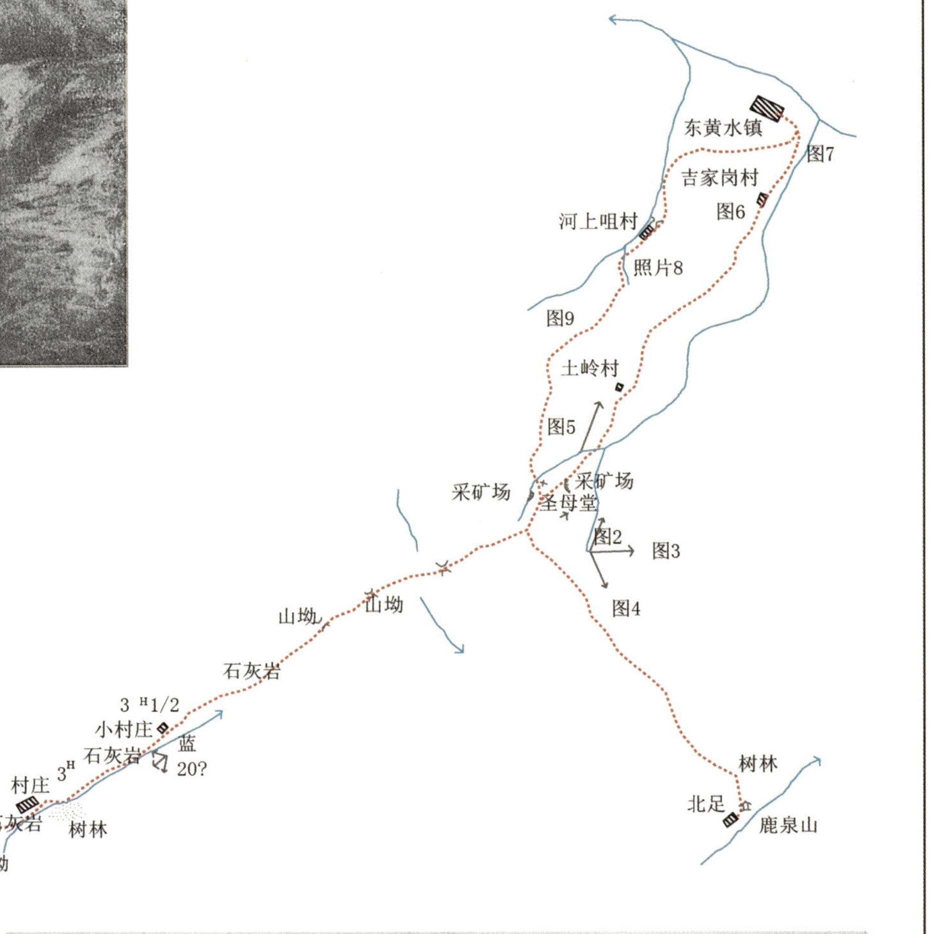

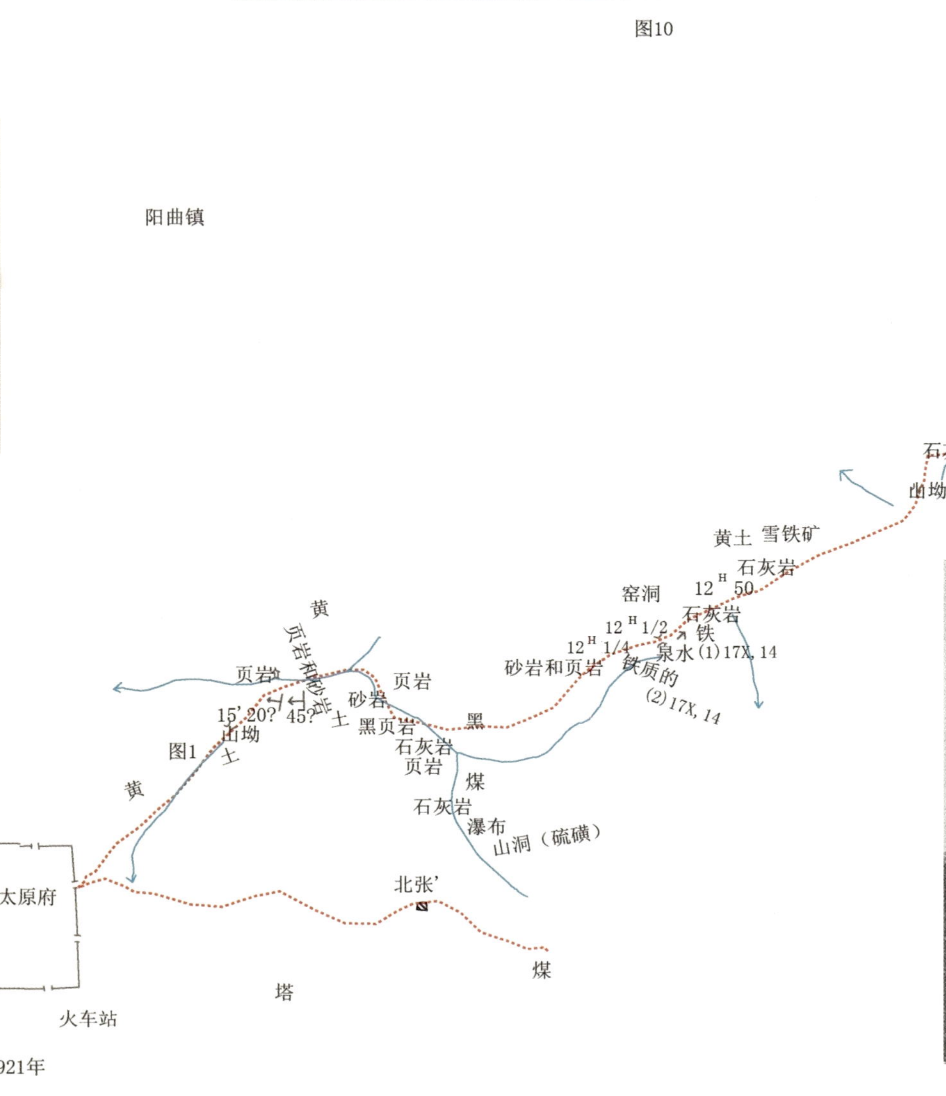
N
东黄水镇
图7
吉家岗村
图6
河上咀村
照片8
图9
土岭村
图5
采矿场
采矿场
圣母堂
图2
图3
图4
山坳
山坳
石灰岩
3 H1/2
小村庄
蓝
20?
3H
石灰岩
村庄
石灰岩
树林
树林
北足
鹿泉山
山坳
黄土 雪铁矿
石灰岩
12 H 50
窑洞
石灰岩
12 H 1/2
铁
12 H 1/4
泉水 (1) 17X, 14
砂岩和页岩
铁质的
(2) 17X, 14
黄
页岩和砂岩
页岩
页岩
砂岩
黑页岩
黑
15′20?
45?
土
山坳
图1
土
石灰岩
页岩
煤
石灰岩
瀑布
山洞（硫磺）
黄
太原府
北张′
煤
塔
火车站
阳曲镇
0—1921年

图7

图8

图12

图13

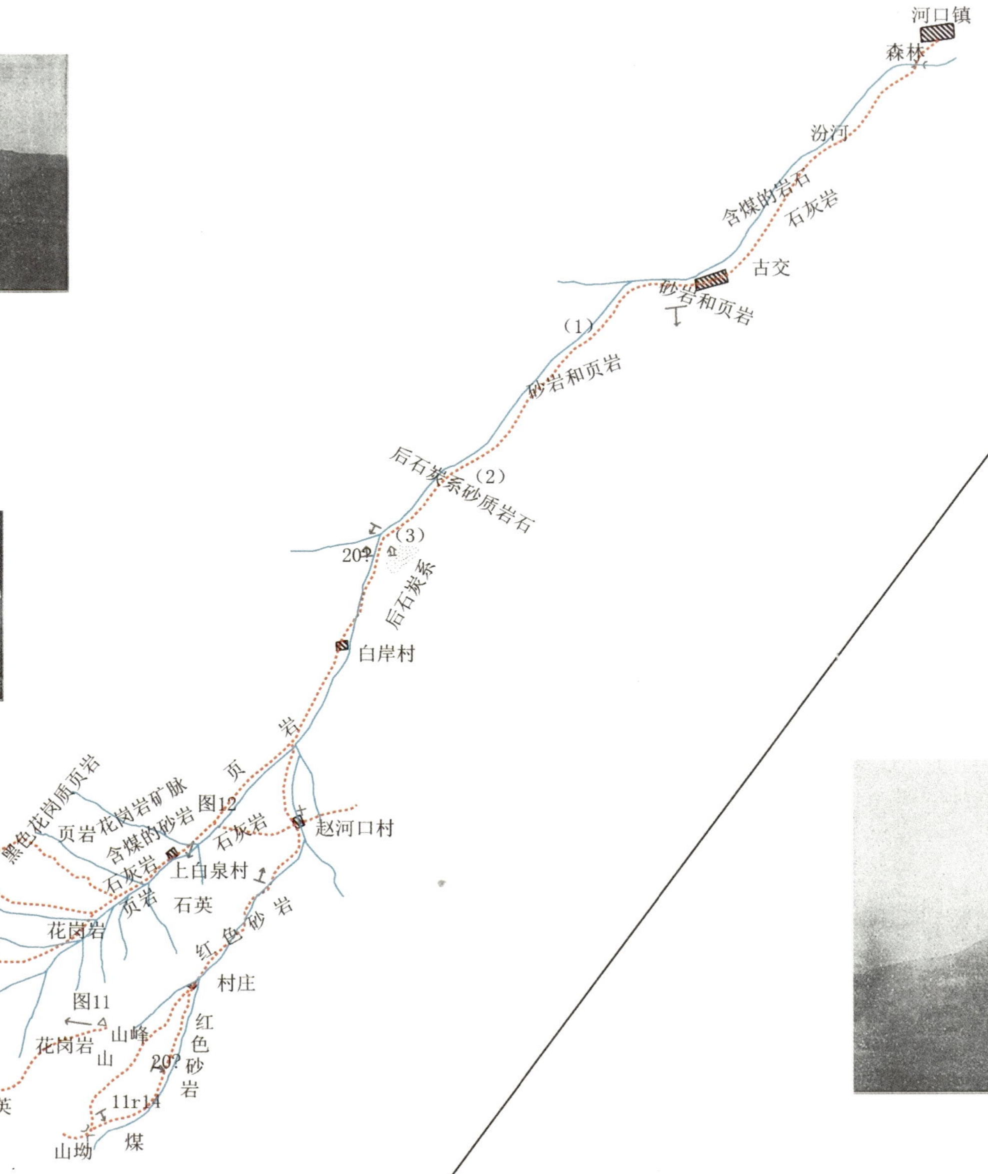

图11

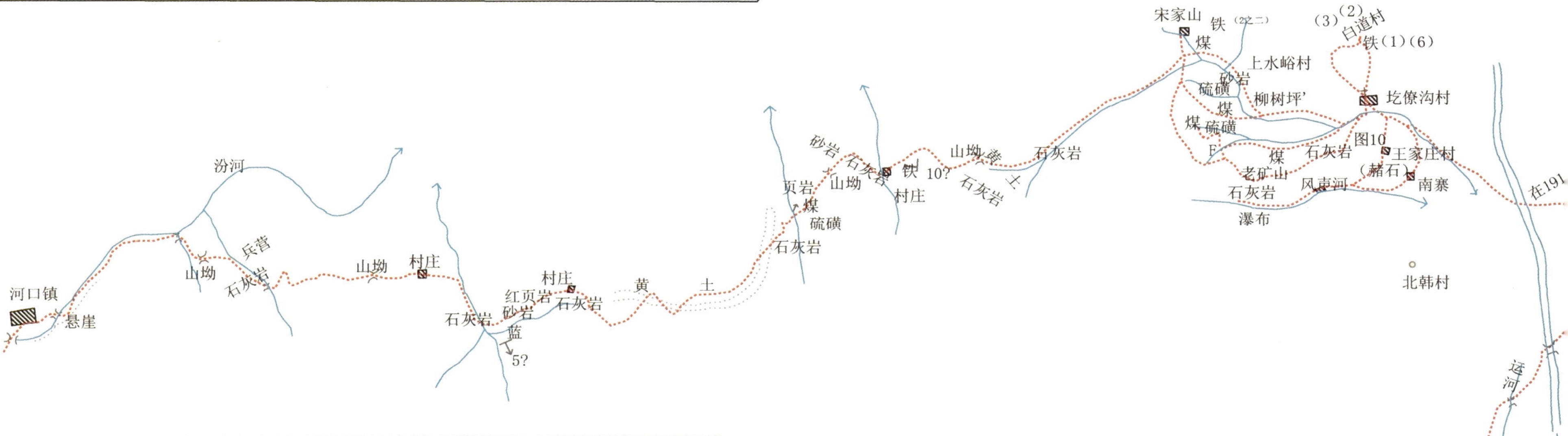

图4

13

du King Han
Tang yin hien
Yikeouyi
Tsi hien
Ouei hoei fou
1: 200.000

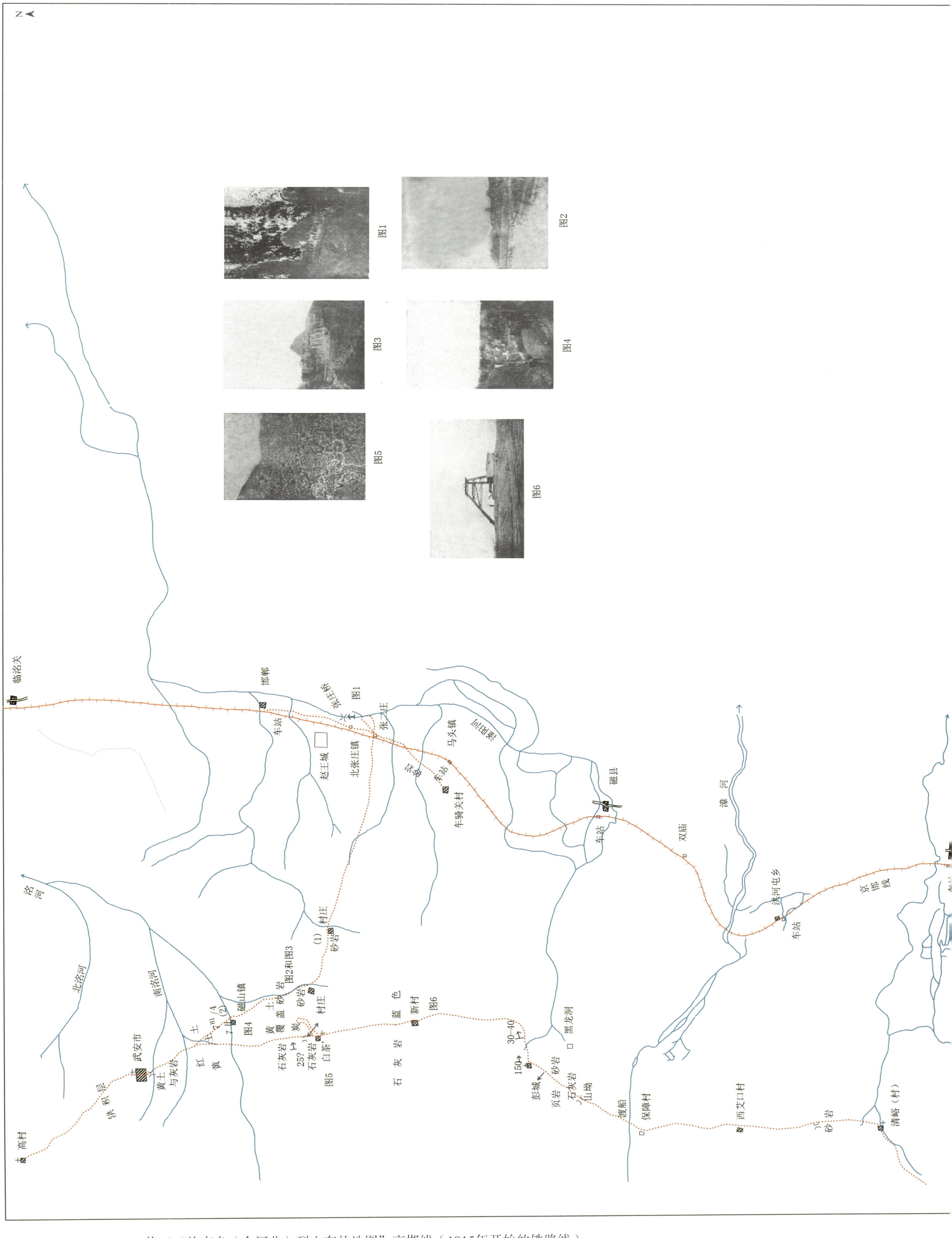

修正“从直隶（今河北）到山东的地图”京邯线（1915年开始的铁路线）

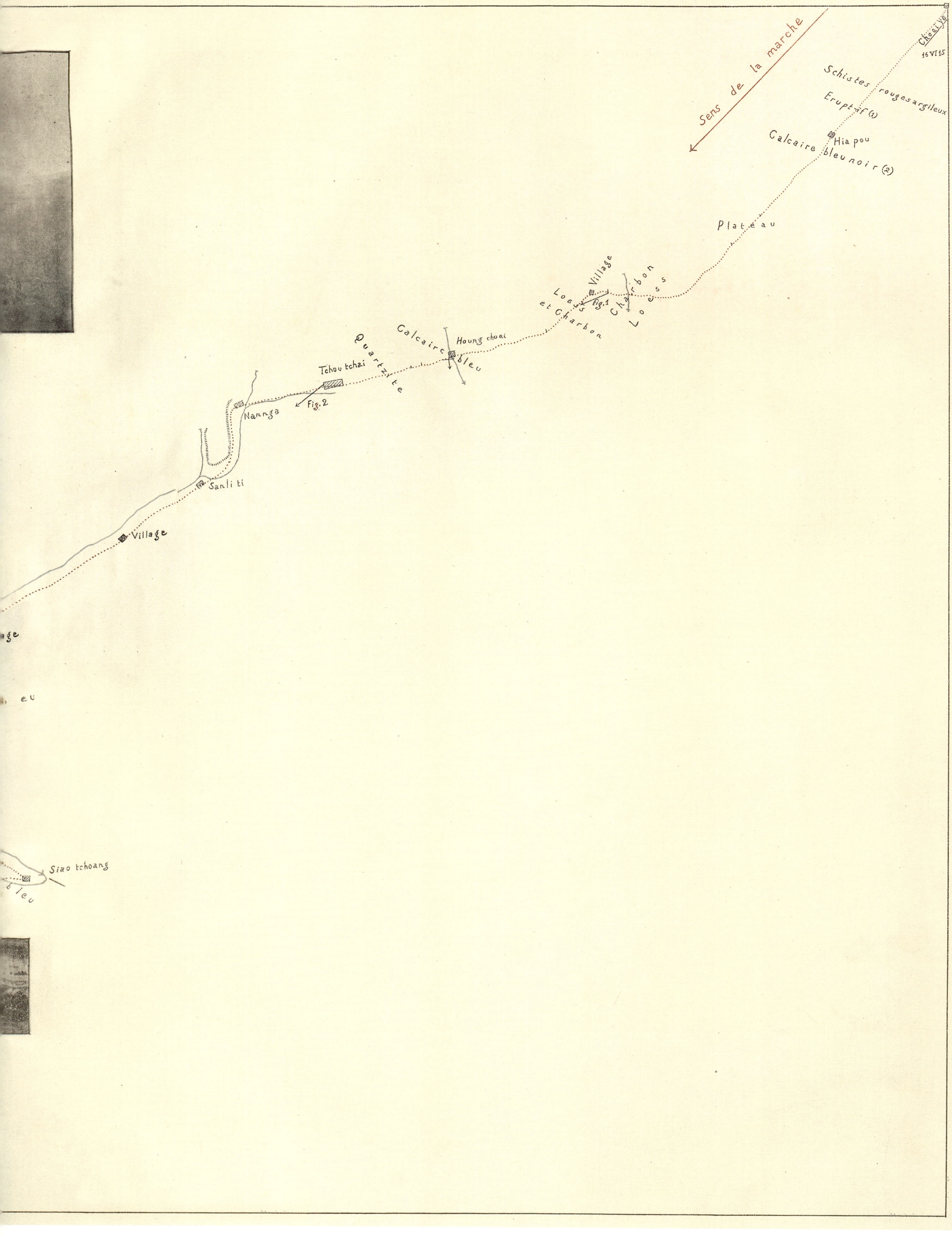
Choei yé
16 VI 15
Sens de la marche
Schistes rouges argileux
Eruptif (1)
Hia pou
Calcaire bleu noir (2)
Plateau
Village
Loess et Charbon
fig.1
Charbon
Loess
Calcaire bleu
Houng choei
Quartzite
Tchou tchai
Fig.2
Nannga
Sanli ti
Village
Siao tchoang

Fig. 1.

Fig. 3.

Fig. 2.

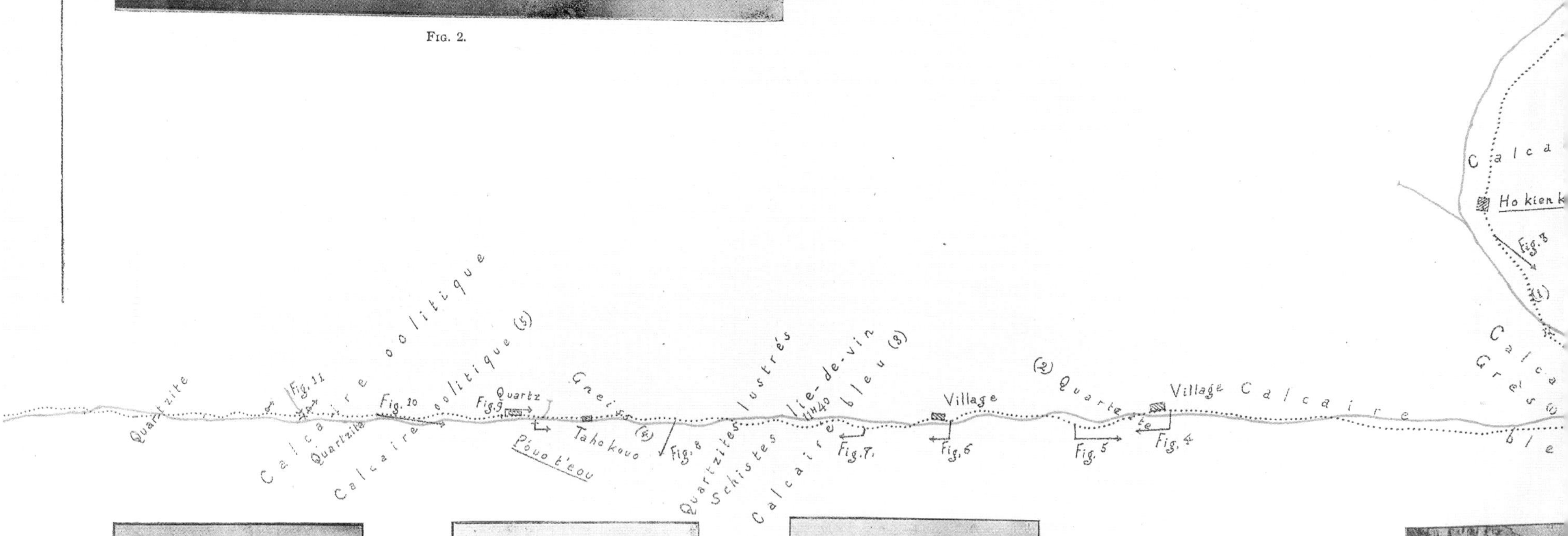

Fig. 4.

Fig. 6.

Fig. 8.

Fig. 11.

Fig. 10.

Fig. 5.

Fig. 7.

Fig. 9.

14号地图

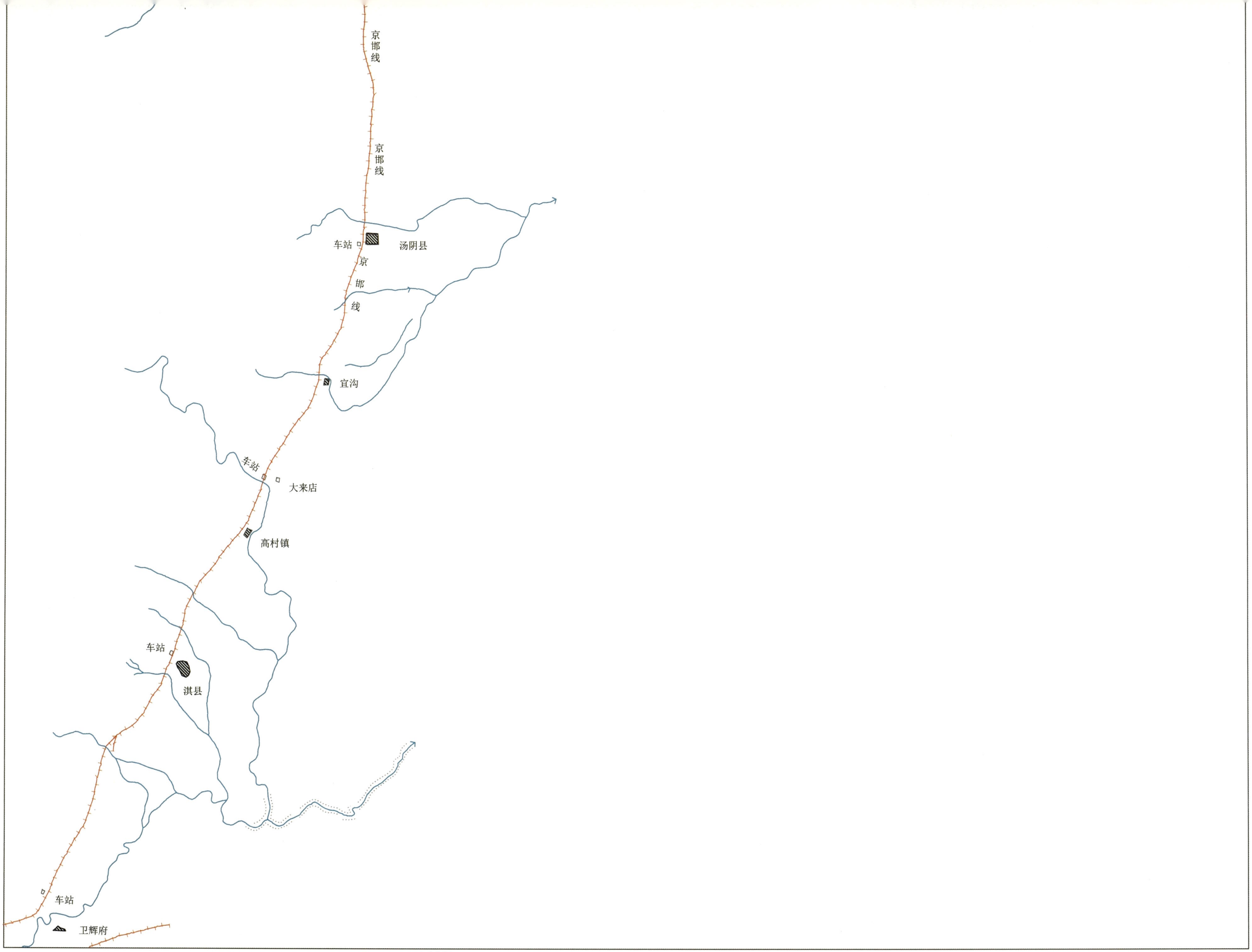

比例尺　1：200,000

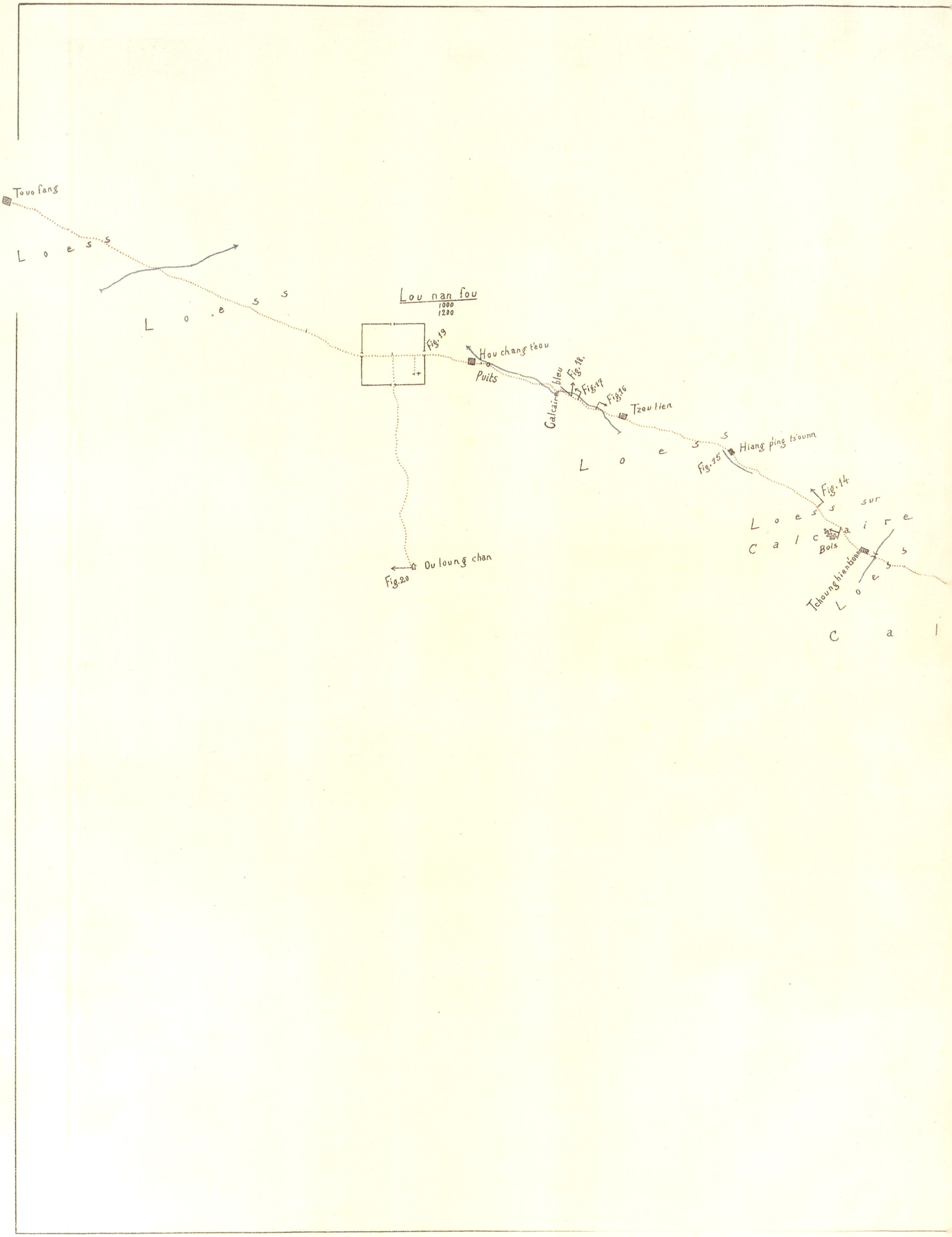
Touo fang
Loess
Loess
Lou nan fou
1000
1200
Fig. 19
Hou chang t'eou
Puits
Calcaire bleu
Fig. 18
Fig. 17
Fig. 16
Tzeu lien
Loess
Fig. 15
Hiang ping ts'ounn
Fig. 14
Loess sur
Calcaire
Bois
Tchoung hien tsounn
Loess
Cal
Ou loung chan
Fig. 20

15号地图

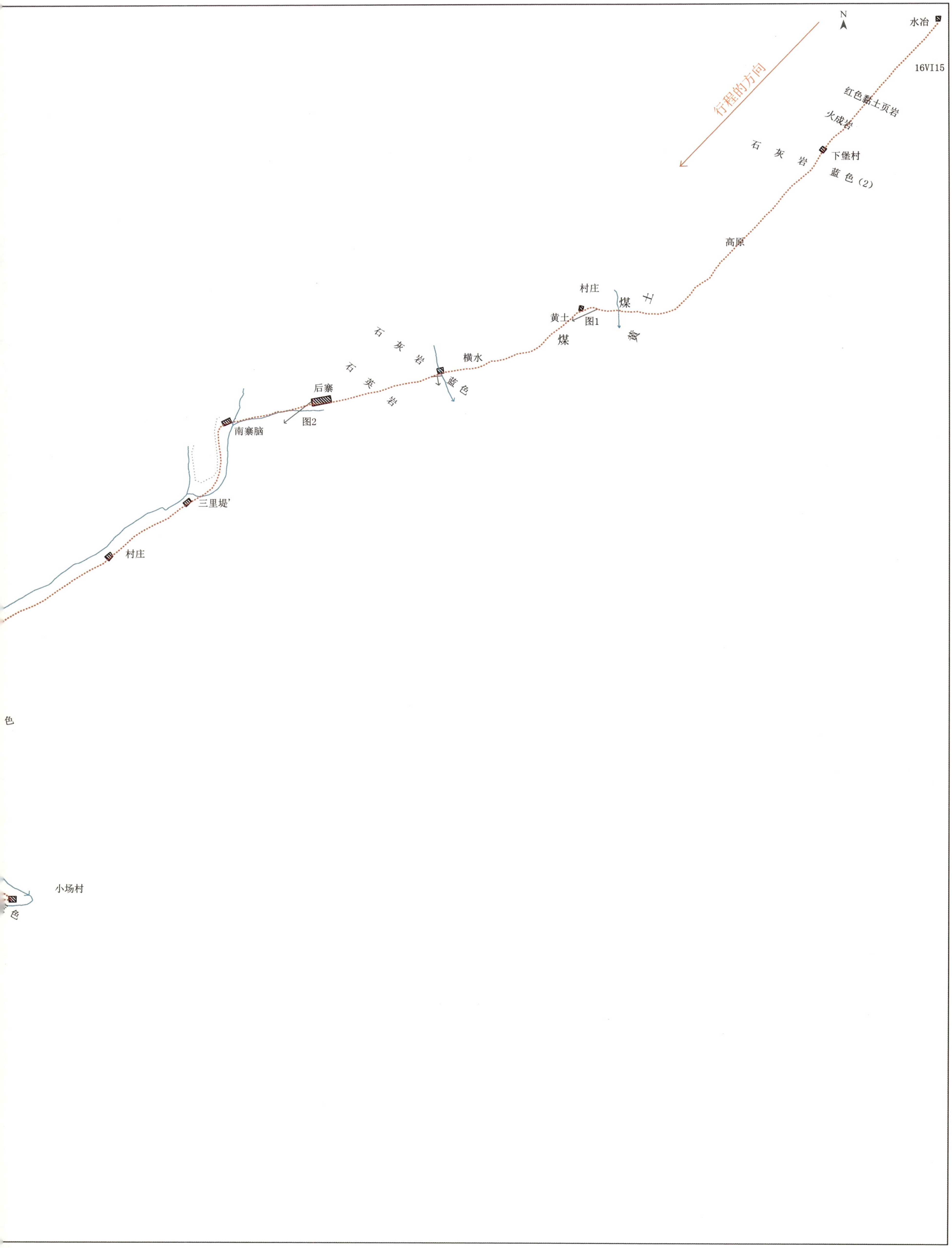
N
水冶
16VI15
行程的方向
红色黏土页岩
火成岩
石 灰 岩
下堡村
蓝 色（2）
高原
村庄
煤
土
黄土
图1
煤
黄
石 灰 岩
横水
石 英 岩
蓝 色
后寨
图2
南寨脑
三里堤'
村庄
色
小场村
色

图1

图3

图2

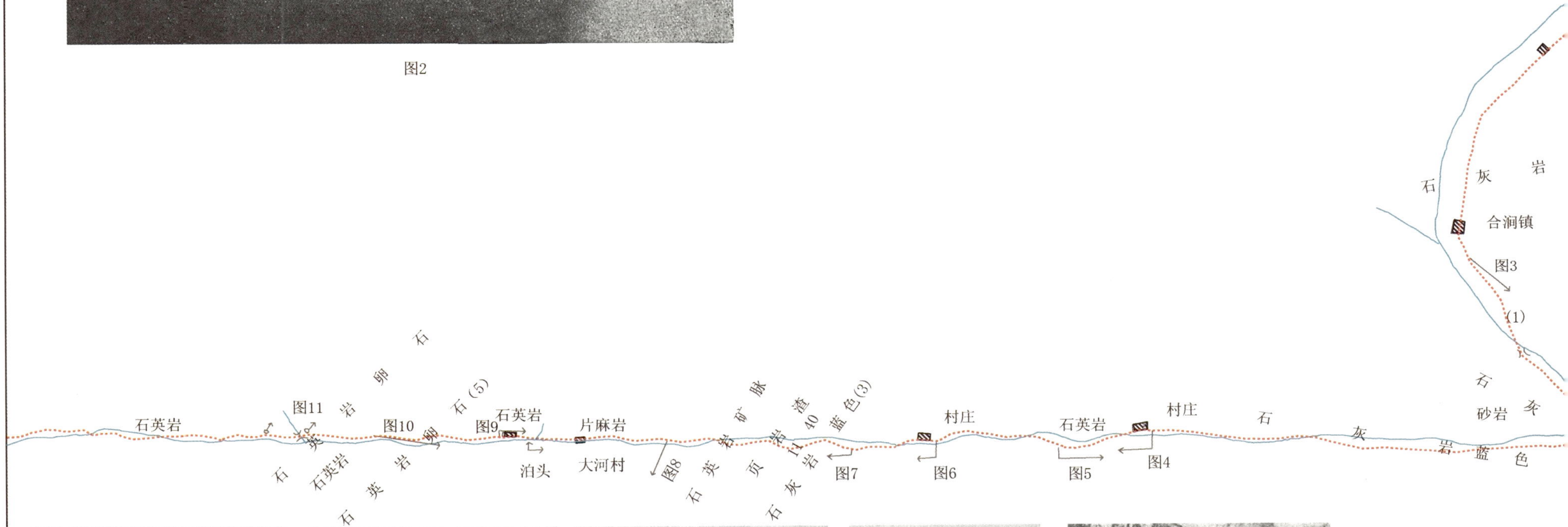

图4

图6

图8

图10

图11

图5

图7

图9

Fig. 1.

Fig. 2.

Fig. 3.

Fig. 5.

Fig. 6.

Fig. 7.

Fig. 4.

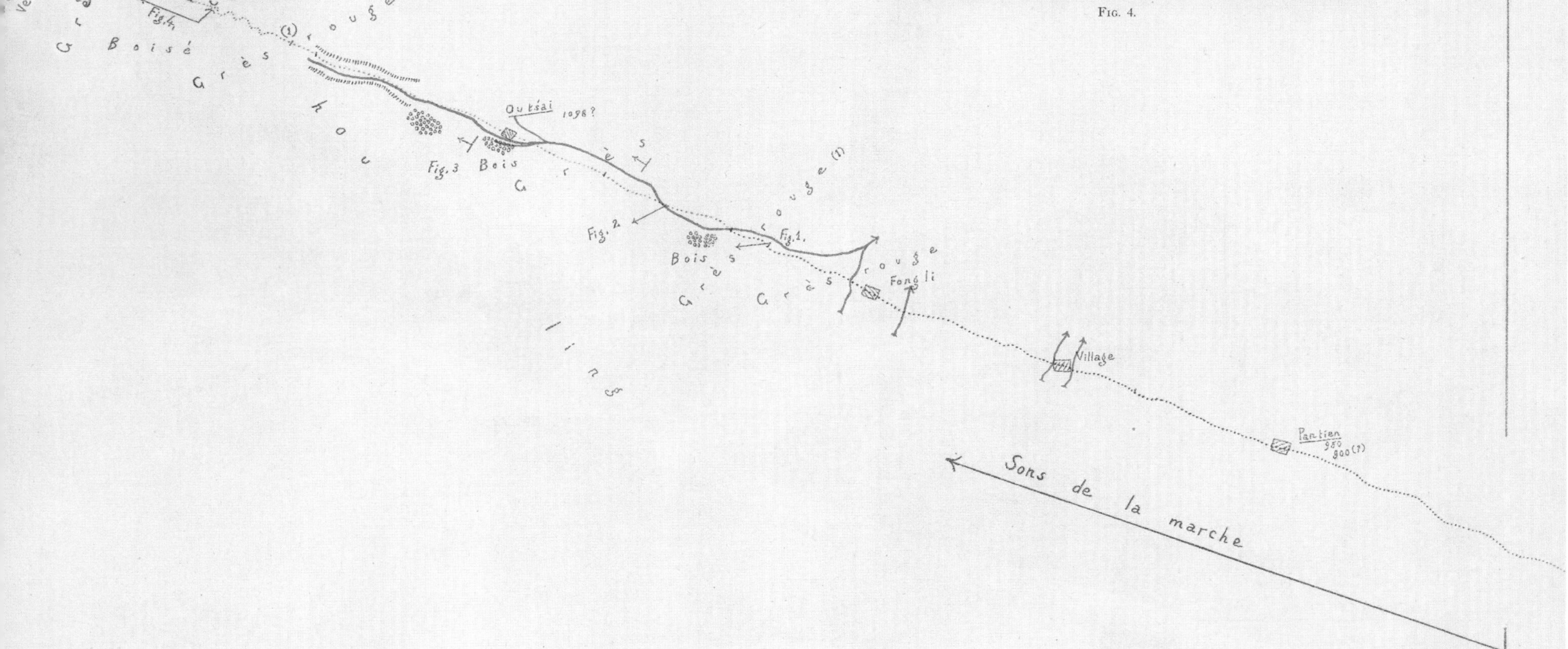

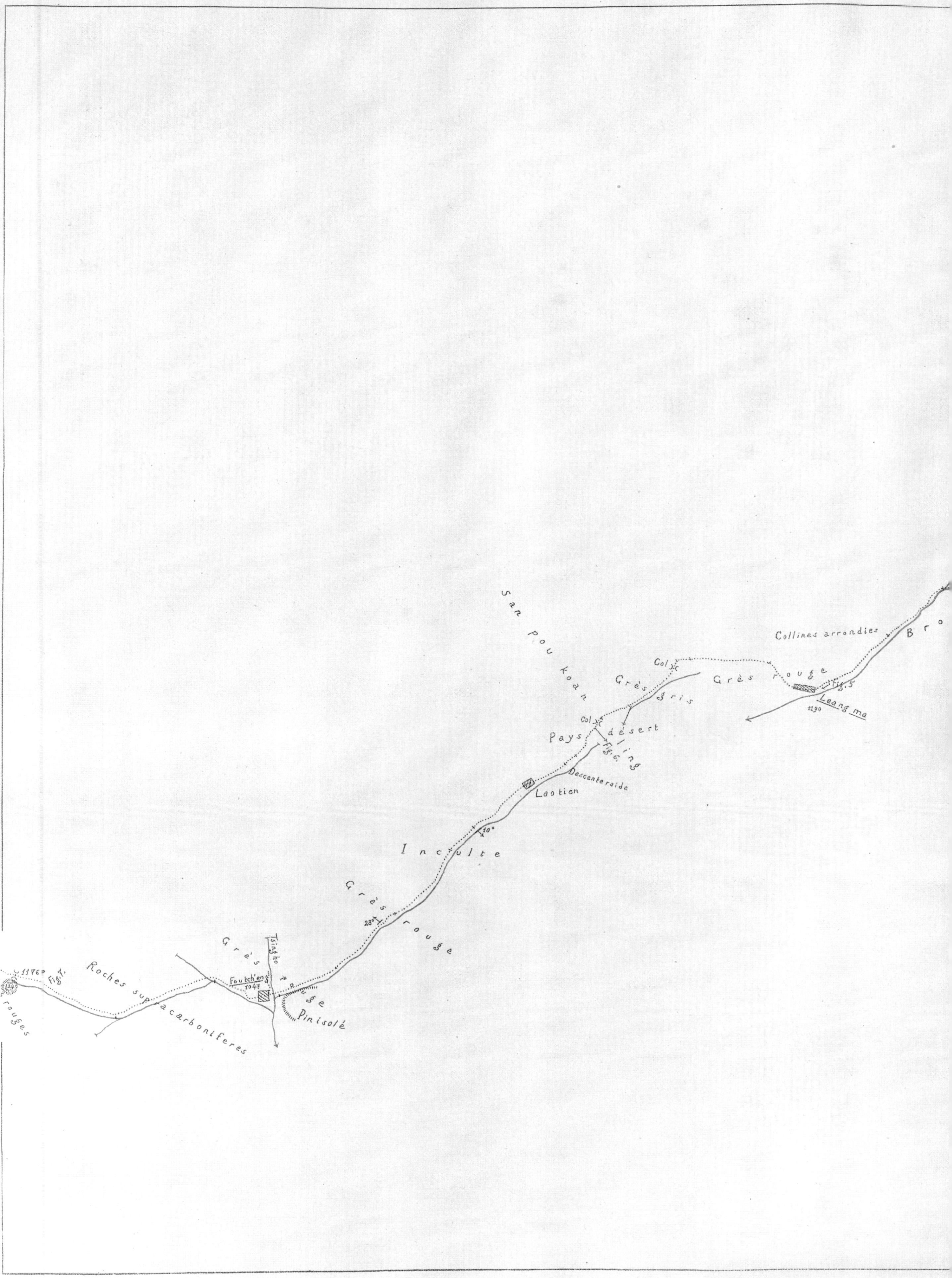
San pou koan
Collines arrondies
Bro
Col
Grès gris
Grès rouge
Fig. 5
Leang ma
1190
Col
Pays désert
ling
Fig. 6
Descente raide
Laotien
10°
Inculte
Grès rouge
28°
Grès rouge
Tsing ho
Foutch'eng
1047
Pin isolé
Roches supracarbonifères
1176
Fig. 7
1245
Roches rouges

16号地图

图6

图7

图17

图18

图10

图9

图19

图20

图13

图11

图16

图14

图15

图5

图2

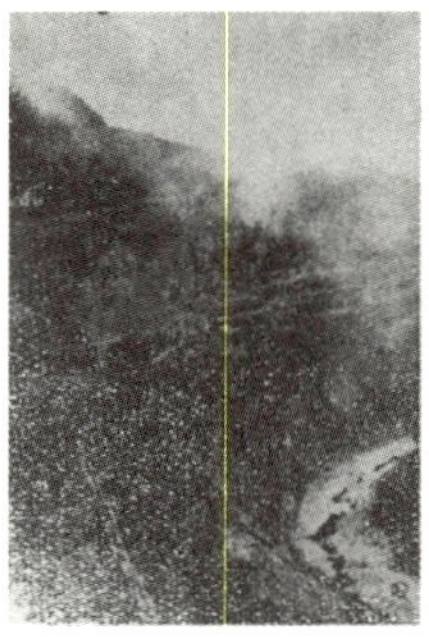
图8

图3

图1

图12

图4

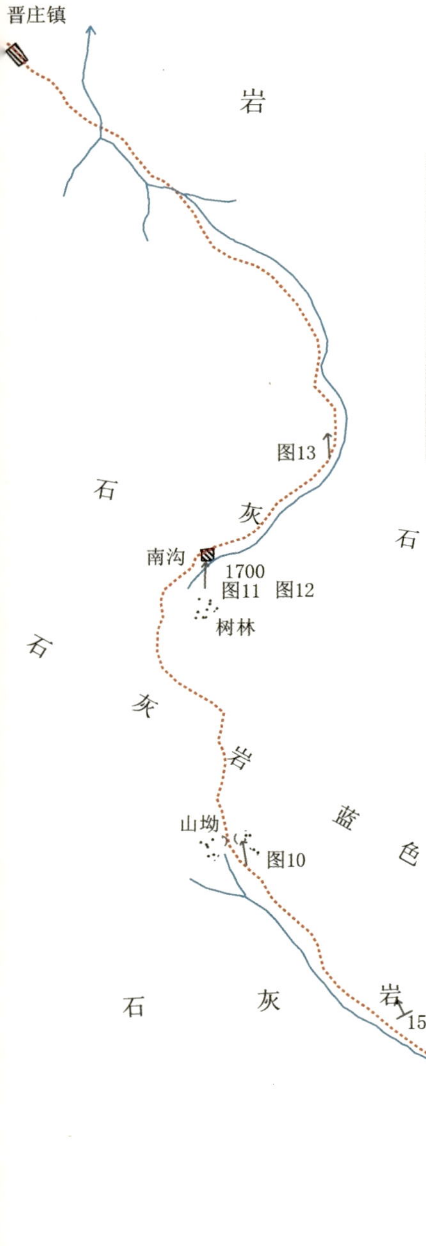
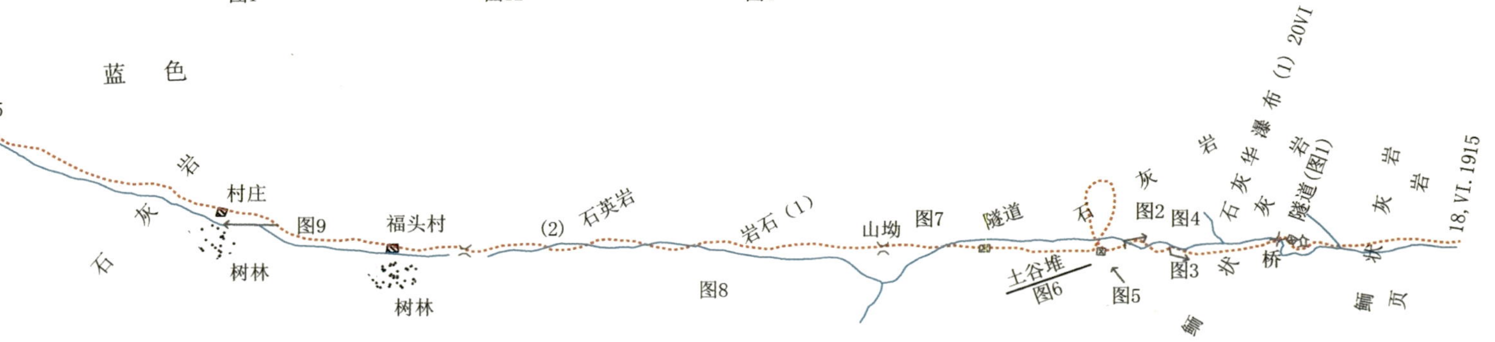

Fig. 4bis.

Fig. 4ter.

17号地图

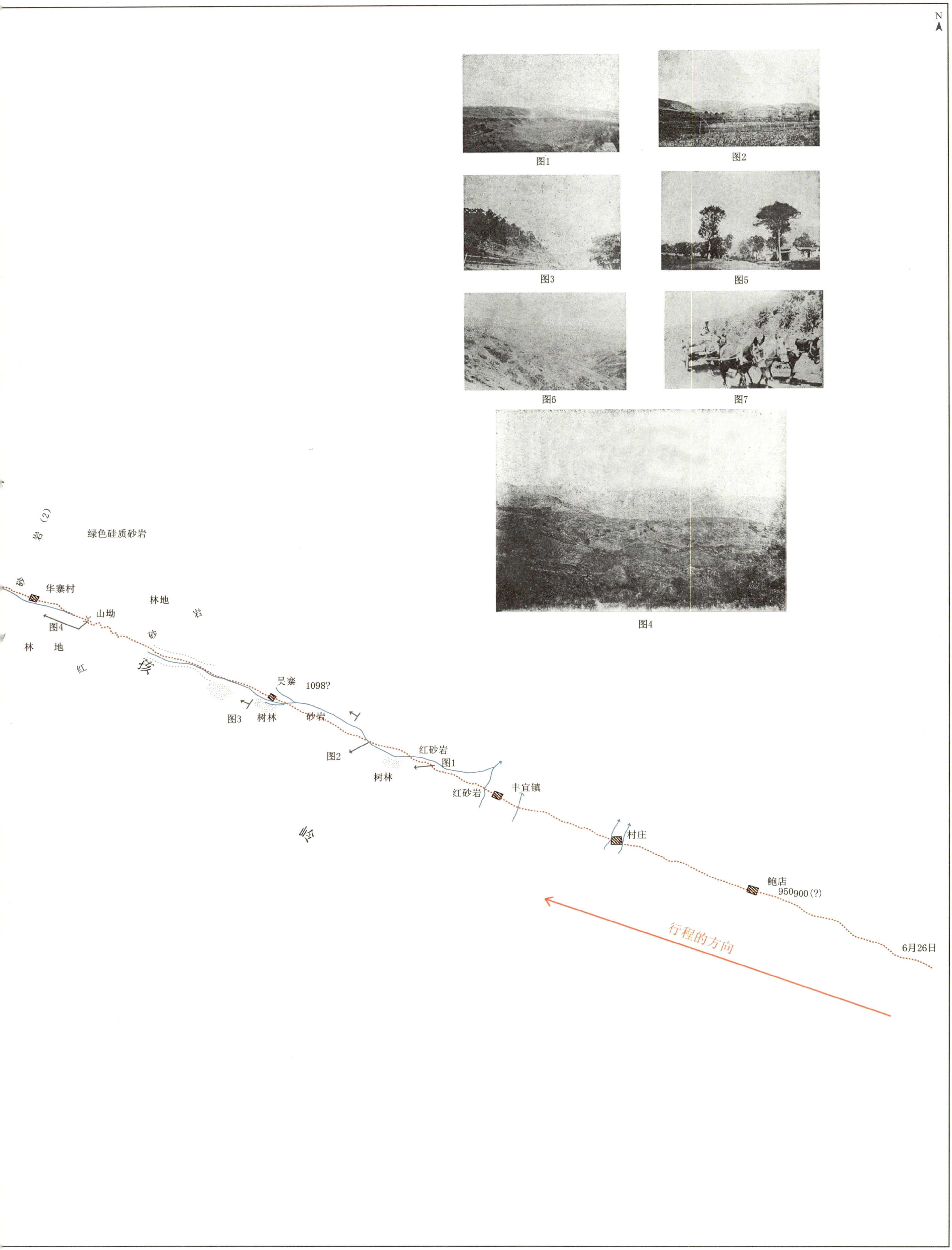
N
图1
图2
图3
图5
图6
图7
图4
岩（2）
绿色硅质砂岩
砂
华寨村
林地
山坳
岩
图4
林
地
砂
红
孩
吴寨
1098?
图3
树林
砂岩
图2
红砂岩
图1
树林
红砂岩
丰宜镇
村庄
鲍店
950900(?)
行程的方向
6月26日

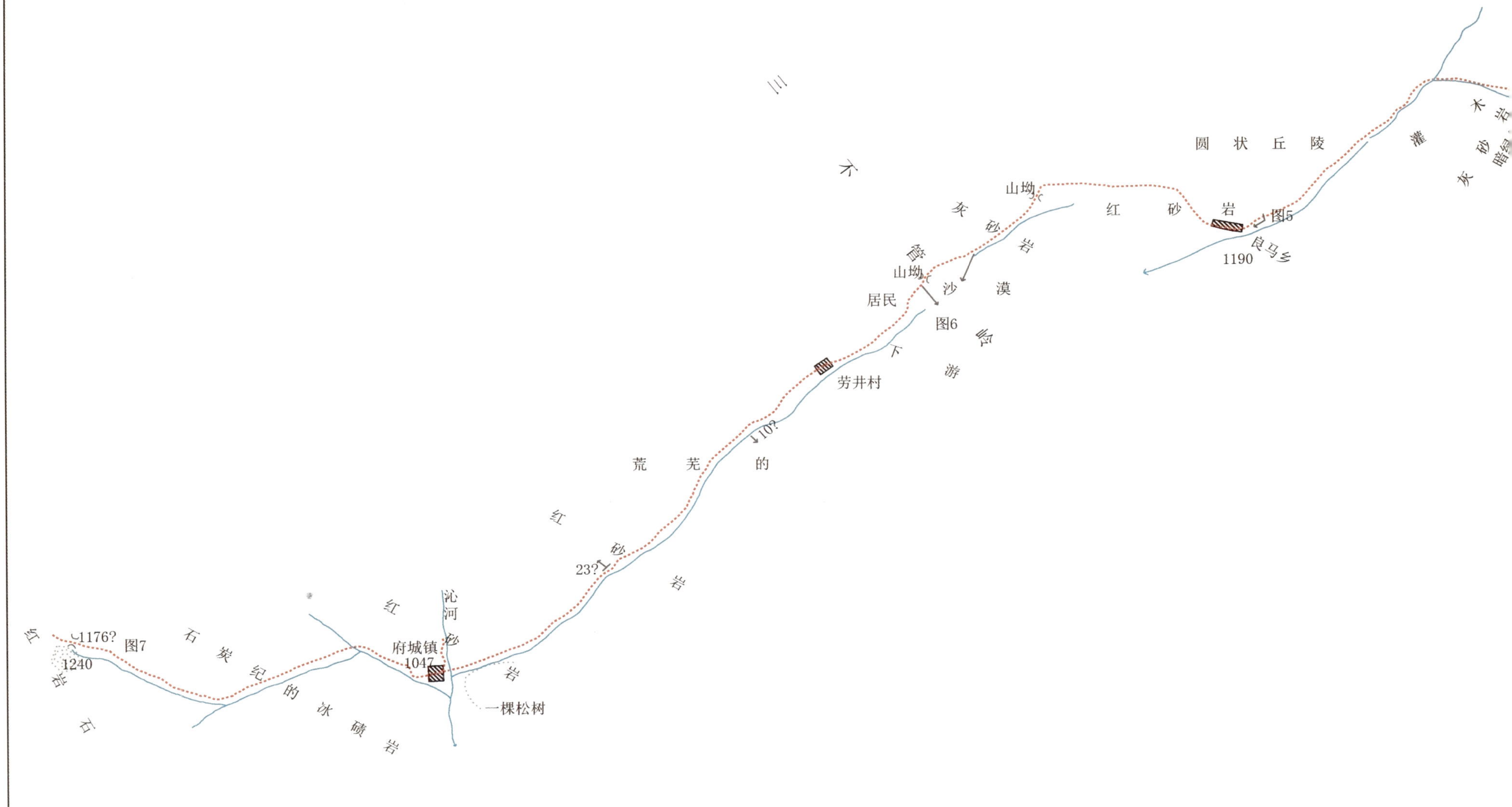
三
不
圆 状 丘 陵
灌 木 岩
灰 砂
山坳
灰 砂 岩
红 砂 岩
图5
1190
良马乡
山坳
沙 漠
居民
图6
下 游
劳井村
110?
荒 芜 的
红 砂 岩
23?
红
沁河
砂
岩
府城镇
1047
一棵松树
红 岩 石
1176?
图7
1240
石 炭 纪 的 冰 碛 岩

Fig 1.

Fig. 1bis.

Fig. 2.

Fig. 3.

Fig. 4.

Fig. 5.

Fig. 6.

Fig. 8.

Fig. 7.

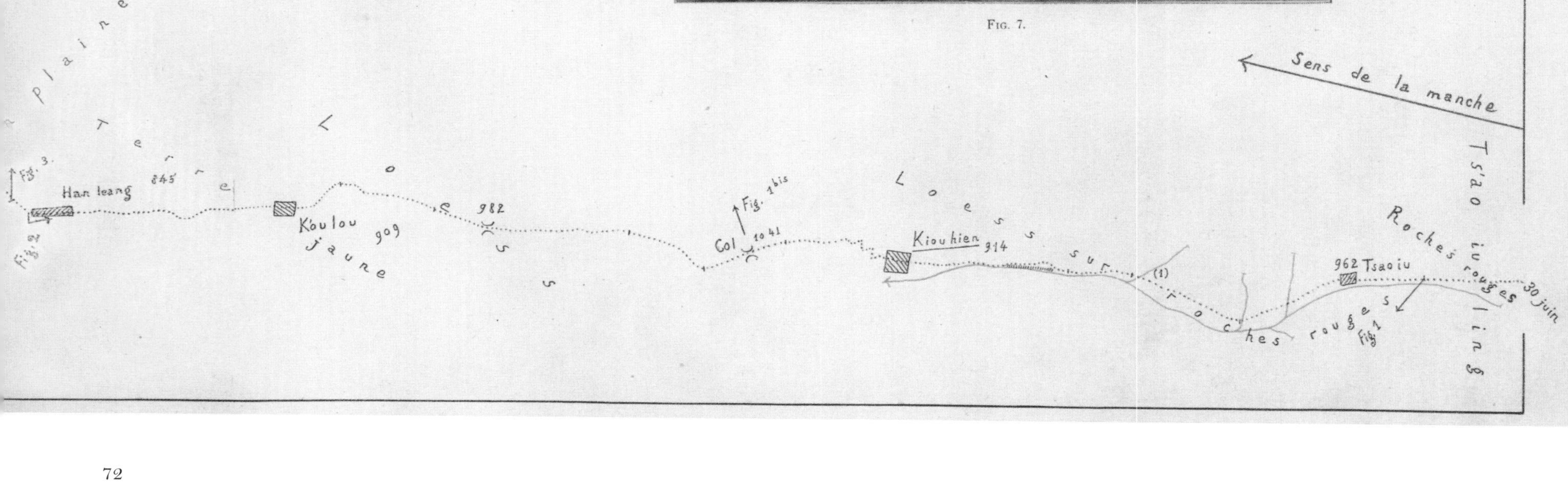

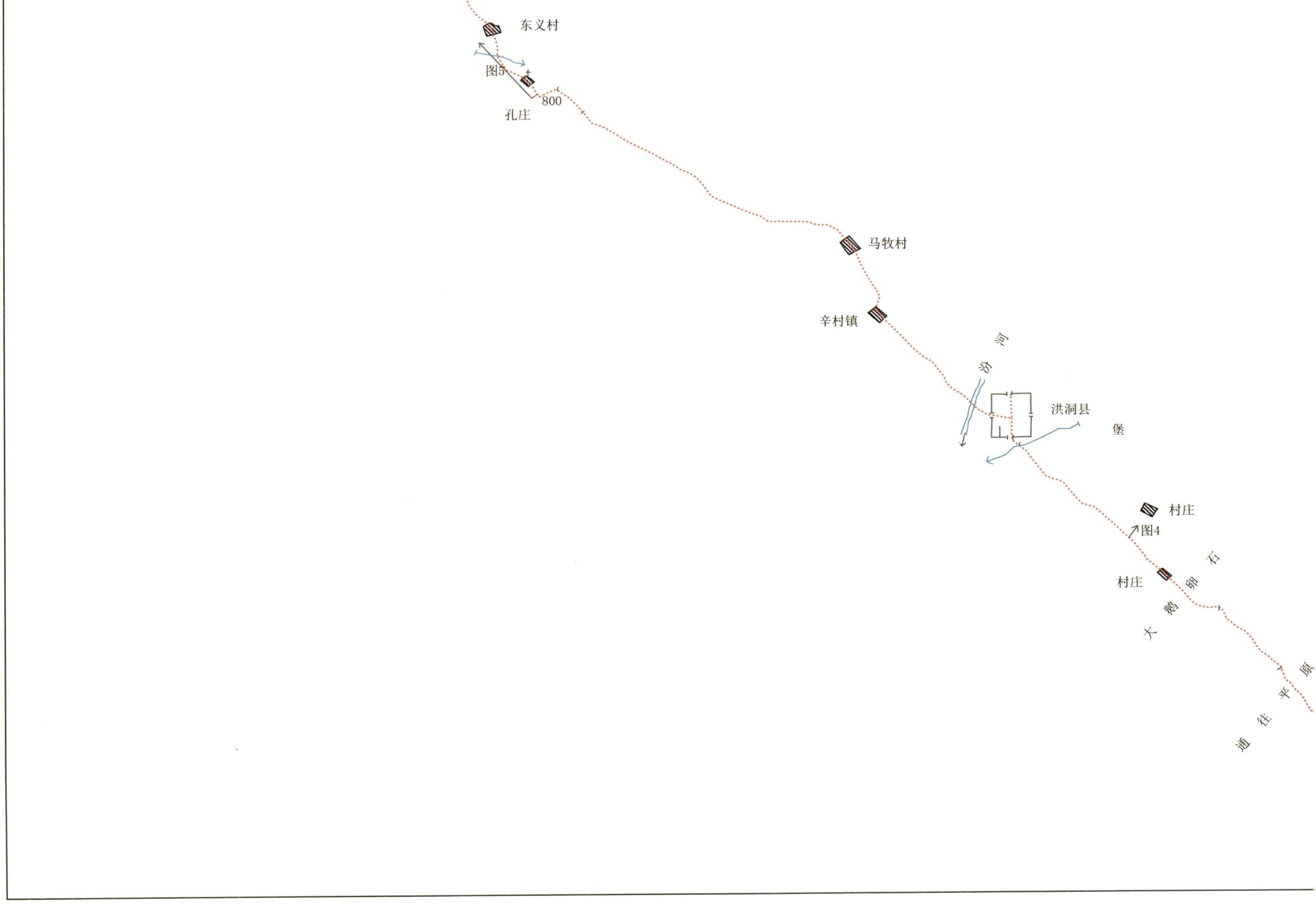

杂乱的砂岩
小村子
图8
山坳
1396
1399
(1)山坳
(1)砂岩和石英铁质
人烟稀少
(砂岩)
杂乱的岩石
山坳 1253
黄土丘陵
1150
山坳
黄土
石灰岩
图7
牢寺村
1031
980
效古村
回坡底村
黄
835
图6
刘家垣镇
土
东义村
图5
800
孔庄
马牧村
辛村镇
汾河
洪洞县
堡
村庄
图4
村庄
大鹅卵石
通往平原

图4 bis.

图4 ber.

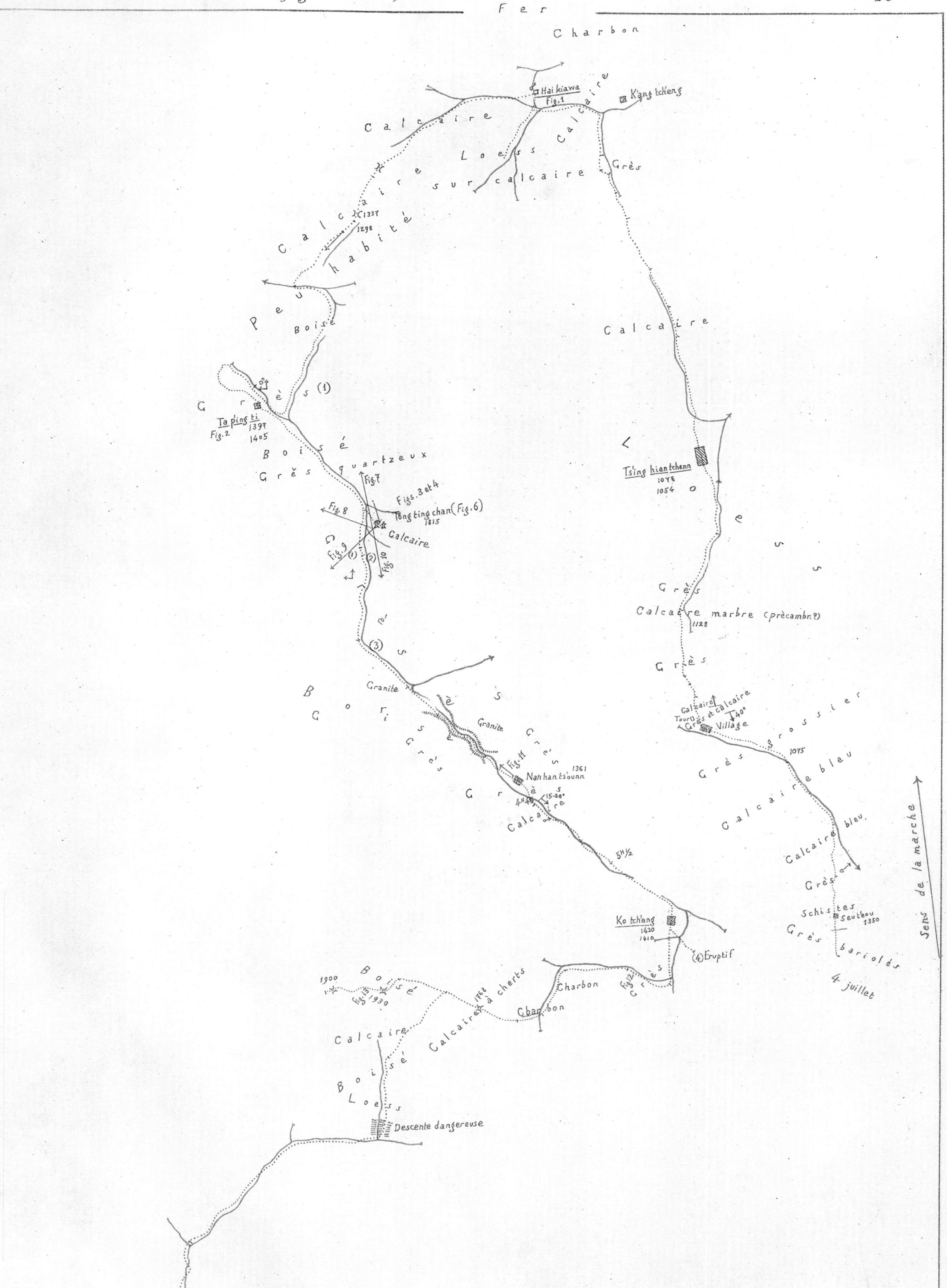
Fer
Charbon
Hai kiawa
Fig. 1
K'ang tch'eng
Calcaire
Loess
Calcaire
Loess sur calcaire
Grès
Calcaire
Peu habité
1337
1298
Boisé
Grès (1)
Ta ping ti
Fig. 2
1397
1405
Boisé
Grès quartzeux
Fig. 7
Figs. 3 et 4
Fig. 8
Tong ting chan (Fig. 6)
1815
Calcaire
Fig. 9
Fig. 10
Grès
(3)
Granite
Boisé
Grès
Granite
Grès
Fig. 11
Nan han tsounn
1361
Grès
15-20°
Calcaire
5 1/2
Calcaire
Tsing hien tchenn
1078
1054
Loess
Grès
Calcaire marbre (précambr.?)
1128
Grès
Calcaire
Grès et calcaire
Tours
40°
Village
Grès grossier
1075
Calcaire bleu
Calcaire bleu
Grès
Schistes
Seu tsou
1350
Grès bariolés
4 juillet
Sens de la marche
Ko tch'ang
1420
1410
(4) Éruptif
Charbon
Fig. 12
Grès
Charbon
1900
Boisé
Fig. 13
1930
1768
Calcaire à cherts
Calcaire
Boisé
Loess
Descente dangereuse

Fig. 1.

Fig. 2.

Fig. 3.

Fig. 4.

Fig. 5.

Fig. 6.

Fig. 7.

Fig. 8

Fig. 9.

Fig. 10.

Fig. 11.

Fig. 12.

Fig. 13.

18号地图

图1

图1 bis.

图2

图3

图4

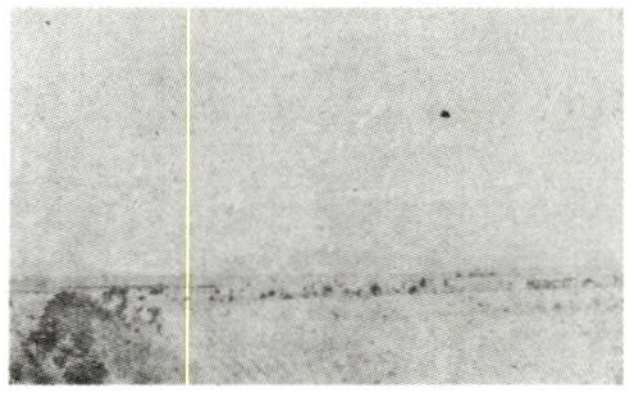
图5

图6

图8

图7

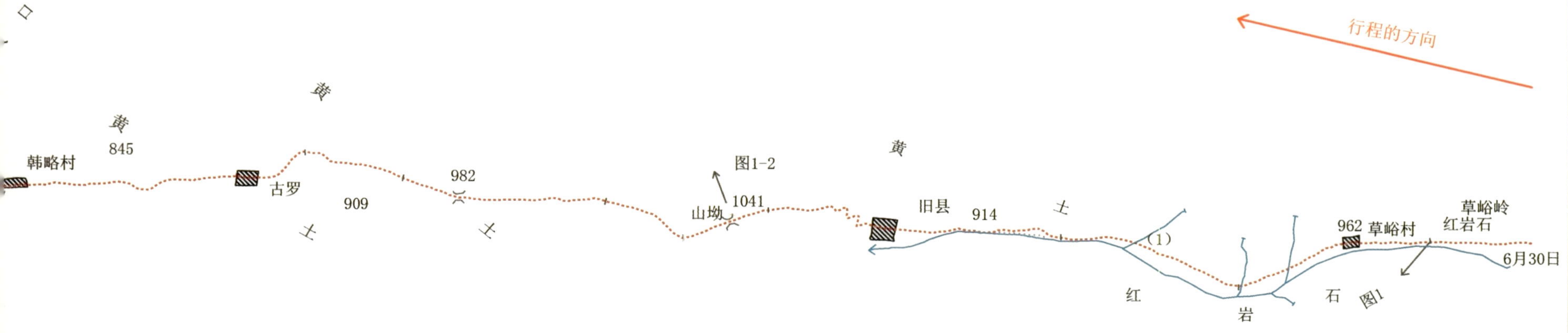

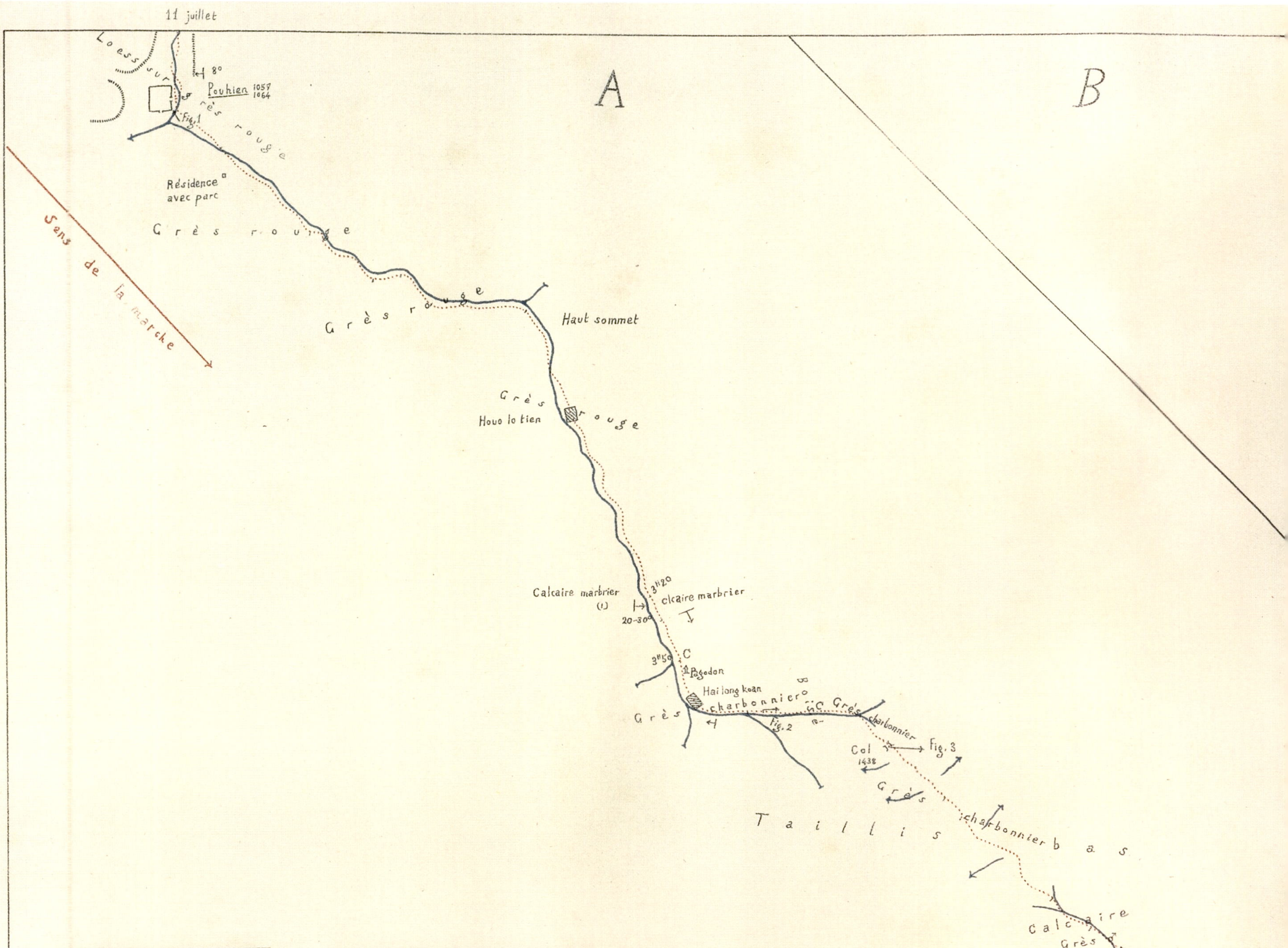

Fig. 1.

Fig. 2.

Fig. 4.

Fig. 5.

Fig. 6.

Fig. 3.

19号地图

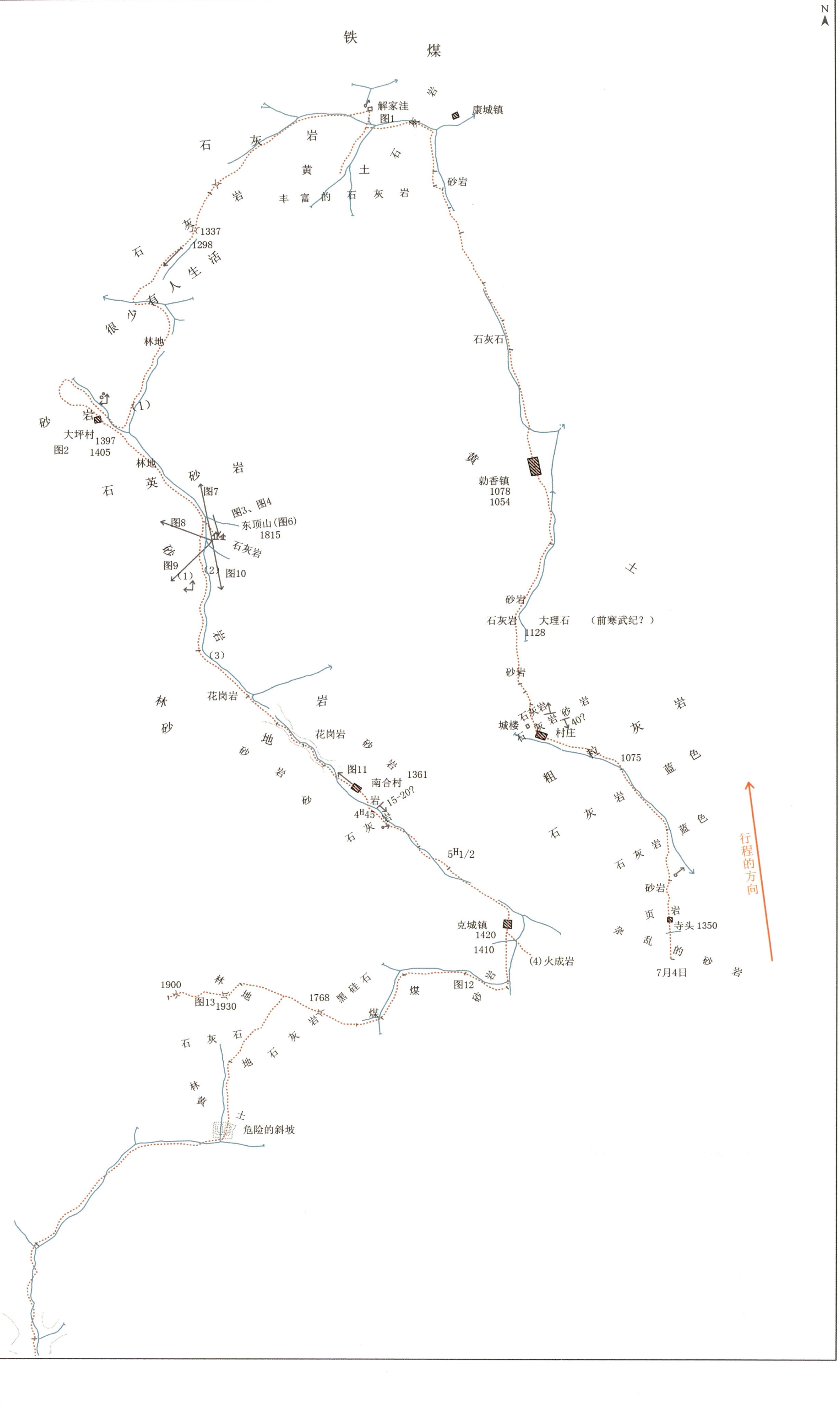
N
铁
煤
解家洼
图1
康城镇
石
灰
岩
黄
土
石
丰富的石灰岩
砂岩
1337
1298
石
很少有人生活
林地
(1)
砂
岩
大坪村
1397
1405
图2
林地
石
英
砂
岩
图7
图3、图4
图8
东顶山(图6)
1815
石灰岩
图9
(1)
(2)
图10
(3)
石灰石
黄
勍香镇
1078
1054
土
砂岩
石灰岩
大理石
(前寒武纪？)
1128
砂岩
城楼
石灰岩
砂
岩
40?
村庄
1075
岩
灰
蓝
色
粗
石
灰
岩
蓝
色
石
灰
岩
林
砂
花岗岩
岩
花岗岩
地
砂
岩
砂
岩
砂
图11
南合村
1361
15-20?
4^H45
石
灰
$5^H1/2$
砂岩
页
岩
寺头 1350
杂
乱
的
砂
岩
7月4日
行程的方向
克城镇
1420
1410
(4)火成岩
1900
林
地
图13
1930
1768
黑硅石
煤
图12
砂
石
灰
石
地
石
灰
岩
林
黄
土
危险的斜坡

图1

图2

图3

图4

图5

图6

图7

图8

图9

图10

图11

图12

图13

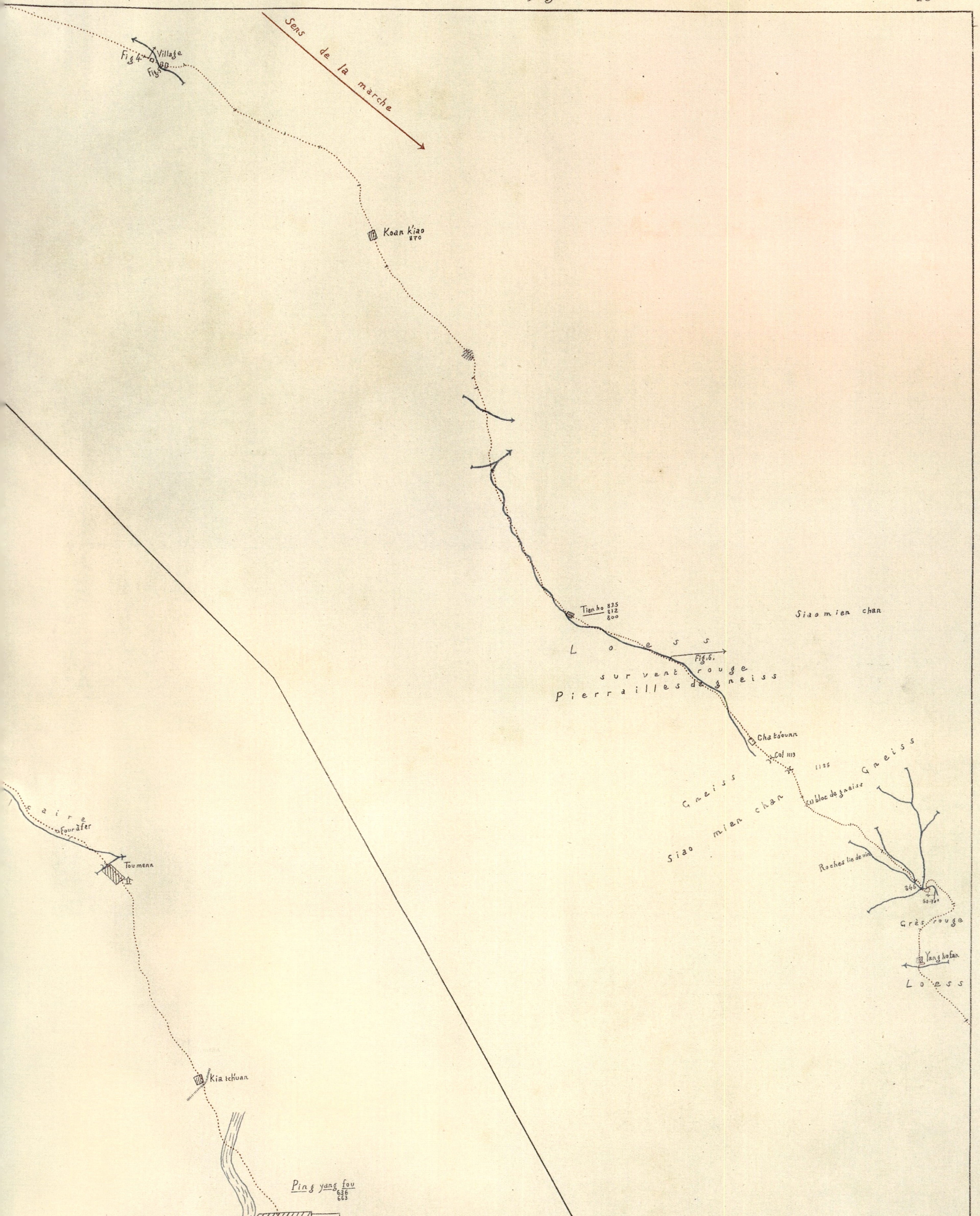
Sens de la marche
Village
Fig 4
Koan kiao
870
Tien ho
835
812
800
Siao mien chan
Loess
Fig. 6.
sur vent rouge
Pierrailles de gneiss
Cha ts'ounn
Col 1113
1125
Gneiss
Siao mien chan
(1) bloc de gneiss
Gneiss
Roches lie de vin
846
Grès rouge
Yang ko fan
Loess
caire
Four à fer
Toumenn
Kia tchuan
Ping yang fou
636
663
Faubourg

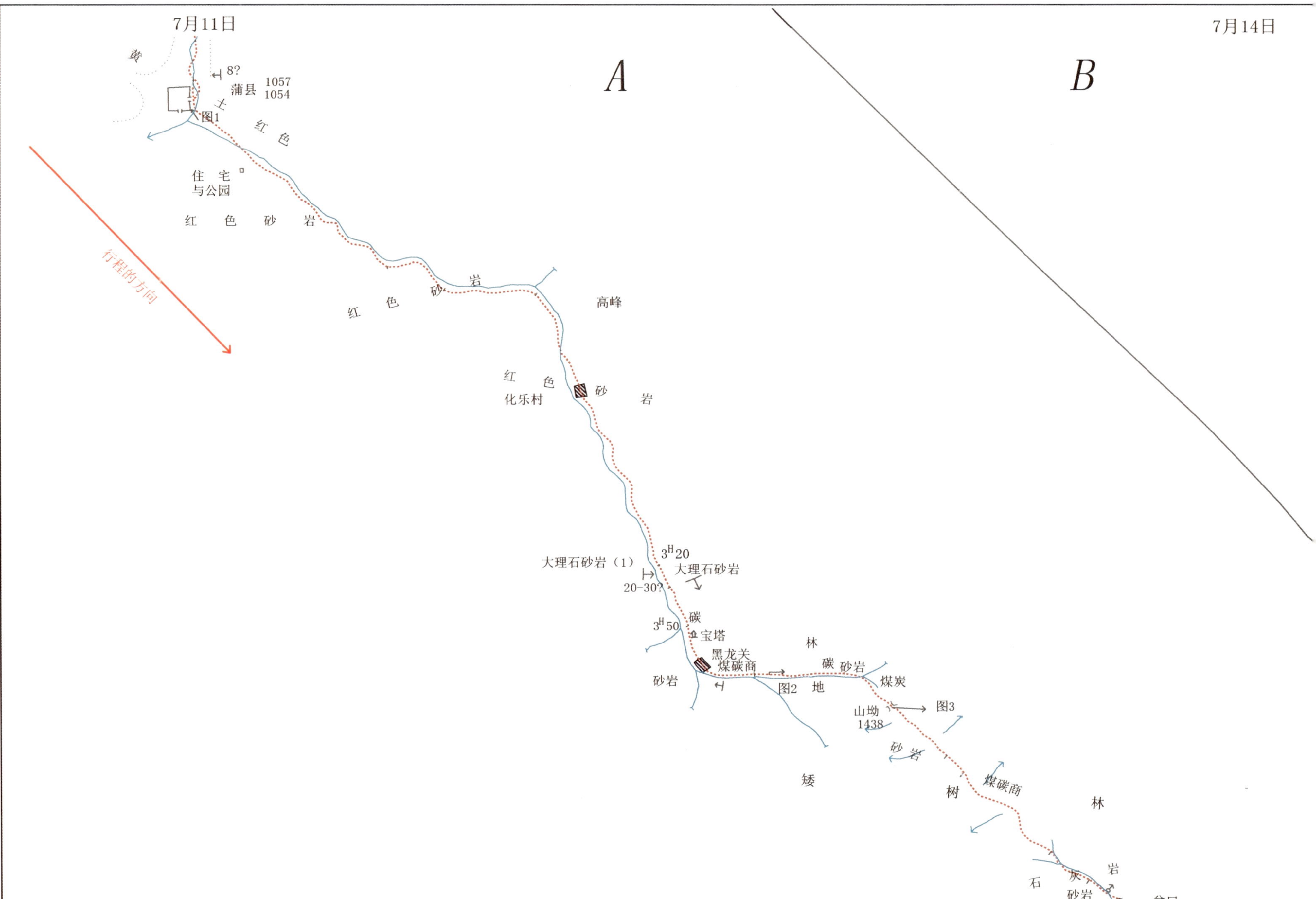

图1

图2

图4

图5

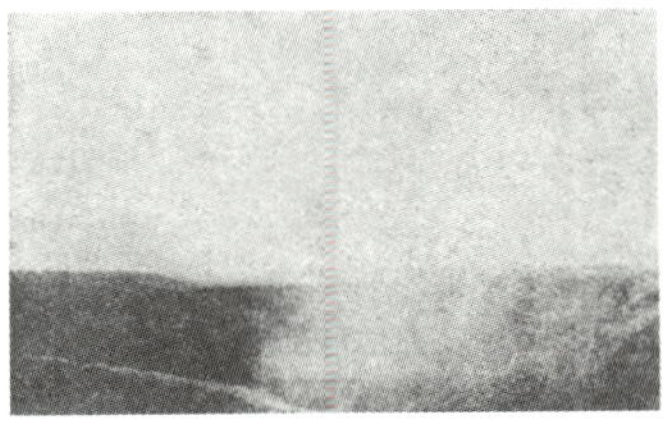
图6

图3

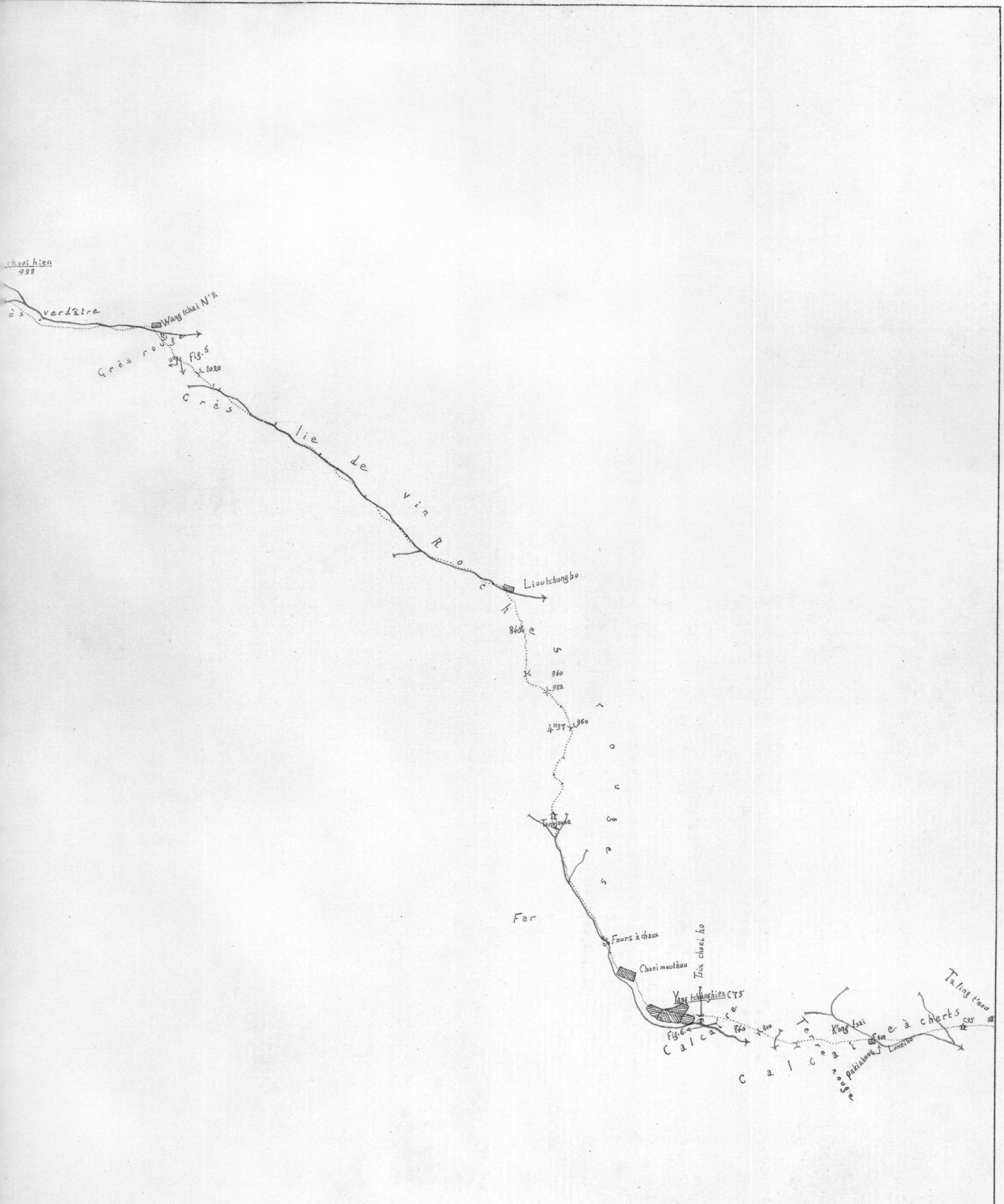
choei hien
988
ès verdâtre
Wang tchai N°2
Grès rouge
Fig. 5
1020
Grès lie de vin
Roches rouges
Lioutchong ho
960
982
Fer
Fours à chaux
Choeimoutéou
Tsin choei ho
Yang tchönghien
Fig. 6
Calcaire
Calcaire à cherts
Terre rouge
Kong tsai
Pakiakéou
Ta ling t'eou

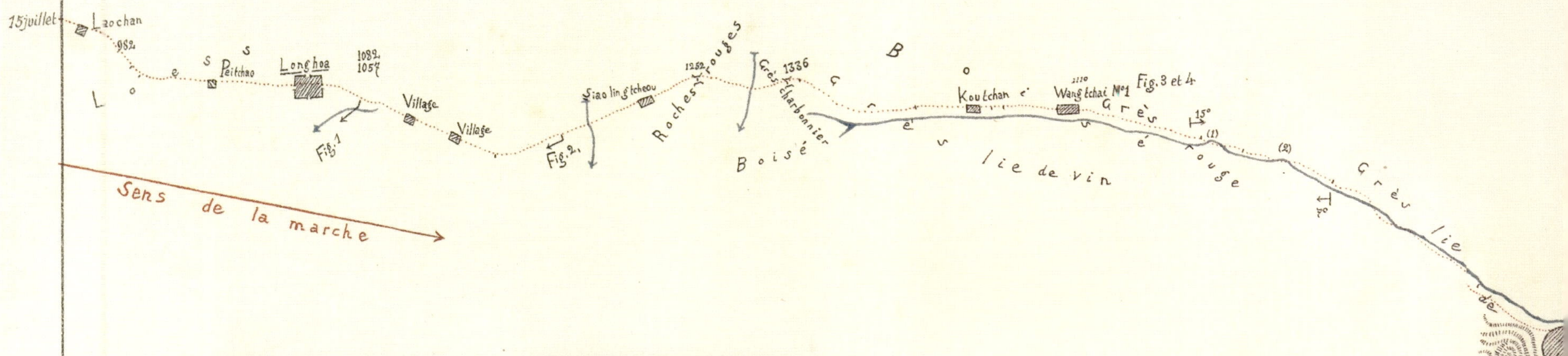

Fig. 1.

Fig. 2.

Fig. 3.

Fig. 4.

Fig. 5.

Fig. 6.

20号地图

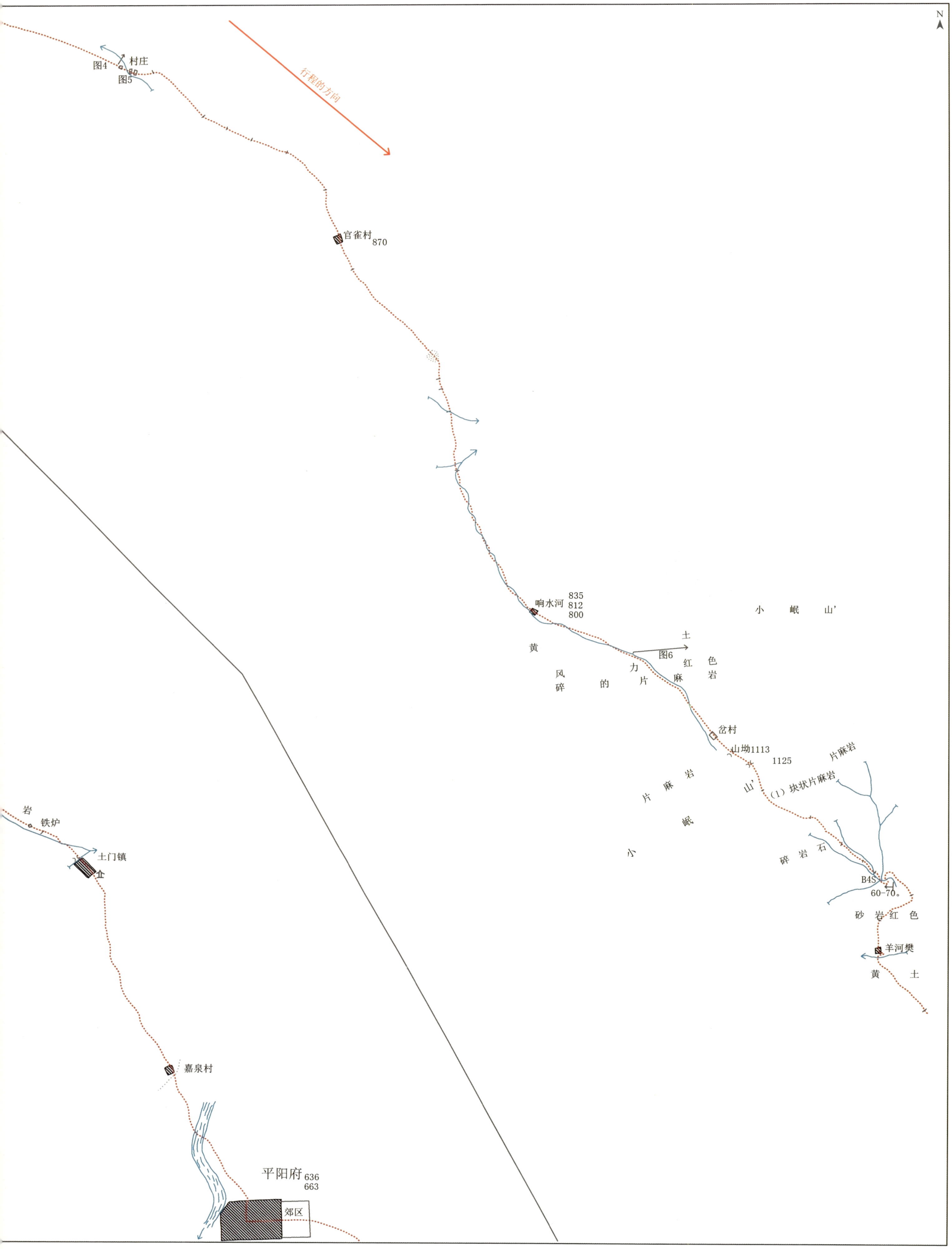
N
行程的方向
图4
村庄
图5
官雀村
870
响水河
835
812
800
小
岷
山'
土
图6
红
色
岩
黄
风
碎
的
力
片
麻
岔村
山坳1113
1125
片麻岩
片
麻
岩
山'
（1）块状片麻岩
小
岷
碎
岩
石
B4S
60-70。
砂
岩
红
色
羊河樊
黄
土
岩
铁炉
土门镇
嘉泉村
平阳府
636
663
郊区

18 juillet
Sens de la marche
Schistes noirs
Tcheoutobunn
Terre rouge
Terre jaune
Loess
Calcaire bleu noir
Calcaire bleu
Roches bariolées
Calcaire à cherts
Calcaire bleu noir
Schiste
Fer
Schistes noirs
Chang meull
Calcaire bleu à cherts
Grès charbonnier
Siao tsi
Calcaire bleu à cherts
Four à fer
Schistes rouges
Schistes greso-calcaires
Grès charbonnier
Schiste noir
Hoti
806
Calcaires schisteux
Schistes gréseux
Grès
Calcaires schisteux
Roches lie de vin
Szetcheou
Roches rouges
Tsau kien
Roches rouges
Calcaire bleu
Village

21号地图

N
绿 色
王寨N' 2
砂岩红色
图5
1020
砂 岩
紫 红 色 岩
刘家庄
845
石 红
960
982
960
4
H37
黄土
色
铁
石灰窑
水磨兴
沁河
阳城县c75
图6
石 灰 岩
740
800
红 岩
石 灰 岩
孔寨
土
八甲口
黑 硅 石
600
芦苇河'
大岭口
C35

7月15日

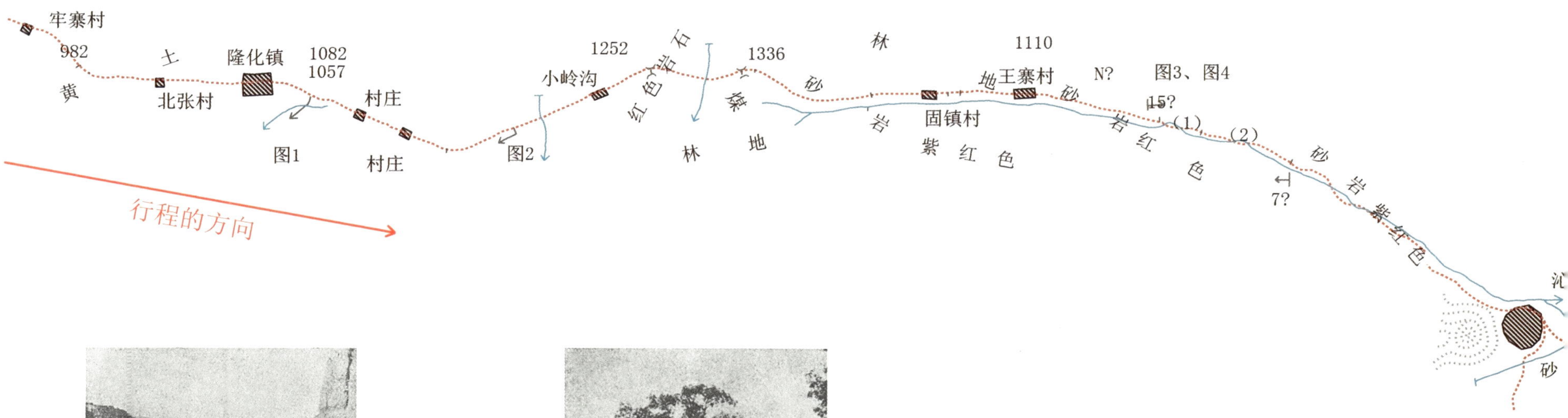

图1

图2

图3

图4

图5

图6

sza tcheu 800
809
veiné rouge
arhonnier
rouge
chistes et
Ta keou 982
calcaire
bleu
Route
Calcaire 4 3/4
Calcare bleu
Ho nankoan
Route
10° 5°
Porte
Tch'eng p'ing
Calcaire
Route
Grès et calcaire grèseux
Calcaire
Roches d'altération
et
Calcaire
Grès
Grès
Calcaire
Grès
435m
Calcaire
Roches d'altération
Grès rouge
Diluvium
821
Lioupouo
Shintien
Lutien
Houleang
Gare
Ts'ing hoa tchenn 140m

7月18日
985
10H58
行程的方向
周村镇
黑色页岩
810
灰色砂岩
红
土
黄
土
820
黄
土
砂岩
4H55
石灰岩
蓝色
石灰岩
蓝色
页岩
985
树木
杂乱的岩石
变质的
18
石灰岩
黑硅石
1095
杂乱的岩石
1100
石灰岩
二十里铺
石灰岩
蓝色
页岩
片状煤炭
石灰岩
蓝色
铁
黑色页岩
茶元村
石灰岩
砂岩
蓝色
石灰岩
黑硅石
炭质砂岩
小萁村
石灰岩
黑硅石
铁窑
红色页岩
937
页岩
砂岩
石灰岩
炭
质
砂
岩
黑色页岩
河底村
806
页岩
片状的石灰石
页岩
页岩
砂质页岩
砂岩
片状的石灰岩
1017
天井关村
岩
石
紫红色
晋庙铺镇
红色岩石
苏店(?)
红
色
岩
石
1020
3H45
石灰岩
蓝色
村庄
石灰岩
炭
质

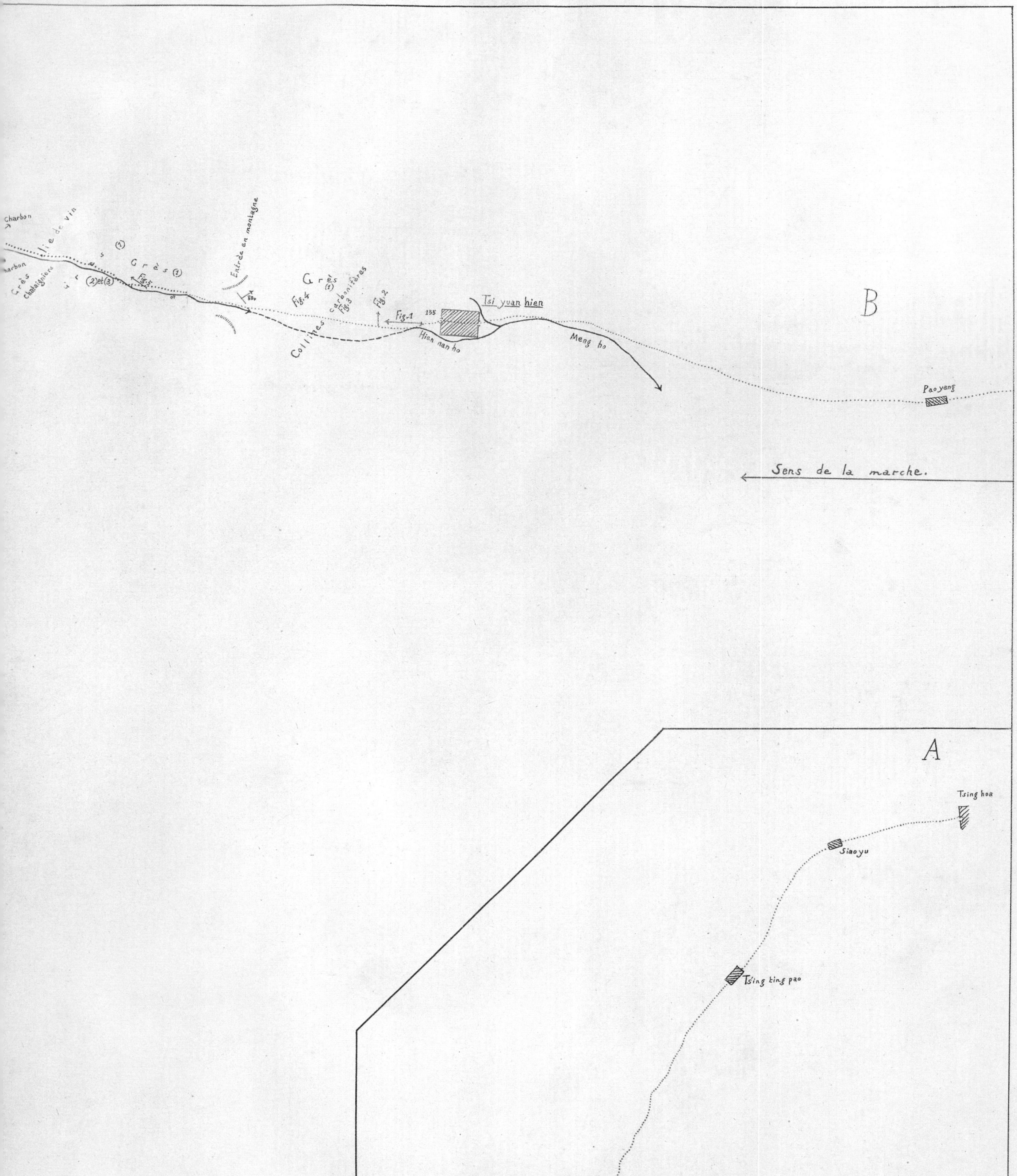
Charbon
lie de vin
Grès (1)
Charbon
Grès
Chataigniers
(2) et (3)
Fig. 5
Entrée en montagne
80°
Grès (1)
carbonifères
Fig. 4
Fig. 3
Fig. 2
Fig. 1
Collines
135
Tsi yuan hien
Hien nan ho
Meng ho
B
Pao yang
Sens de la marche.
A
Tsing hoa
Siao yu
Tsing ting pao
Hoai king fou

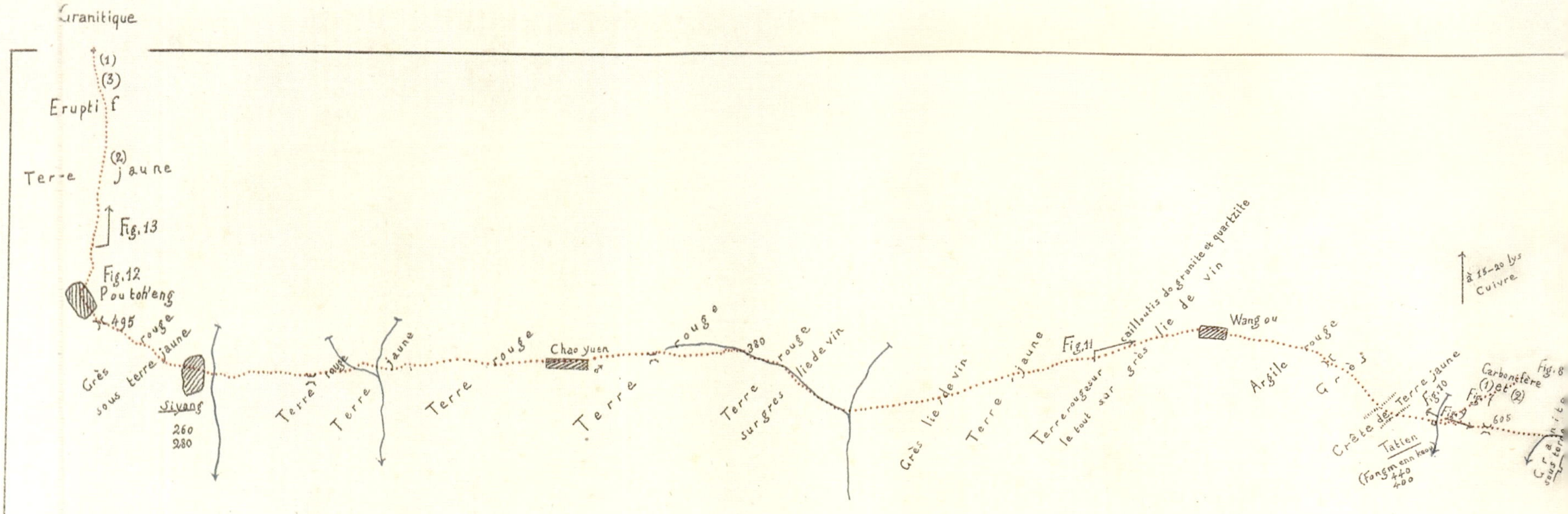

Fig. 1.

Fig. 2.

Fig. 3.

Fig. 4.

Fig. 5.

Fig. 6.

Fig. 7.

Fig. 8.

Fig. 9.

Fig. 10.

Fig. 11.

Fig. 12.

Fig. 13.

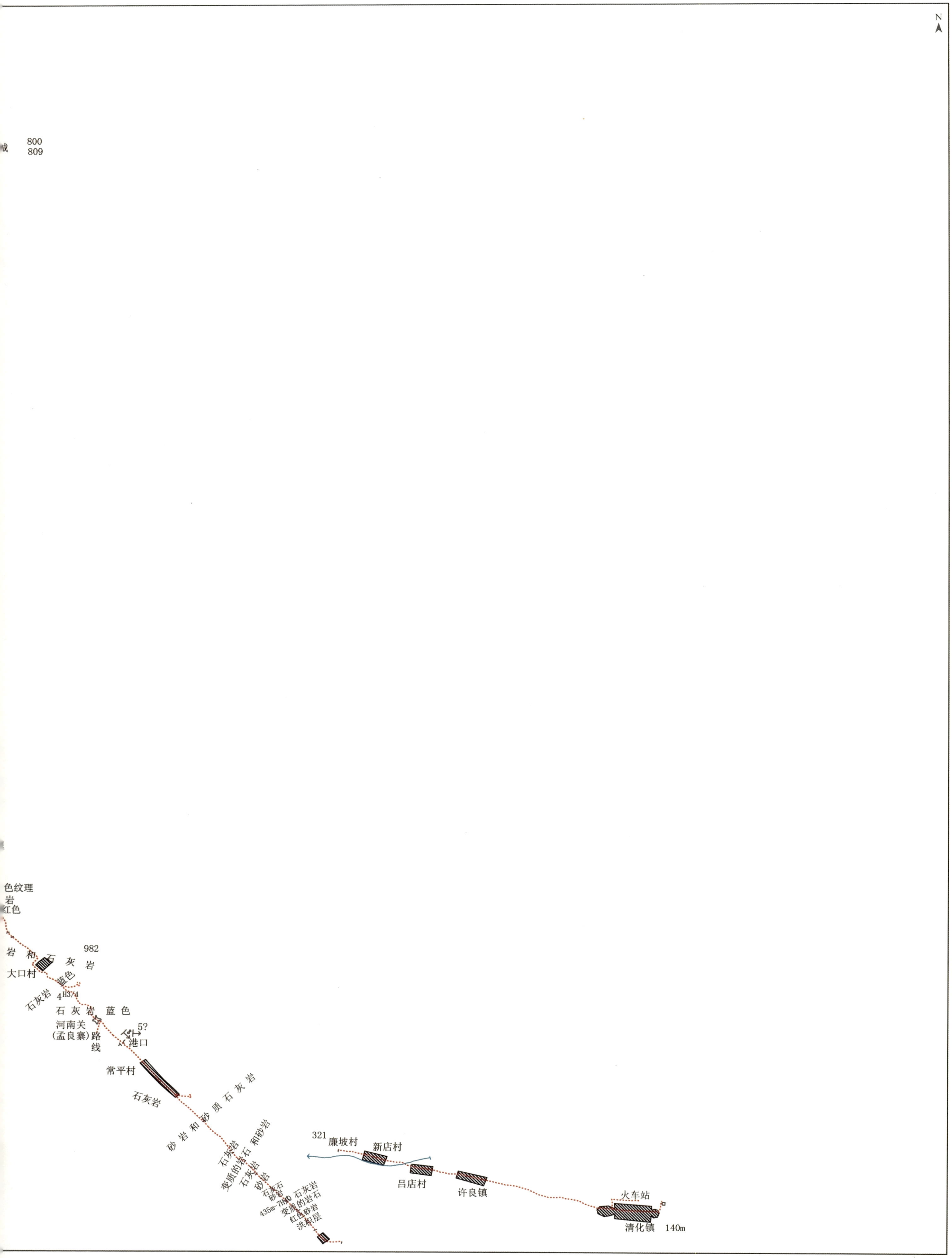
N
800
809
色纹理
岩
红色
982
岩 和 石 灰 岩
大口村
蓝色
石灰岩
石 灰 岩 蓝 色
河南关
(孟良寨)路
线
5?
港口
常平村
石灰岩
砂 岩 和 砂 质 石 灰 岩
石灰岩
变质的岩石 和砂岩
石灰岩
砂岩
石灰石
砂岩
石灰岩
变质的岩石
红色砂岩
洪积层
321
廉坡村
新店村
吕店村
许良镇
火车站
清化镇
140m

Fig. 1.

Fig. 2.

Fig. 3.

Fig. 4.

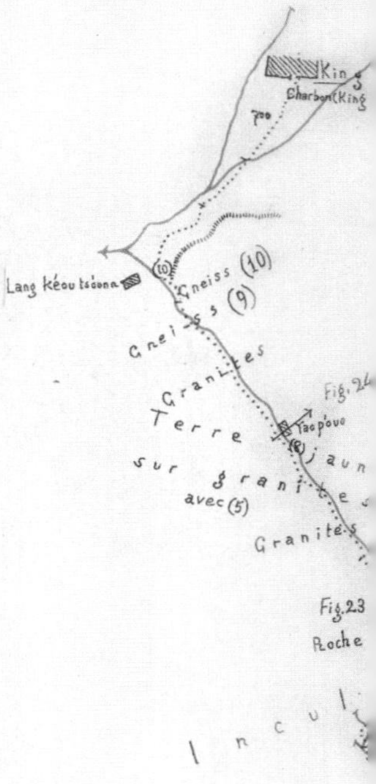

Fig. 5.

Fig. 6.

Fig. 7.

Fig. 8.

Fig. 9.

Fig. 10.

Fig. 11.

Fig. 13.

Fig. 12.

23号地图

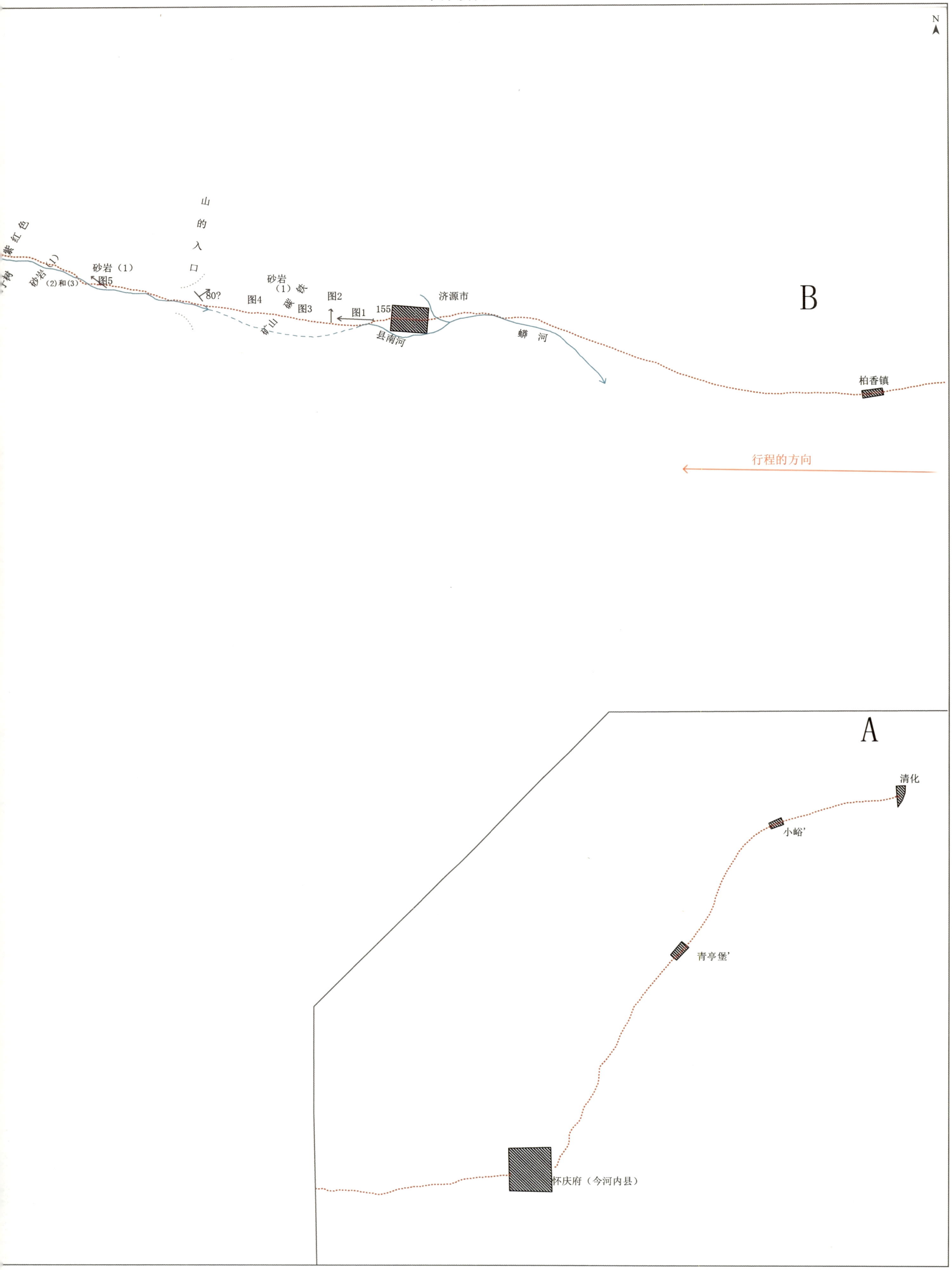
N
B
紫红色
砂岩（1）
砂岩（1）
图5
(2)和(3)
山的入口
80?
砂岩
（1）
碳
铁
图4
图3
图2
图1
155
矿山
济源市
县南河
蟒河
柏香镇
行程的方向
A
清化
小峪'
青亭堡'
怀庆府（今河内县）

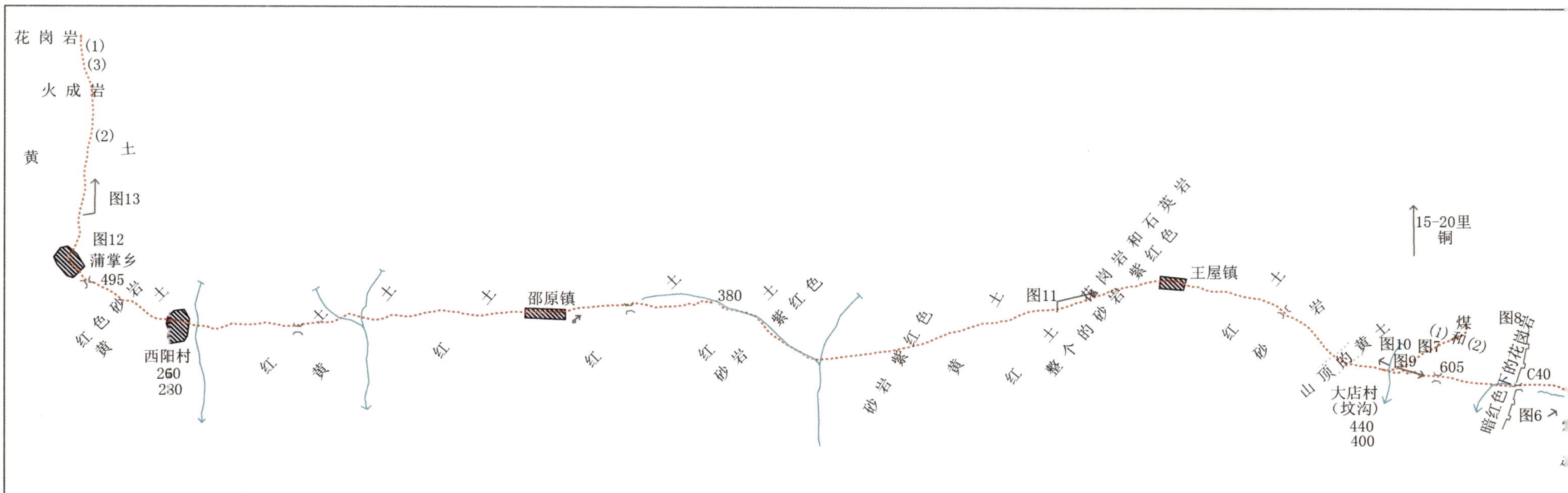

图1

图2

图3

图4

图5

图6

图7

图8

图9

图10

图11

图12

图13

Voyage de 1916 23

Fig. 14.

Fig. 15.

Fig. 16.

Fig. 17.

Fig. 18.

Fig. 19.

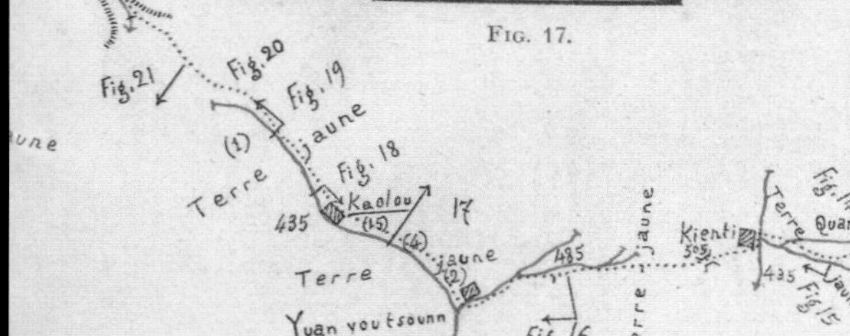
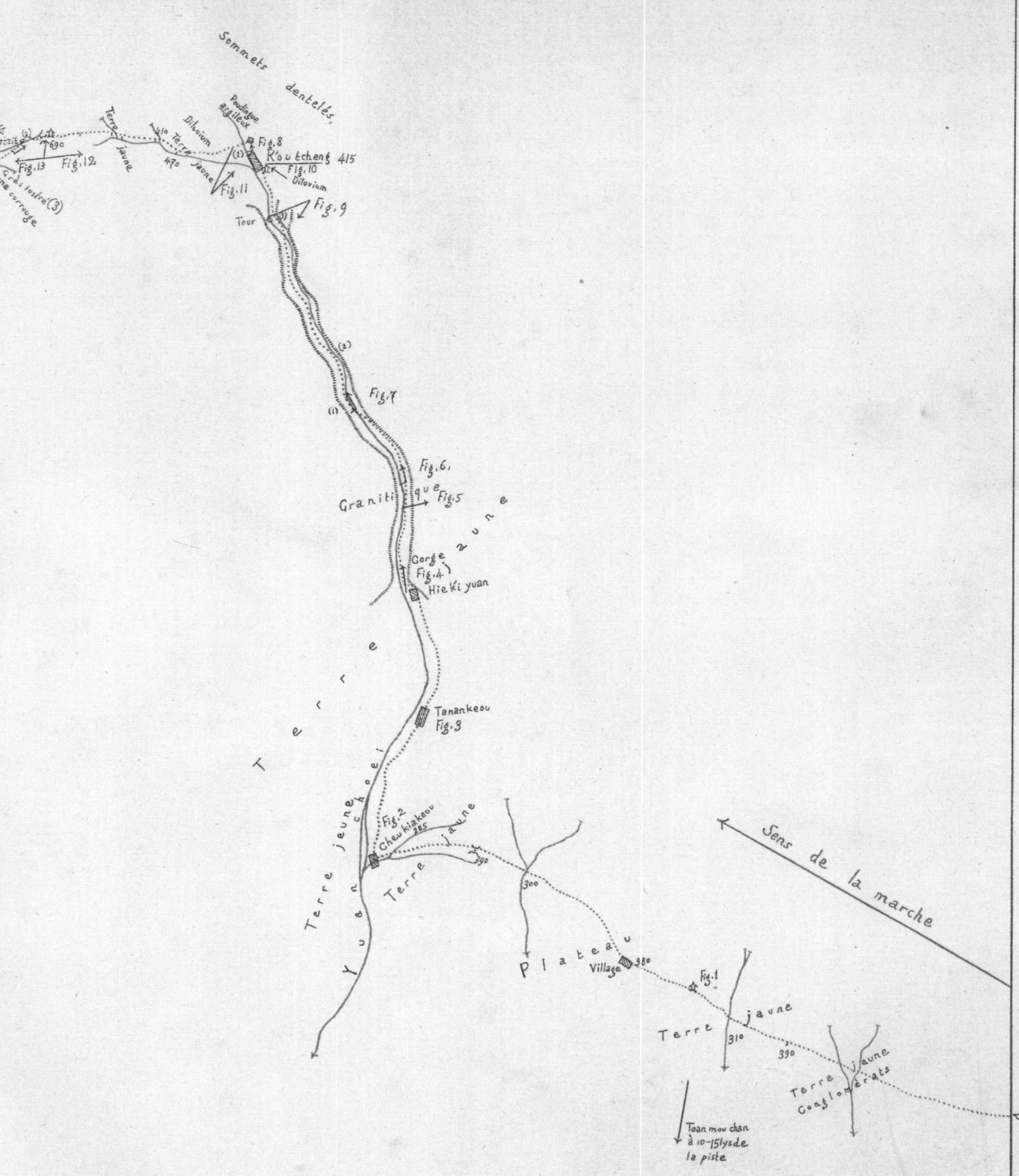

20.

Fig. 21.

22.

Fig. 23.

24.

图1

图2

图3

图4

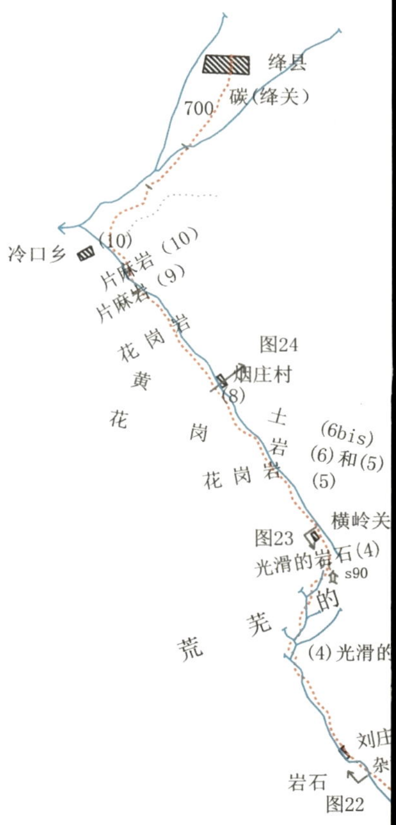

图6

图5

图7

图8

图9

图10

图11

图12

图13

图20

图22

图24

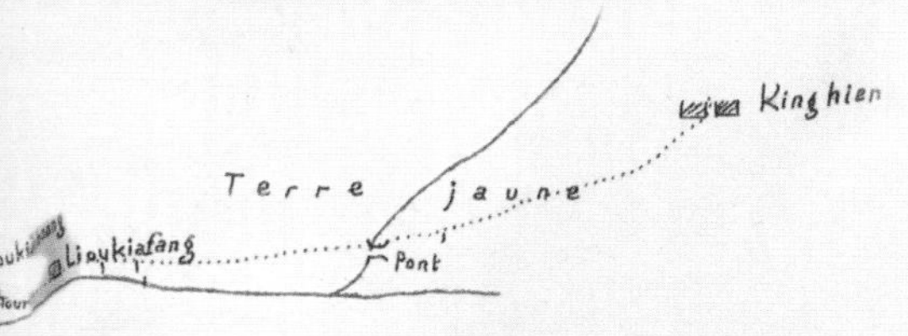

Fig. 1.

Fig. 2.

Fig. 3.

Fig. 4.

Fig 5.

Fig. 6.

Fig. 7.

Fig. 8.

Fig. 9.

Fig. 10.

Fig. 12.

Fig. 11.

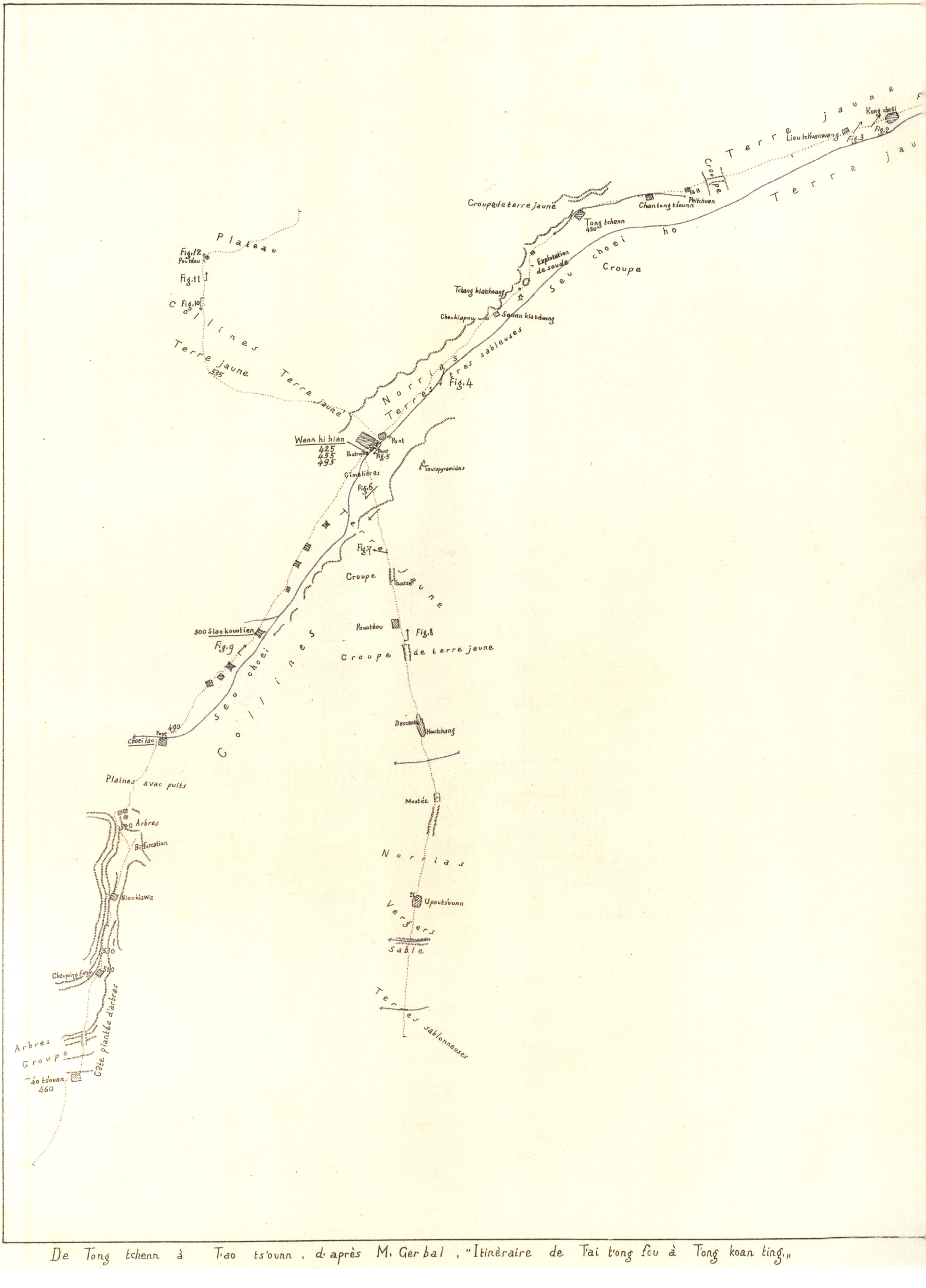

De Tong tchenn à Tao ts'ounn, d'après M. Gerbal, "Itinéraire de Tai tong fou à Tong koan ting."

24号地图

图14

图15

图16

图17

图18

图19

图21

图23

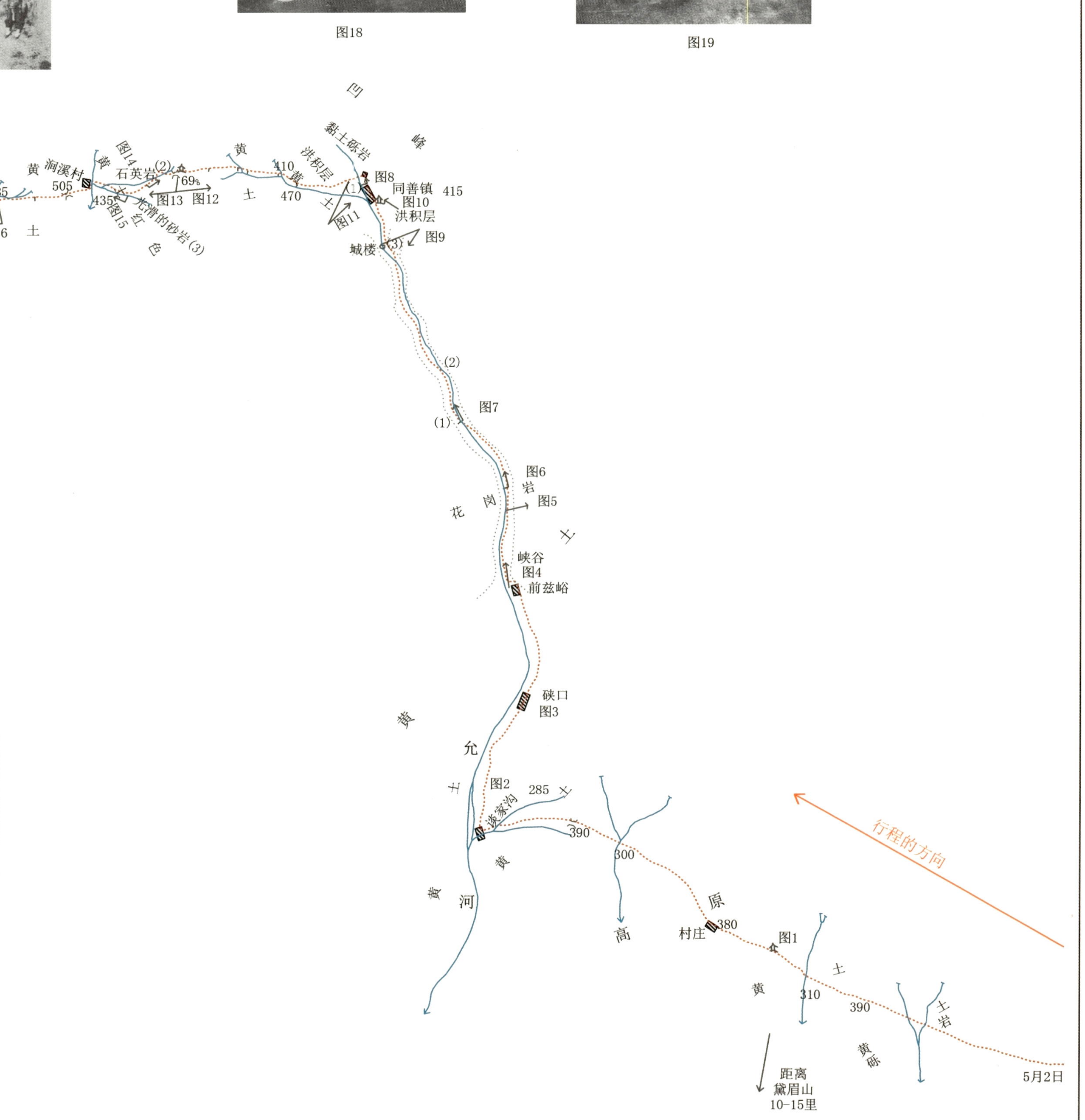

Fig. 1.

Fig. 2.

Fig. 3.

Fig. 4.

Fig. 6.

Fig. 7.

Fig. 8.

Fig. 10.

Fig. 11.

Fig. 12.

Fig. 13.

Fig. 14.

Fig. 15.

Fig. 16.

Fig. 17.

Fig. 18.

Fig. 19.

Fig. 20.

Fig. 21.

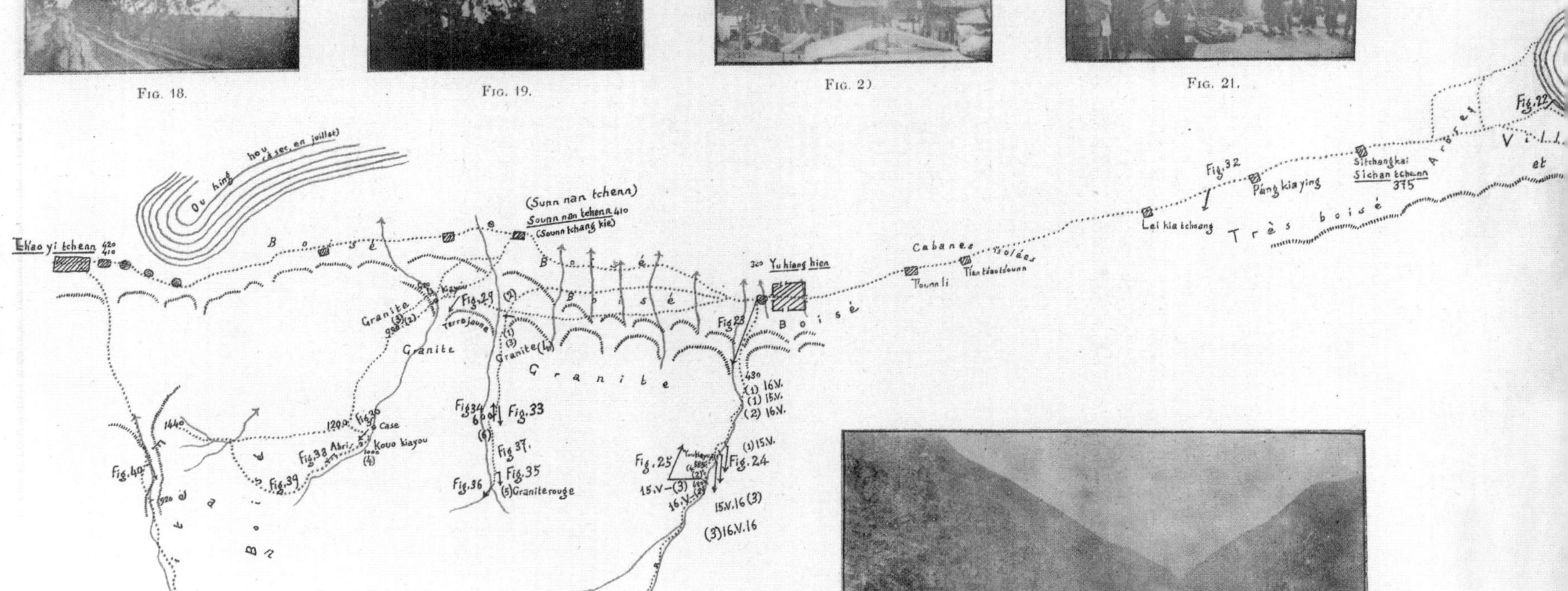

Fig. 25.

Fig. 28.

Fig. 29.

Fig. 22.

Fig. 23.

25
号地图

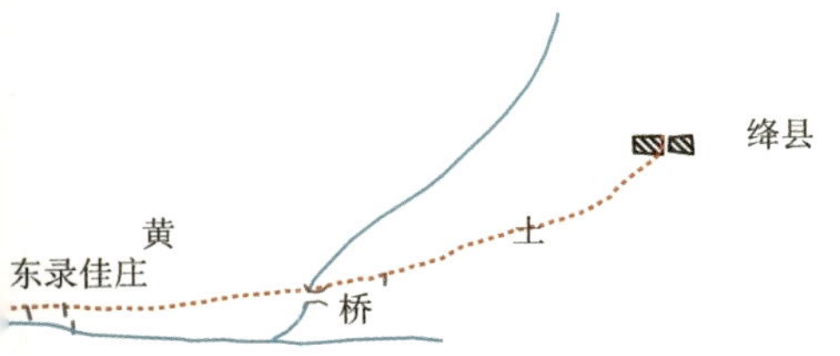

图1

图2

图3

图4

图5

图6

图7

图8

图9

图10

图12

图11

从东镇到陶村镇，根据M.Gerbal提供的“大同府到潼关厅路线”绘制

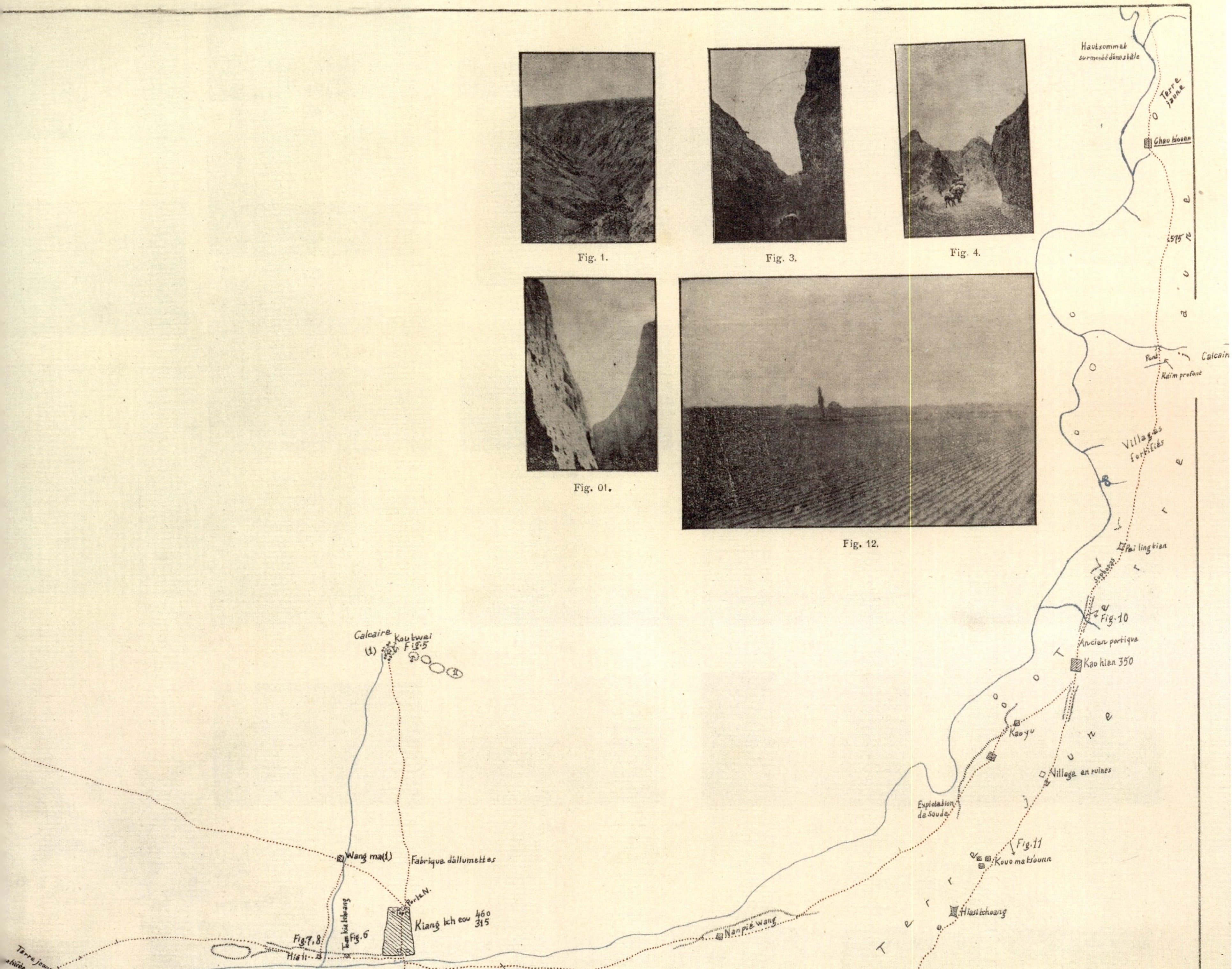

Fig. 1. Fig. 3. Fig. 4.
Fig. 01. Fig. 12.

Fig. 2.

Fig. 5.

Fig. 6.

Fig 7.

Fig. 8.

Fig. 9.

Fig. 11.

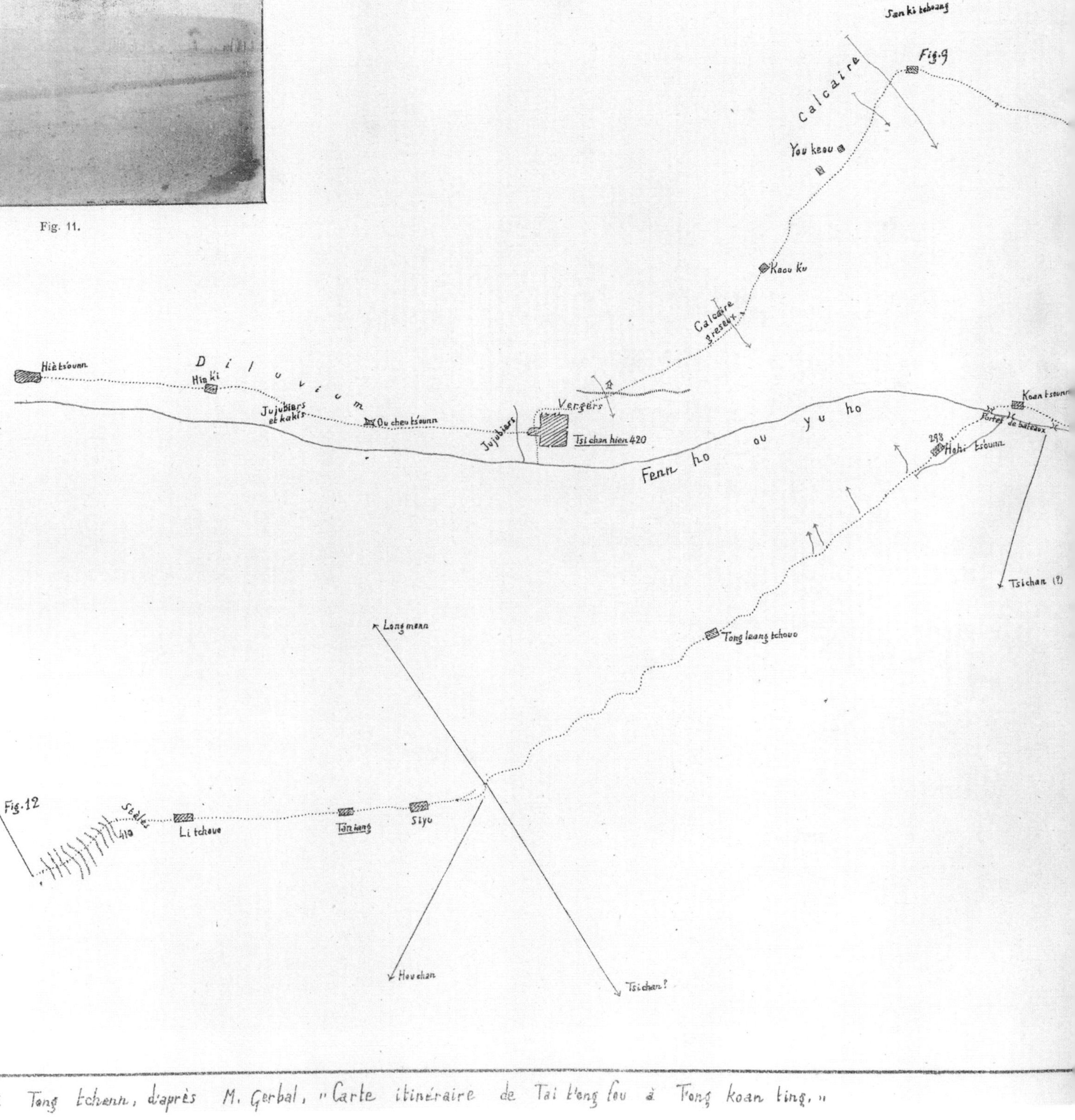

De Cheutsounn à Tong tchenn, d'après M. Gerbal, «Carte itinéraire de Tai t'ong fou à Tong koan ting.»

26号地图

图39

图37

图32

图31

图40

图30

图42

图41

图5

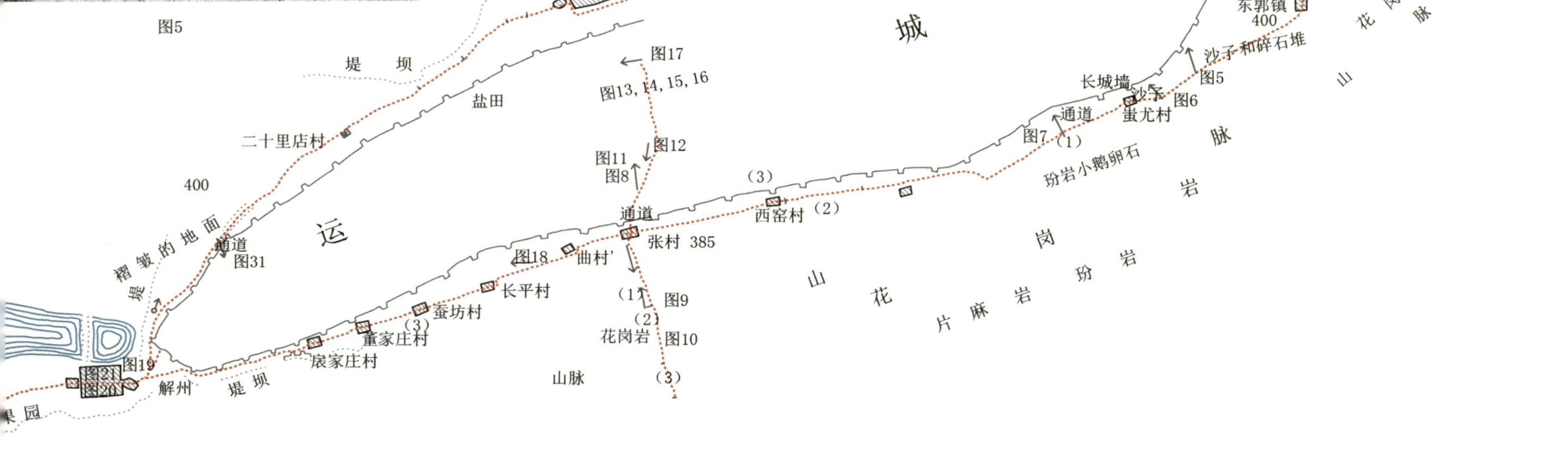

图24

图26

图33

图34

图35

图36

图38

图27

图9

Fig. 15.

Fig. 22.

Fig. 9.

Fig. 19.

Fig. 2.

Fig. 5.

Fig. 1.

Fig. 21.

Fig. 16.

Fig. 3.

Fig. 4.

Fig. 6.

Fig. 8.

Fig. 10.

Fig. 11.

Fig. 12.

Fig 7.

Fig. 13.

Fig. 14.

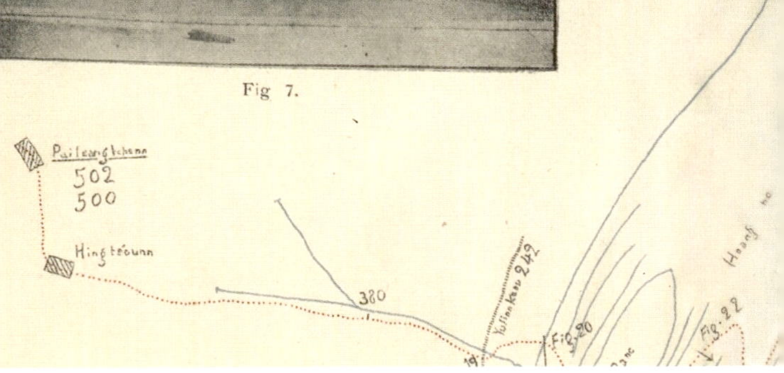

27号地图

图1

图3

图4

图10

图12

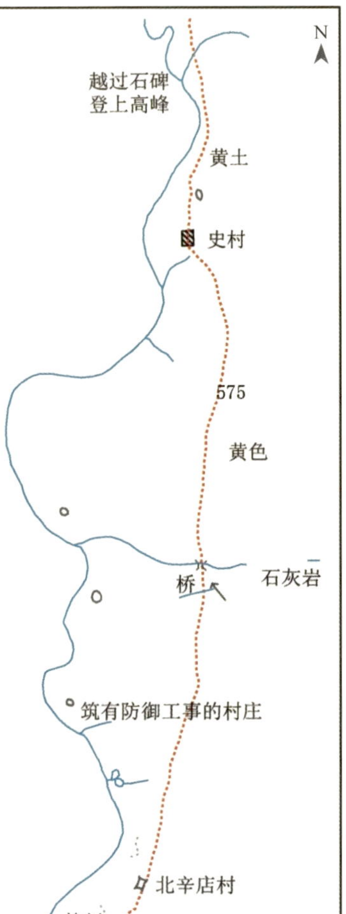

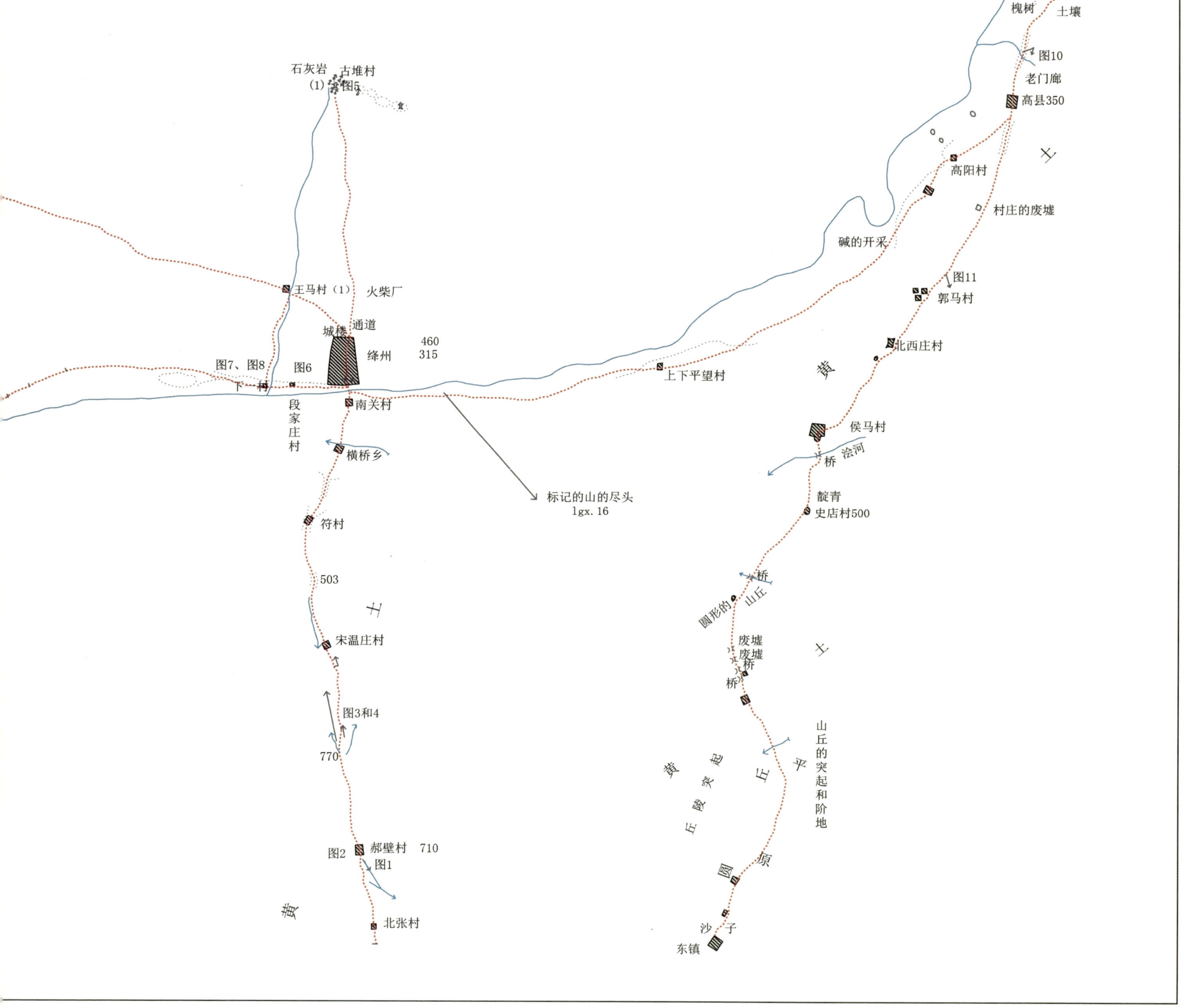

图2

图5

图6

图7

图8

图9

图11

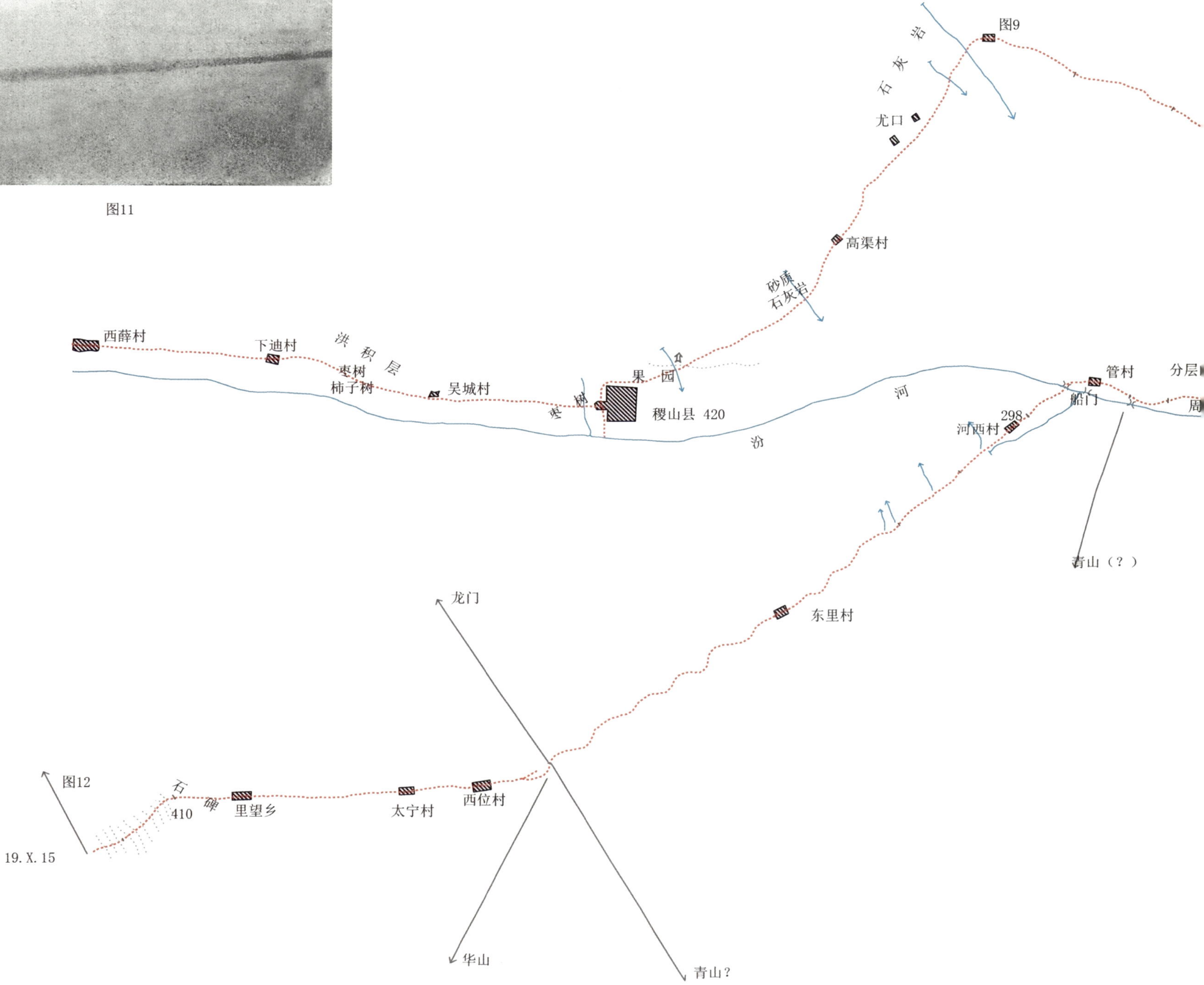

从东镇到史村，根据M.Ger bal提供的“大同府到潼关厅路线”绘制

Fig. 17.

Fig. 23.

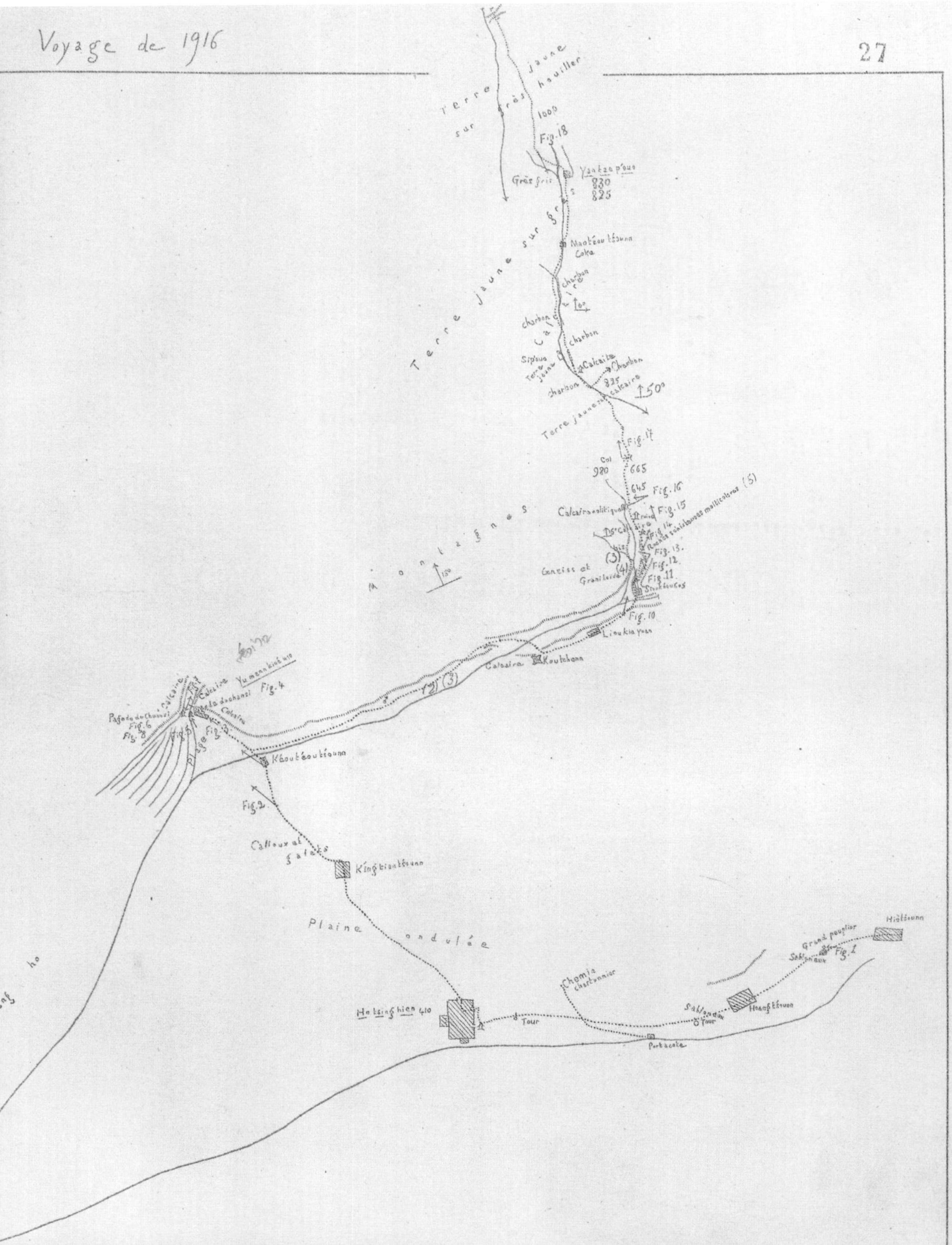

Fig. 18.

Fig. 20.

图15

图22

图9

图19

图2

图1

图21

图16

图5

图3

图4

图6

图8

图10

图11

图12

图7

图13

图14

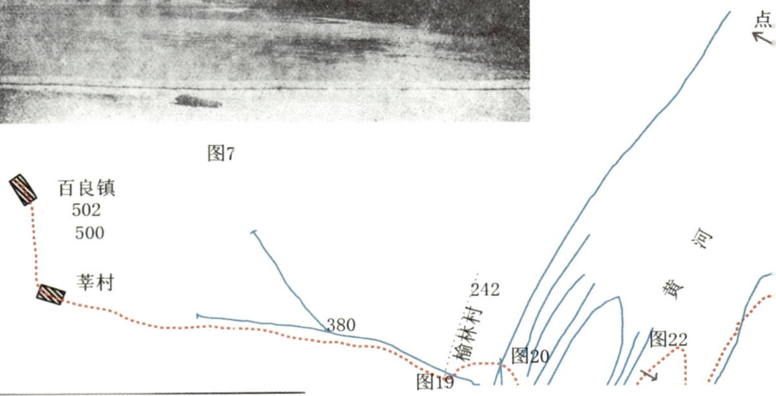

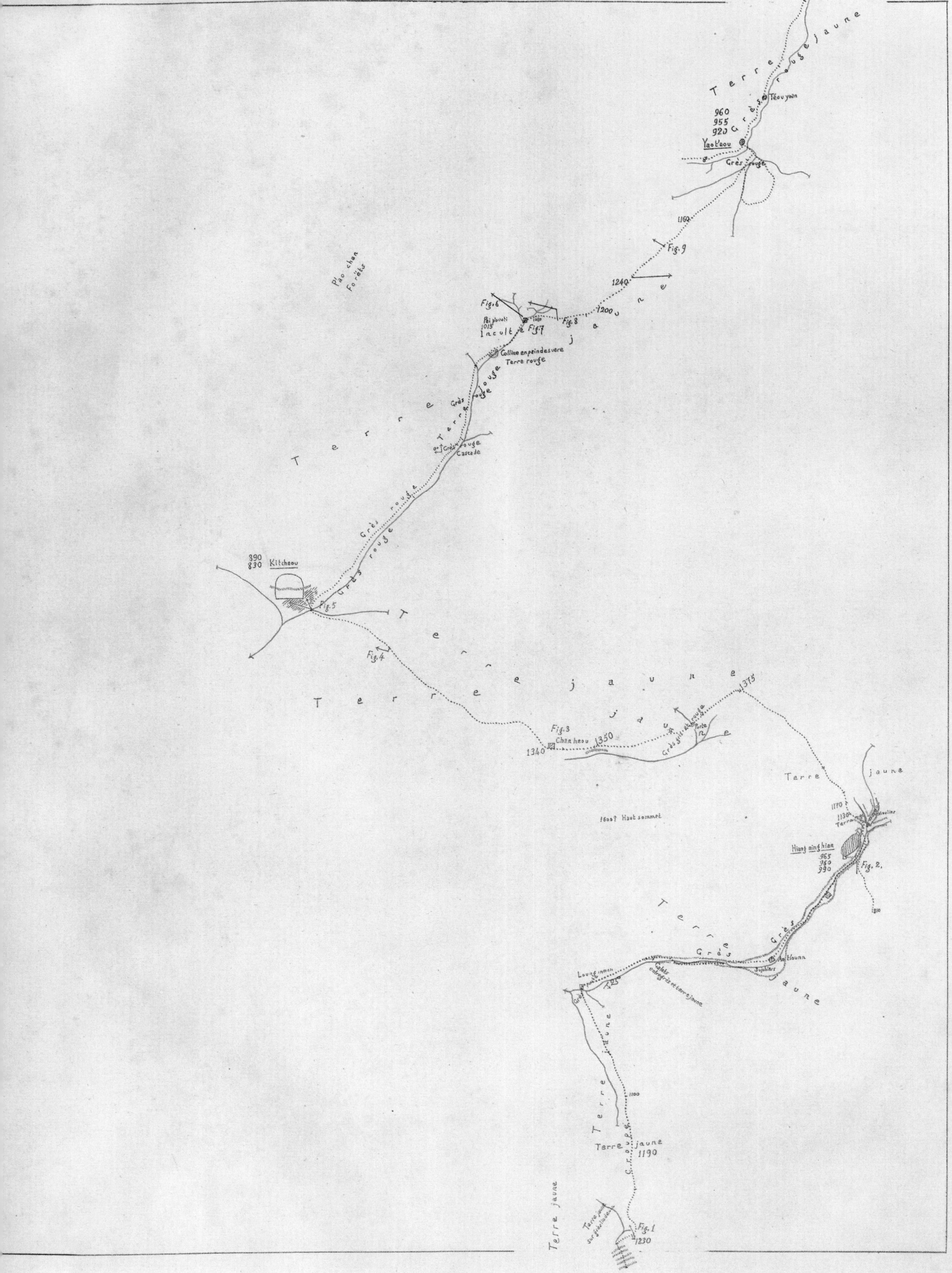
Terre rouge jaune
Grès
Téou yuan
960
955
920
Yaot'eou
Grès rouge
1160
Fig. 9
1240
1200
jaune
Pao chan
Forêts
Fig. 6
Fig. 7
Fig. 8
Inculte
Colline en peinde sure
Terre rouge
Grès rouge
Terre rouge
Grès rouge
Cascade
Grès rouge
Grès rouge
890
830
Kitcheou
Fig. 5
Fig. 4
Terre jaune
Terre jaune
1375
jaune
Fig. 3
Chan heou
1350
1340
Terre jaune
1170
1130
Fig. 2.
Terre Grès
Grès
Terre jaune
1100
Terre
Terre jaune
1190
Terre jaune
Fig. 1
1230

Fig. 1.

Fig. 2

Fig. 3.

Fig. 4.

Fig. 5.

Fig. 5.

Fig. 6.

Fig. 7.

Fig. 8.

Fig. 9.

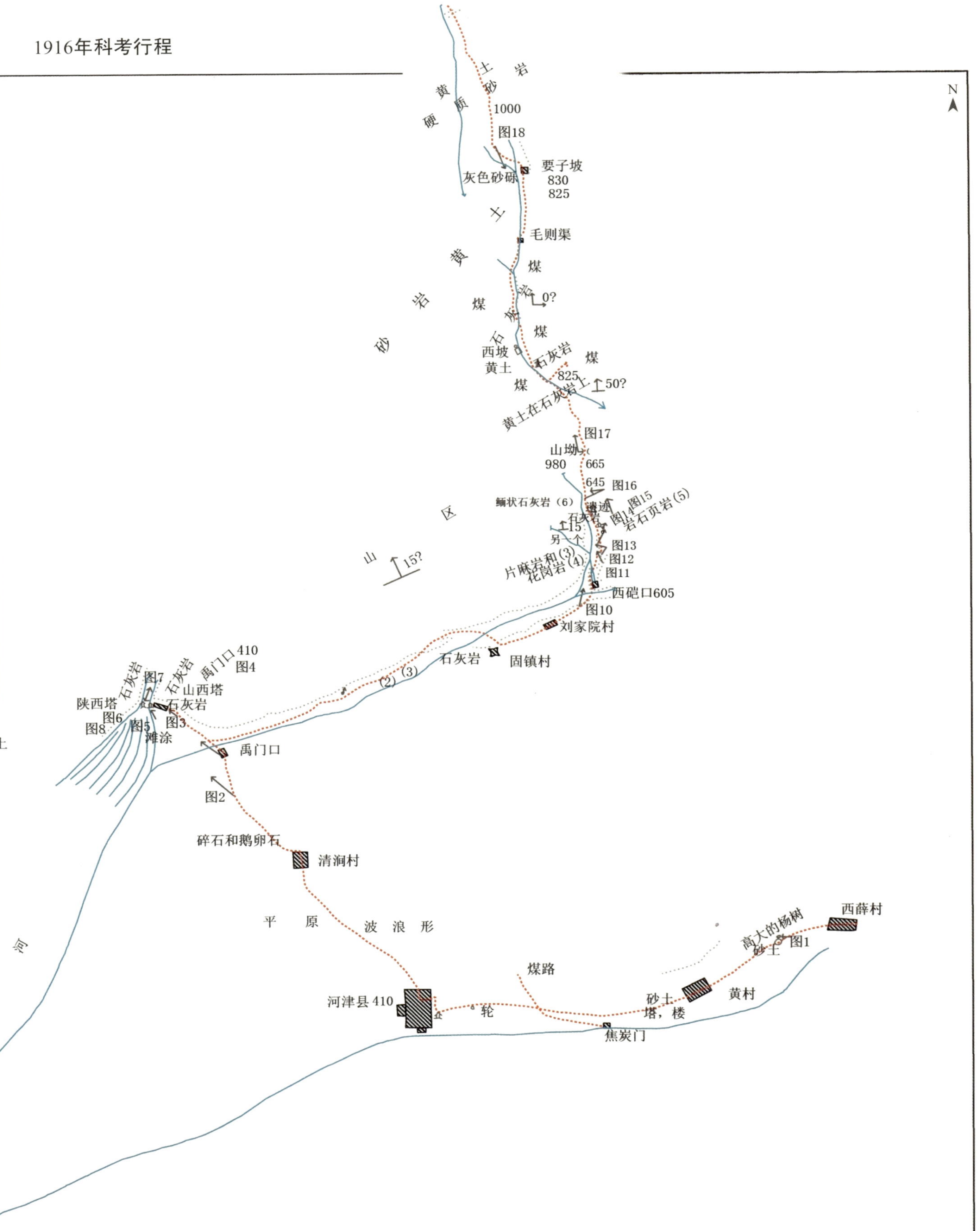

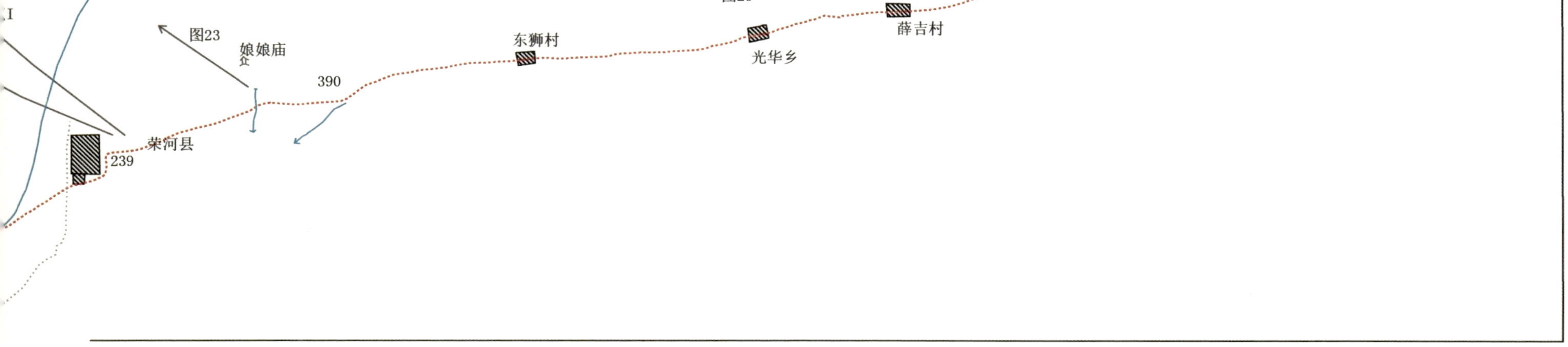

图17

图23

N. B. 图9在图5相反方向上

图18

图20

26页，图12

FIG. 1.

FIG. 2.

FIG. 3.

FIG. 4.

FIG. 5.

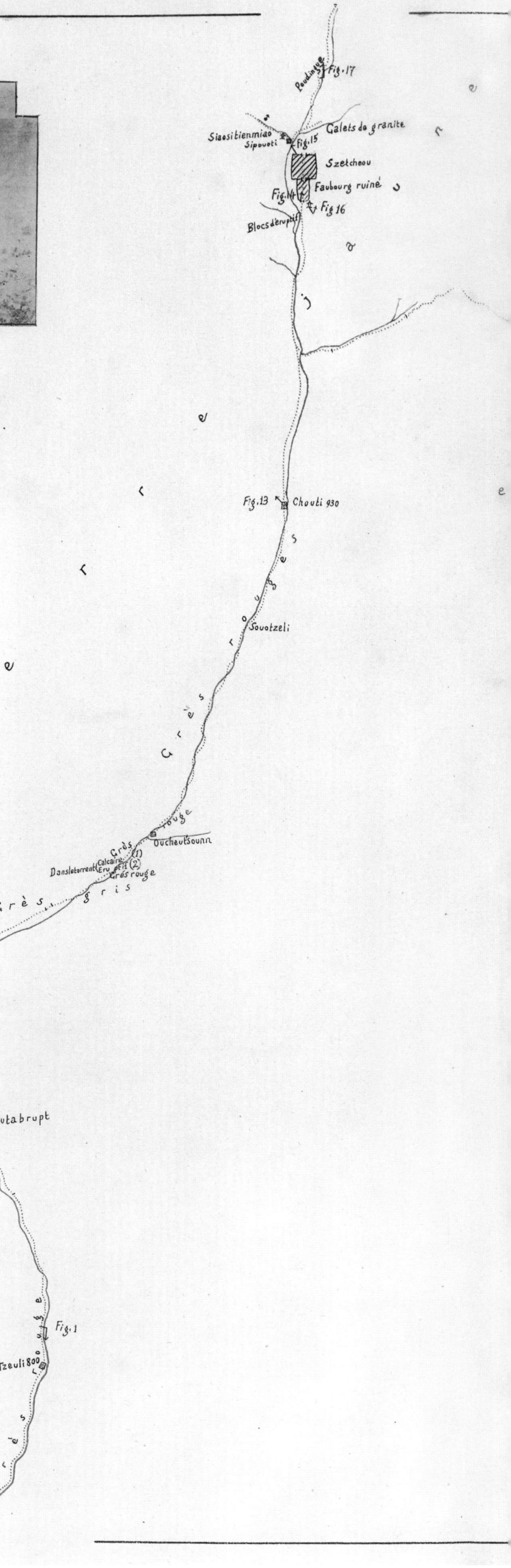

29号地图

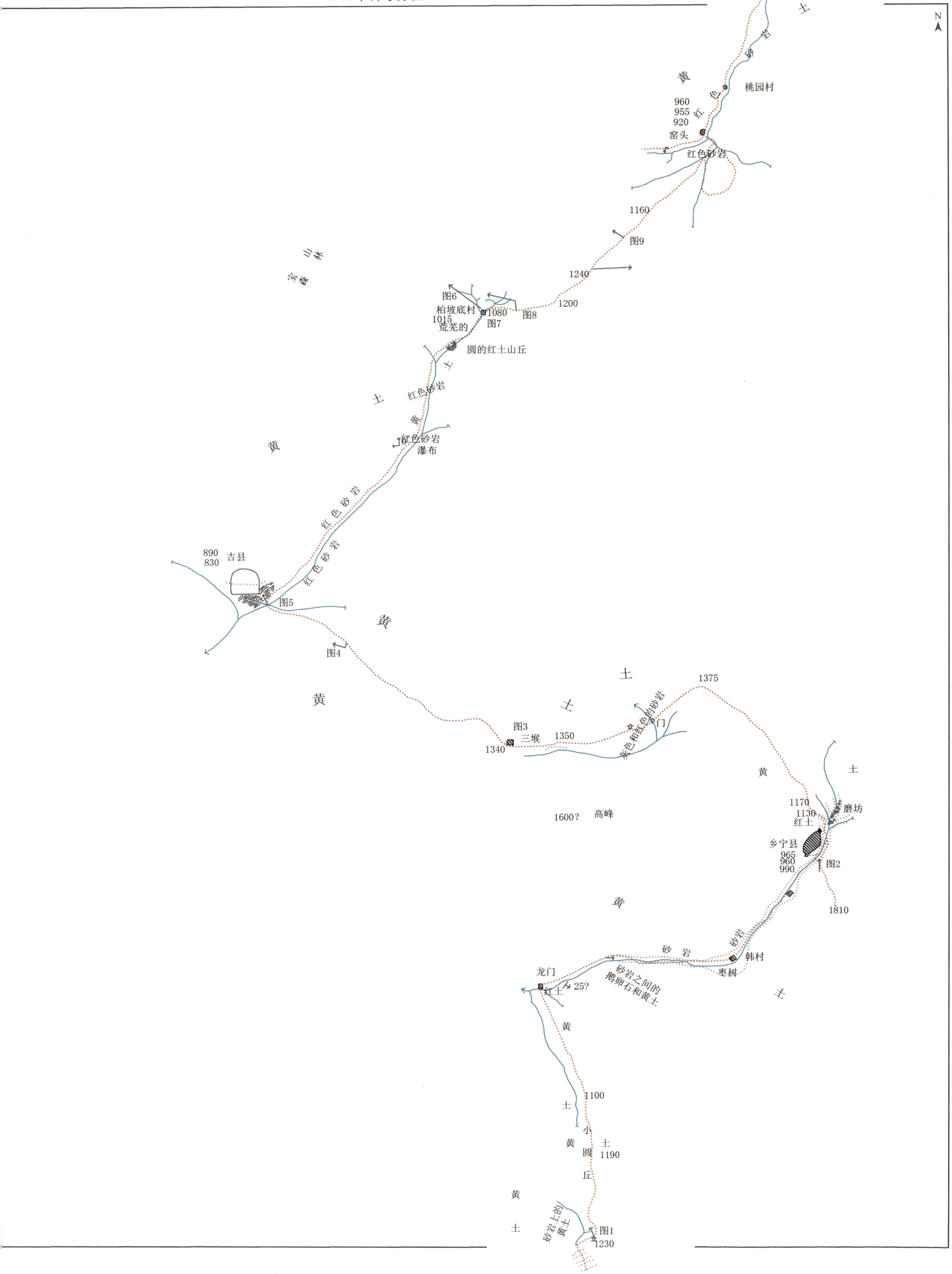
N
黄
砂
岩
土
桃园村
960
955
920
红
色
窑头
红色砂岩
1160
图9
1240
宝
森
山
林
图6
柏坡底村
1015
荒芜的
1080
图7
图8
1200
圆的红土山丘
土
红色砂岩
土
黄
黄
红色砂岩
瀑布
红 色 砂 岩
红 色 砂 岩
890
830
吉县
图5
黄
图4
黄
土
1375
土
图3
三垛
1350
1340
灰色和红色的砂岩
门
黄
土
1170
1130
磨坊
红土
1600？
高峰
乡宁县
965
960
990
图2
1810
黄
砂 岩
砂岩
韩村
枣村
龙门
红土
25?
砂岩之间的
鹅卵石和黄土
土
黄
1100
土
小
黄
土
圆
1190
丘
黄
土
砂岩上的
黄土
图1
1230

图1

图2

图3

图4

图5

图5

图6

图7

图8

图9

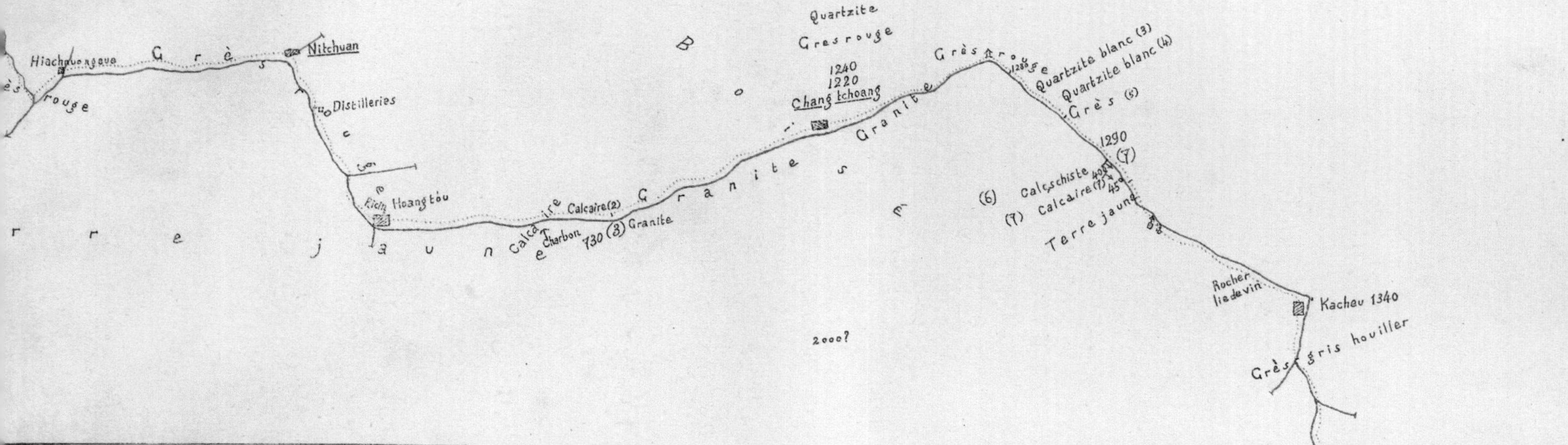

Fig. 6.

Fig. 7.

Fig. 8.

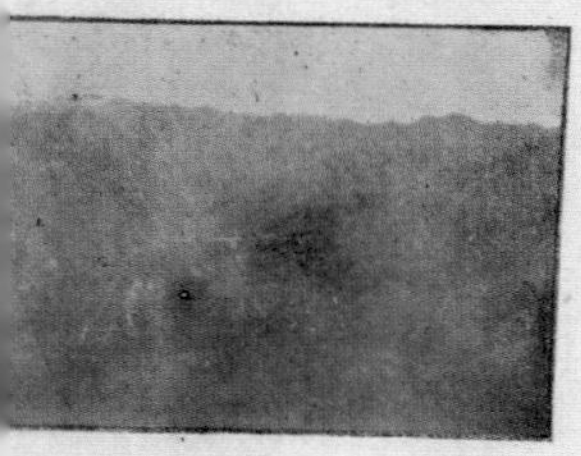
Fig. 9.

Fig. 10.

Fig. 11.

Fig. 12.

Fig. 13.

Fig. 14.

Fig. 15.

Fig. 16.

Fig. 17.

Fig. 18.

图1

图2

图3

图4

图5

砾岩
图17
小西天庙
西坡底
图15
花岗岩
隰县
遗弃的郊区
图14
图16
大块的火成岩
土
1070
红
黄
图13
水堤村 930
黄
红色砂岩
千城镇
在激流中的
[石灰岩（1）、火成岩（2）]
红色砂岩
灰色砂岩
720
740
805
大宁
图3
图2
图4
红色和蓝色砂岩
土
黑城村
红色砂岩
670
图12
图6
图5
土
黄
黄 1045
高的陡坡
黄
红色砂岩
图1
茨林800
土
崖栏
桃红角1020
图8
图9
图7
砂岩
图10
树林
山坳15-1600
图11

Fig. 5.

Fig. 6.

Fig. 7.

Fig 12.

Fig. 8.

Fig. 9.

Fig. 13.

Fig. 19.

Fig. 20.

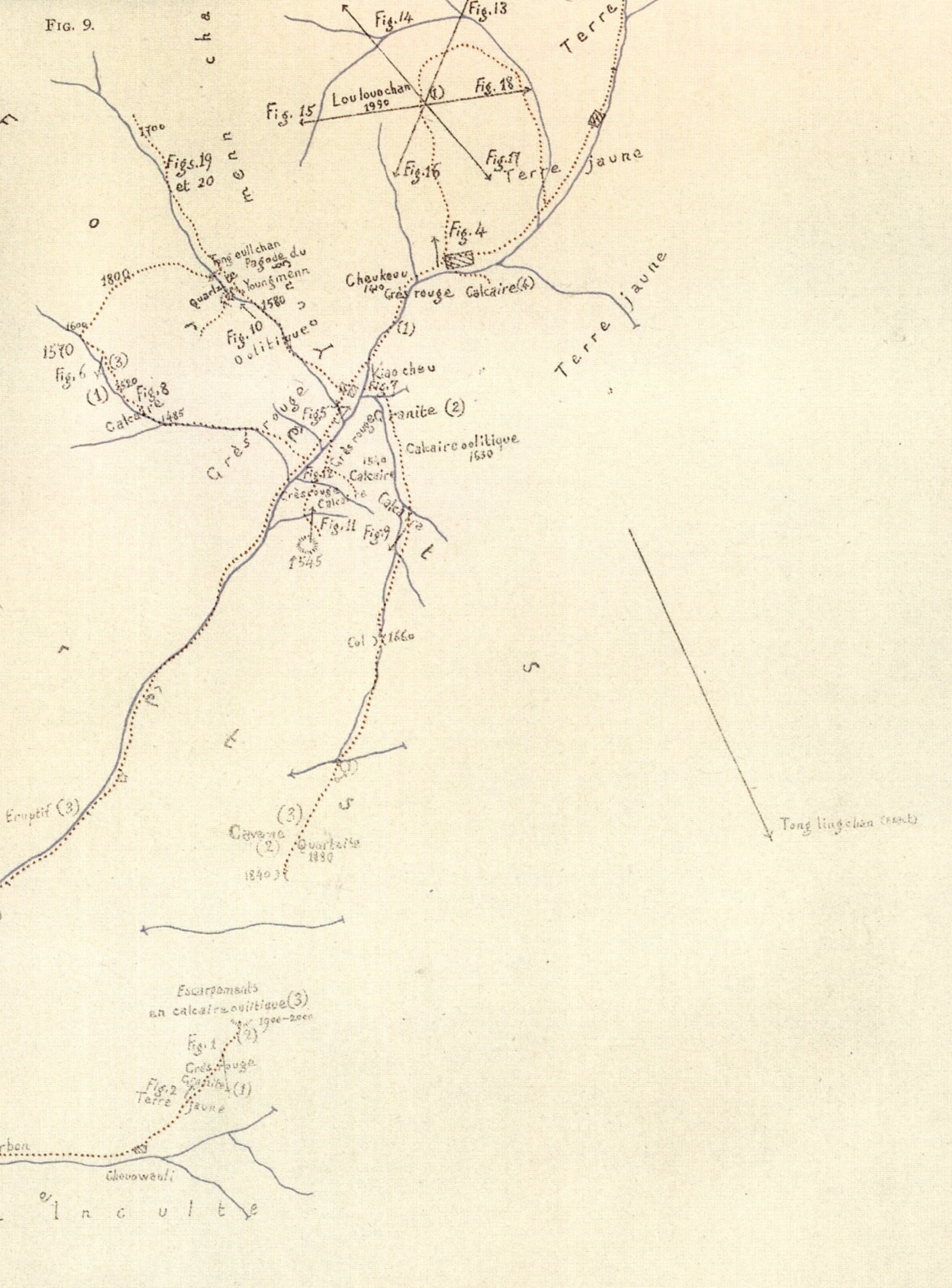

Fig. 18.

Fig. 1.

Fig. 2.

Fig. 3.

Fig. 4.

Fig. 10.

Fig. 11.

Fig. 14.

Fig. 15.

Fig. 16.

Fig. 17.

30 号地图

Echelle :1:66,500 environ.

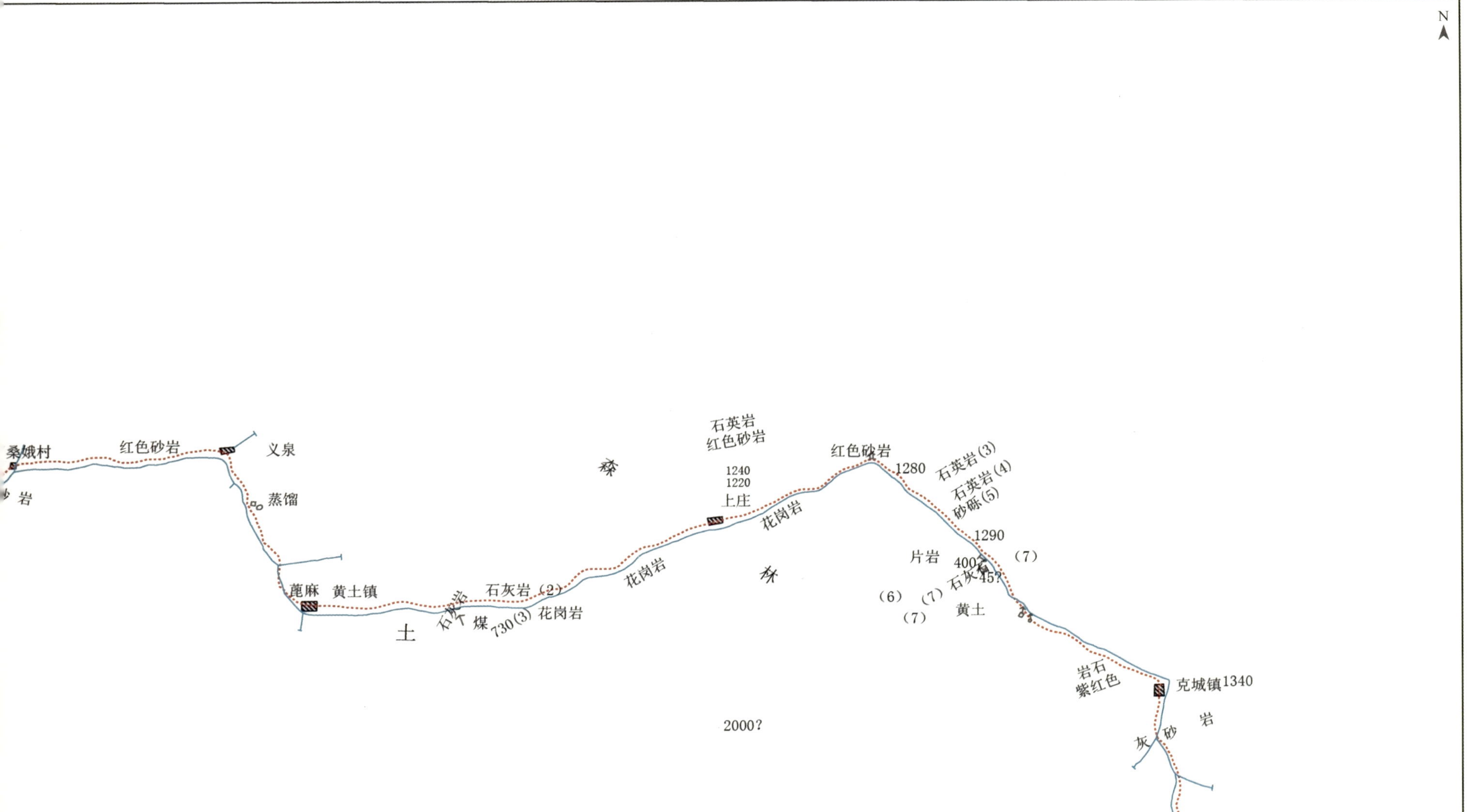

图6

图7

图8

图9

图10

图11

图12

图13

图14

图15

图16

图17

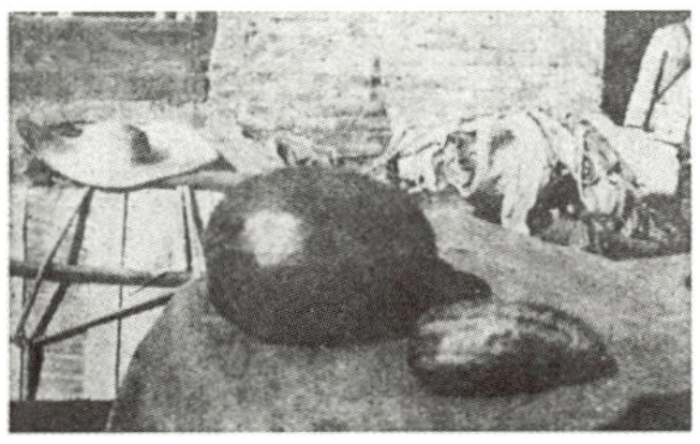
图18

De Tchao ku tchenn à Ts'ao hien, d'après M. Gerbal. "Itinéraire de Tai tong fou à Tong koan ting."

31号地图

图5

图6

图7

图12

图8

图9

图13

图19

图20

图18

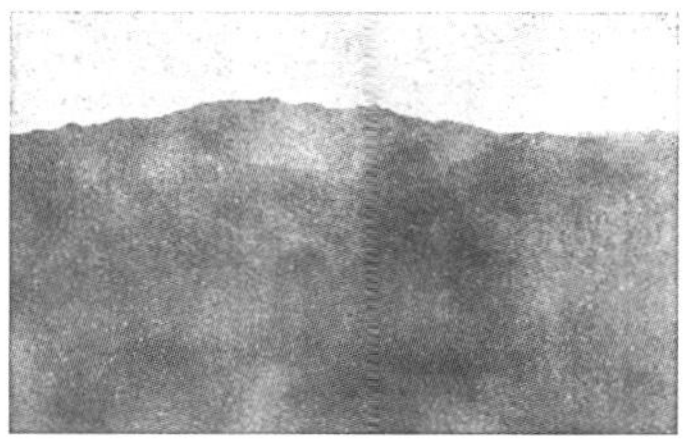

图1

图2

图3

图4

图10

图11

图14

图15

图16

图17

比例尺　约1：66,500

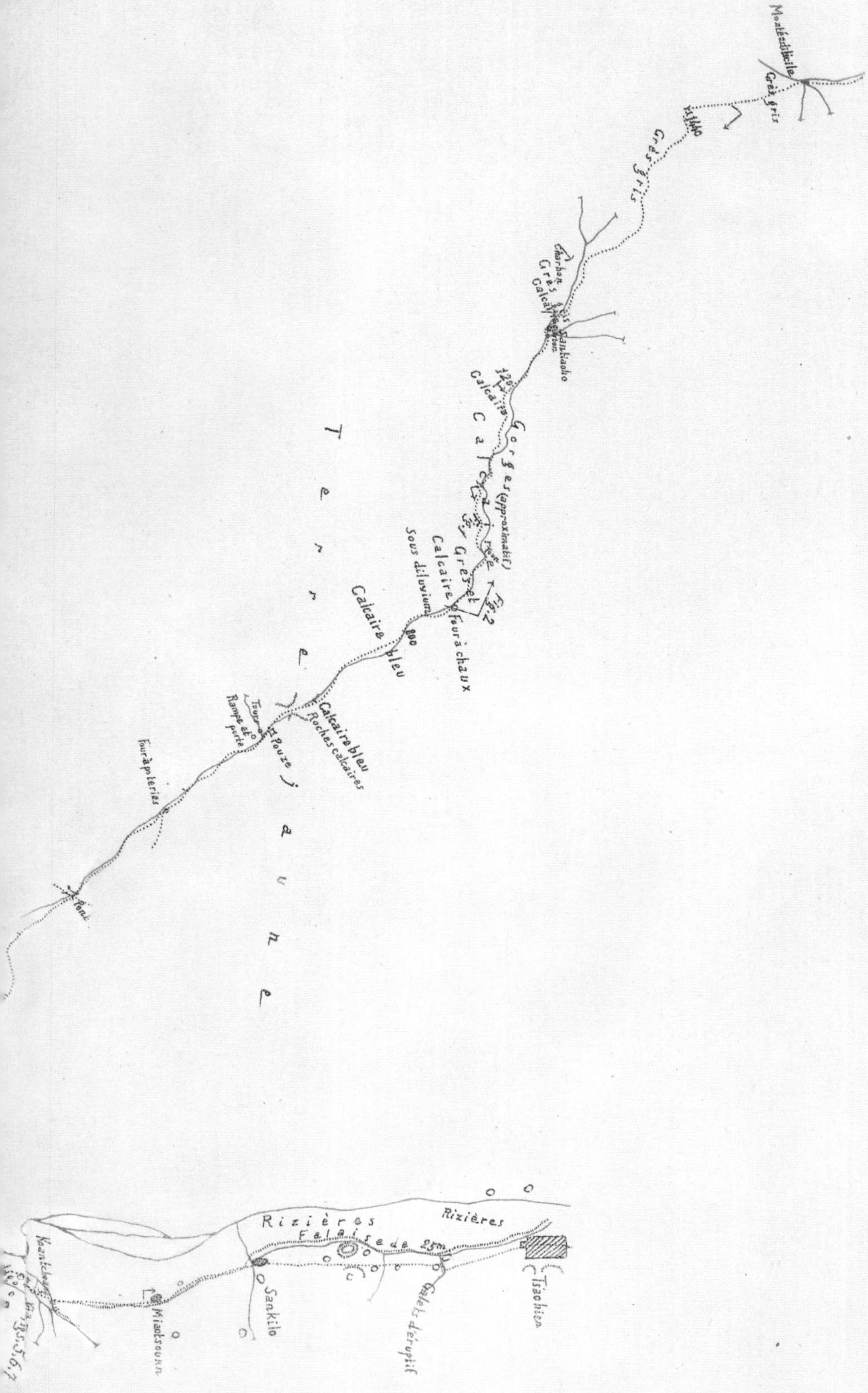

Fig. 2.

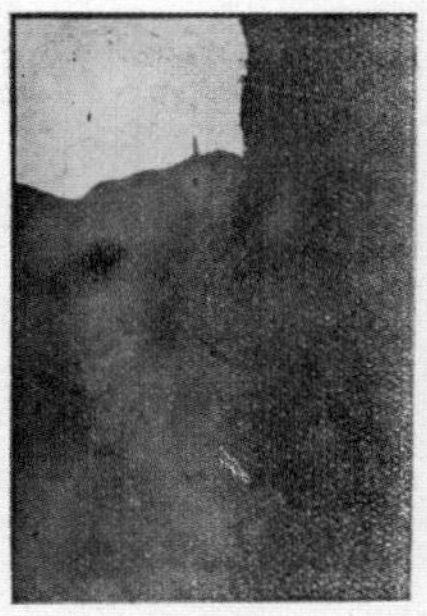
Fig. 1.

Fig. 3.

Fig. 5.

Fig. 4.

Fig. 6.

Fig. 7.

从赵曲村到赵城县的行程，根据M.Ger bal提供的“大同府到潼关厅路线”绘制

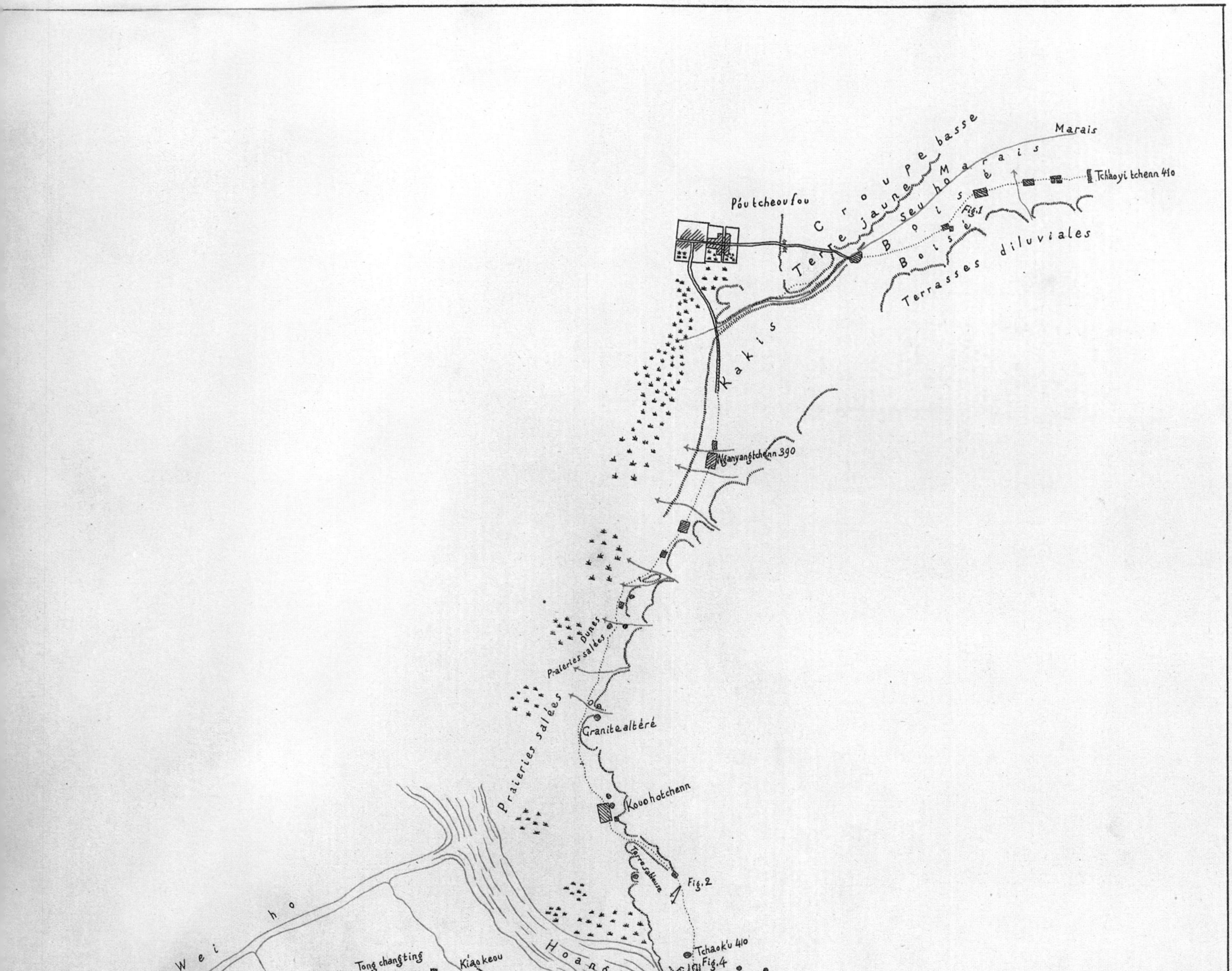
Marais
Croupe basse
Terre jaune
Marais
Boisé
Terrasses diluviales
Póutcheoufou
Kakis
Dunes
Praieries salées
Granite altéré
Kouohotchenn
Fig.2
Tchaok'u 410
Fig.4
Fig.3
Fig.5
Fenglitou
400
T'ong koan ting
Hoang ho
Wei ho
Tong changting
Kiaokeou
Sichangting
Pied des pentes fortes
Sankeuo
Hoa yin miao 390
Fig.7
Hoayin hien
Fig.8
Granite
Fig.9
Moulins

Fig. 1.

Fig. 2.

Fig. 2.

Fig. 3.

Fig. 4.

Fig. 5.

Fig. 7.

Fig. 8.

Fig. 6.

Fig. 9.

Fig. 12.

Fig. 10.

Fig. 11.

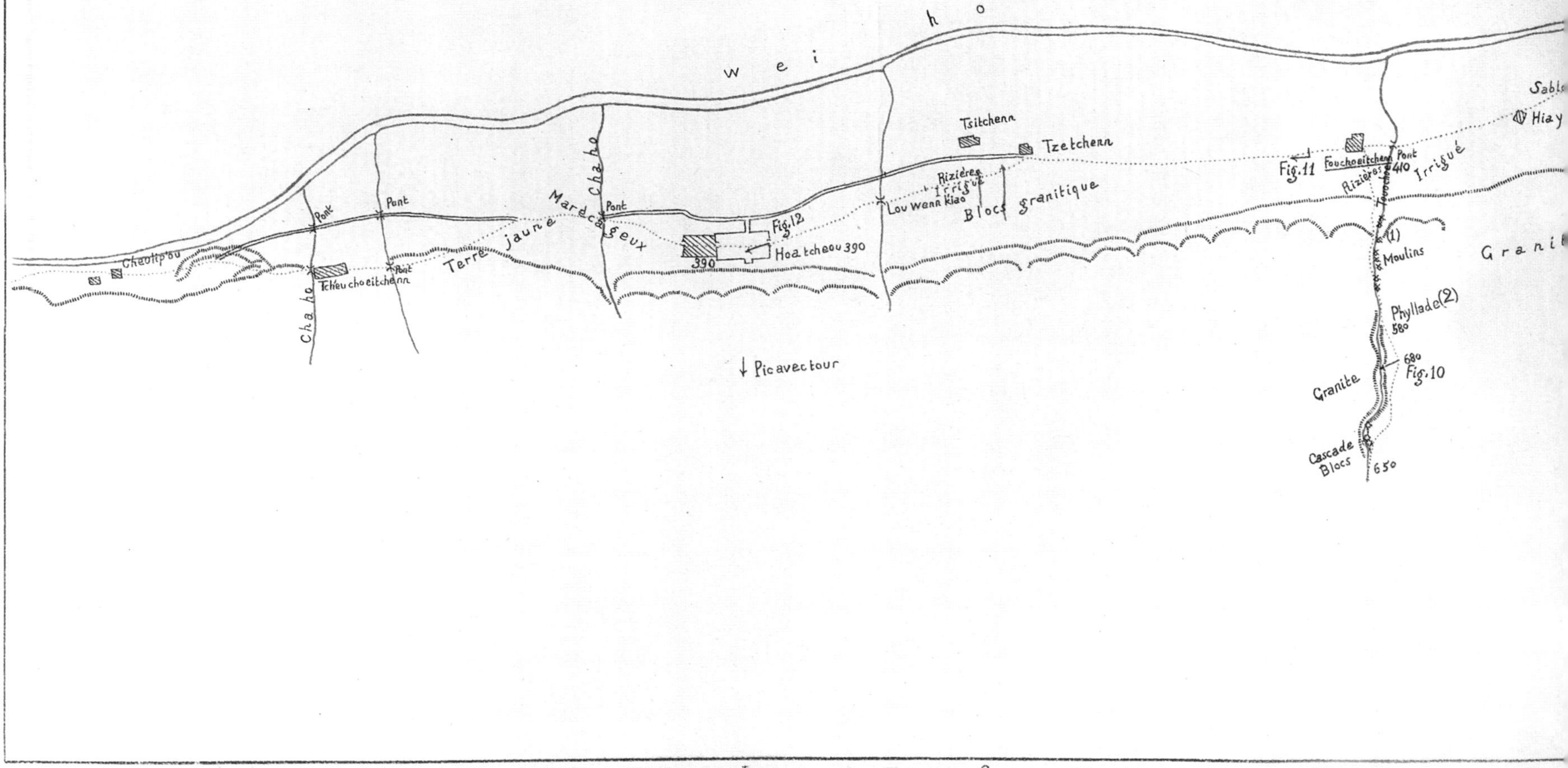

De Tch'ao yi tchenn à Tong kuan ting, d'après M. Gerbal, "Itinéraire de Tai tong fou à Tong koan ting.."

32号地图

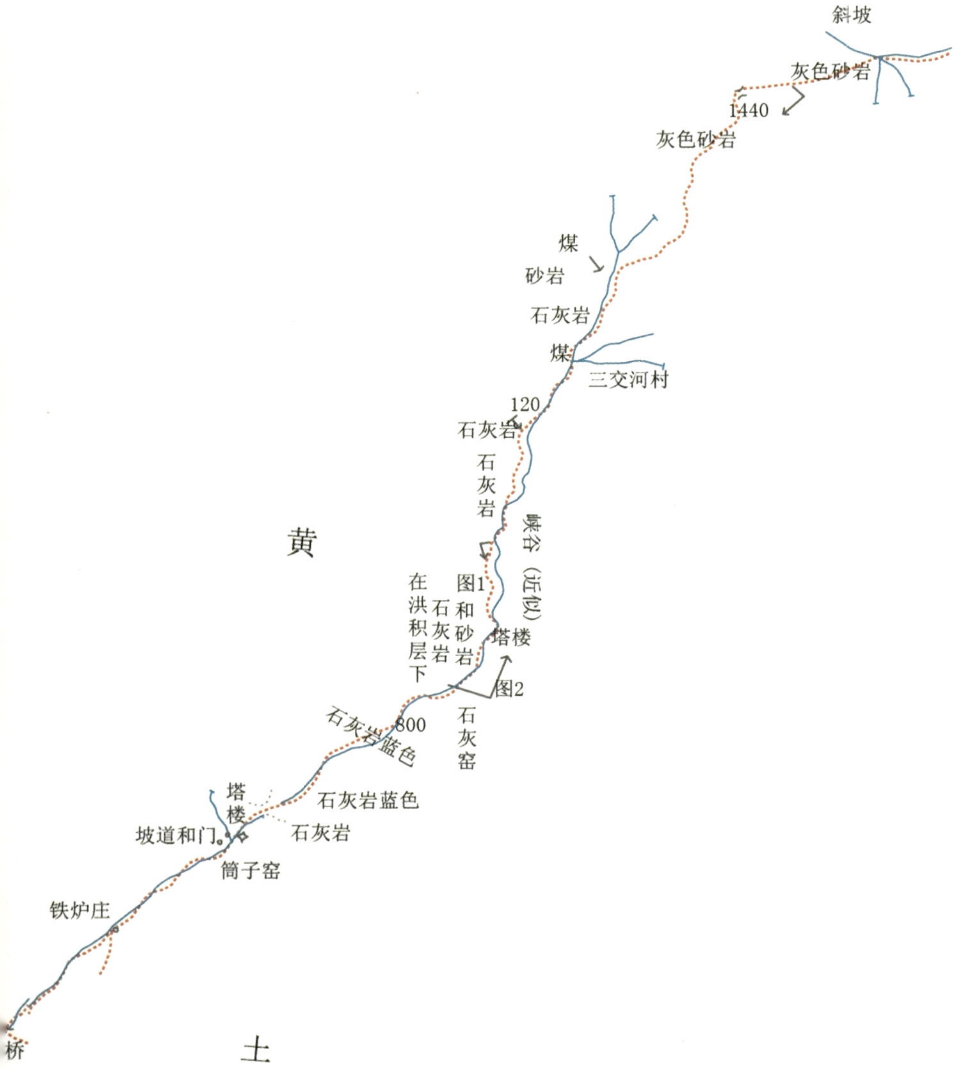

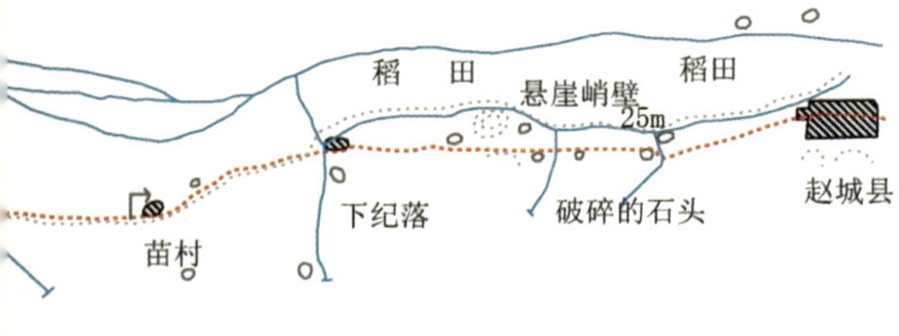

图2

图1

图3

图5

图4

图6

图7

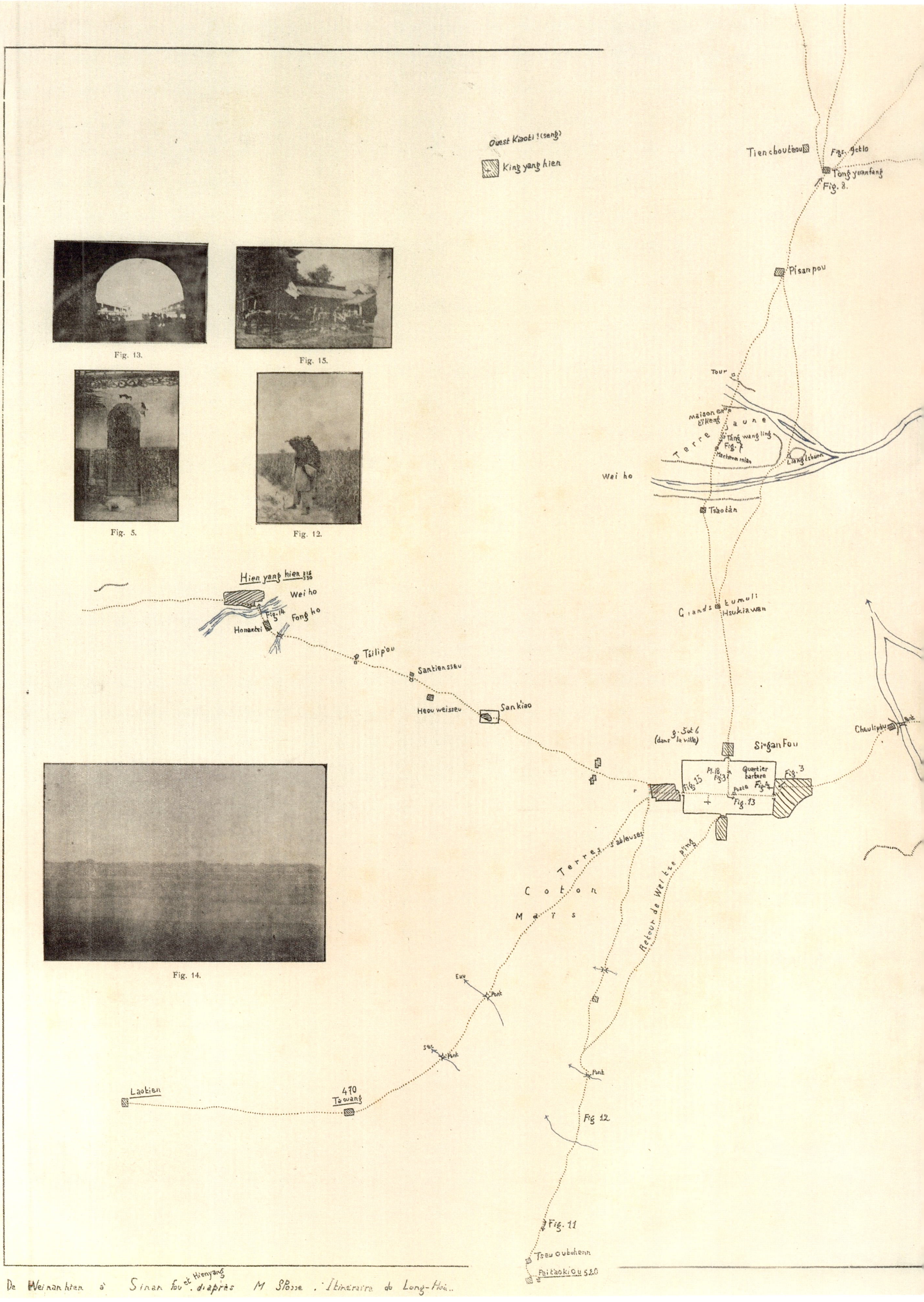

Fig. 13.

Fig. 15.

Fig. 5.

Fig. 12.

Fig. 14.

33号地图

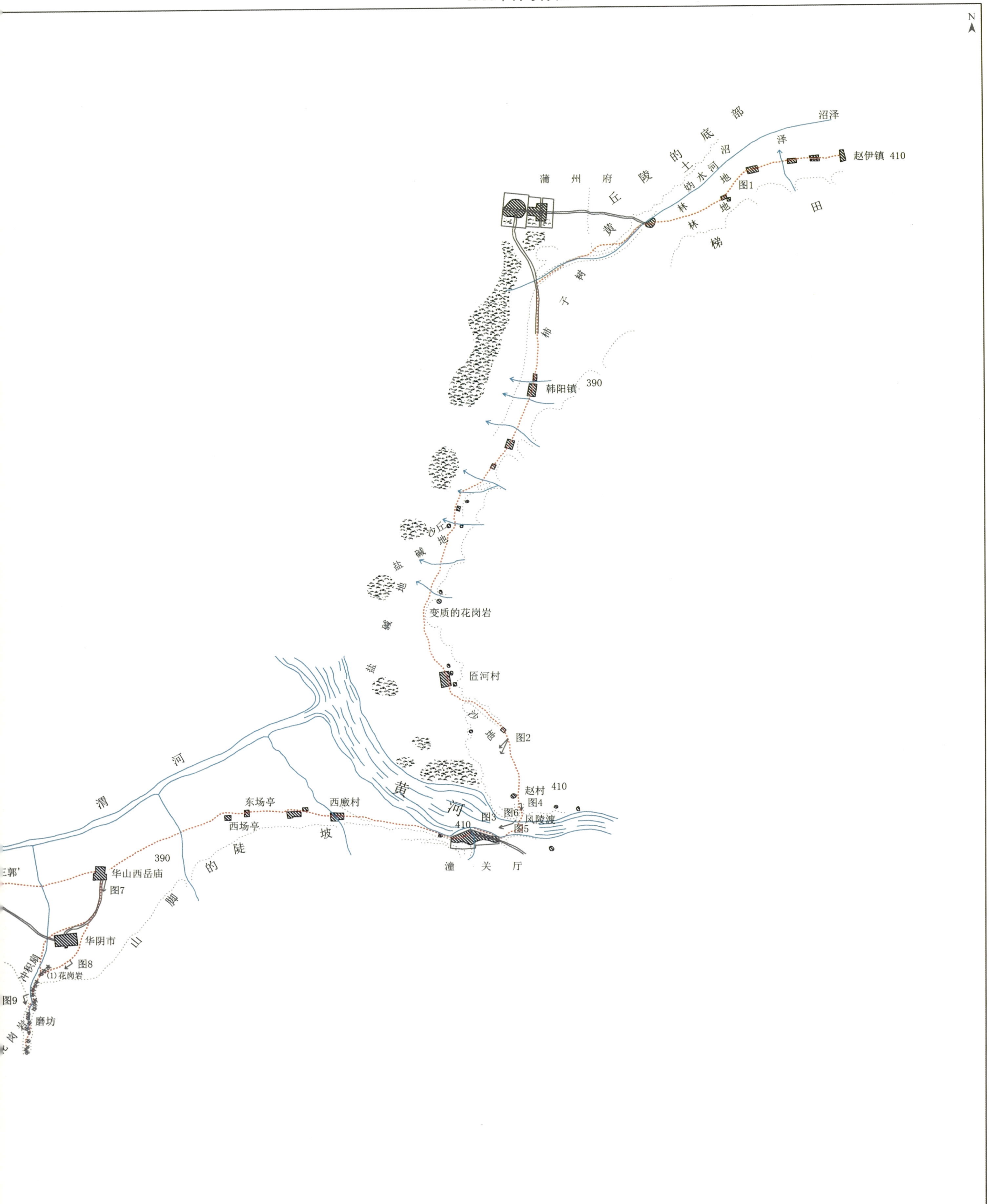
N
沼泽
赵伊镇 410
泽
蒲州府丘陵的土底部
沼
妫水河
林地
图1
林地
梯田
黄
柿子树
韩阳镇 390
沙丘地
盐碱地
盐碱
变质的花岗岩
匼河村
沙地
图2
赵村 410
图4
图6
风陵渡
图5
图3
410
黄河
潼关厅
渭河
东场亭
西廒村
西场亭
坡
陡
的
脚
山
390
华山西岳庙
图7
华阴市
图8
(1) 花岗岩
冲积扇
图9
磨坊
花岗岩

图1

图2

图2

图3

图4

图5

图7

图8

图6

图12

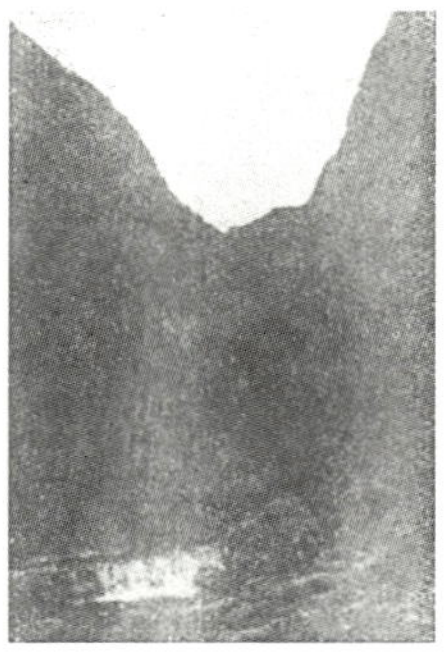
图9

图10

图11

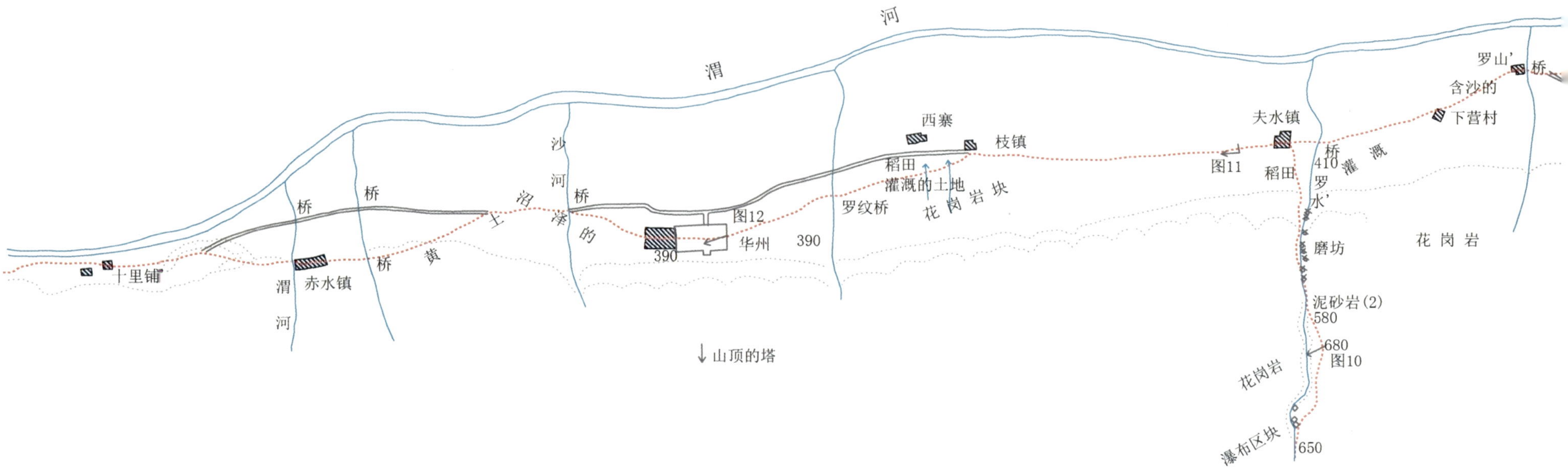

从赵伊镇到潼关厅，根据 M.Ger bal 的“大同府到潼关厅路线”绘制

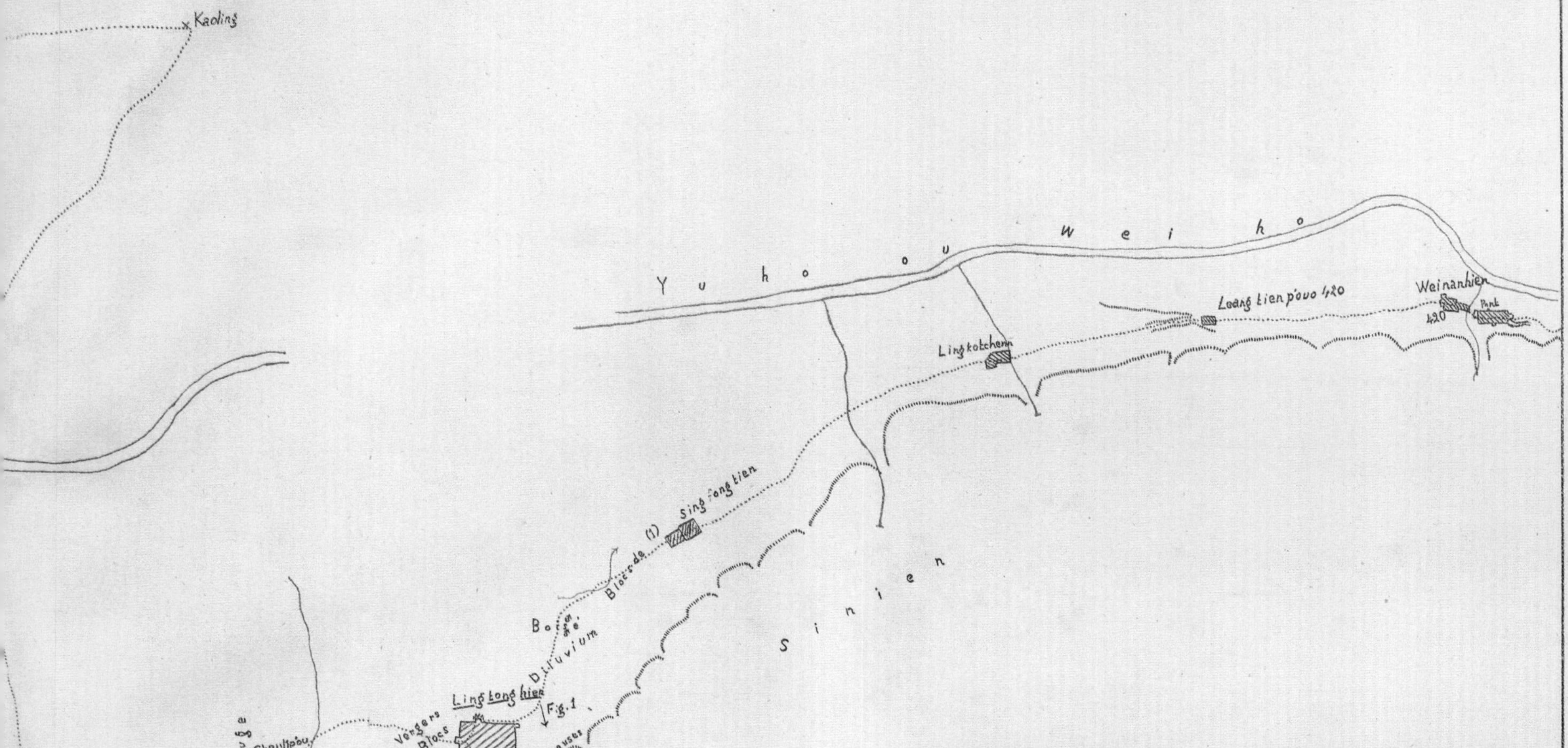

Fig 1.

Fig. 2.

Fig. 3.

Fig. 4.

Fig 6.

Fig. 7.

Fig. 8.

Fig. 9.

Fig. 10.

Fig 11

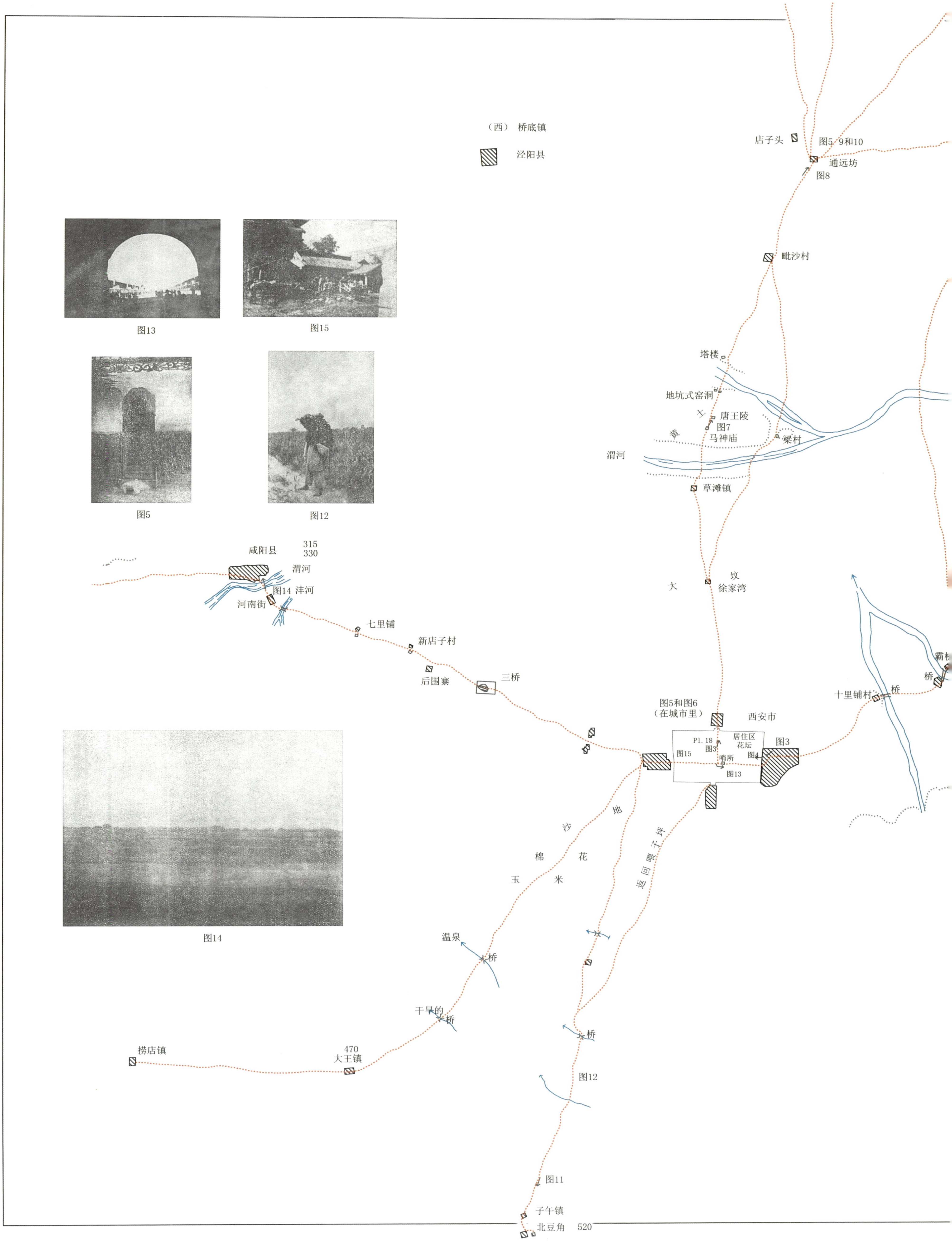

从渭南县到西安府和咸阳。根据M. Sporre提供的陇海路线绘制

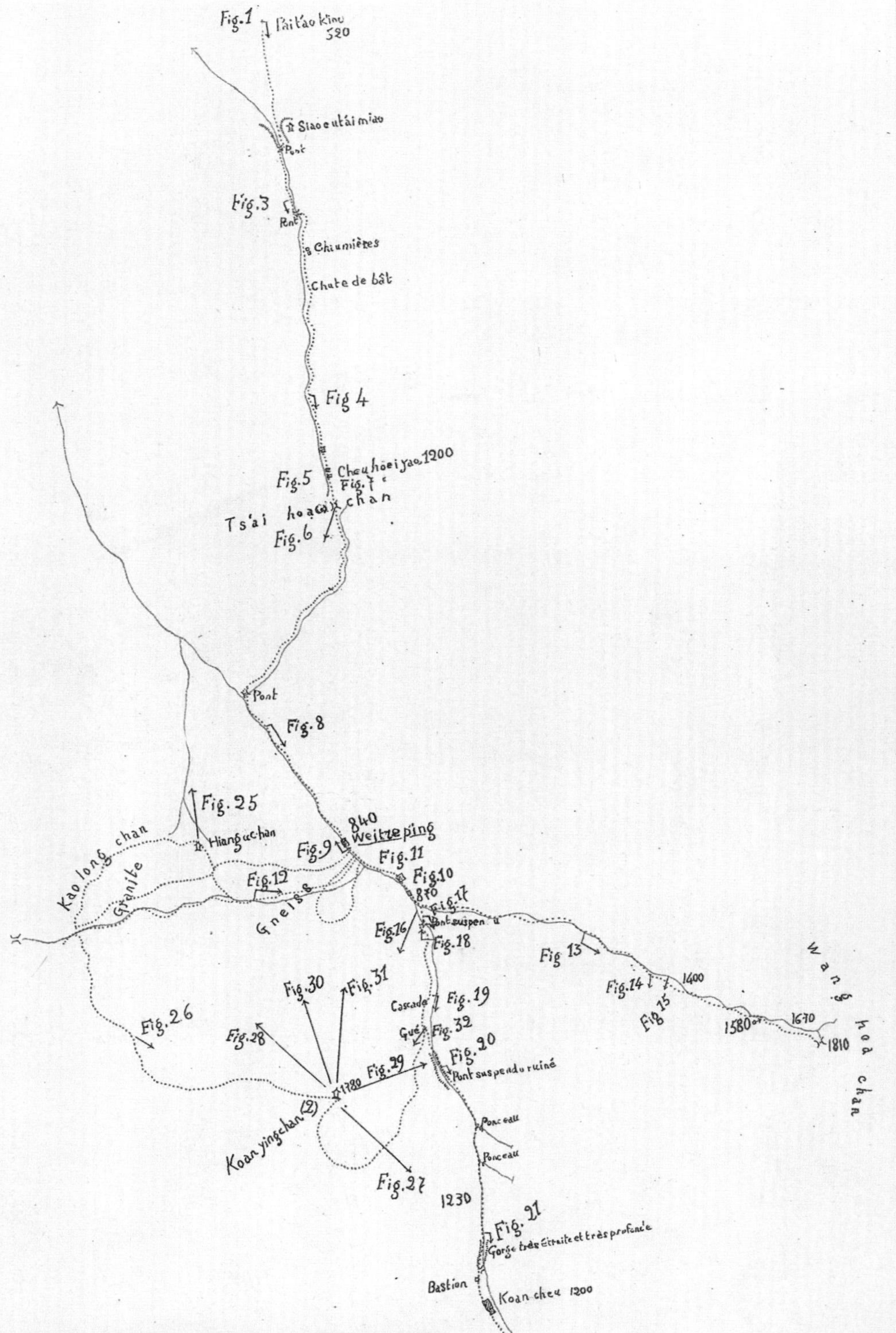

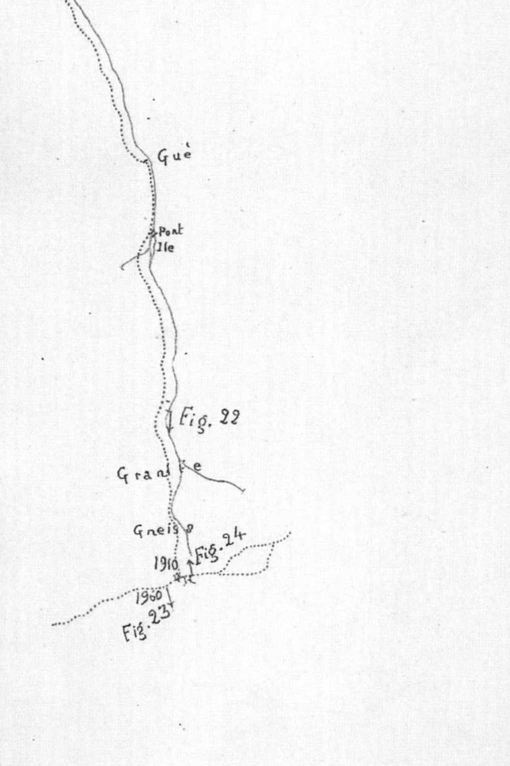

Fig. 28.

Fig. 29.

Fig. 30.

Fig. 31.

Fig. 32

Fig. 1.

Fig. 3.

Fig. 4.

Fig. 5.

Fig. 6.

Fig. 7.

Fig. 8

Fig. 9.

Fig. 10.

Fig. 11.

Fig. 12.

Fig. 13.

Fig. 14.

Fig. 15.

Fig. 16.

Fig. 17.

Fig. 18.

Fig. 19.

Fig. 22.

Fig. 20.

Fig. 21.

Fig. 26.

Fig. 23.

Fig. 24

Fig. 25.

Fig. 27.

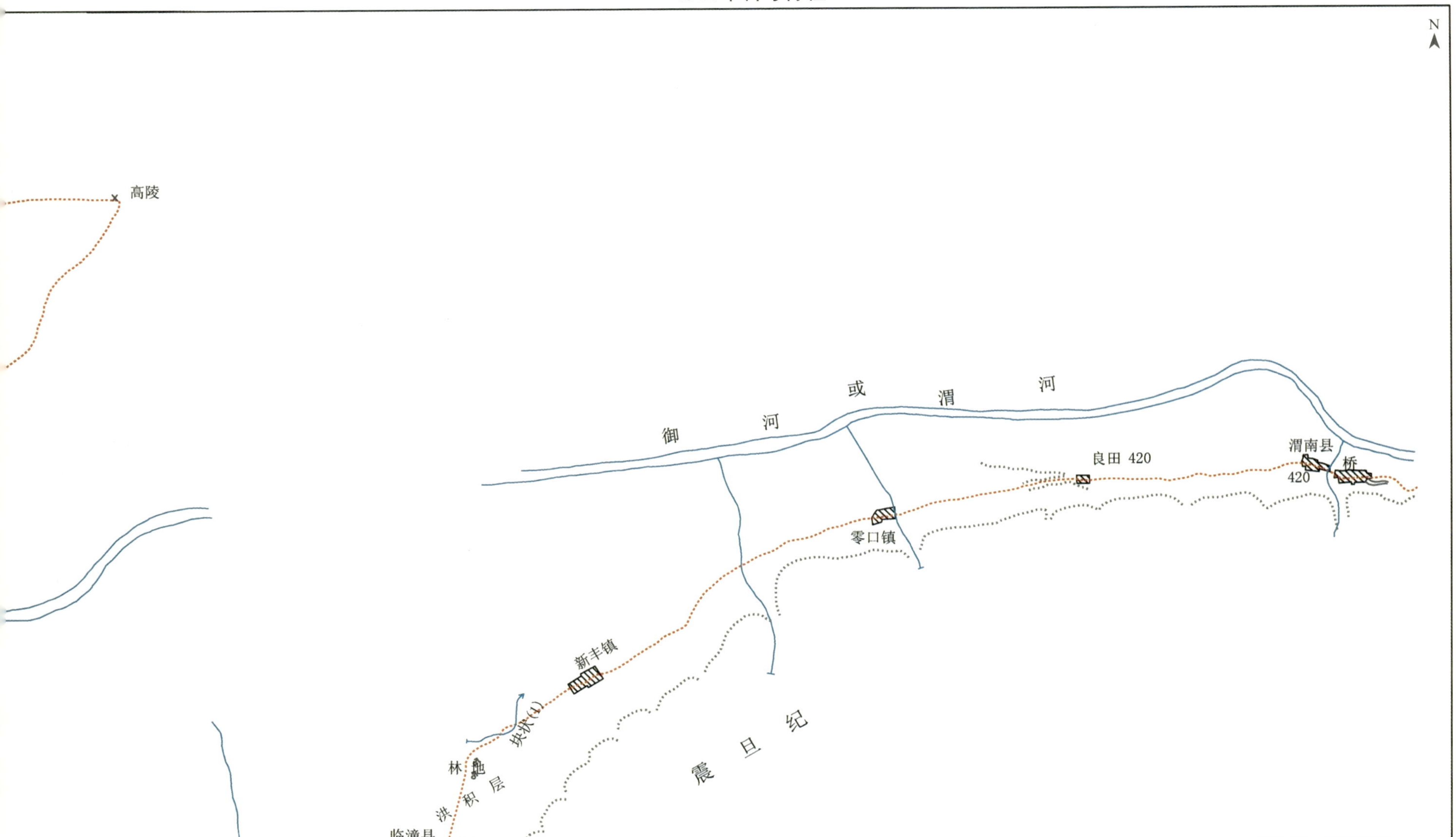

图1

图2

图3

图4

图6

图7

图8

图9

图10

图11

En partie d'après M. Stone, "Itinéraire du " Long Hai,,

35号地图

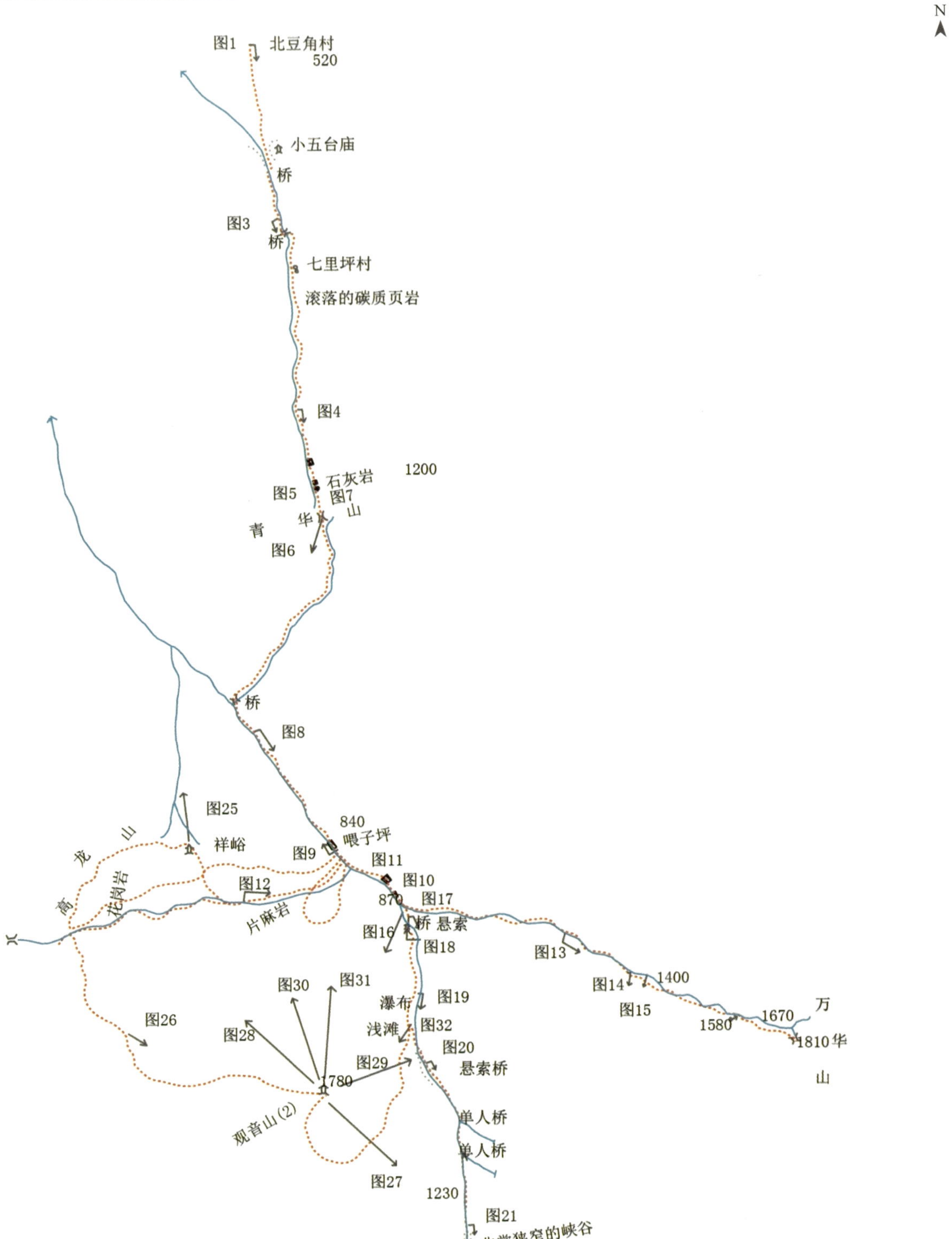

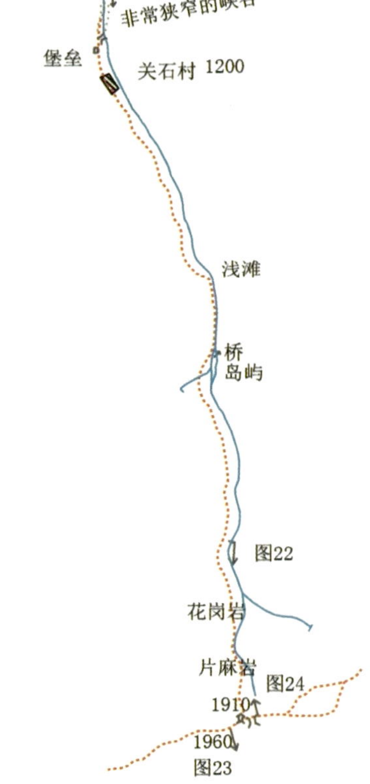

图28

图29

图30

图31

图32

图1

图3

图4

图5

图6

图7

图8

图9

图10

图11

图12

图13

图14

图15

图16

图17

图18

图19

图22

图20

图21

图26

图23

图24

图25

图27

Fig. 1.

Fig. 2.

Fig. 3.

Fig. 4

Fig. 5.

Fig. 6.

Fig. 7.

Fig. 8.

Fig. 9.

Fig. 10.

Fig. 11.

Fig. 12.

Fig. 13.

Fig. 14.

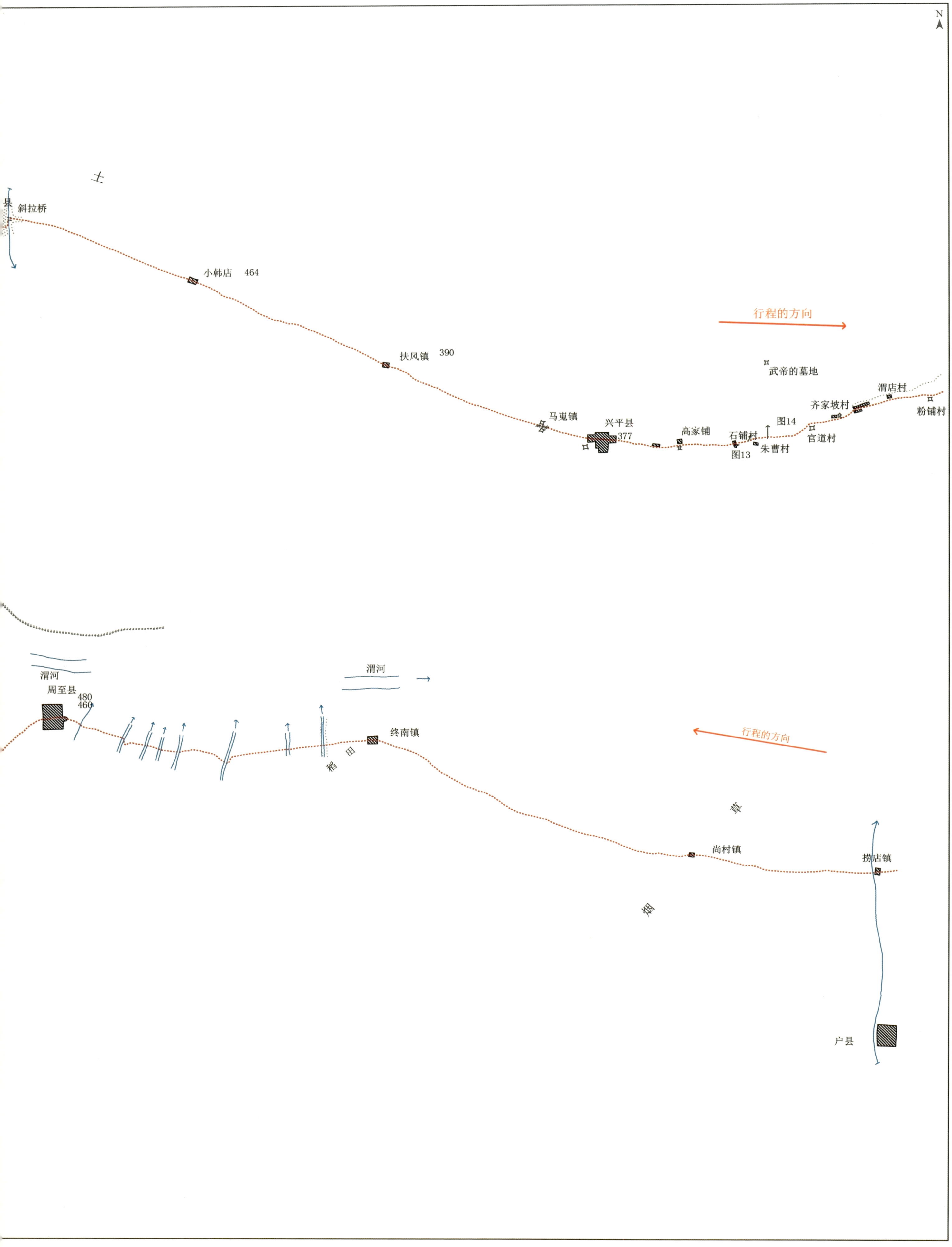
N
土
县
斜拉桥
小韩店 464
行程的方向
扶风镇 390
武帝的墓地
渭店村
齐家坡村
粉铺村
马嵬镇
兴平县
377
高家铺
石铺村
图14
官道村
朱曹村
图13
渭河
周至县
480
460
渭河
终南镇
稻 田
行程的方向
草
尚村镇
捞店镇
烟
户县

图1

图2

图3

图4

图5

图6

图7

图8

图9

图10

图11

图12

图13

图14

Fig. 28.

Fig. 29.

Manque

Fig. 30.

Fig. 31.

Fig. 32.

Fig. 33.

Fig. 34.

Fig. 35.

Fig. 36.

Fig. 15.

Fig. 16.

Fig. 17.

Fig. 18.

Fig. 19.

Fig. 20.

Fig. 21.

Fig. 22.

Fig. 23.

Fig. 24.

Fig. 25.

Fig. 26.

Fig. 27.

图28

图29

Manque

图30

图31

图32

图33

图34

图35

图36

图15

图16

图17

图18

图19

图20

图21

图22

图23

图24

图25

图26

图27

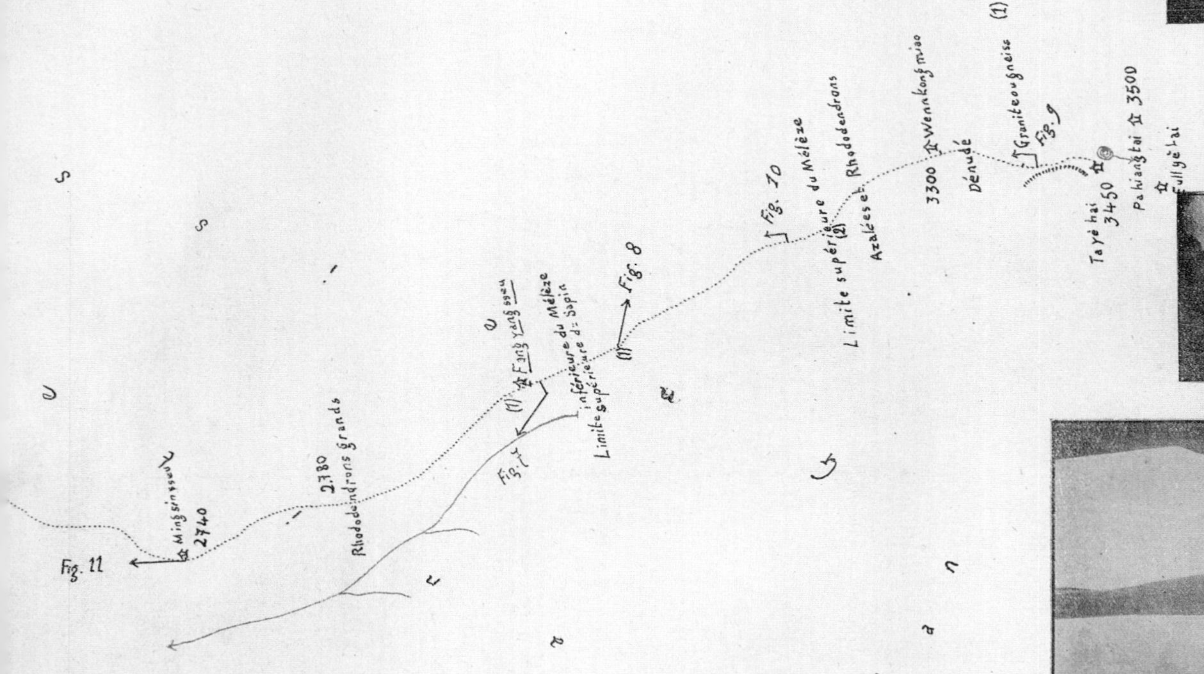

Fig. 13.

Fig. 12.

Fig. 9.

Fig 10.

Fig. 11.

Fig. 1.

Fig.2.

Fig. 3.

Fig. 6.

Fig. 5.

Fig. 14.

Fig. 4.

Fig. 7.

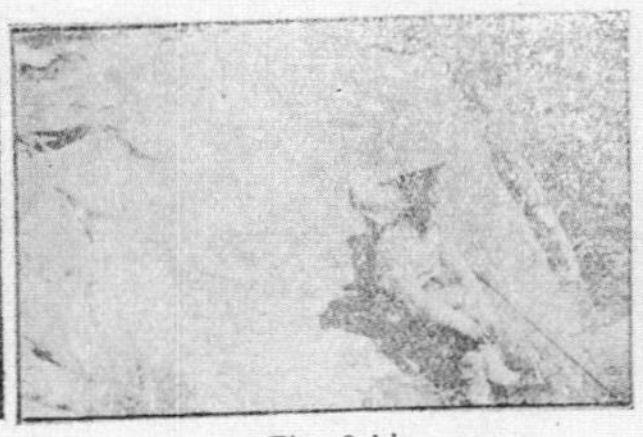

Fig 8 bis.

Fig. 8.

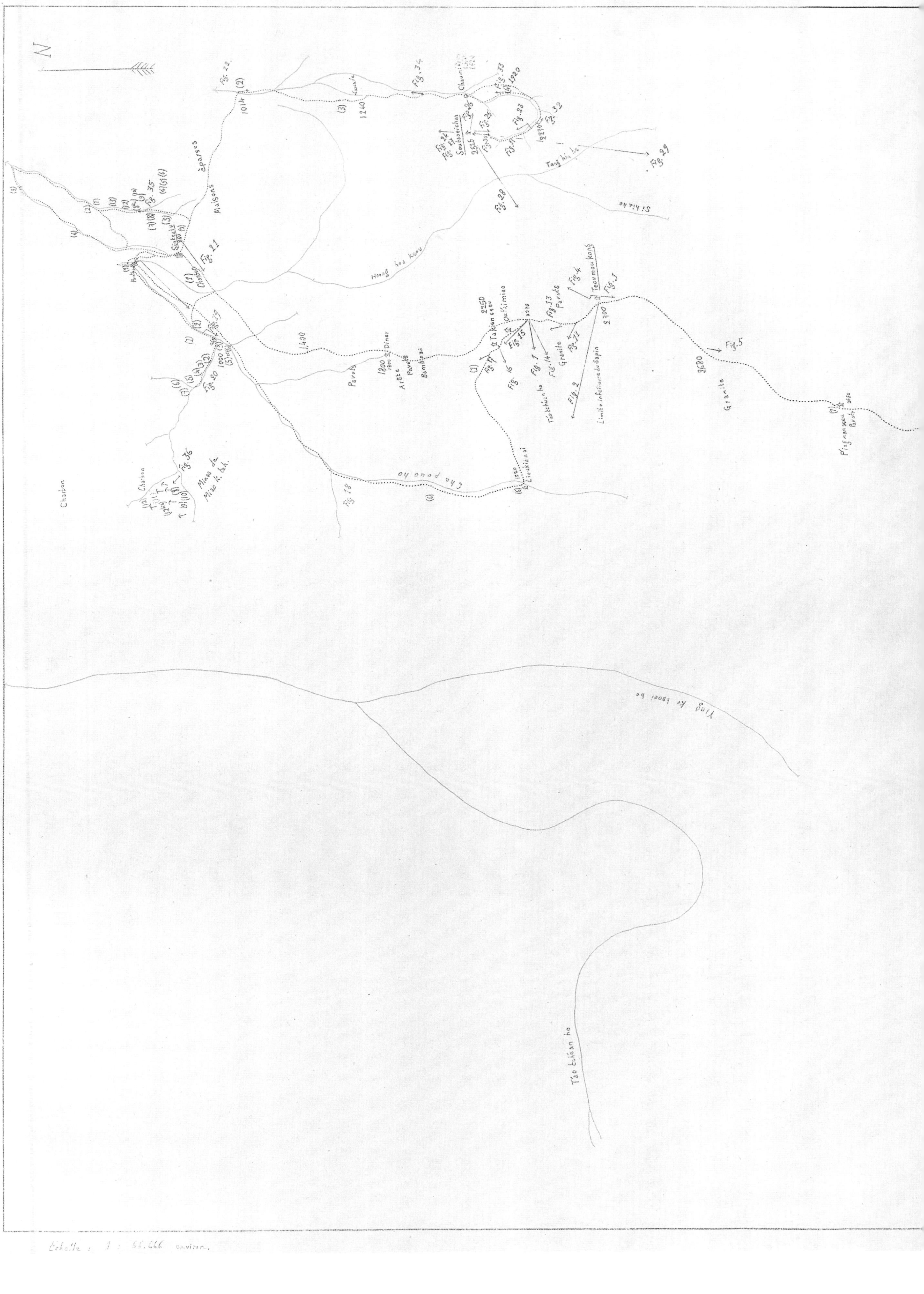

Échelle : 1 : 66.666 environ.

36号地图

Fig. 1.

Fig. 2.

Fig. 4.

Fig. 3.

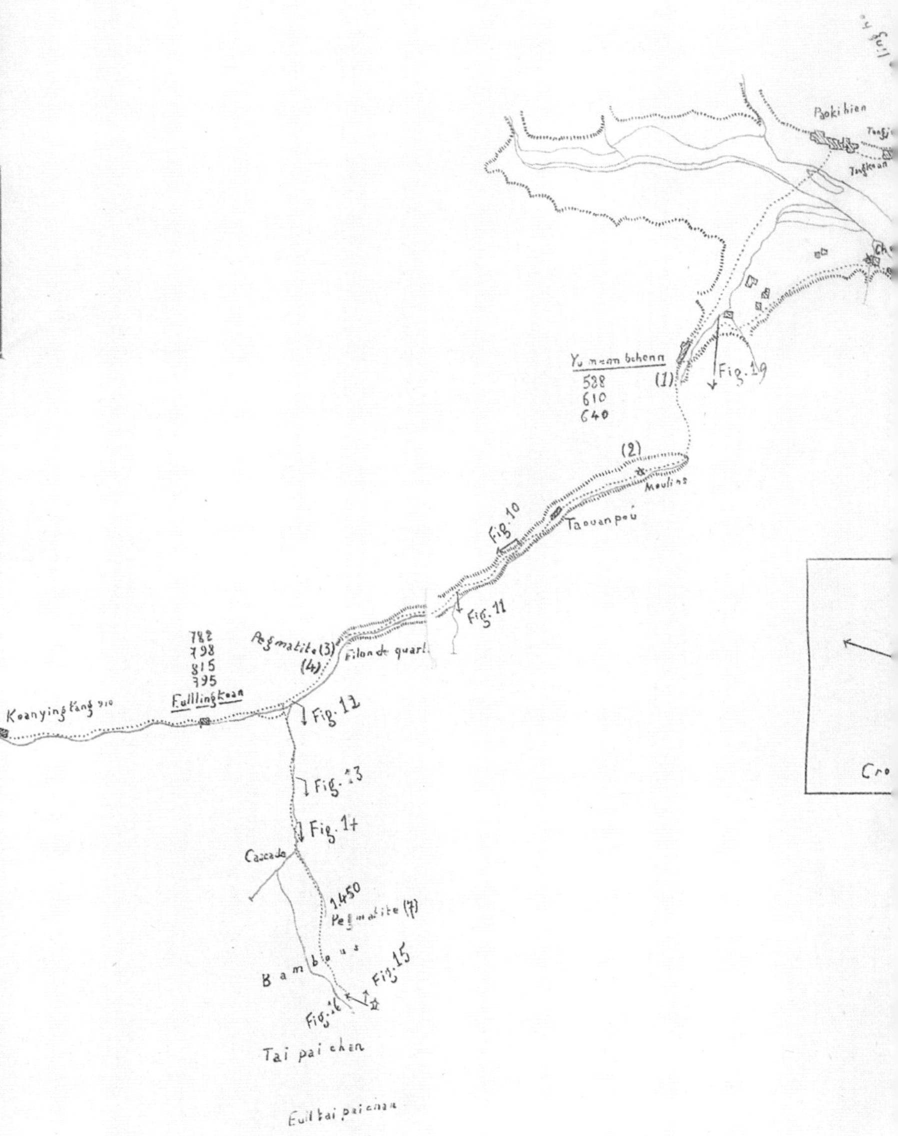

Fig. 5.

Fig. 6.

37号地图

Jusqu'à Yu menn tchenn, en partie d'après M. Flosse, "Itinéraire du Long Haï

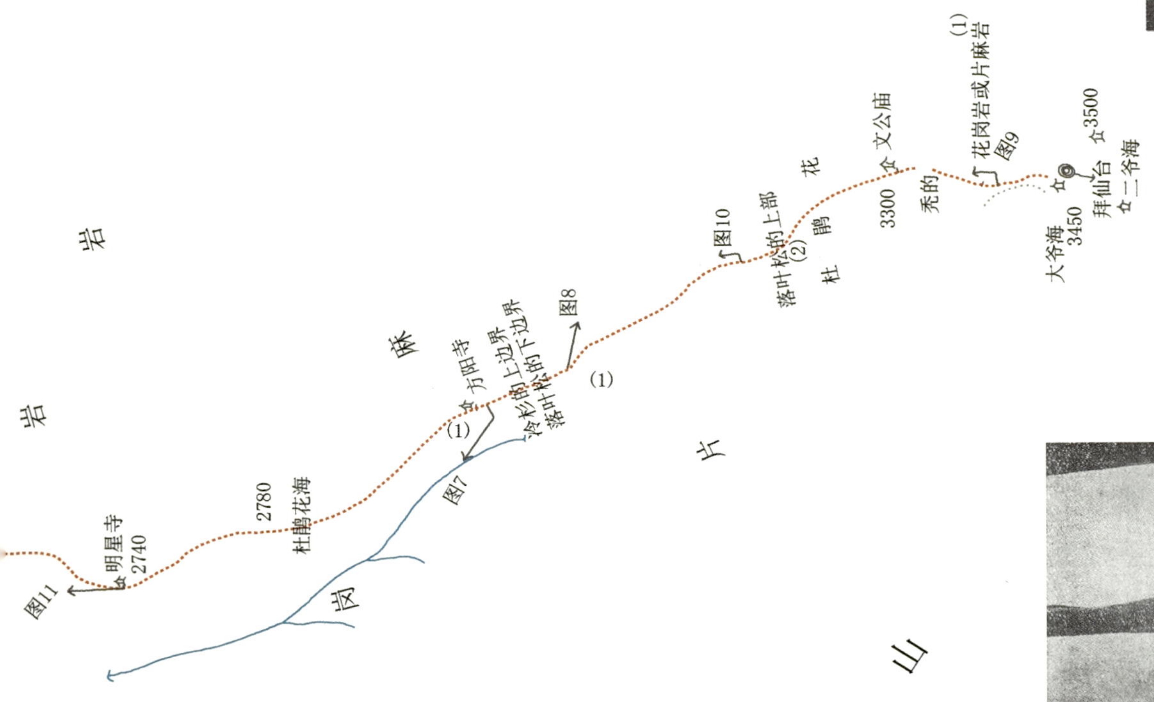

图13

图12

图9

图10

图11

图1

图3

图2

图14

图4

图6

图5

图7

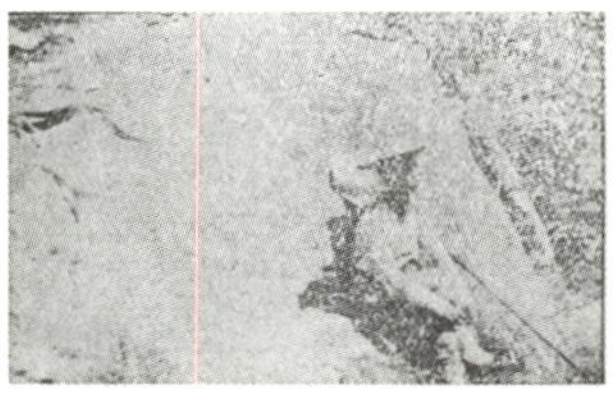
图8 bis.

图8 bis.

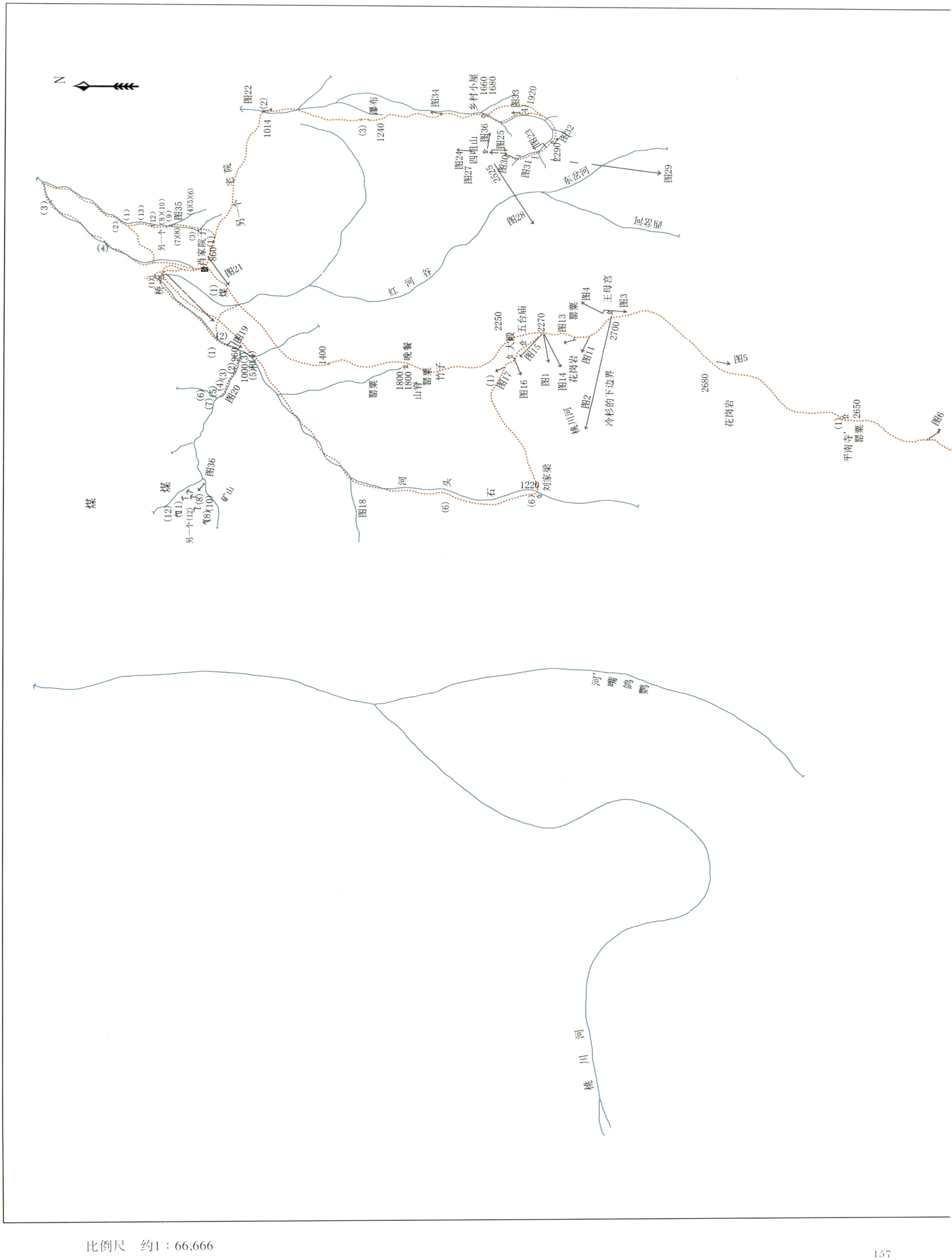
N
红河谷
东岔河
石头河
鹦鸽嘴河
桃川河
冷杉的下边界
花岗岩
王母宫
平南寺
刘家梁
五台庙
大殿
四咀山
乡村小屋
瀑布
肖家院子
矿山
煤

比例尺　约1：66,666

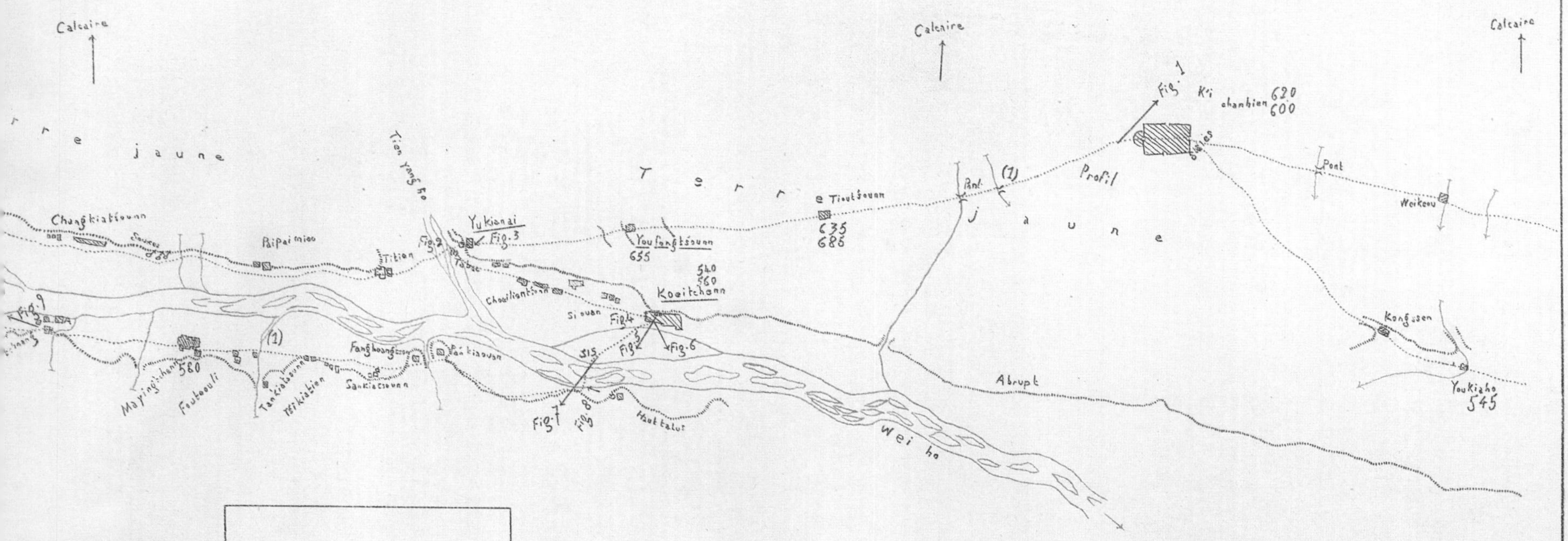

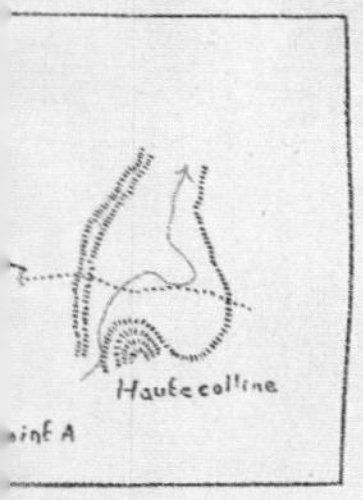

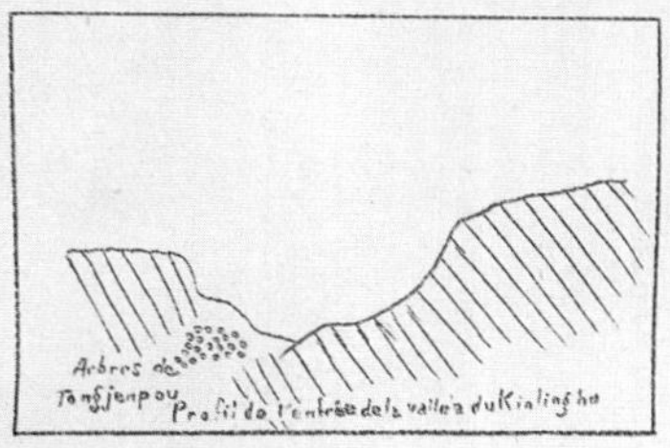

Fig. 7.

Fig. 8.

Fig. 14

Fig. 15.

Fig. 16.

Fig. 17.

Fig. 18.

Fig. 9.

Eig. 19.

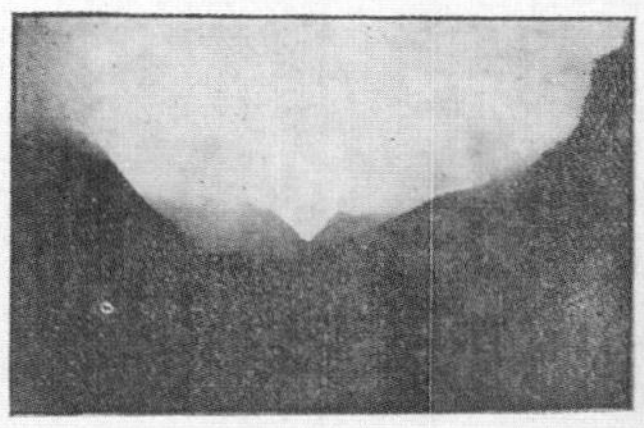
Fig. 10.

Fig. 11.

Fig. 13

Fig. 12.

图1

图2

图3

图4

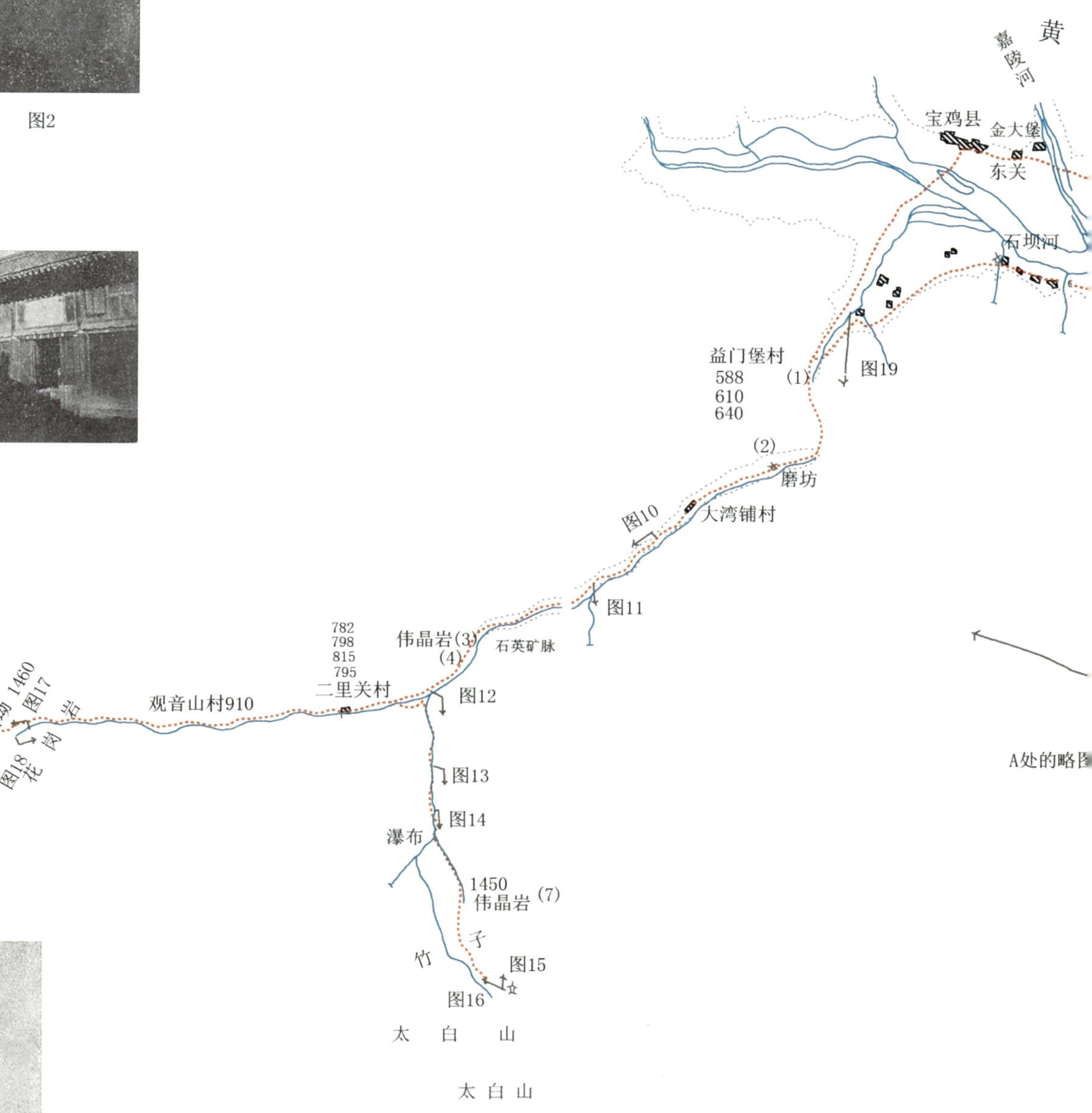

图5

图6

沿陇海线到益门镇的部分根据M.Slosse的地图绘制

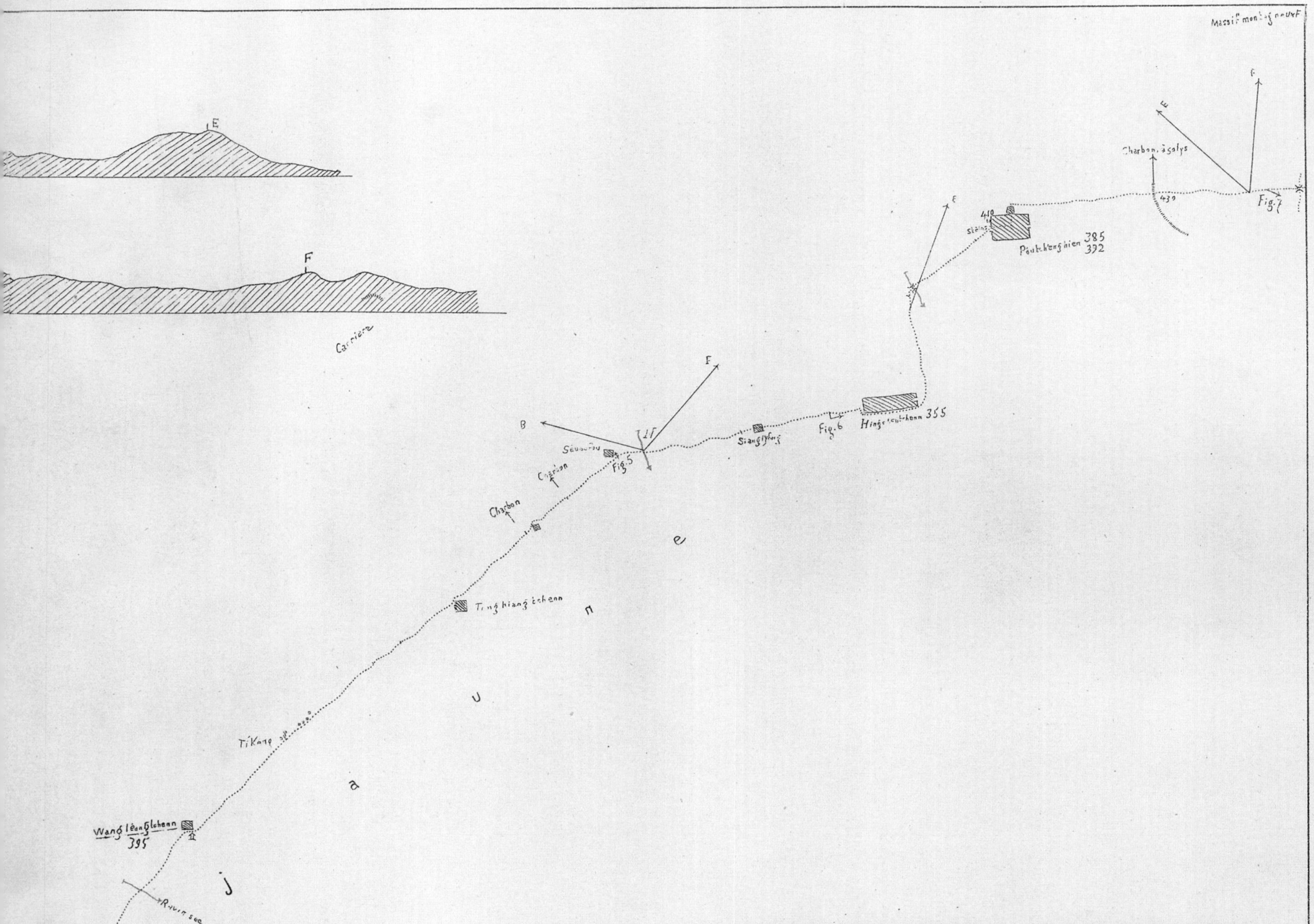

Fig. 1.

Fig. 2.

Fig. 3.

Fig. 4.

Fig. 5.

Fig. 6.

Fig. 7.

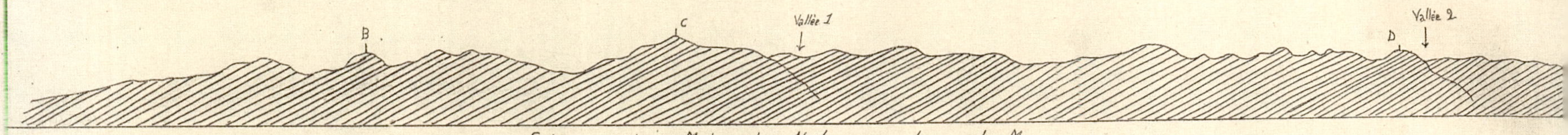

Silhouette des Monts du Nord, vue du point M

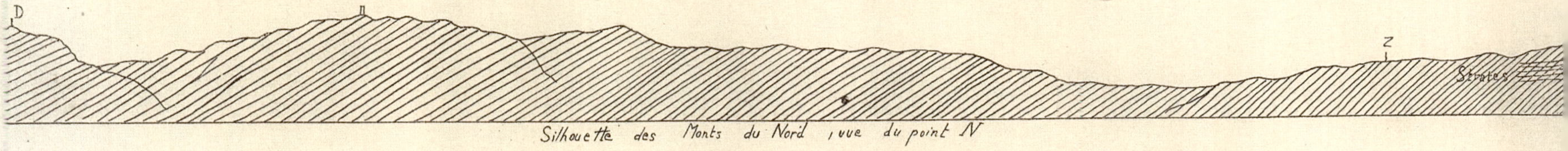

Silhouette des Monts du Nord, vue du point N

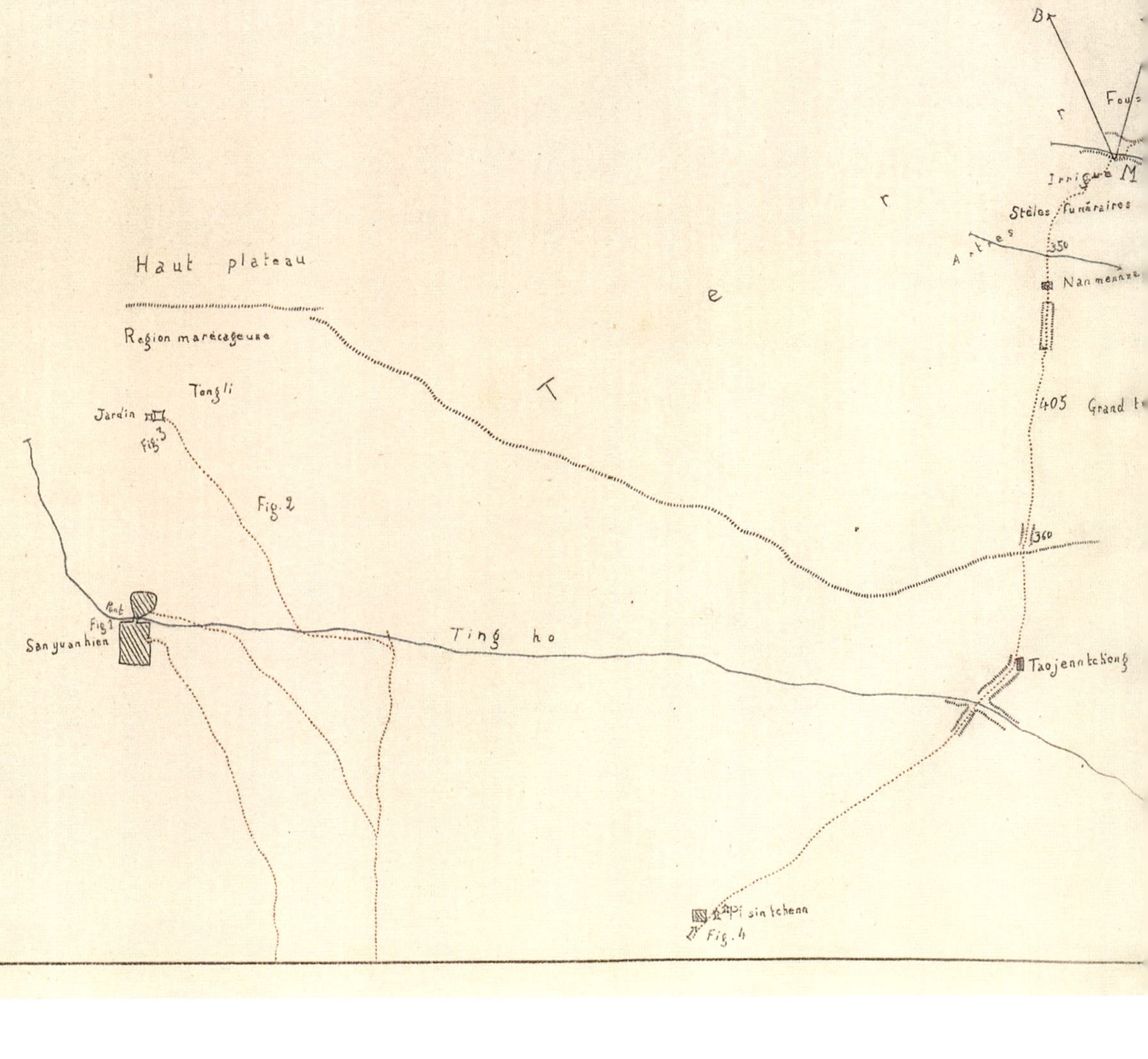

38
号
地
图

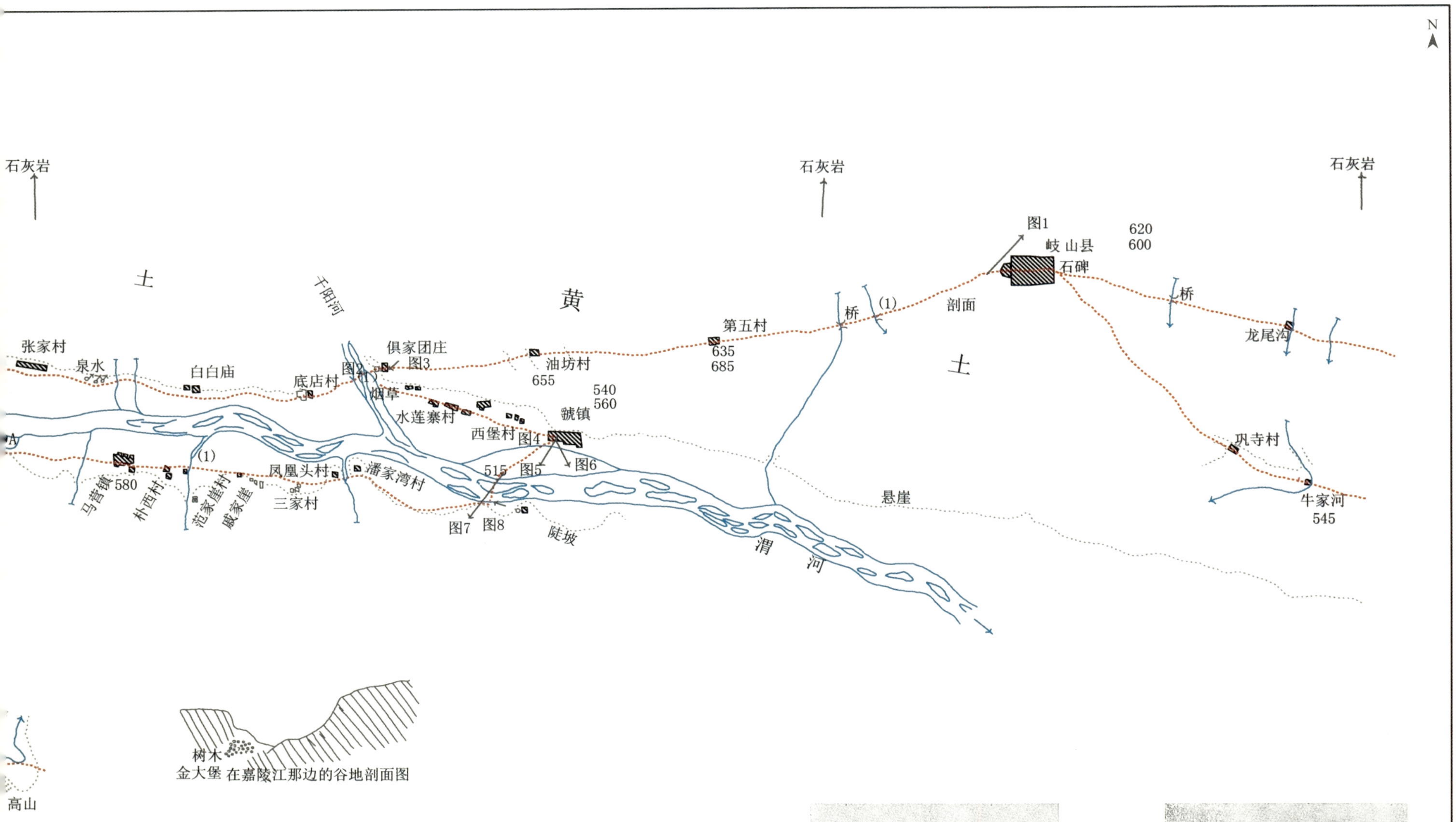

图7

图8

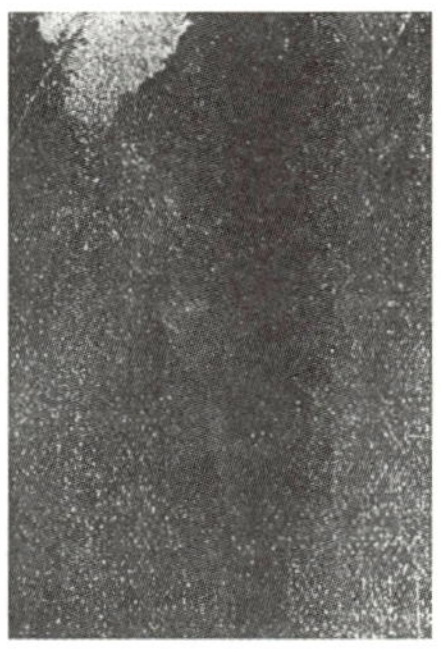
图14

图15

图16

图17

图18

图9

图19

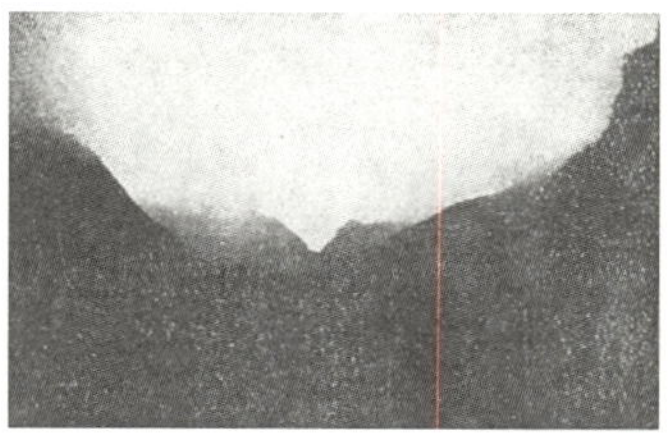
图10

图11

图13

图12

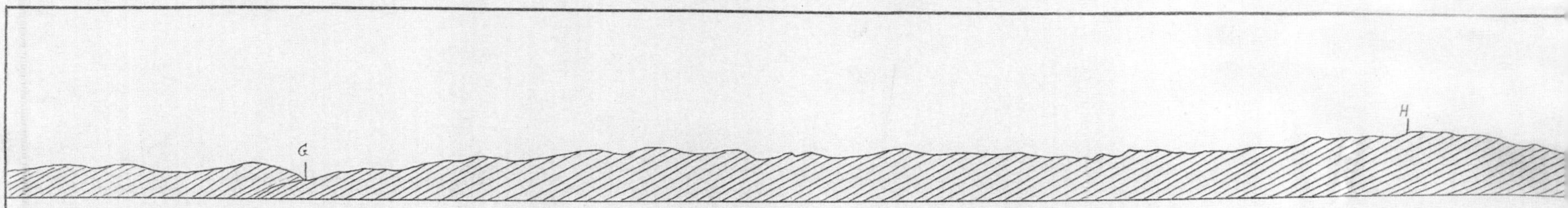

Silhouette des Montagnes du Nord, vue du point M

Fig. 1.

Fig. 5.

Fig. 2.

Fig. 6.

Fig. 3.

Fig. 7.

Fig. 4.

Fig. 8.

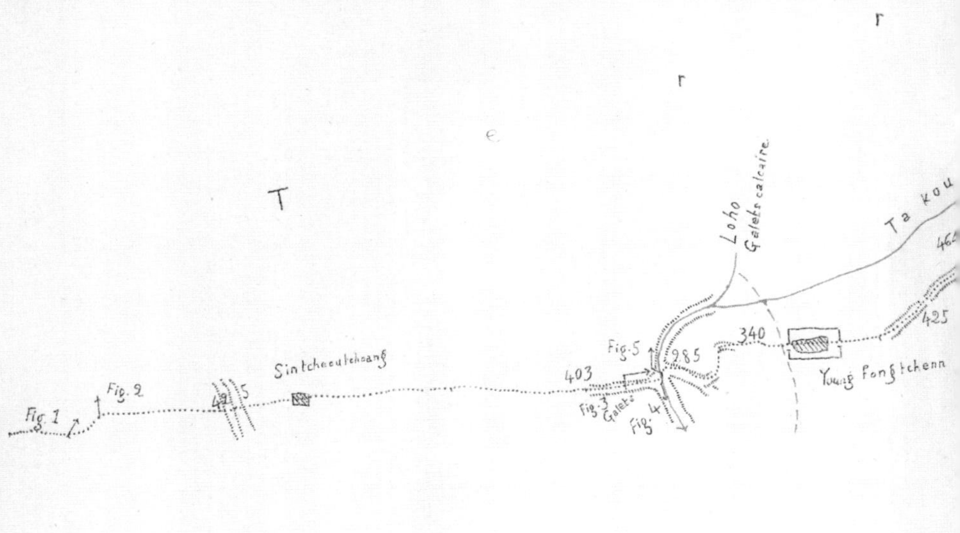

39号地图

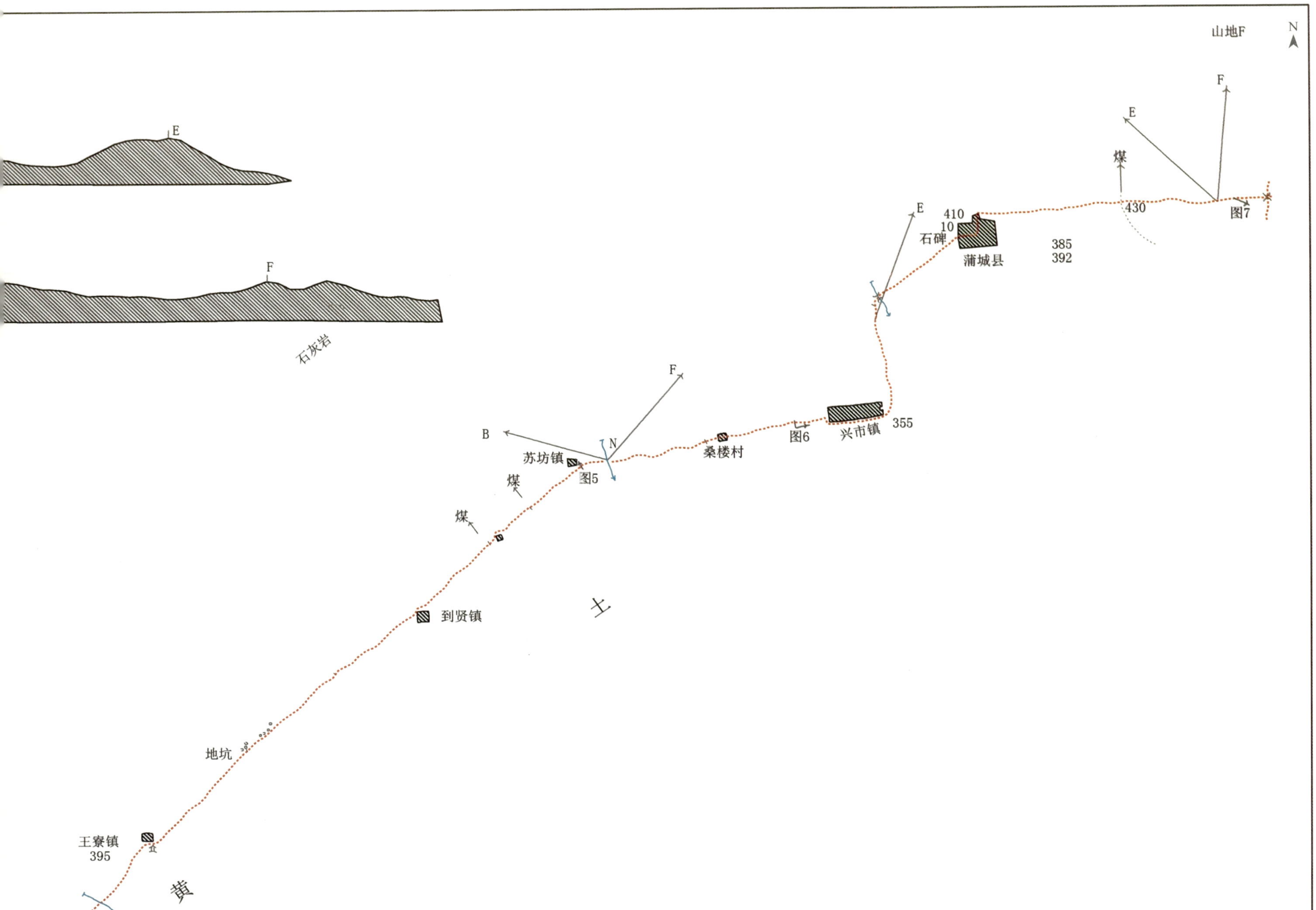

图1

图2

图3

图4

图5

图6

图7

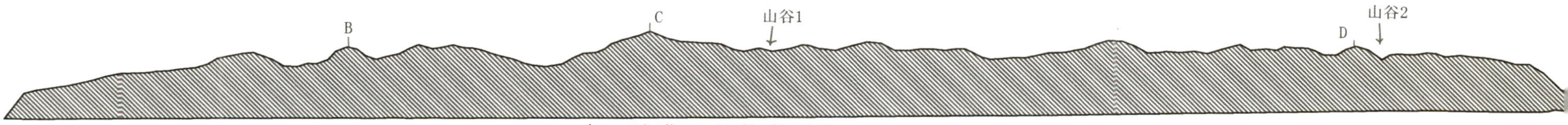

点M以北，山的轮廓

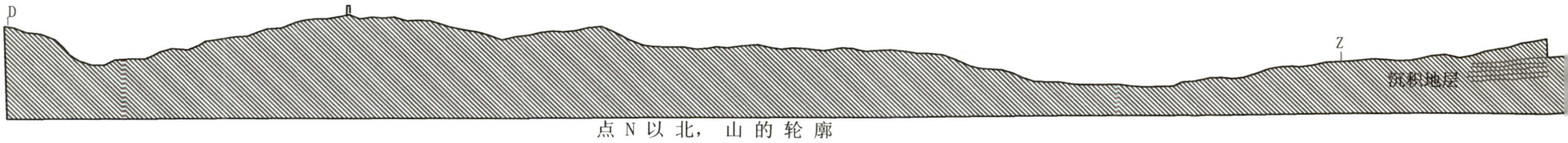

点N以北，山的轮廓

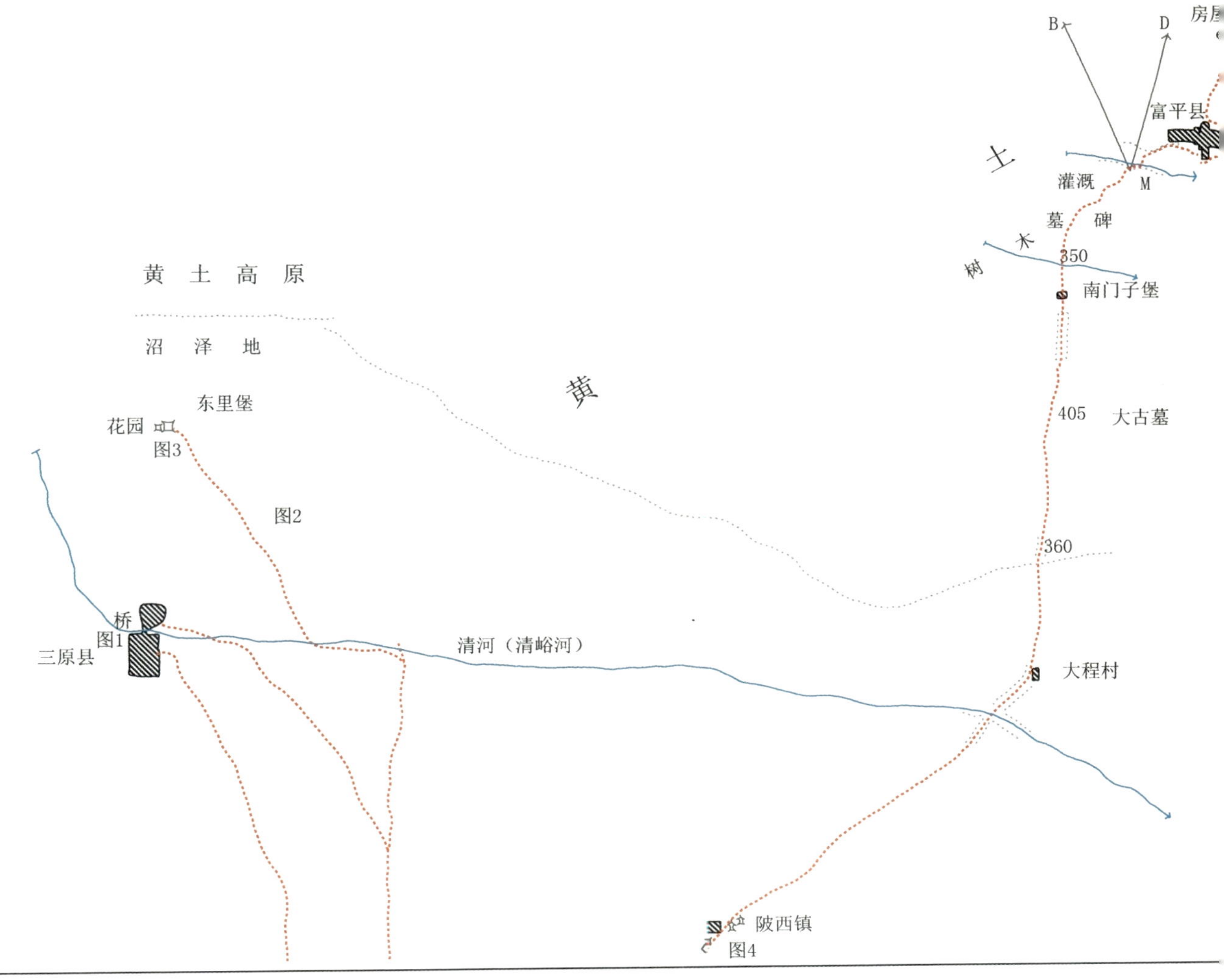

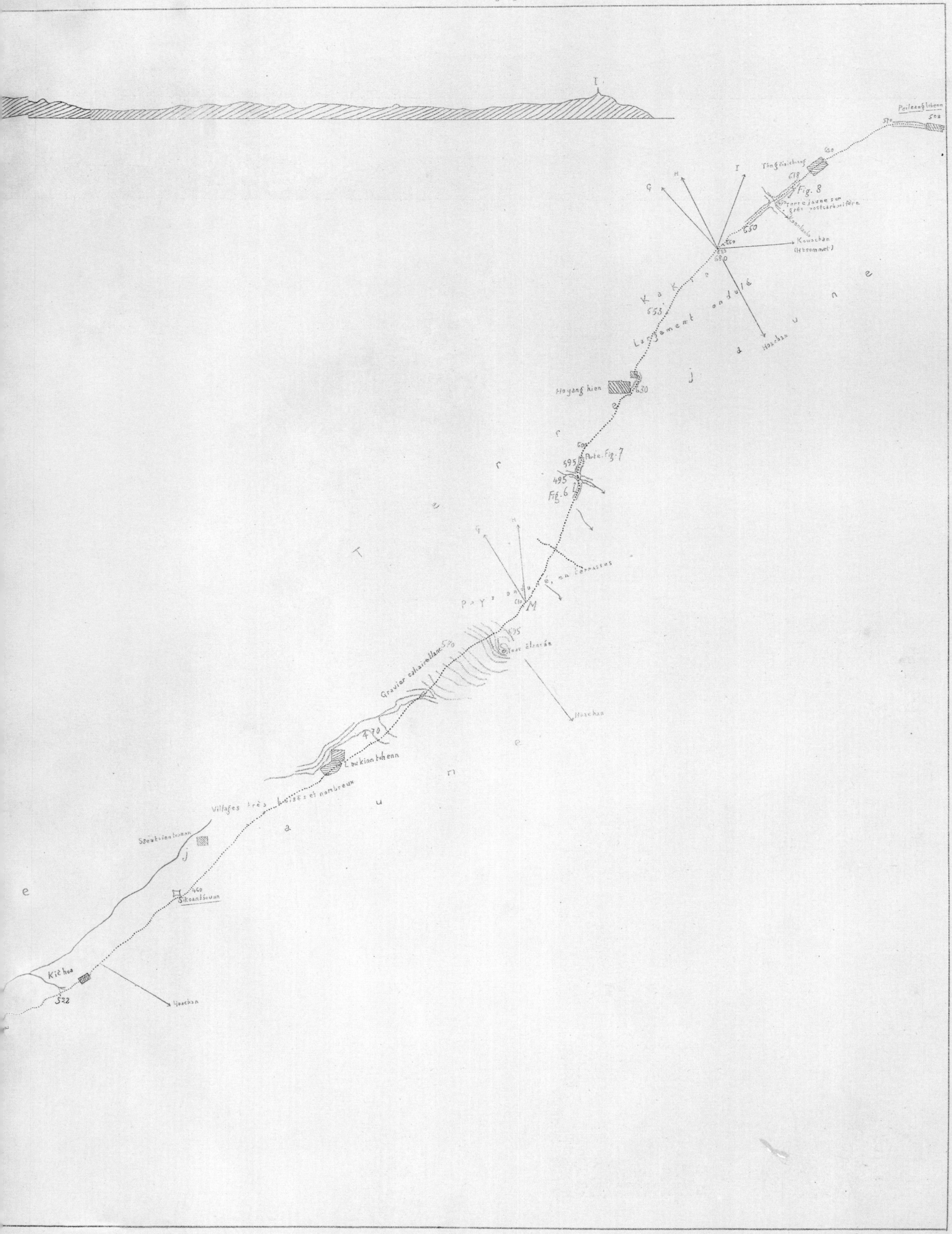
Fig. 8
680
650
Hoyang hien
630
Porte. Fig. 7
595
495
Fig. 6
M
570
470
Villages très boisés et nombreux
460
522

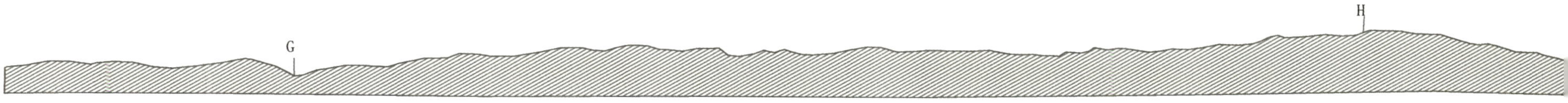

点 M 以 北 山 脉 的 轮 廓

图1

图2

图3

图4

图5

图6

图7

图8

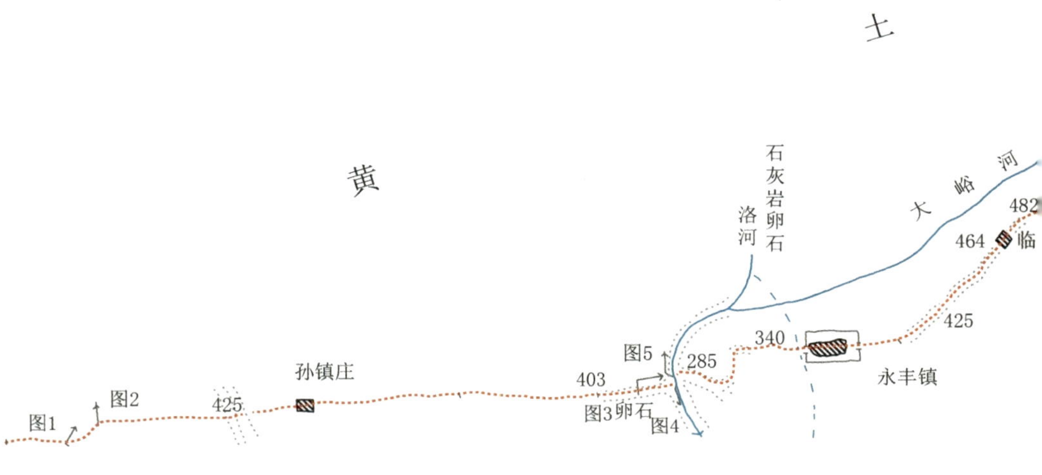

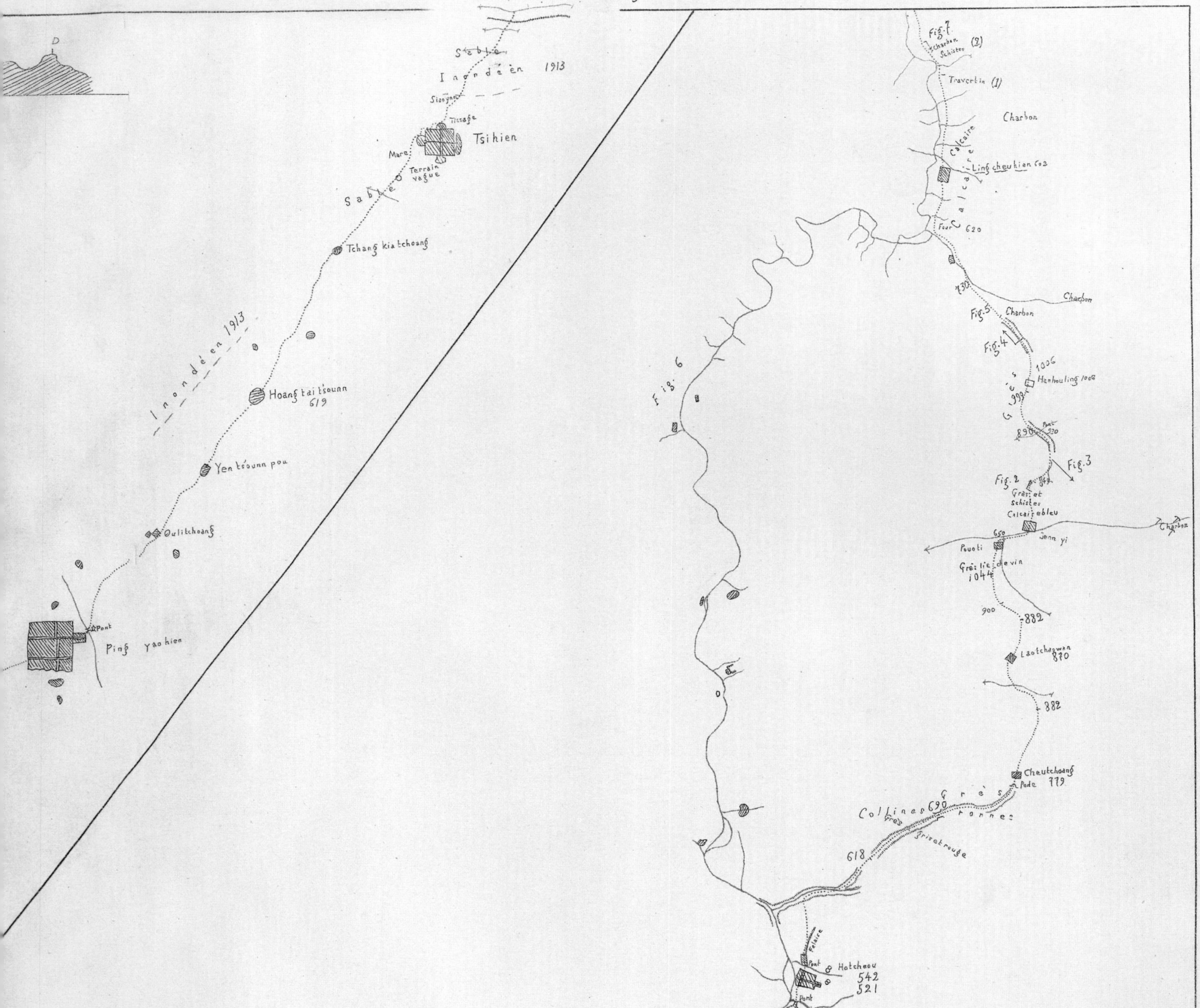
Sable
Inondéen 1913
Tsihien
Sable
Tchang kia tchoang
Inondéen 1913
Hoang tai tsounn
619
Yen tsounn pou
Oulitchoang
Pont
Ping yao hien
Fig. 7
Travertin (1)
Charbon
Calcaire
Ling cheu kien
Four 620
Charbon
Fig. 5
Fig. 4
Grès
Fig. 3
Fig. 2
Fig. 6
Pont
Hotcheou
542
521
Collines
Grès
Terre rouge
Terre jaune
Pont
Poudingue sableux
591
Approximatif
Fig. 1
Terre jaune
A

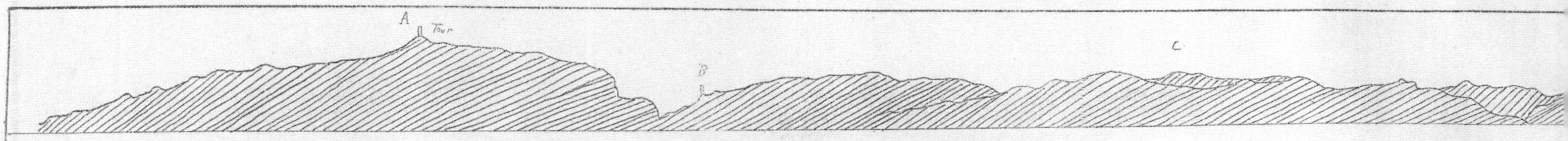

Silhouette des hauts sommets dans le Sud du point M.

Fig. 6.

Fig. 8.

Fig. 1.

Fig. 3.

Fig. 10.

Fig. 2.

Fig. 7.

Fig. 4.

Fig. 5.

Fig. 9.

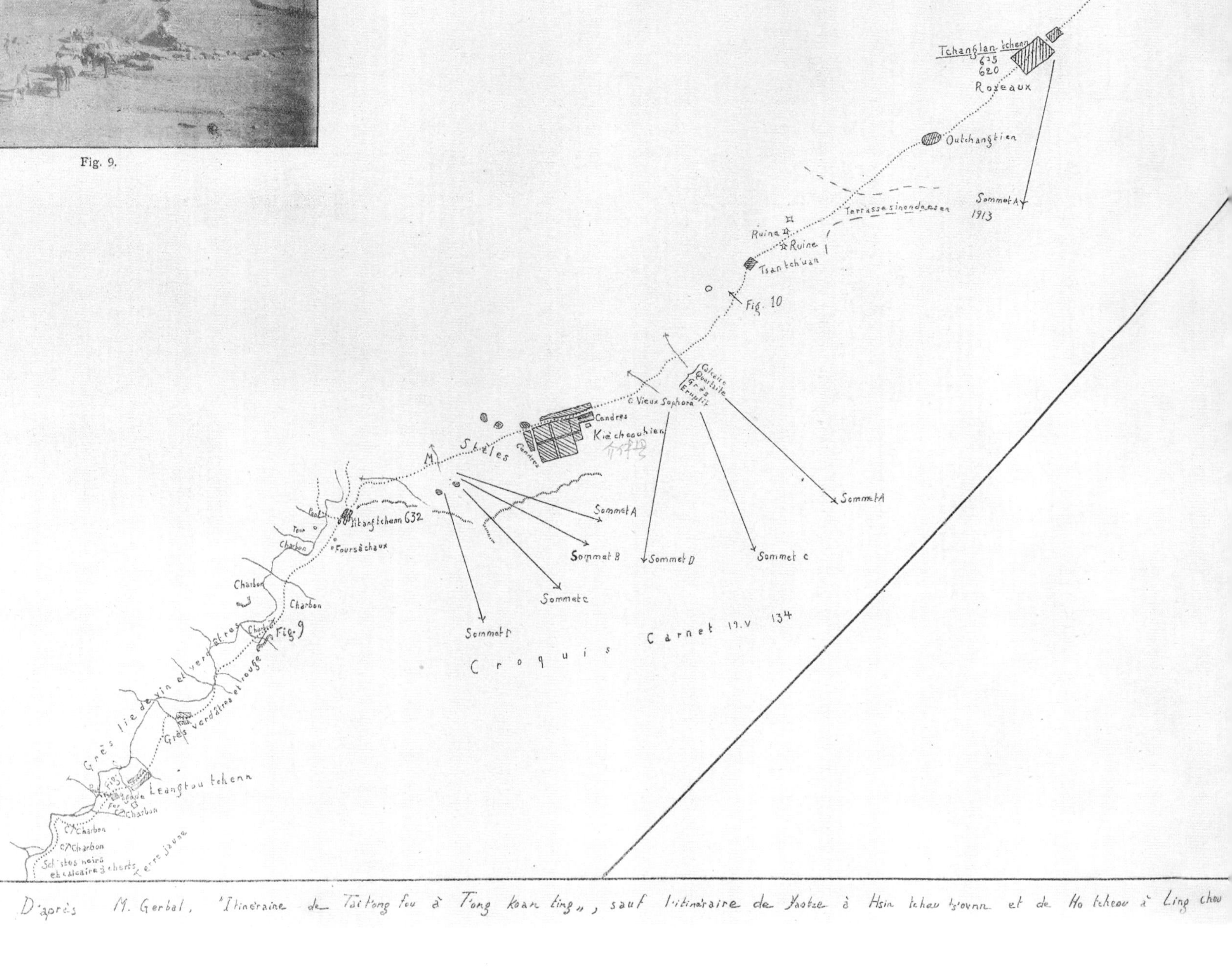

D'après M. Gerbal, "Itinéraire de Tsi tong fou à T'ong koan ting", sauf l'itinéraire de Yaotze à Hsin tchau ts'ounn et de Ho tcheou à Ling chou

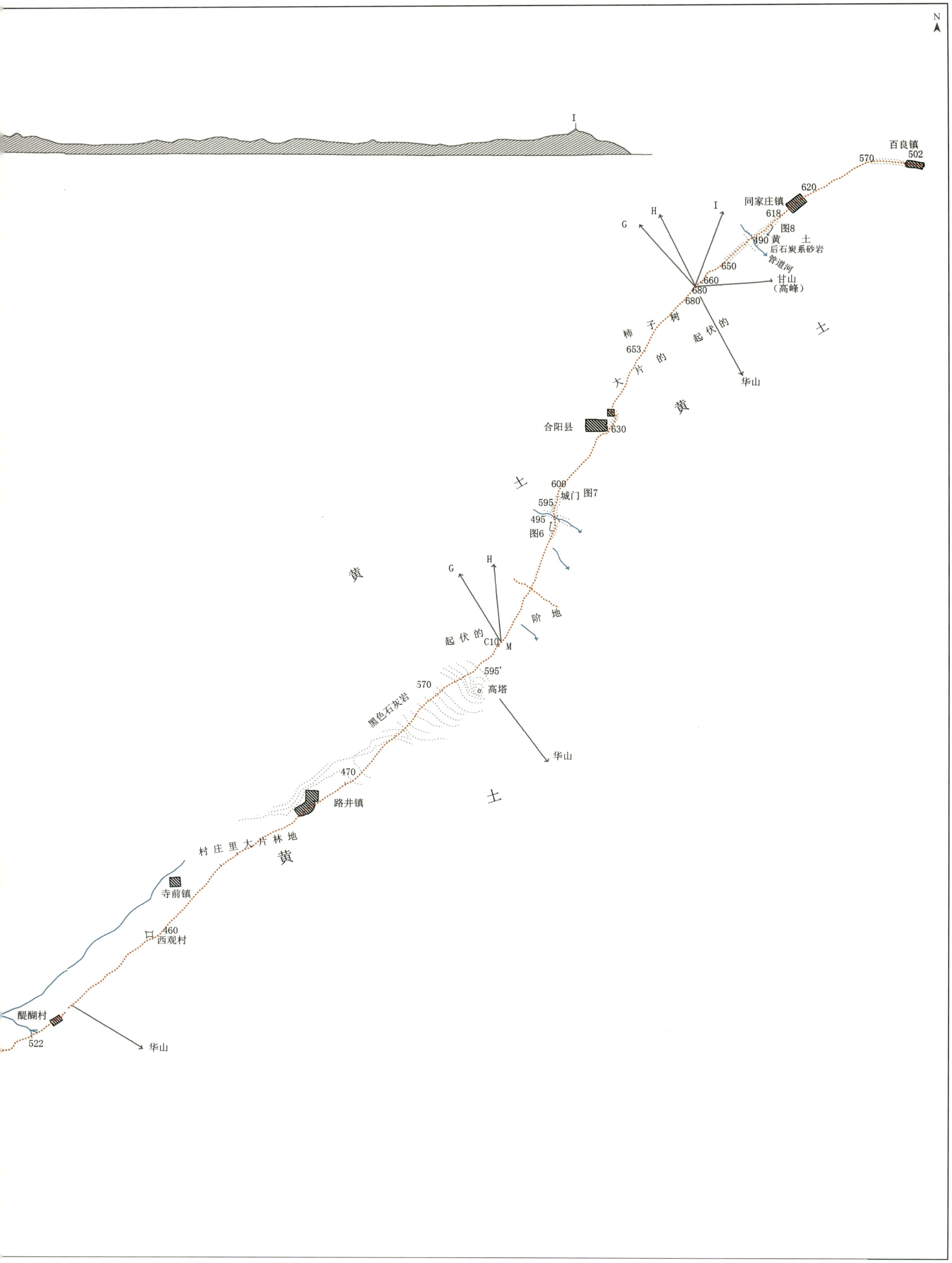
N
I
百良镇
502
570
620
同家庄镇
618
图8
G
H
I
490 黄 土
后石炭系砂岩
管道河
650
660
680
680
甘山
（高峰）
柿 子 树
653
大 片 的
起 伏 的
土
华山
黄
合阳县
630
土
600
城门 图7
595
495
图6
黄
G
H
阶 地
起 伏 的
C10
M
595'
高塔
570
黑色石灰岩
华山
470
土
路井镇
村 庄 里 大 片 林 地
黄
寺前镇
460
西观村
醍醐村
522
华山

Fig. 1.

D'apres M. Gerbal, "Itinéraire de Tai tong Fou à T'ong koan ting."

41号地图

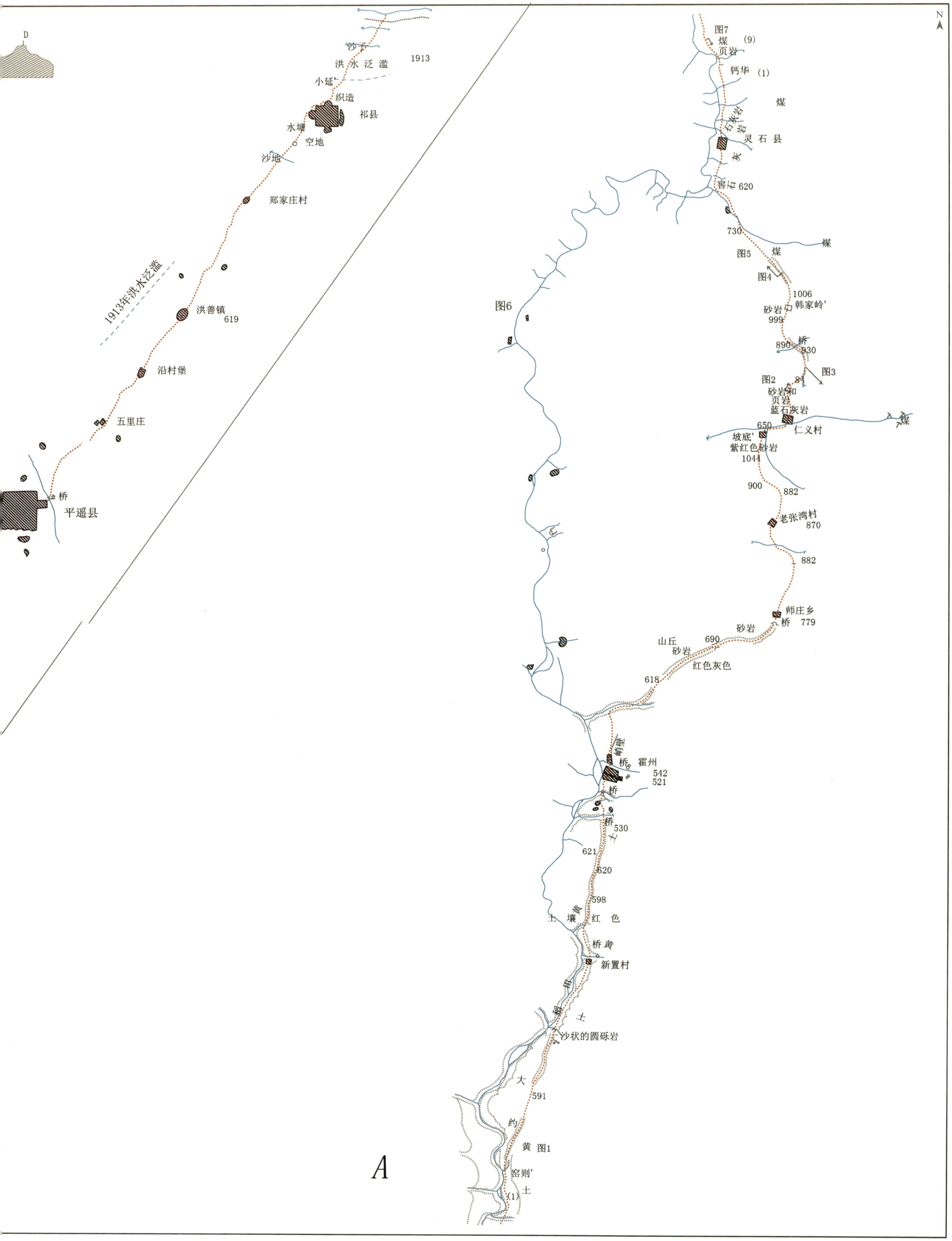
D
沙子
洪 水 泛 滥
1913
小延
织造
祁县
水塘
空地
沙地
郑家庄村
1913年洪水泛滥
洪善镇
619
沿村堡
五里庄
桥
平遥县
N
图7
煤
(9)
页岩
钙华
(1)
煤
石灰岩
灵 石 县
灰
窑石
620
730
煤
图5
煤
图4
1006
砂岩
韩家岭
999
图6
桥
890
930
图3
图2
砂岩和
页岩
蓝石灰岩
煤
650
仁义村
坡底
紫红色砂岩
1044
900
882
老张湾村
870
882
师庄乡
桥
779
砂岩
山丘
690
砂岩
红色灰色
618
峭壁
桥
霍州
542
521
桥
桥
530
土
621
620
598
土
壤
黄
红
色
桥
黄
新置村
土
沙状的圆砾岩
大
591
约
黄
图1
窑则
(1)
土
A

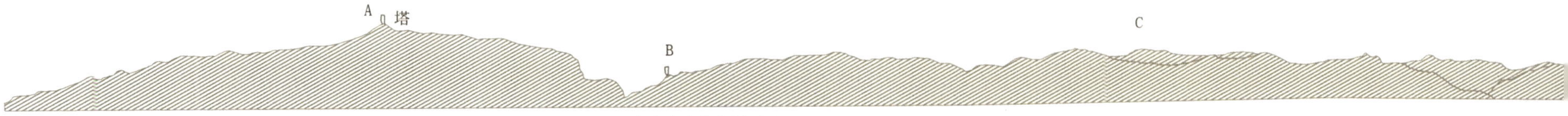

M点南方山峰的侧面图

图6

图8

图1

图3

图10

图2

图7

图4

图5

图9

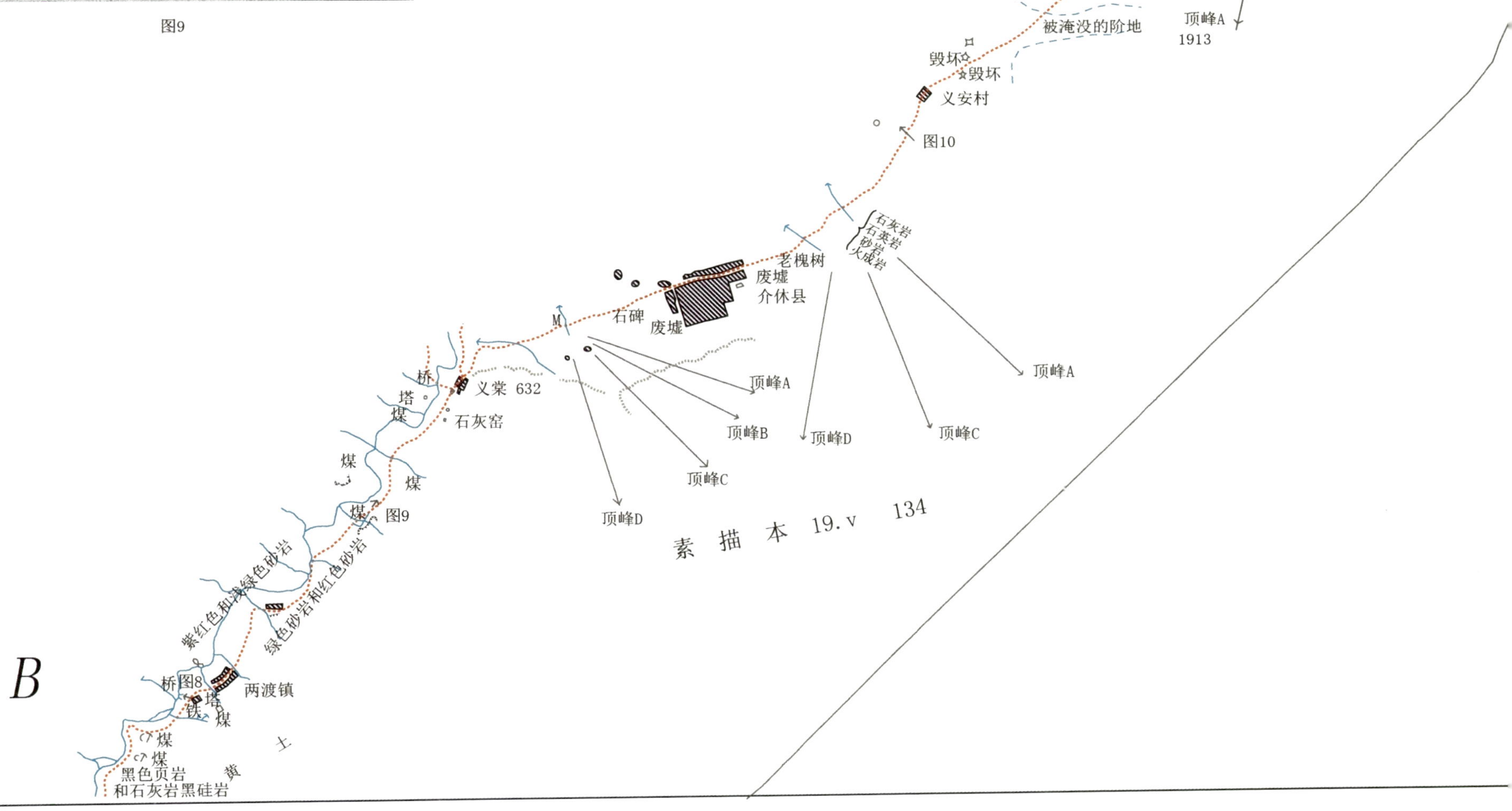

根据M. Gerbal提供的“大同府到潼关厅的路线”绘制。从窑址，到新置村，到霍州，再到灵石县

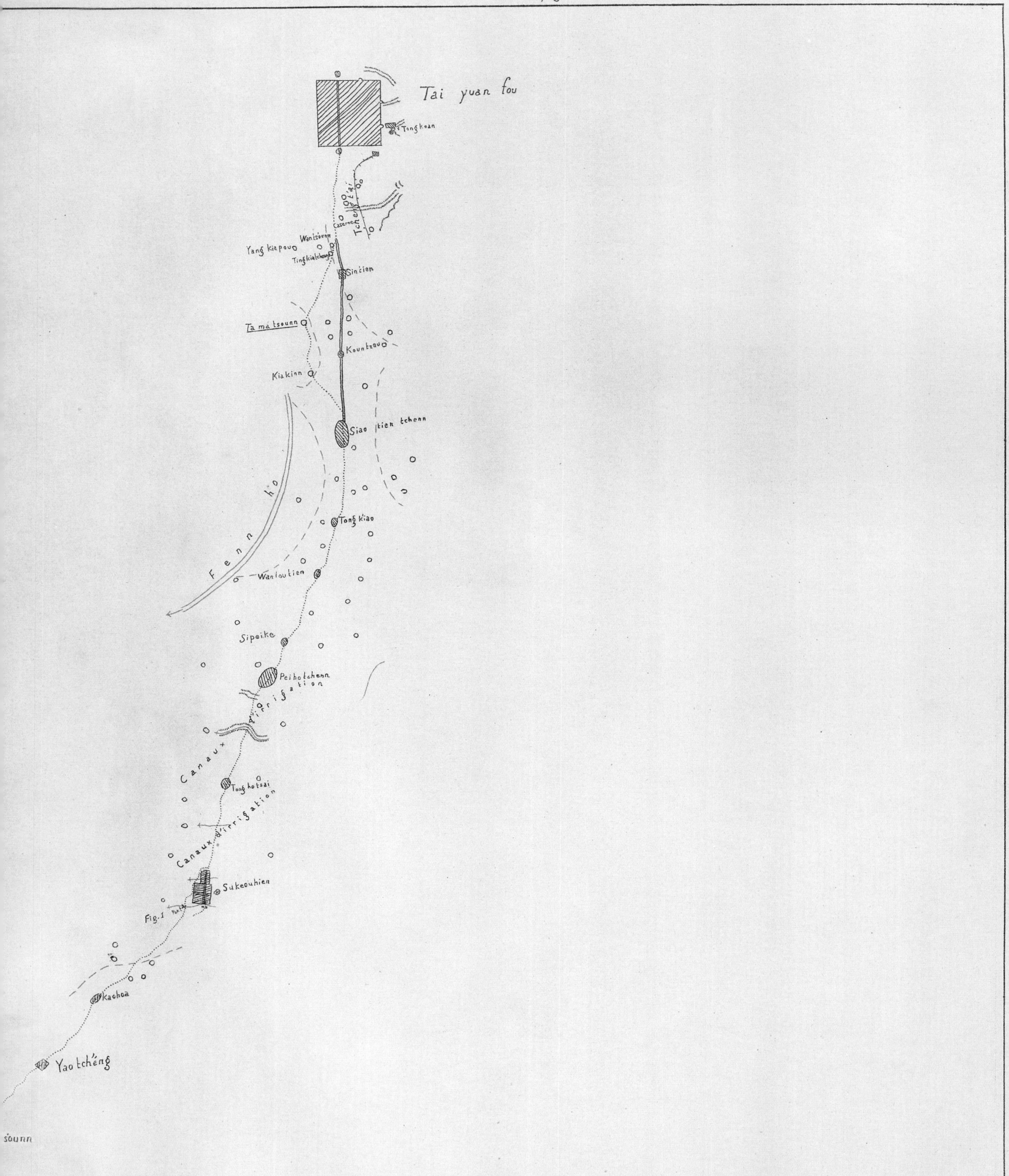
Tai yuan fou
Tongkoan
Tcheng t'ai
Caserne
Wantsounn
Yang kiapou
Tingkiatchoang
Sintien
Ta ma tsounn
Kountzeu
Kiakinn
Siao tien tchenn
Fenn ho
Tong kiao
Wanloutien
Sipeike
Peihotchenn
Canaux d'irrigation
Tong hotsai
Canaux d'irrigation
Sukeouhien
Fig. 1
Pont
Kaohoa
Yao tchéng
sounn

图1

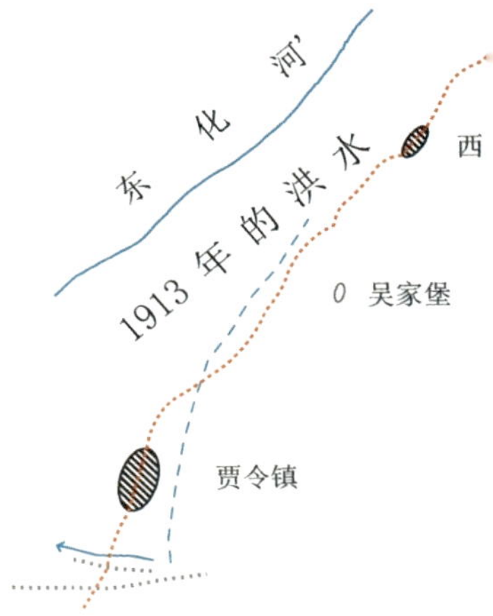

据M. Gerbal提供的“从大同府到潼关厅的路线”绘制

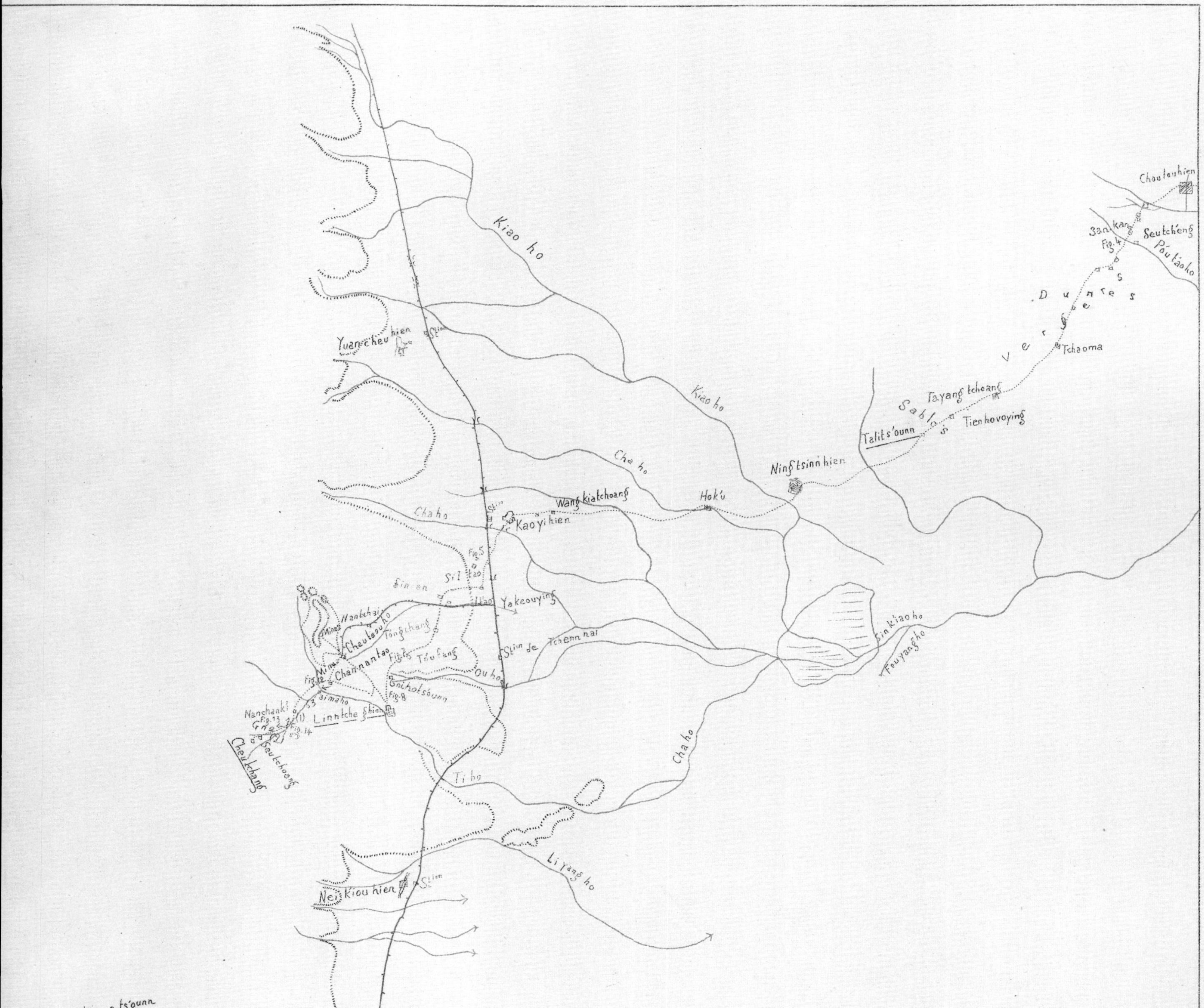
Chouteouhien
Seutchéng
Póutaoho
Dunes
Tchaoma
verts
Sables
Tayang tchoang
Tienhovoying
Talits'ounn
Ningtsinnhien
Hok'u
Kiao ho
Yuanchéou hien
Cha ho
Wangkiatchoang
Kao yi hien
Chaho
Yakcouying
Sin kiao ho
Fouyangho
Ou ho
Linntche hien
Cheutchang
Ti ho
Li yang ho
Nei Kiou hien
Hsihoang ts'ounn
Yaop'ing
Siaohoangho
Chounntéfou
Fig.3
Kia hiang
Paitsúan ho
Yangwan
Calcaire
Chahohien
Cha ho
Terre rouge
Wangkang
Calcaire
Dunes
bleu
Poutoung'ho
Calcaire
Talien tchenn
Linn ming koan
Grès grossier
Ming chan
Wenn kia yao
Fig.1
Ts'ao tchoang

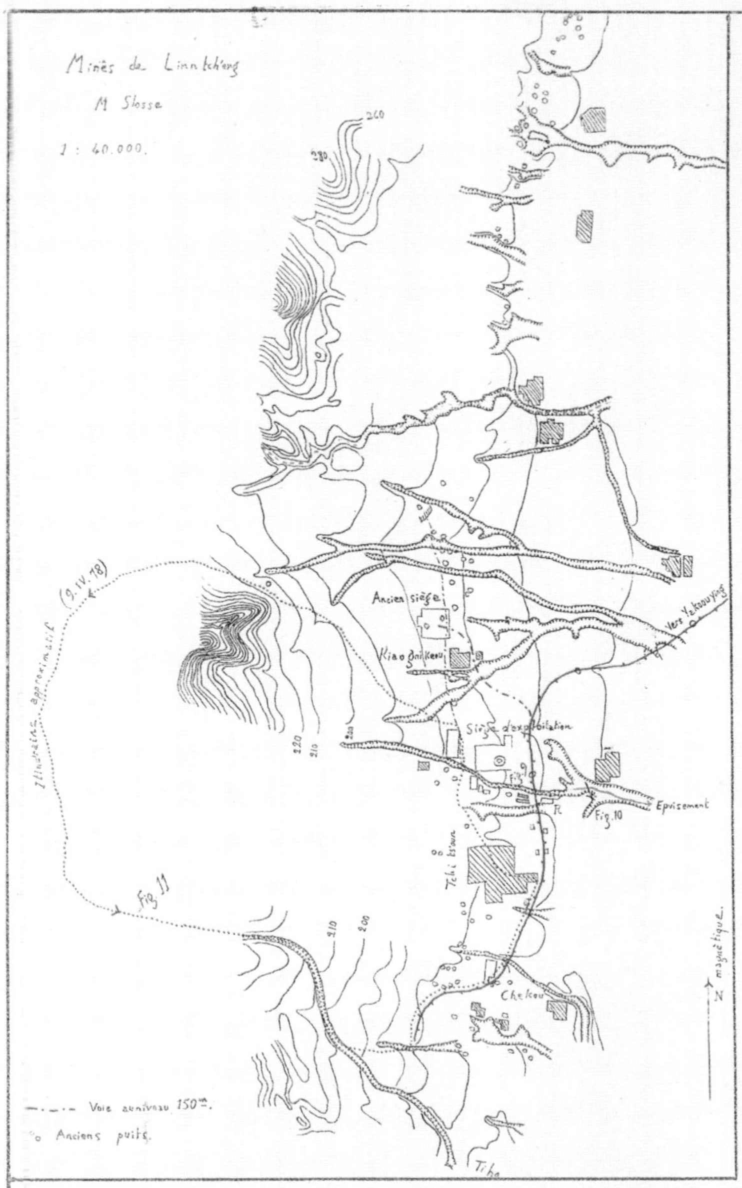

Fig. 1.

Fig. 2.

Fig. 3.

Fig. 4.

Fig. 5.

Fig. 6.

Fig. 7.

Fig. 8.

Fig. 9.

Fig. 10.

Fig. 11.

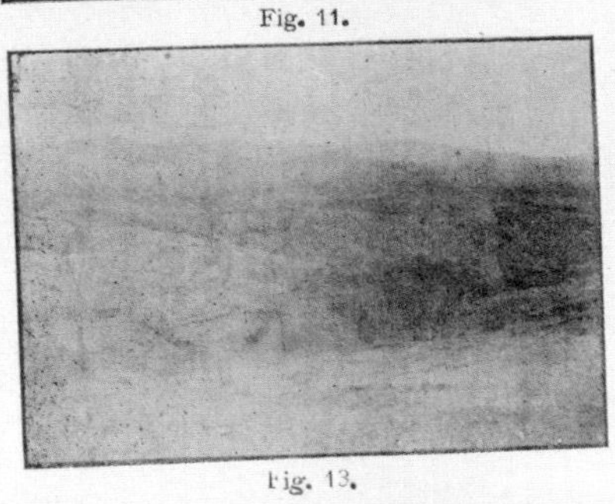

Fig. 13.

Fig. 12.

Fig. 14.

1 : 300.000 - En partie d'après "Karte von Tschili und Schantung" au 200.000e

42号地图

N
太原府
东关
郑
太
兵营
宛村
杨家堡
景家庄
亲贤
大马
红寺村
嘉节
小店镇
汾
河
东桥村
流涧村
小北格村
北格镇
灌溉
河道
同戈站村
灌溉
河道
徐沟镇
桥
图1
高花村
尧城村

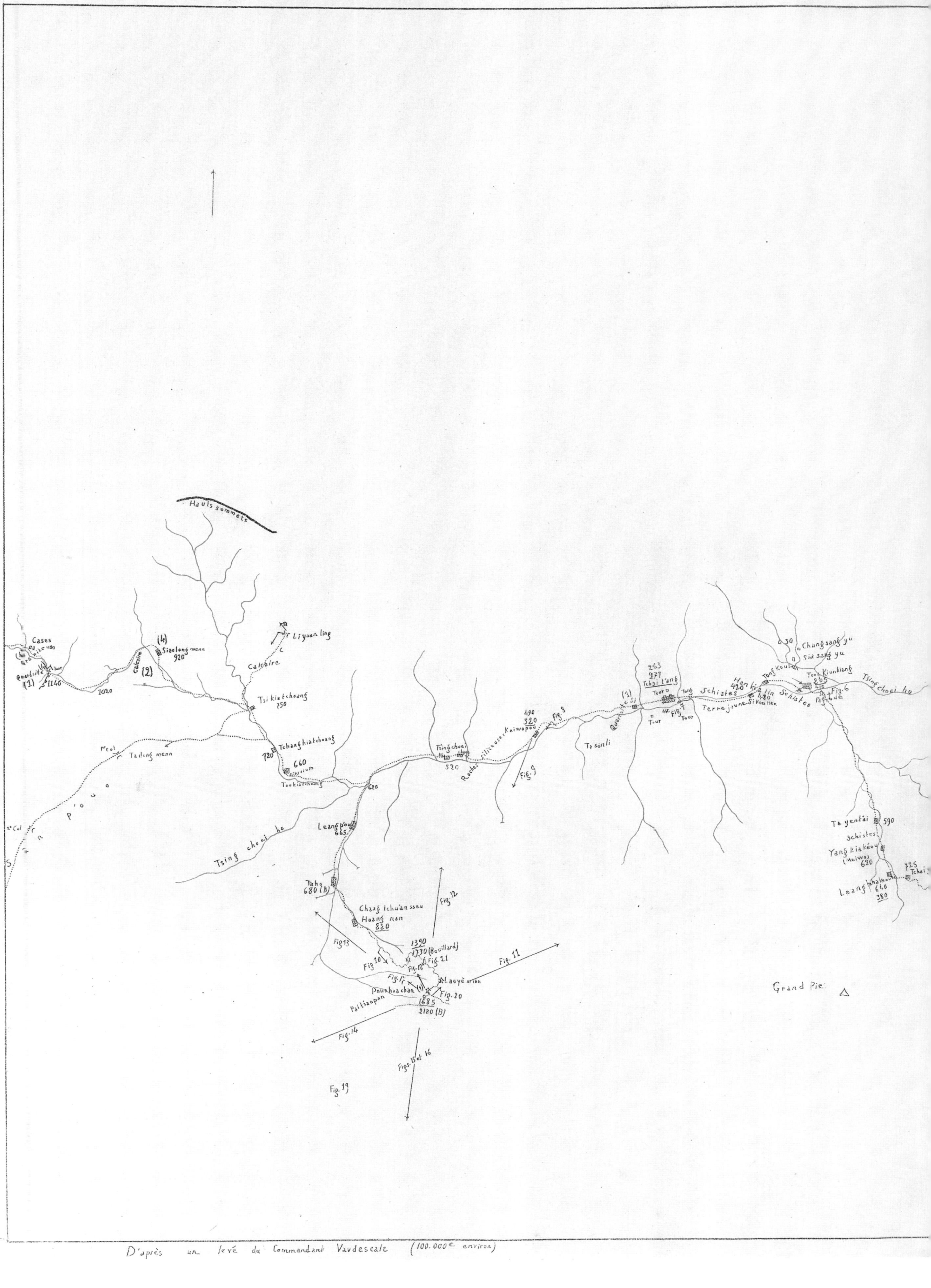

D'après un levé du Commandant Vaudescale (100.000e environ)

43号地图

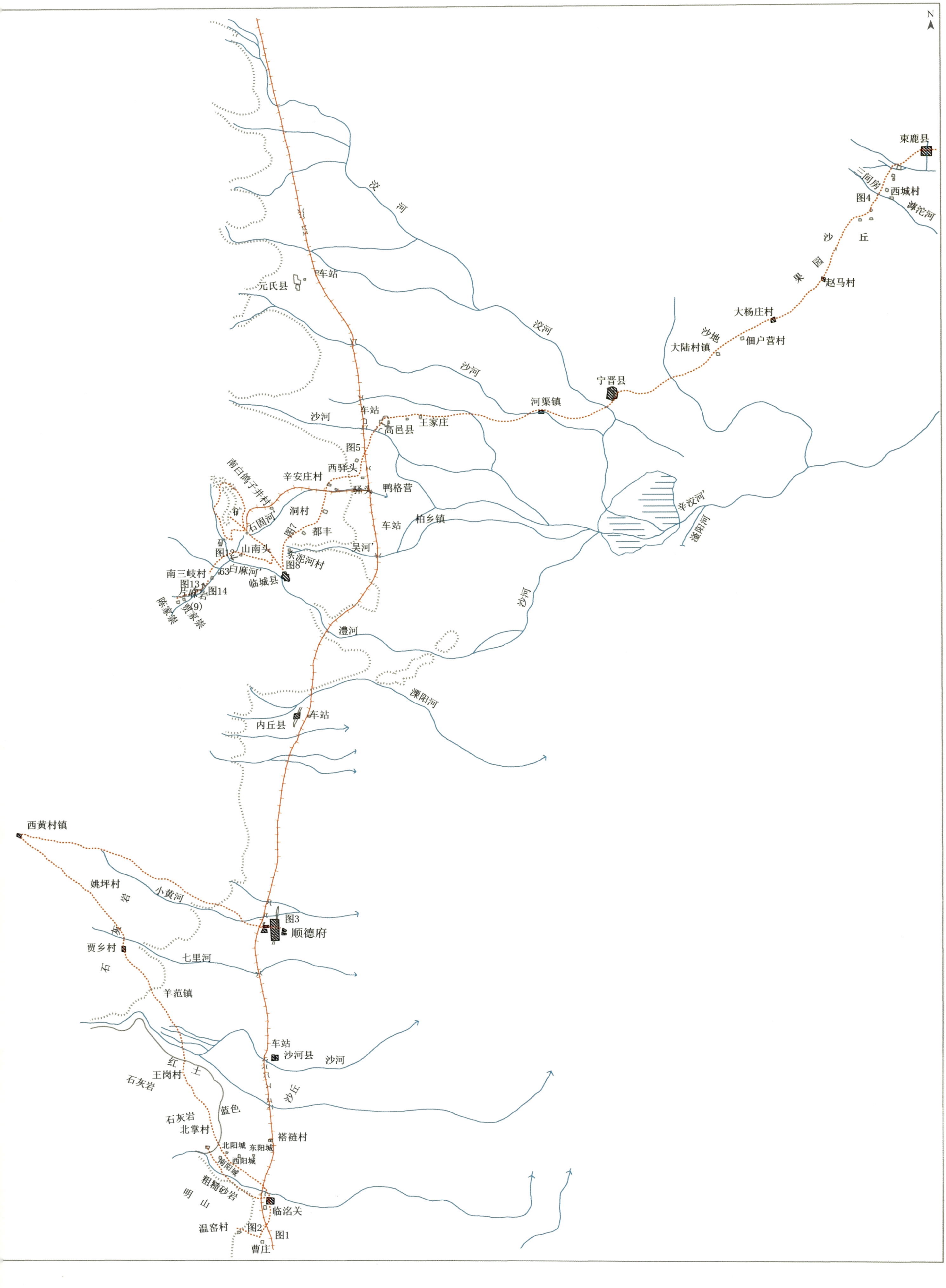
N
束鹿县
三间房
西城村
图4
滹沱河
沙
丘
果
园
赵马村
大杨庄村
沙地
大陆村镇
佃户营村
宁晋县
河渠镇
辛汶河'
滏阳河
汶河
车站
元氏县
汶河
沙河
沙河
车站
高邑县
王家庄
图5
西驿头
南白鸽子井村
辛安庄村
驿头
鸭格营
矿
石固河'
洞村
车站
柏乡镇
图7
都丰
矿
图12
山南头
吴河'
东泥河村
图8
南三岐村
63
白麻河'
临城县
图13
片麻岩
图14
(9)
陈家崇
贾家崇
沙河
澧河
滏阳河
内丘县
车站
西黄村镇
姚坪村
岩
小黄河
图3
顺德府
灰
贾乡村
石
七里河
羊范镇
车站
沙河县
沙河
红
土
王岗村
石灰岩
沙丘
蓝色
石灰岩
北掌村
褡裢村
北阳城
东阳城
西阳城
南阳城
粗糙砂岩
明
山
临洺关
温窑村
图2
图1
曹庄

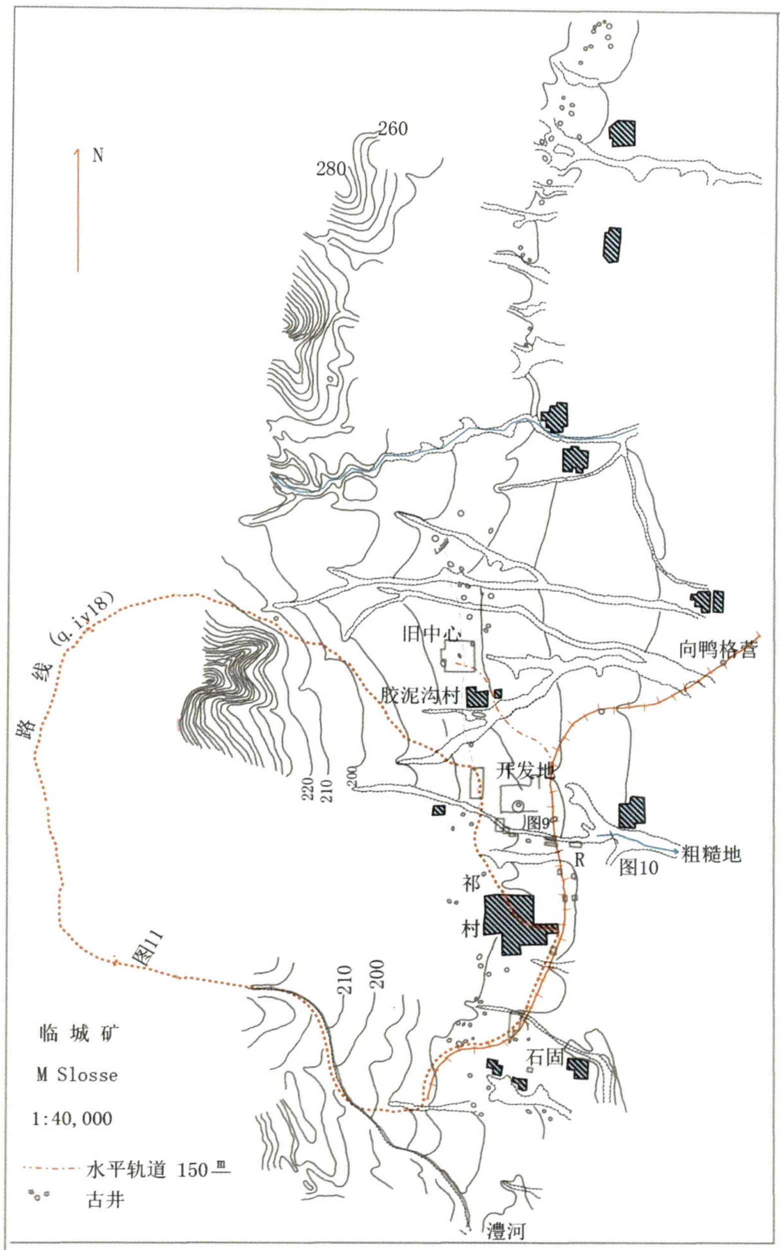

图1

图2

图3

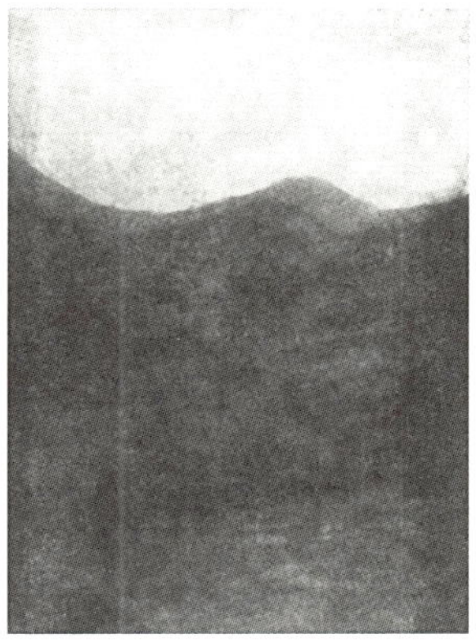

图10

图11

图4

图5

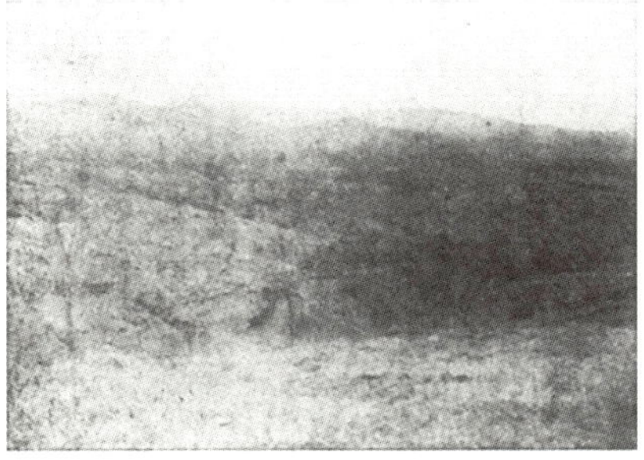

图13

图6

图7

图12

图14

图8

图9

比例尺　1：300,000　部分路线根据直隶（今河北）到山东1：200,000的地图绘制

Fig. 1.

Fig. 2.

Fig. 3.

Fig. 4.

Fig. 5.

[illegible]

Fig. 7.

Fig. 8.

Fig. 10.

Fg. 9.

Fig. 11.

Fig. 12

Fig. 13.

Fig. 14.

图15

图16

图17

图19

图18

图21

图20

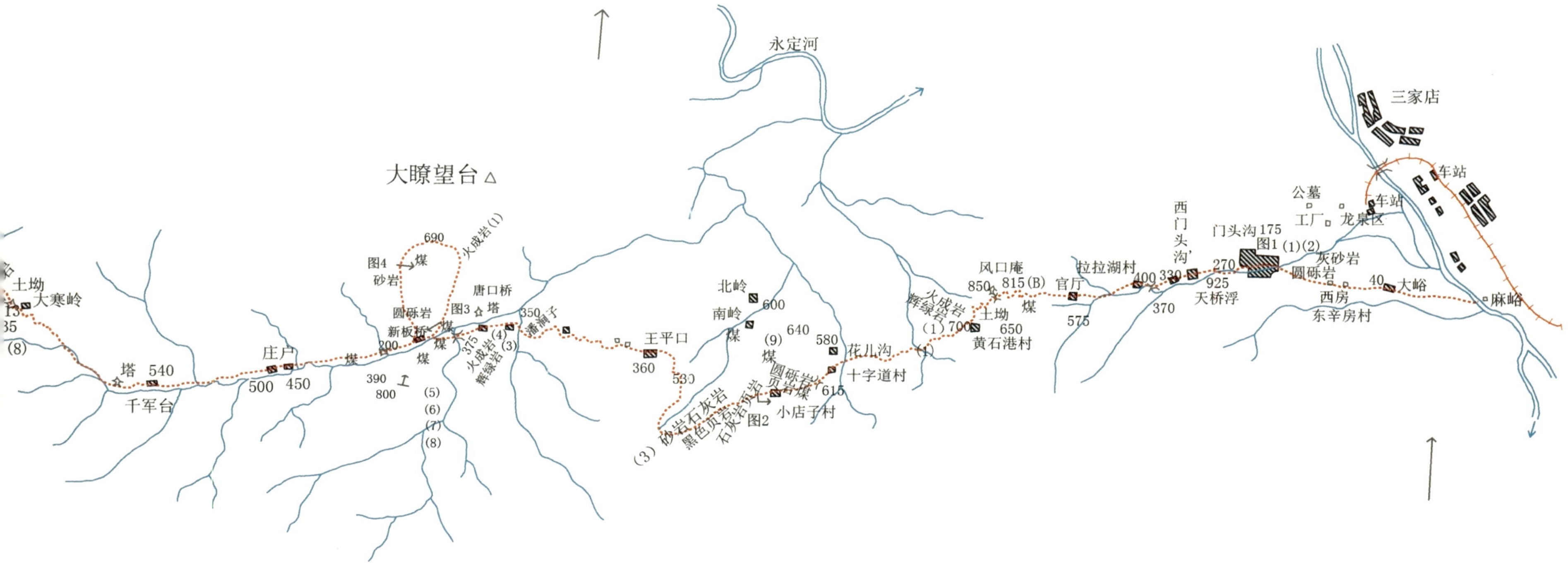

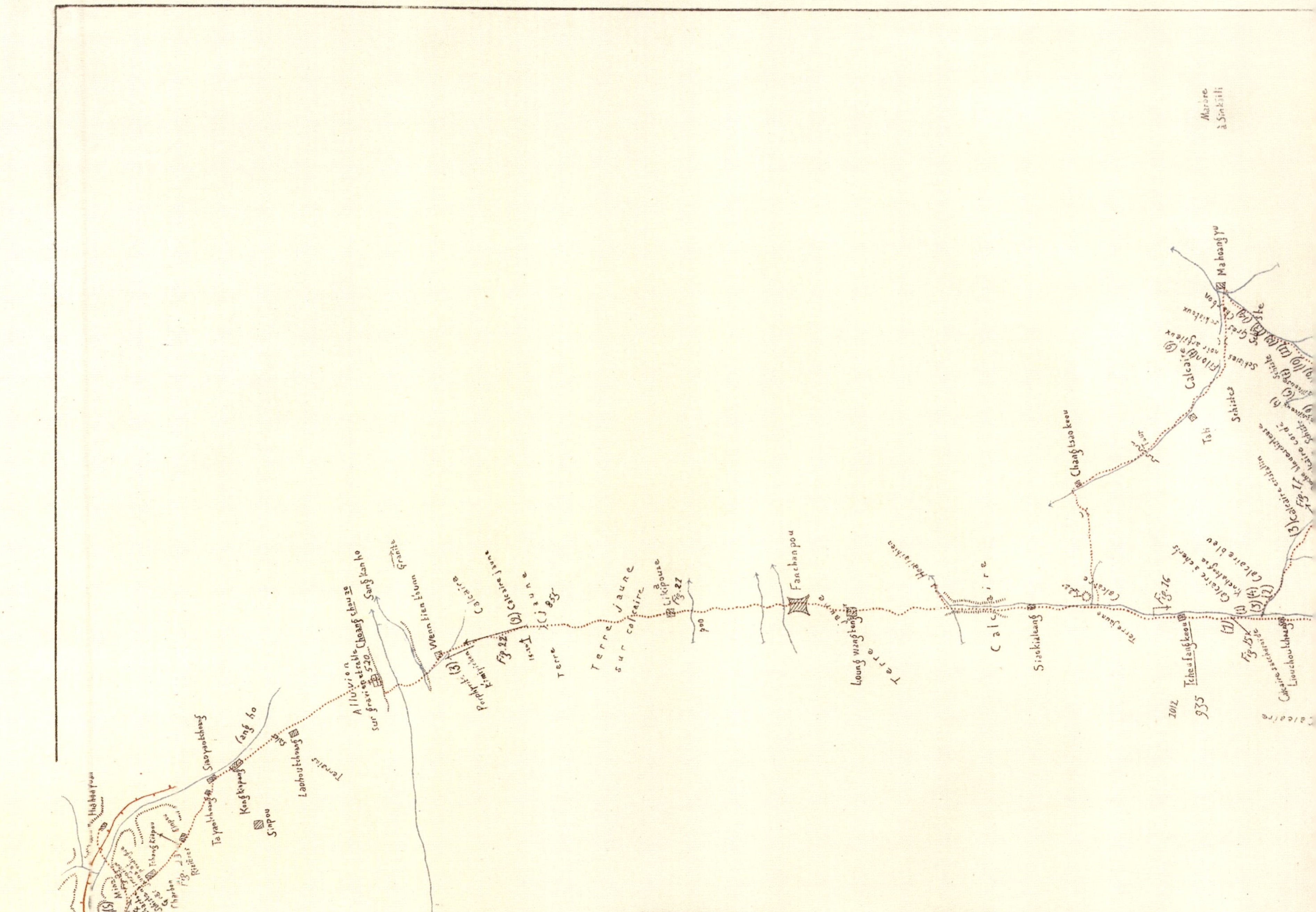

F ig. 17.

Fig. 20.

Fig. 18.

Fig. 19.

Fig. 21.

Fig. 23.

Fig. 24.

Fig. 25.

Fig. 22.

图1

图2

图3

图5

图6

图7

图10

图8

图9

图11

图12

图13

图14

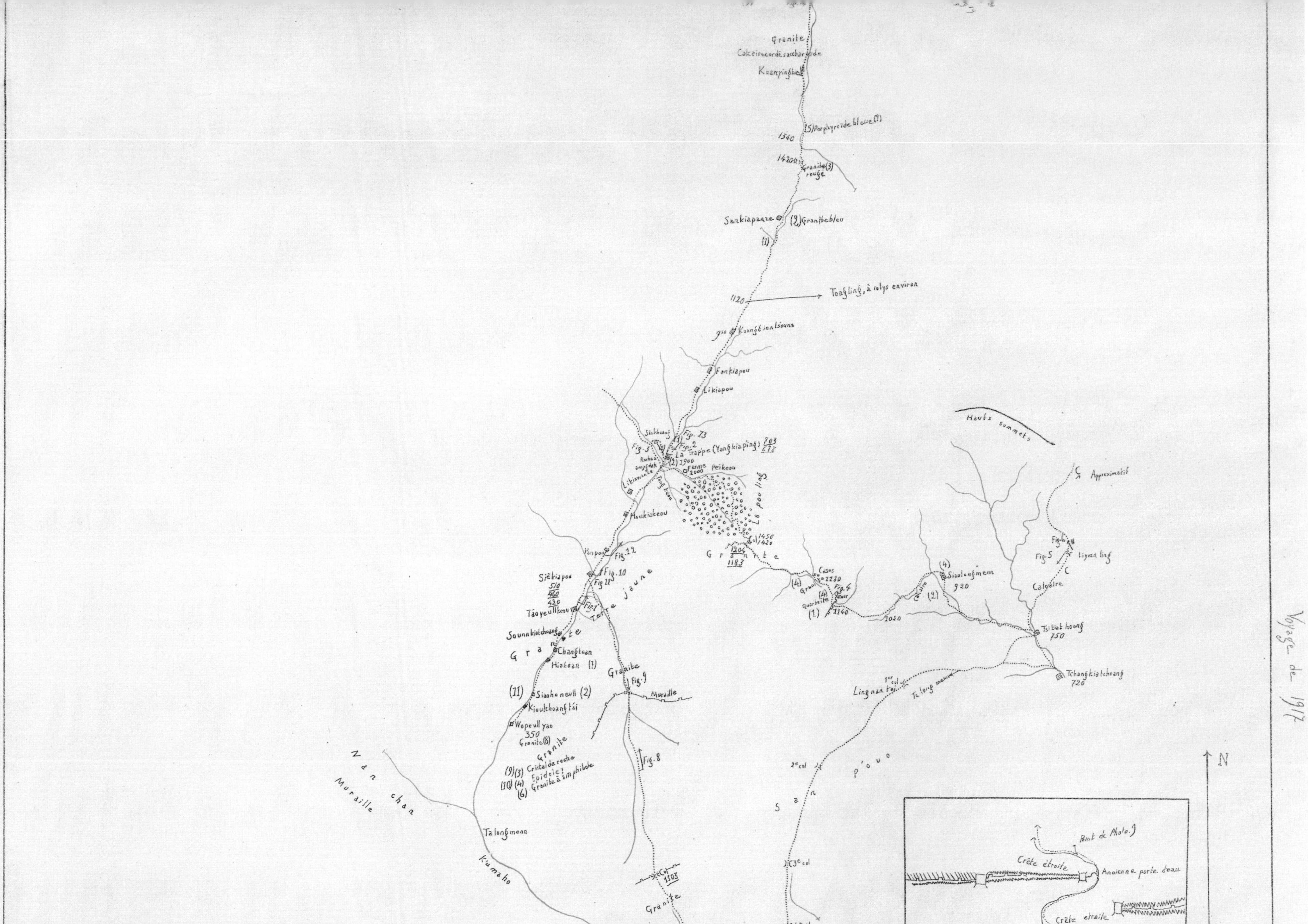

N.B. – Les altitudes soulignées ont été lues par l'auteur (pays de la Trappe)
Au Nord de la Trappe, toutes les altitudes ont été lues par l'auteur

De Tchang kia tchoang à la Trappe, et, vers le Nord, jusqu'à Fan chan pou, d'après un levé du Commandant Vaudescale.

图17

图20

图18

图19

图21

图23

图22

图24

图25

Fig 1.

Fig. 4.

Fig. 5

Fig. 7.

Fig. 3.

Fig. 11

Fig. 14.

Fig. 12

Fig. 13.

Fig. 15.

Fig. 2.

Fig. 6.

Fig. 16.

Fig. 8.

Fig. 9.

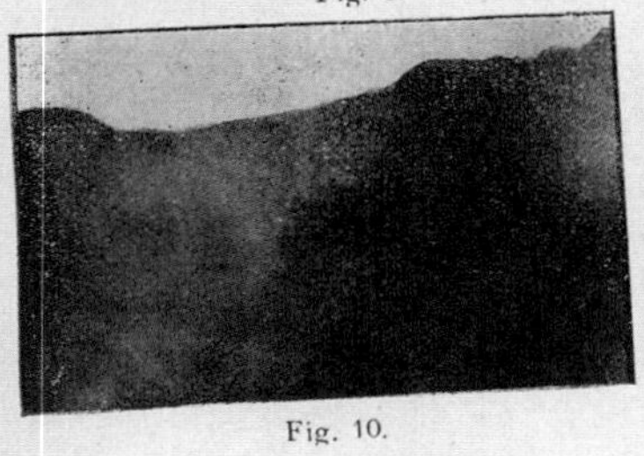

Fig. 10.

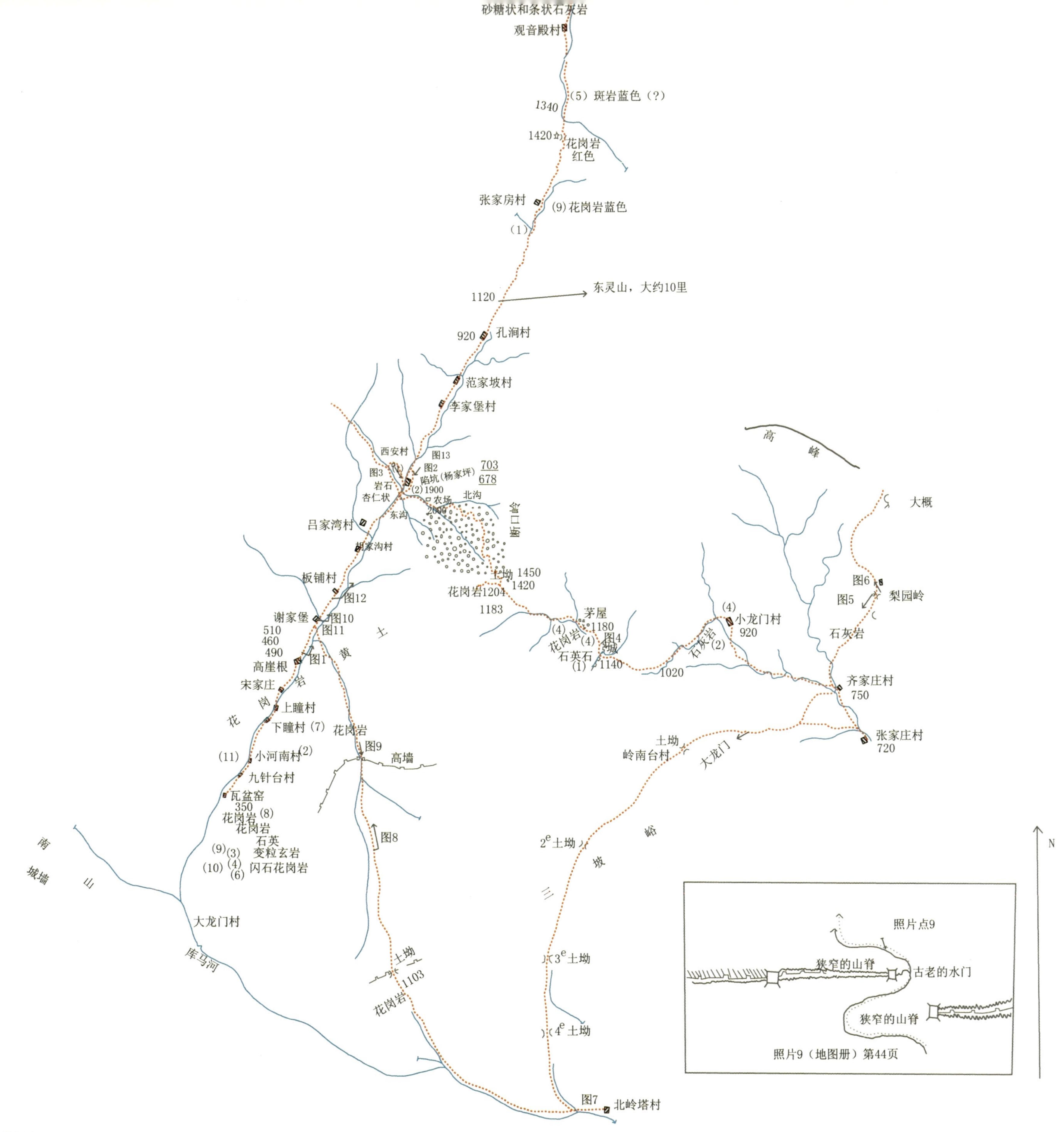

N.B._Les 带下划线的海拔高度作者确认过（陷坑位置）
在陷坑以北，所有的高度作者都确认过

从张家堡村向北，直到范家坡村，根据指挥官Vaudescale的调查

从张家庄村向北，到矾山堡，根据指挥官Vaudescale的调查

Fig. 24.

Fig 25.

Fig. 29.

Fig. 28.

Fig. 26.

Fig. 27,

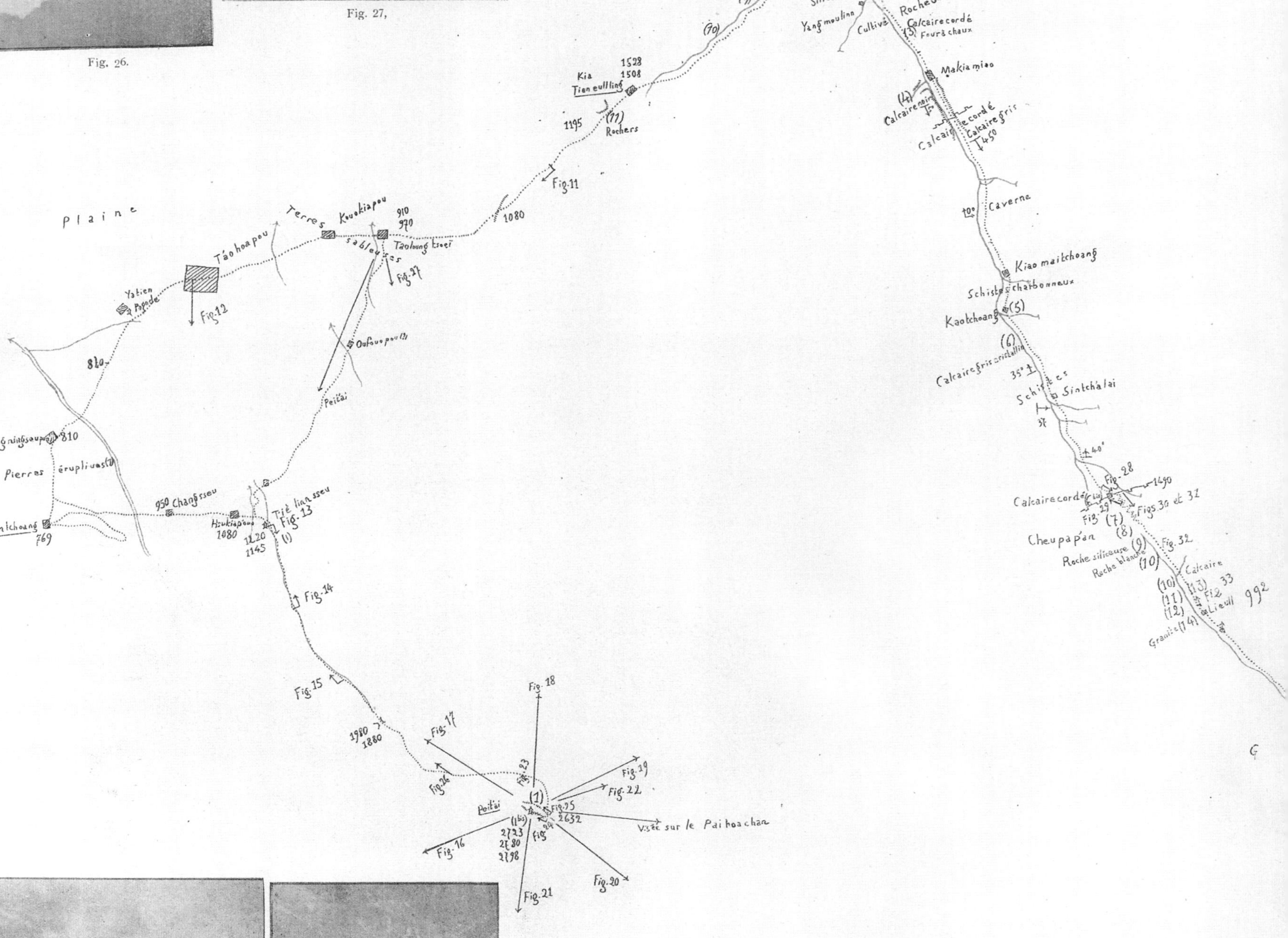

Fig. 30.

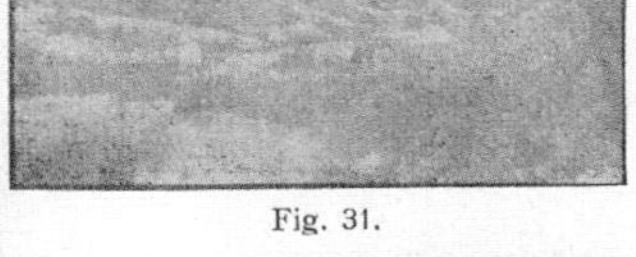

Fig. 31.

Fig. 32.

Fig. 33.

45
号地图

图1

图4

图5

图7

图3

图2

图6

图8

图9

图10

图11

图14

图12

图13

图15

图16

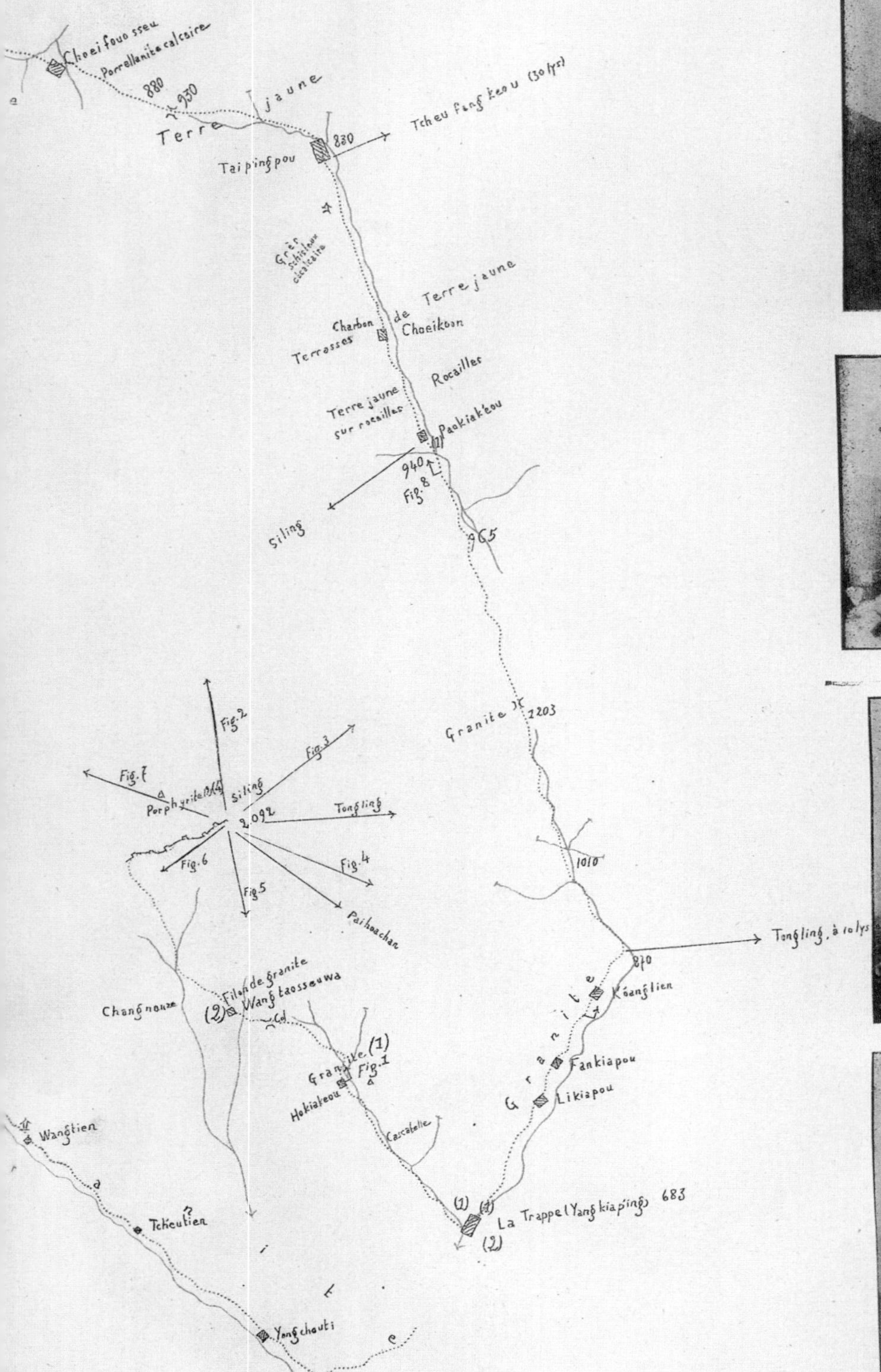

Fig. 1.

Fig. 2.

Fig. 3

Fig. 4.

Fig. 5.

Fig. 6.

图24

图25

图29

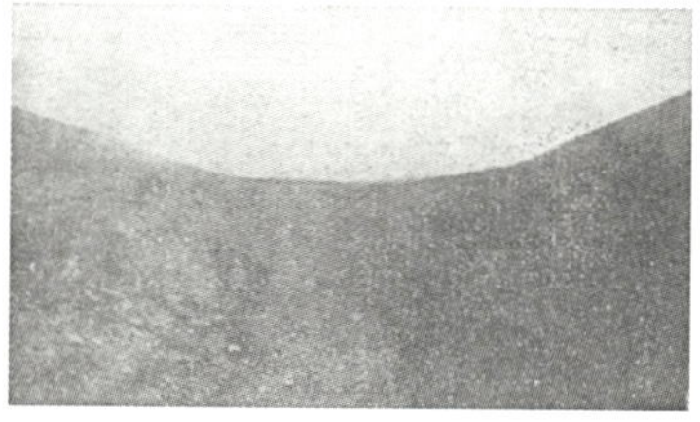

图28

图26

图27

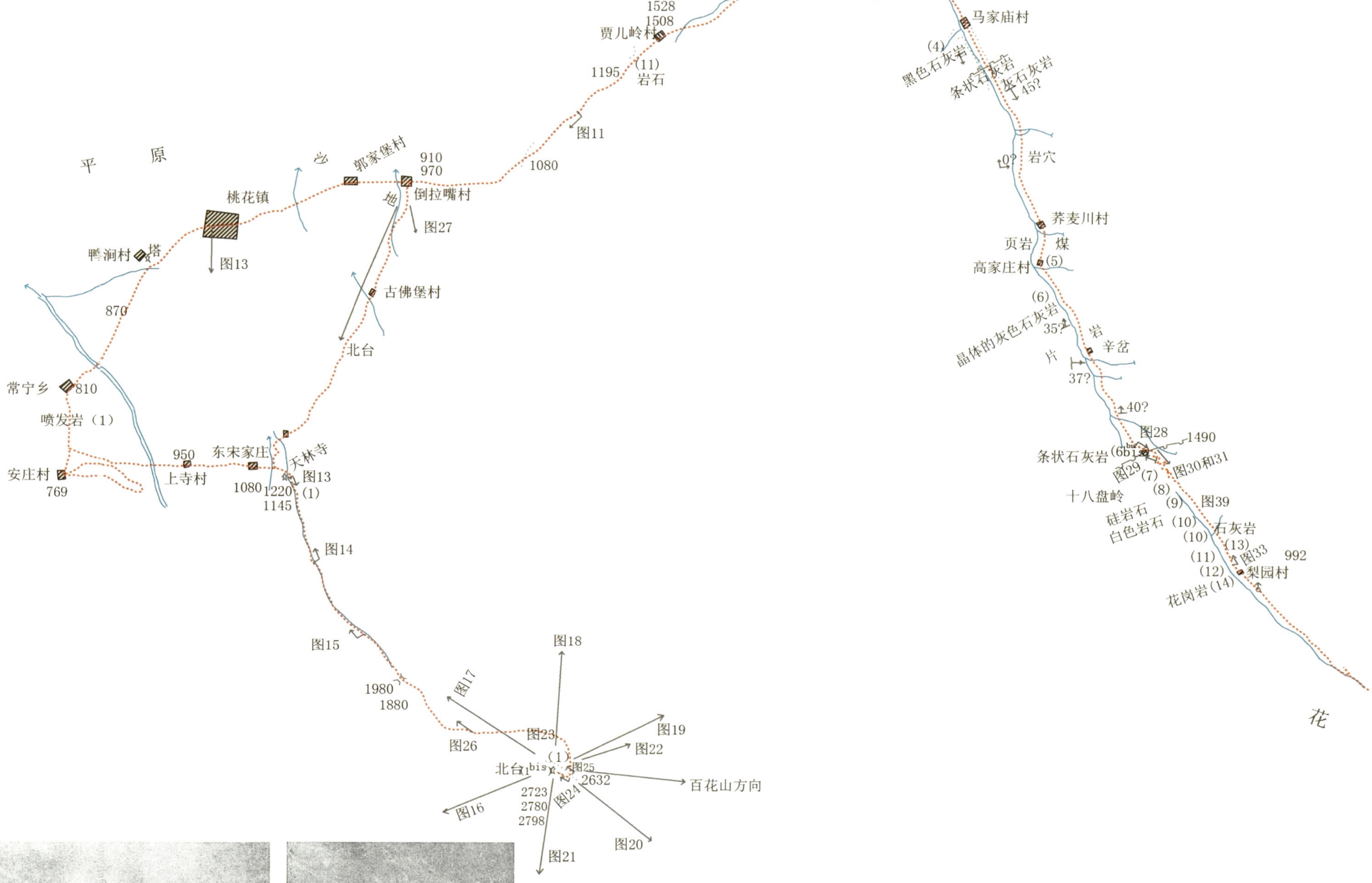

图30

图31

图32

图33

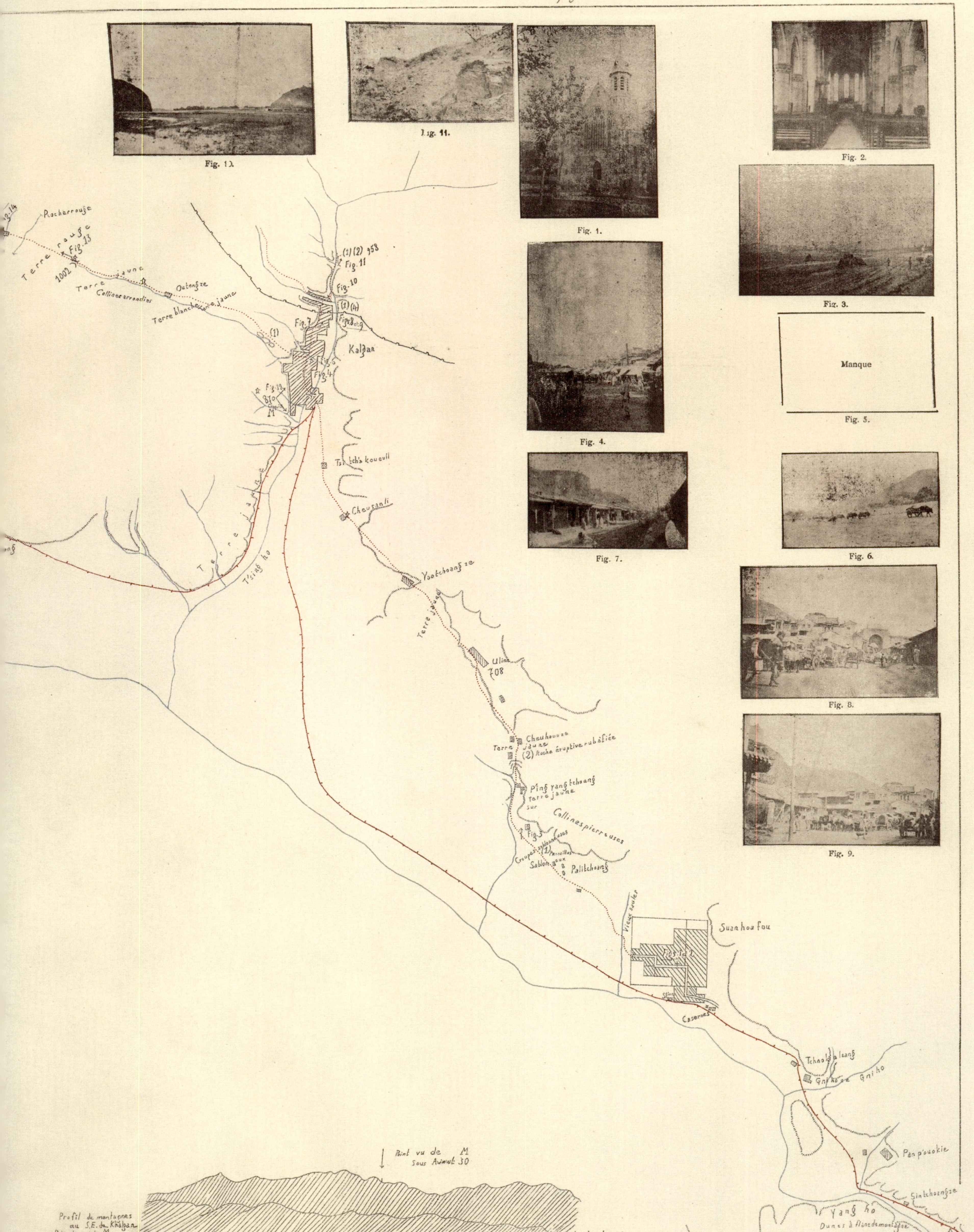

Fig. 10.

Fig. 11.

Fig. 1.

Fig. 2.

Fig. 3.

Fig. 5.

Fig. 4.

Fig. 7.

Fig. 6.

Fig. 8.

Fig. 9.

Fig. 17.

Fig. 18.

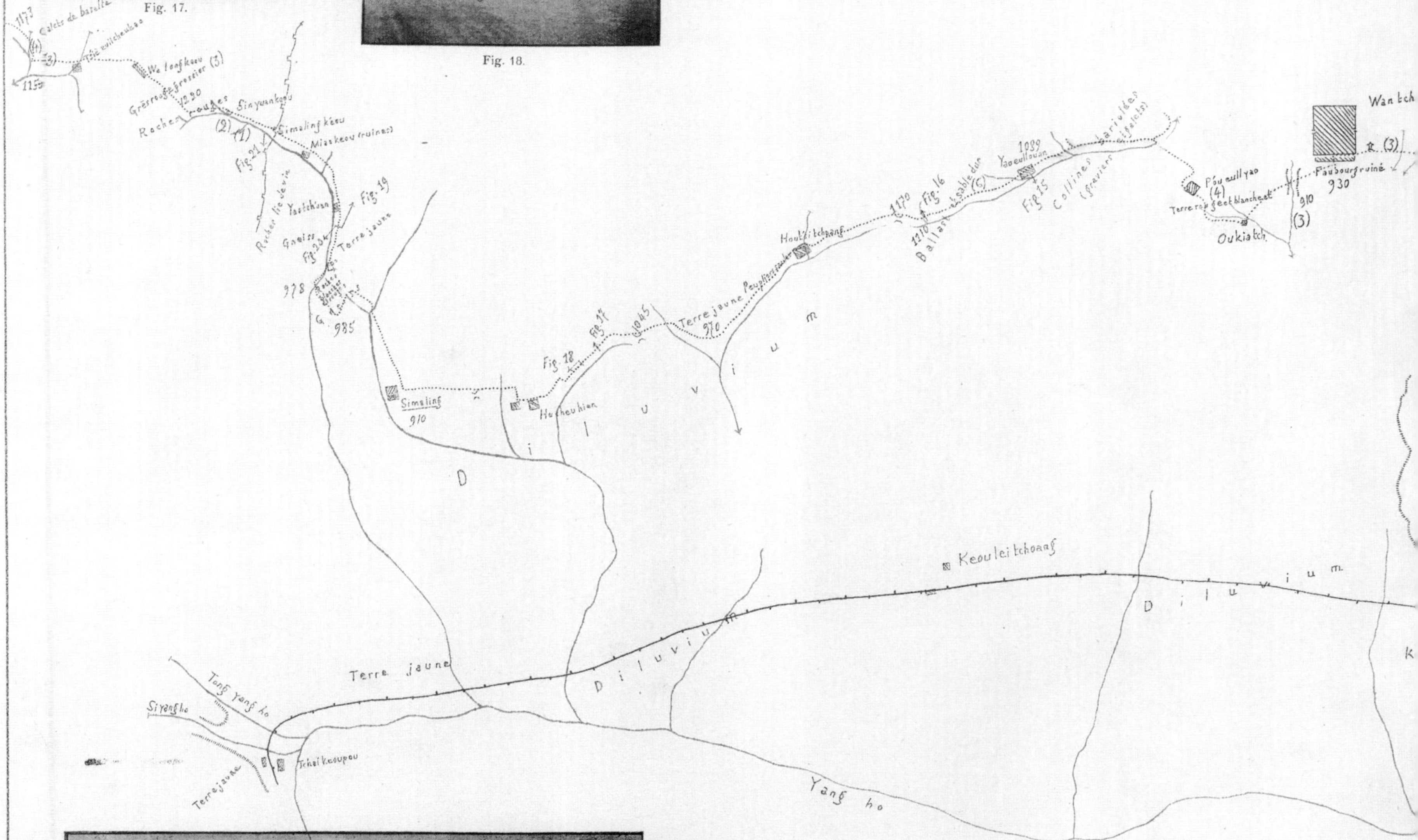

Fig. 12.

Fig. 19.

Fig. 13

Fig. 14.

Fi8. 20.

F g 15

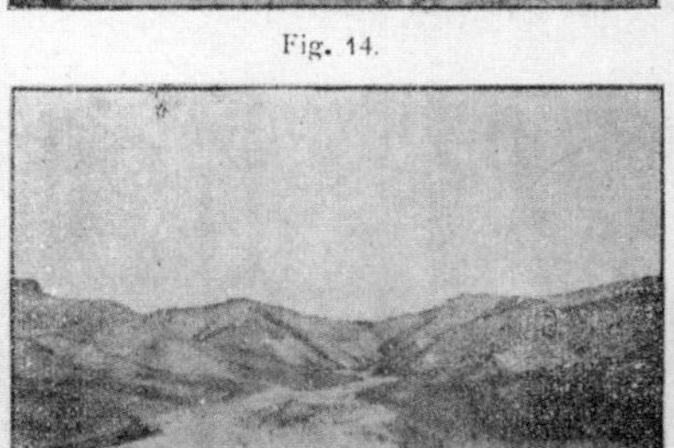

Eig. 16.

Fig. 21.

De Hiang choei à Khalgan, d'après "Karte von Tschili und Schantung", en partie.

46号地图

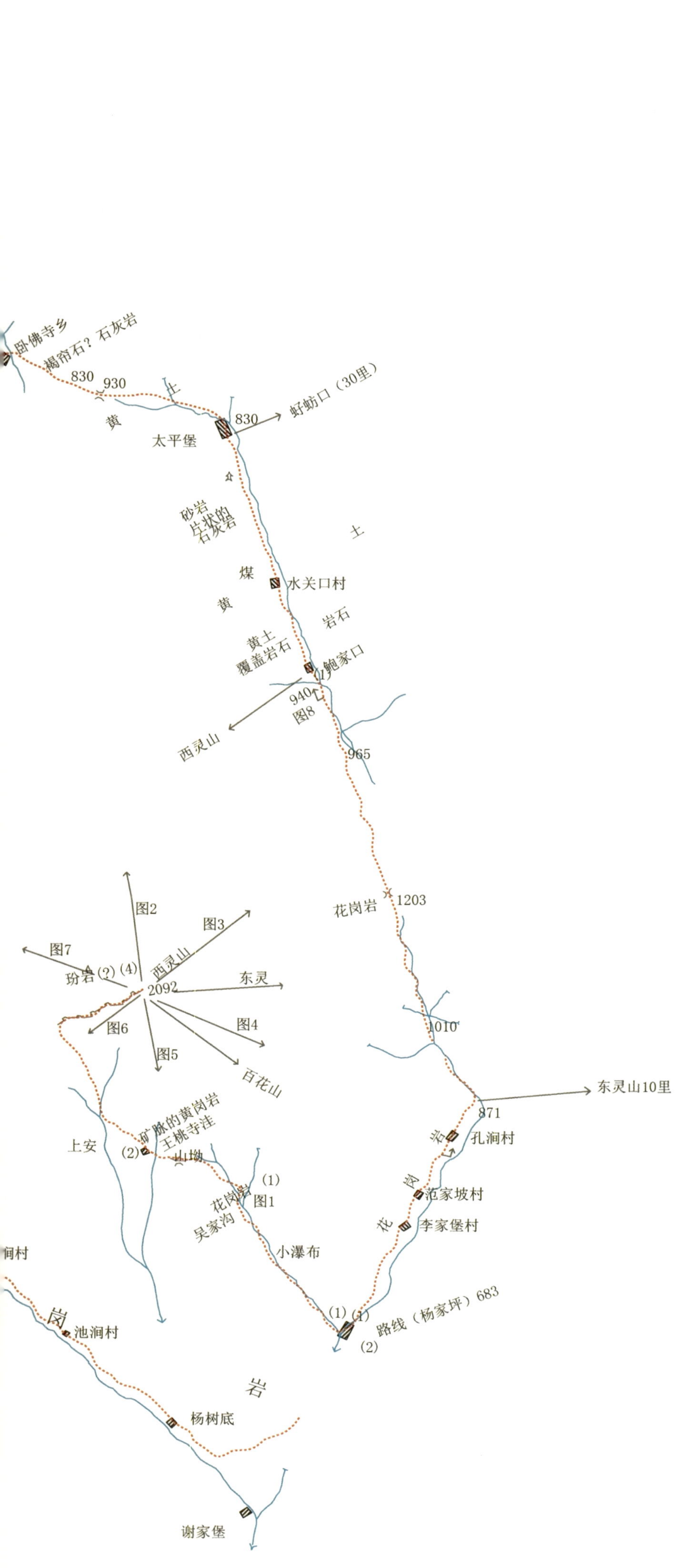

图1

图2

图3

图4

图5

图6

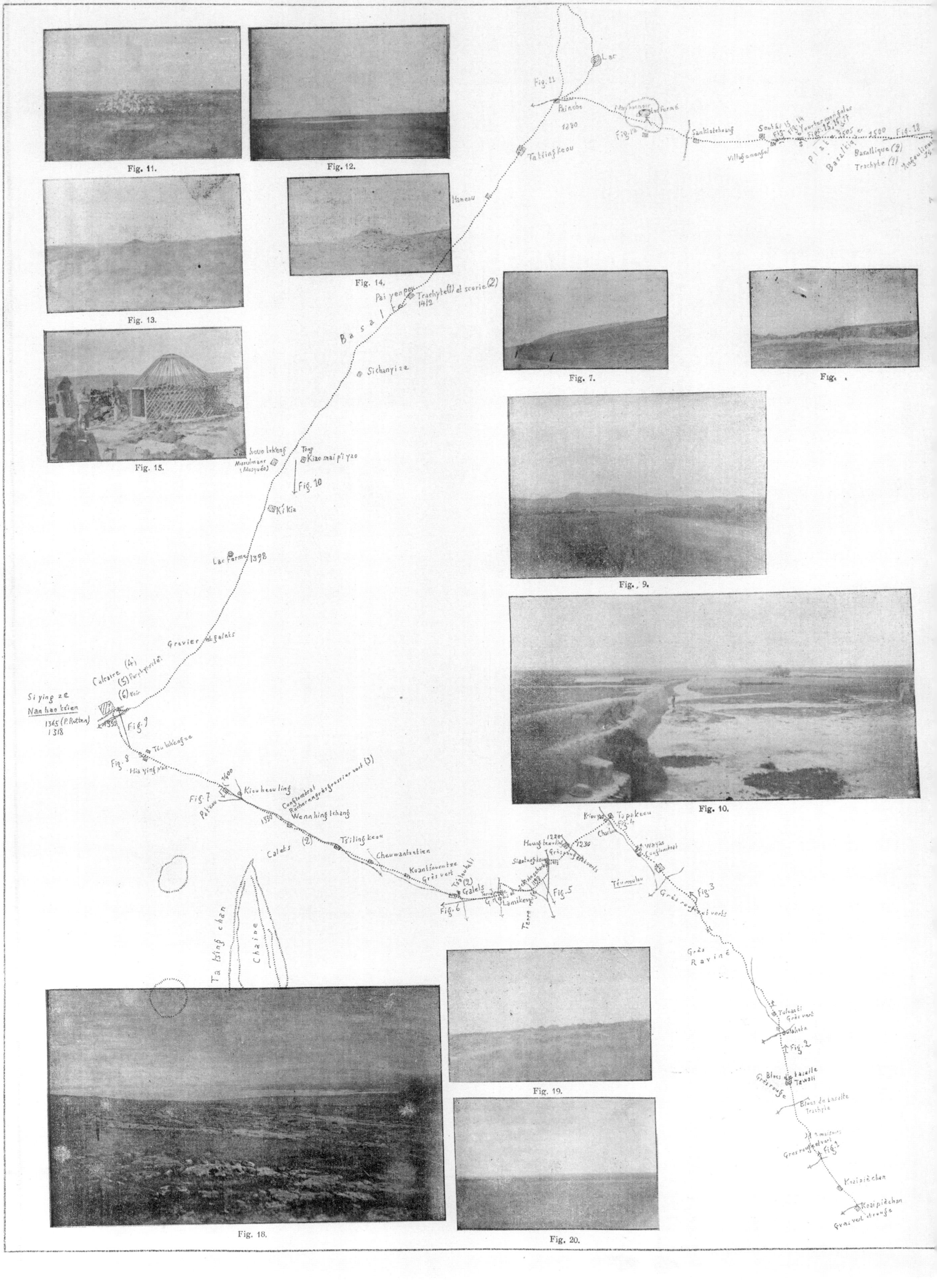

Fig. 11.
Fig. 12.
Fig. 13.
Fig. 14.
Fig. 15.
Fig. 7.
Fig. 9.
Fig. 10.
Fig. 18.
Fig. 19.
Fig. 20.
Lac
Tabingkeou
Basalte
Sichanyize
Kiao mai pi yao
Lac Farme 1398
Gravier et galets
Calcaire (4)
Si ying ze
Nan hao tsien
1365 (P. Rutten)
1318
Kiou keou ling
Wenn hing tchang
Tsiling keou
Calets
Grès vert
Ta tsing chan
Chaîne
Grès rouges et verts
Ravine
Fig. 1
Fig. 2
Fig. 3
Fig. 4
Fig. 5
Fig. 6
Fig. 8

47号地图

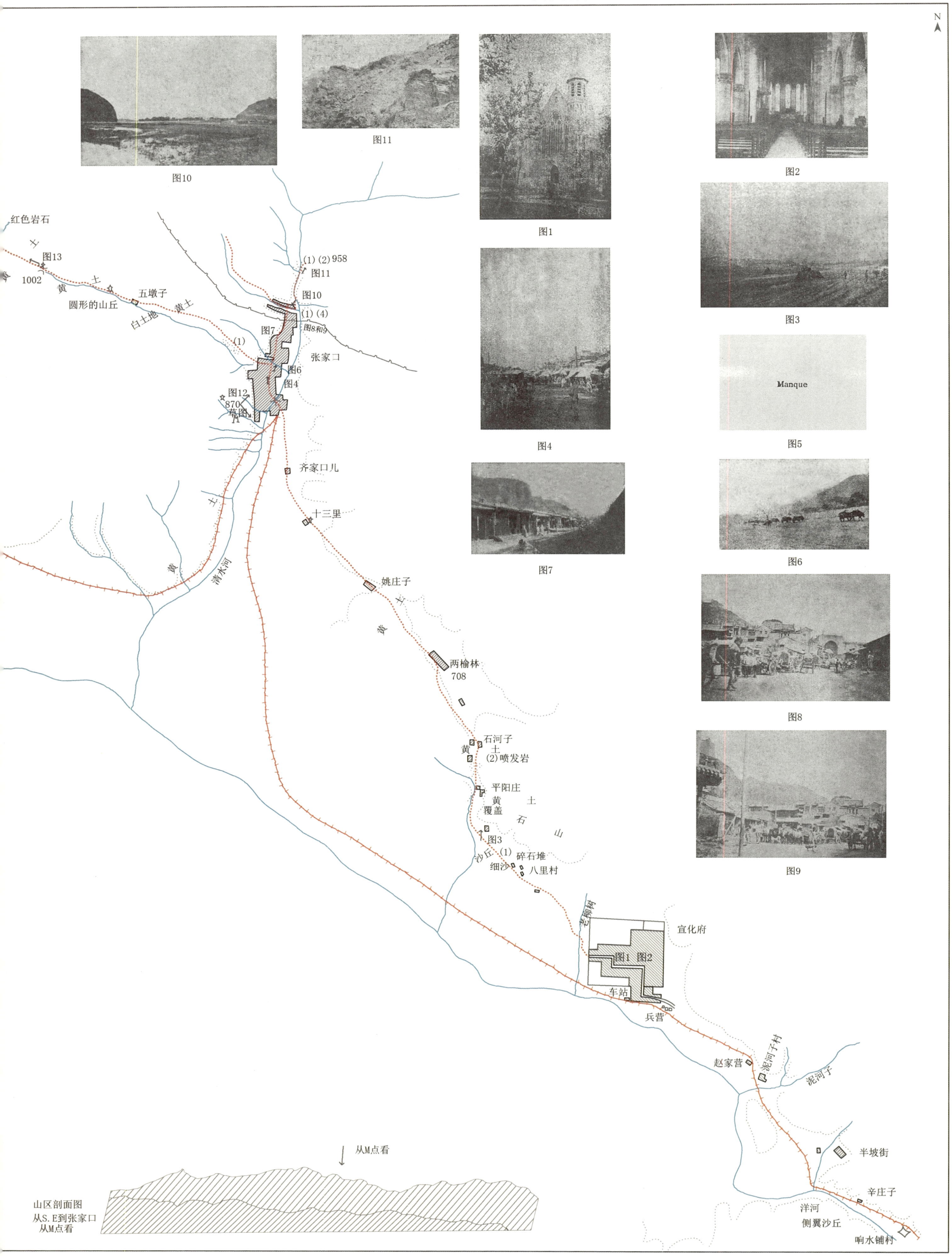
N
图10
图11
图1
图2
图3
图4
Manque
图5
图7
图6
图8
图9
红色岩石
图13
1002
黄
土
五墩子
圆形的山丘
白土地
黄土
(1) (2) 958
图11
图10
(1) (4)
图7
图8和9
张家口
(1)
图6
图4
图12
870
草图
A
齐家口儿
十三里
土
黄
清水河
姚庄子
土
黄
两榆林
708
石河子
黄
土
(2) 喷发岩
平阳庄
黄
覆盖
土
石
山
图3
沙丘
(1)
碎石堆
细沙
八里村
老柳树
宣化府
图1 图2
车站
兵营
赵家营
泥河子村
泥河子
半坡街
辛庄子
洋河
侧翼沙丘
响水铺村
从M点看
山区剖面图
从S. E到张家口
从M点看

图17

图18

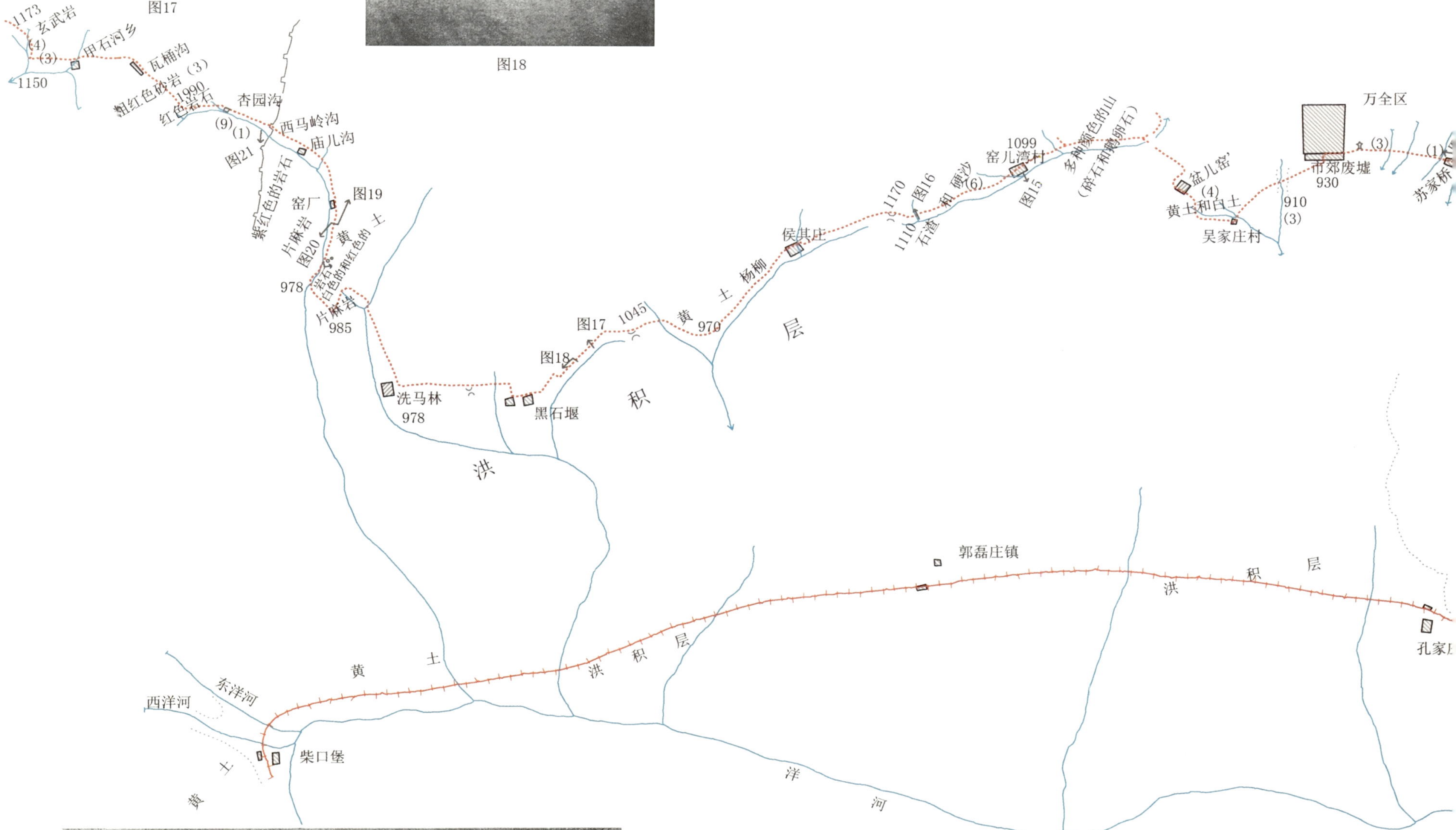

图12

图19

图13

图14

图20

图15

图16

图21

从响水铺到张家口，根据直隶（今河北）到山东地图的一部分绘制

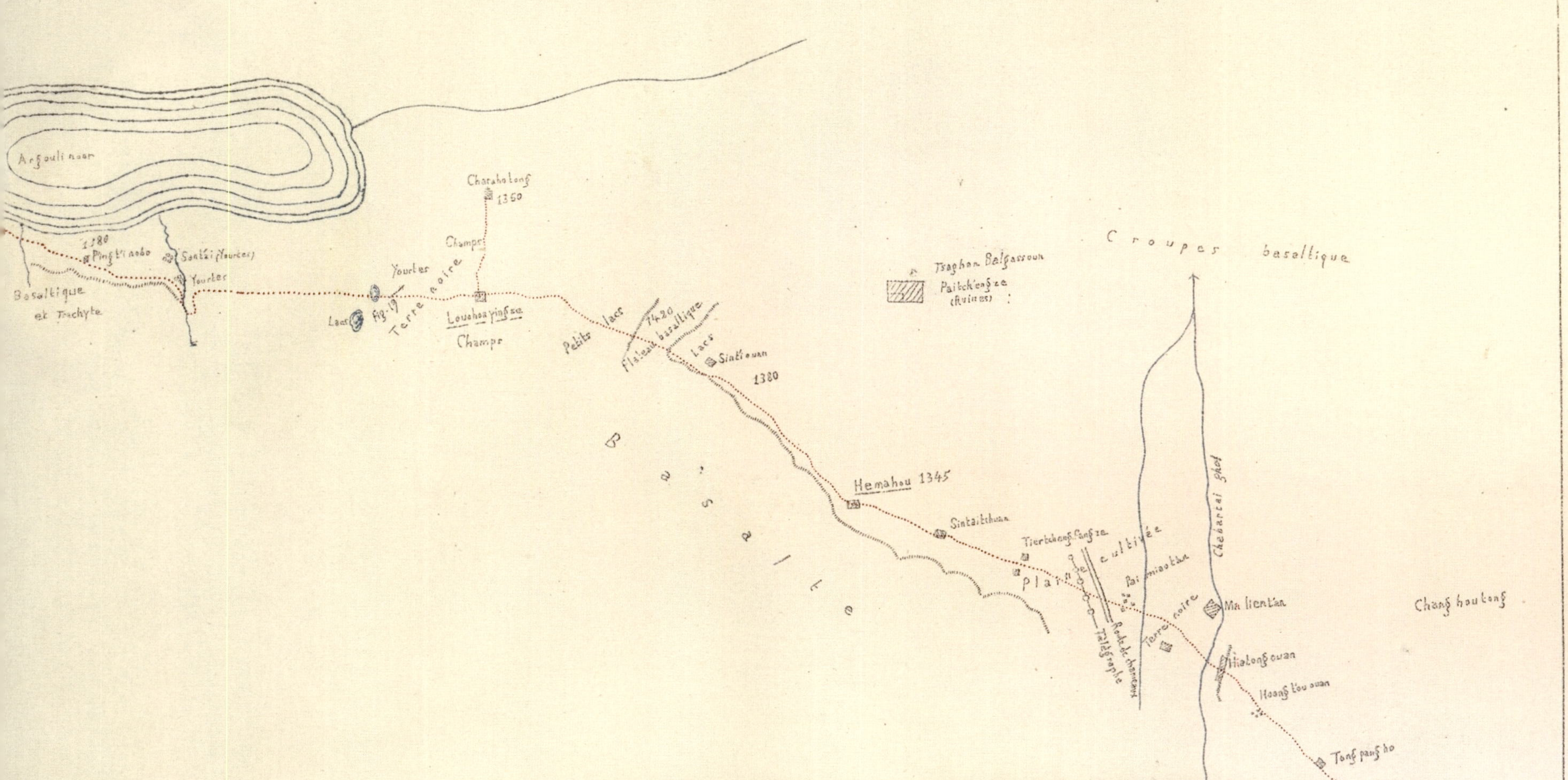

Fig. 1.

Fig. 2.

Fig. 3.

Fig. 4.

Fig. 5.

Fig. 16.

Fig. 6.

Fig. 17.

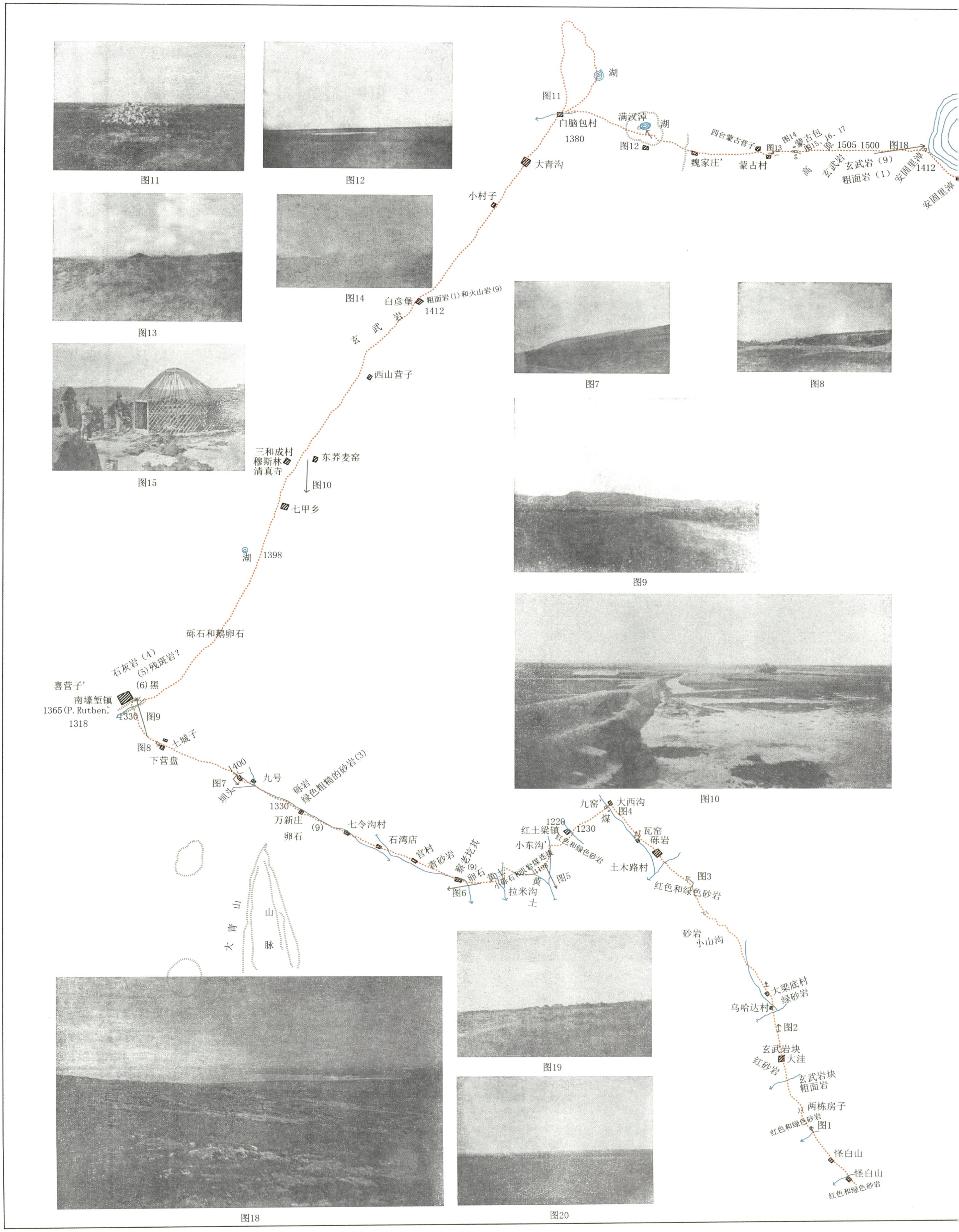

图11
图12
图13
图14
图15
图7
图8
图9
图10
图18
图19
图20
湖
白脑包村
1380
满汉淖
湖
图12
大青沟
小村子
四台蒙古营子
魏家庄'
蒙古村
图13
图14
蒙古包
图15、16、17
1505 1500
图18
玄武岩
玄武岩（9）
粗面岩（1）
1412
安固里淖
白彦堡
粗面岩(1)和火山岩(9)
1412
玄 武 岩
西山营子
三和成村
穆斯林
清真寺
东荞麦窑
图10
七甲乡
湖
1398
砾石和鹅卵石
石灰岩（4）
(5)残斑岩?
(6)黑
喜营子'
南壕堑镇
1365(P. Rutben)
1318
1336
图9
图8
土城子
下营盘
1400
九号
图7
坝头
砾岩
绿色粗糙的砂岩(3)
1330
万新庄
(9)
卵石
七令沟村
石湾店
官村
青砂岩
察老坎其
(9)
卵石
图6
黄土
小砾石和煤
1190
黄
拉米沟
土
图5
九窑'
大西沟
图4
煤
1220
红土梁镇
1230
小东沟'
红色和绿色砂岩
瓦窑
砾岩
土木路村
图3
红色和绿色砂岩
砂岩
小山沟
大梁底村
绿砂岩
乌哈达村
图2
玄武岩块
大洼
红砂岩
玄武岩块
粗面岩
两栋房子
红色和绿色砂岩
图1
怪白山
怪白山
红色和绿色砂岩
大 青 山 山 脉

Fig. 18.

Fig. 16.

Fig. 17.

Fig. 5.

Fig. 3.

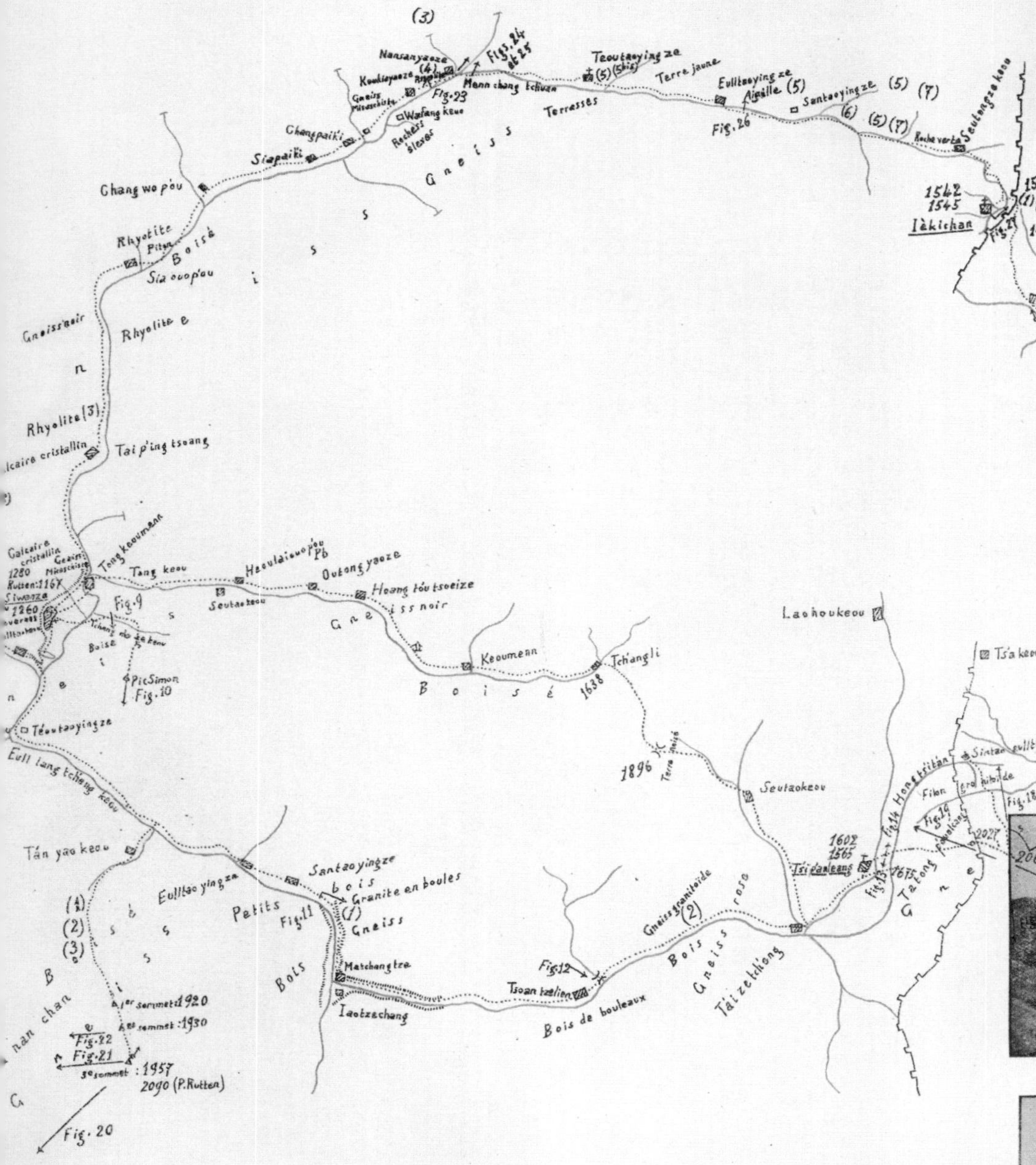

Fig. 9.

Fig. 10.

Fig. 11.

Fig. 12.

Fig. 15.

Fig. 13.

Fig. 14.

Z 'Fig

Fig. 25.

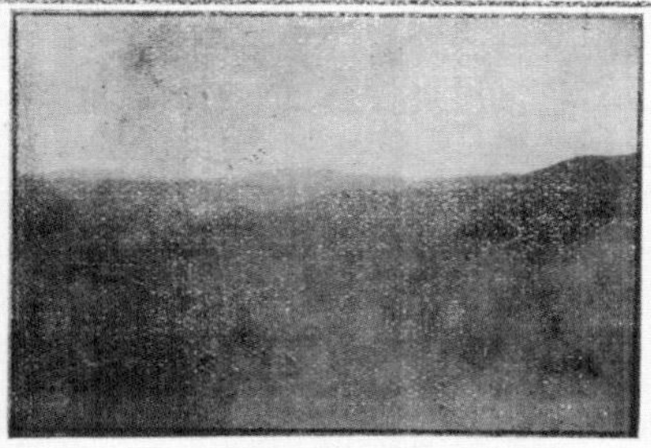

Fig. 6.

Fig. 24,

Fig. 27.

Fig. 8.

Fig. 26.

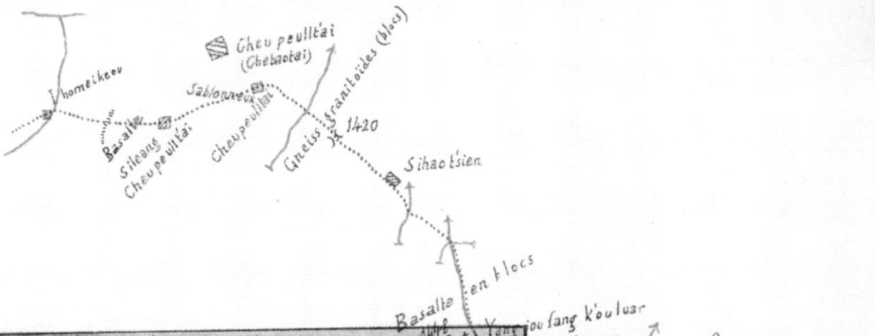
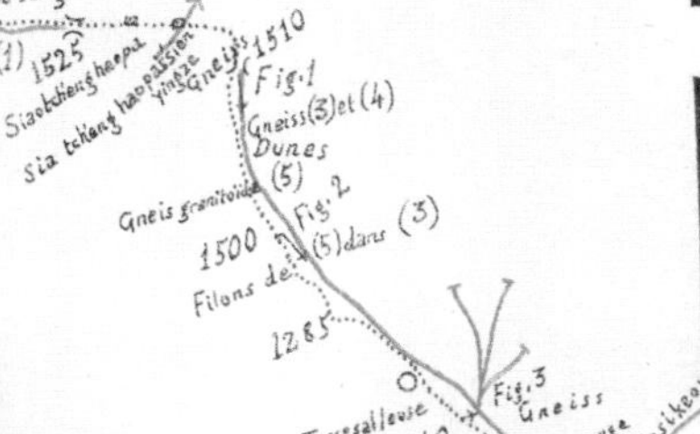
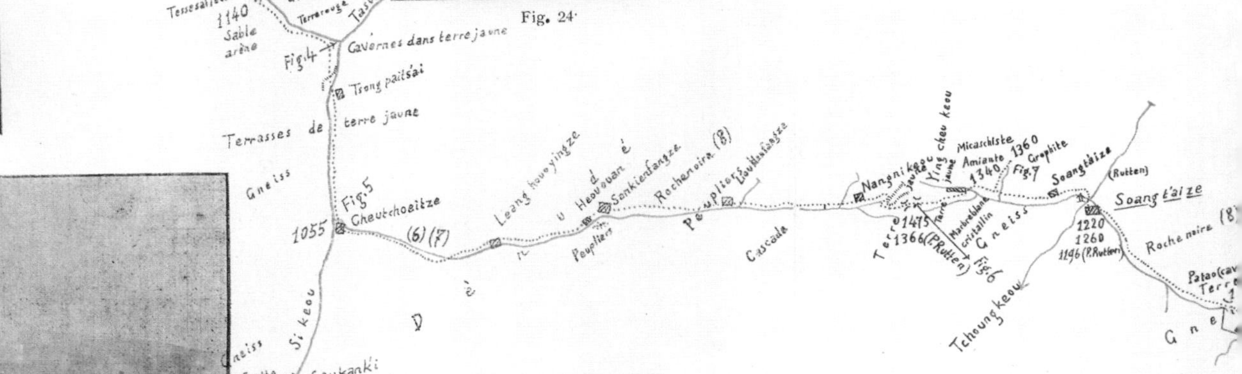

Fig. 22

Fig. 24

Fig. 19.

Fig. 1.

Fig. 20.

Fig. 2.

Fig. 21

Fig. 23.

Fig. 4.

De Cheu tchsaitze à Tè ki chan et à Tsi p'au léang, d'après une carte inédite du Père Rutten "Si ouan tze", au 10.00
De Tè ki chan à Tch'ang ning pou. contrôlé par " Karte von Tschili and Schantung, au 200.000 e

48号地图

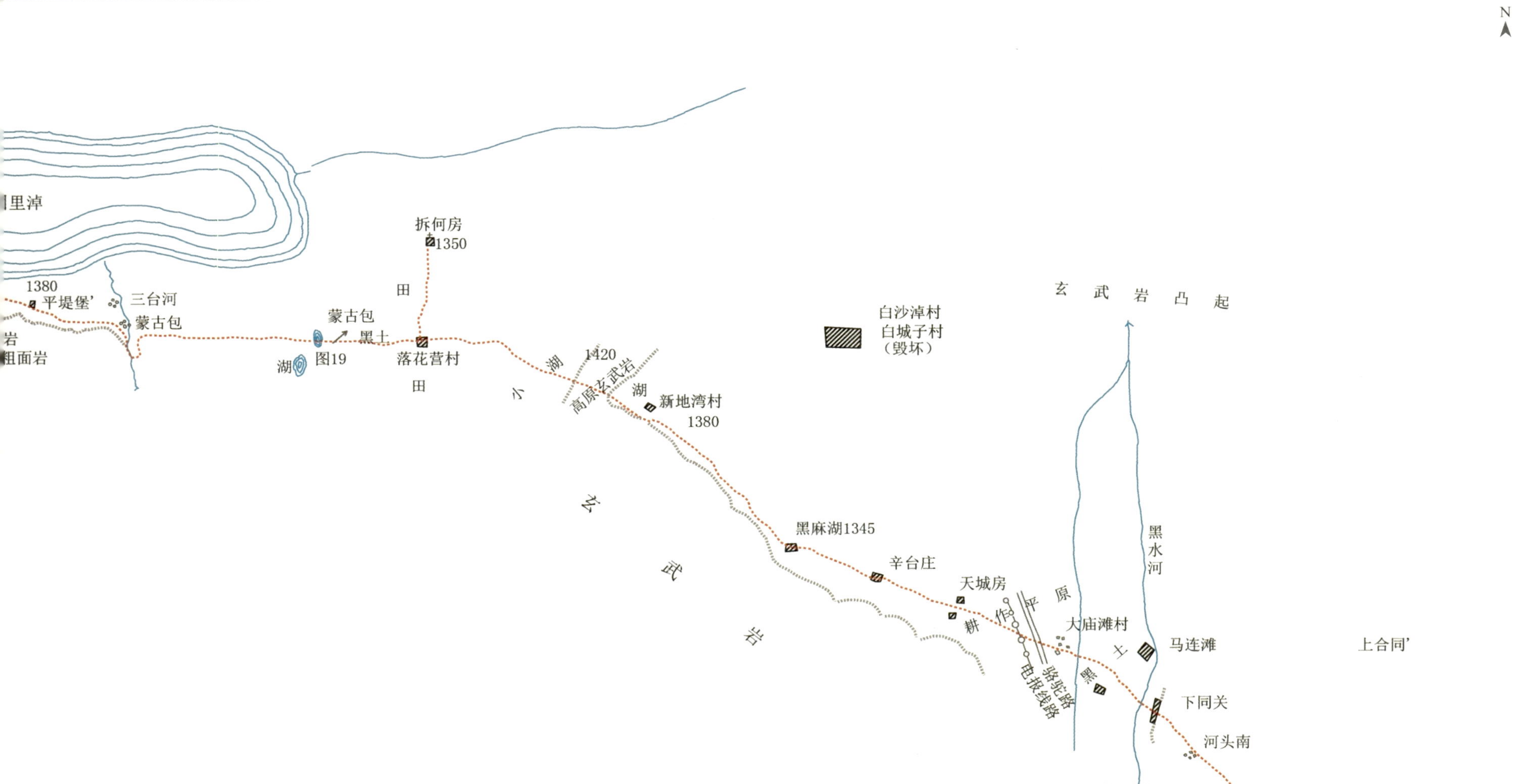

图1

图2

图3

图4

图5

图16

图6

图17

Fig. 6.

Fig. 7.

Fig. 1.

Fig. 3.

Fig. 9.

Fig. 10.

Fig. 1.

Fig. 2.

Fig. 2.

Fig. 11.

Fig. 12.

Fig. 4.

Fig. 5.

Fig. 8.

Fig. 13.

Fig. 15.

Fig. 14.

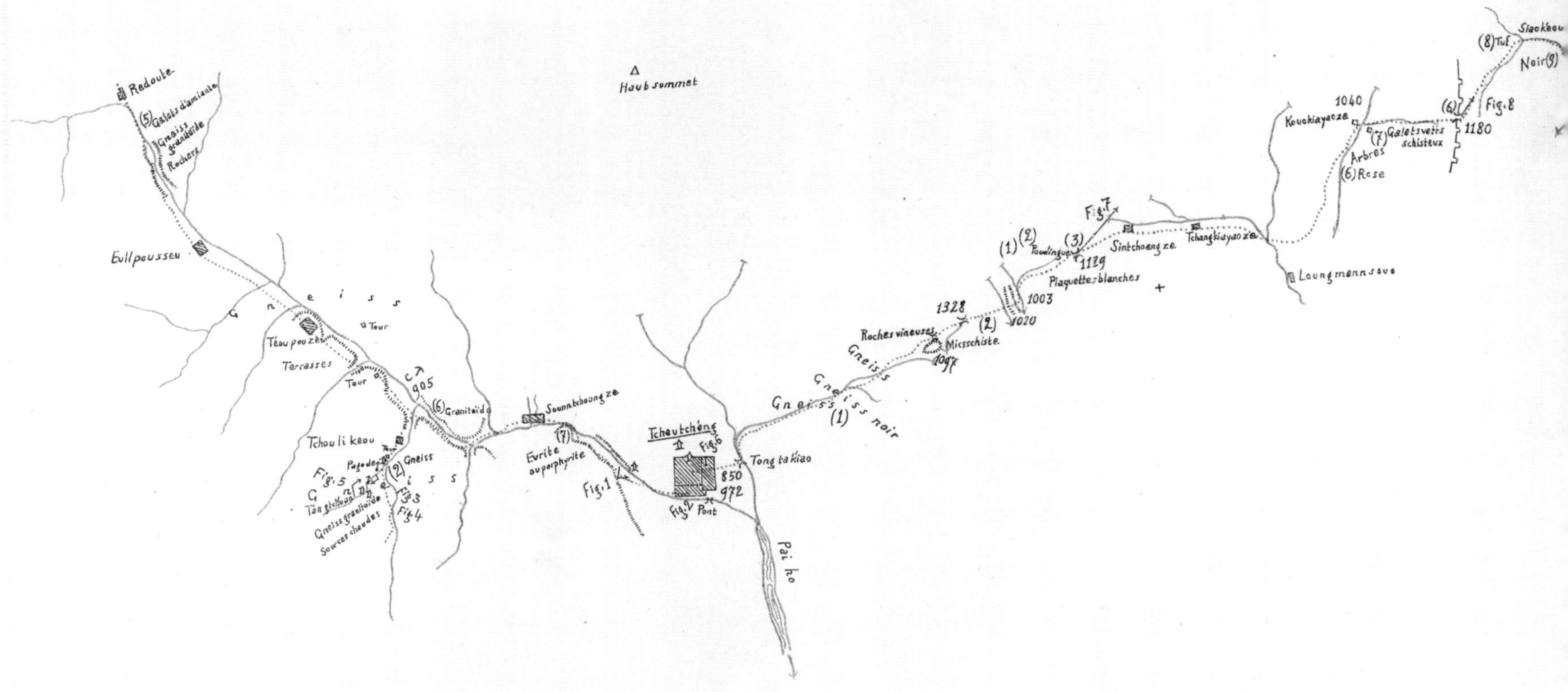

图18

图16

图17

图5

图3

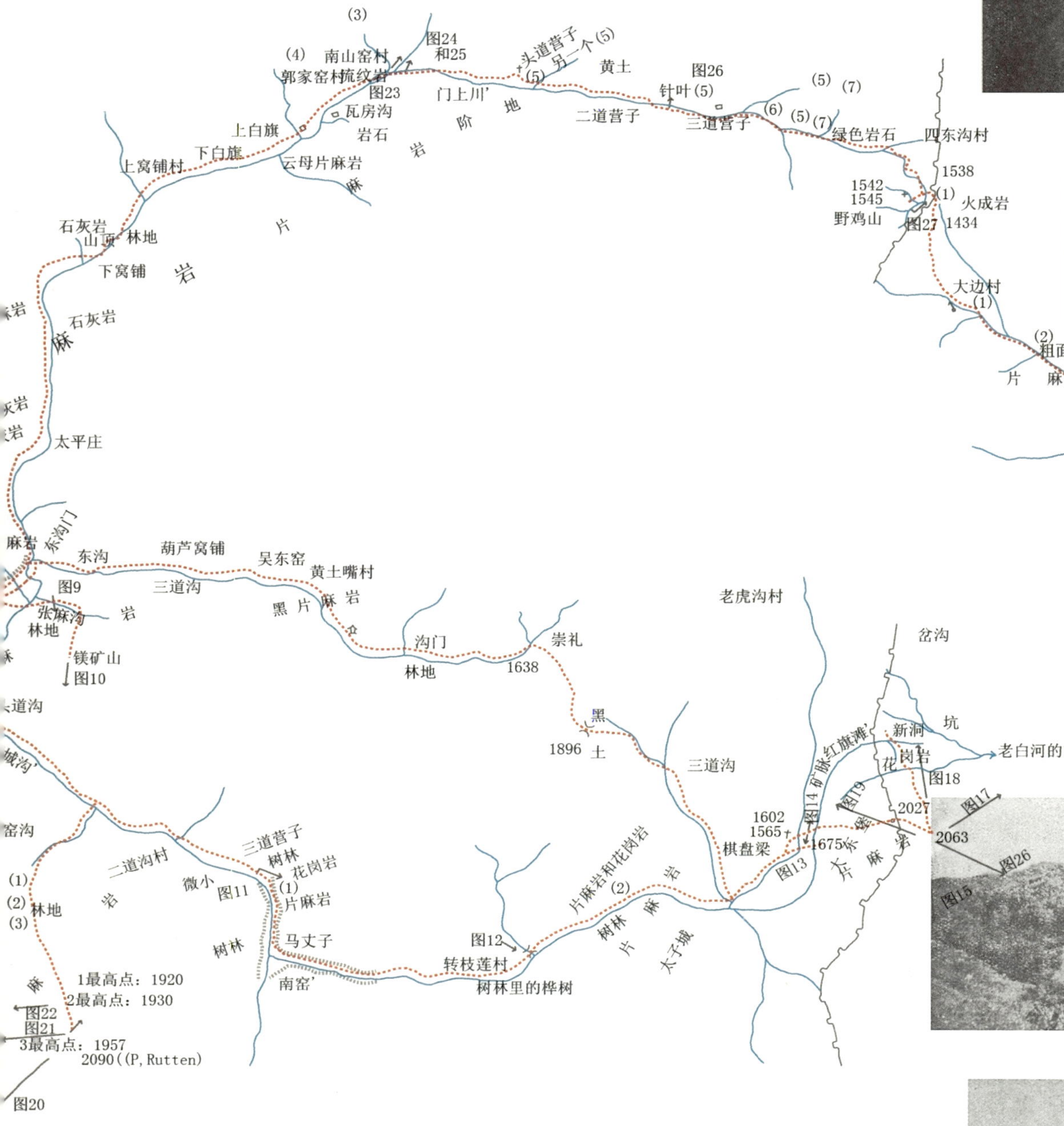

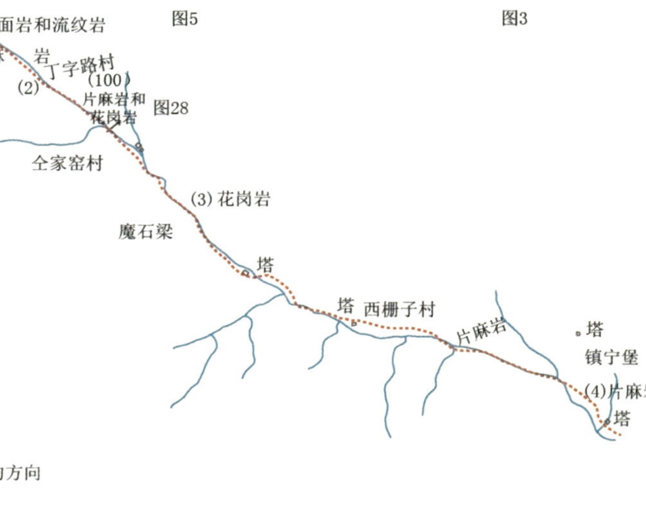

图9

图10

图11

图12

图15

图13

图14

图7

图25

图6

图24

图27

图8

图26

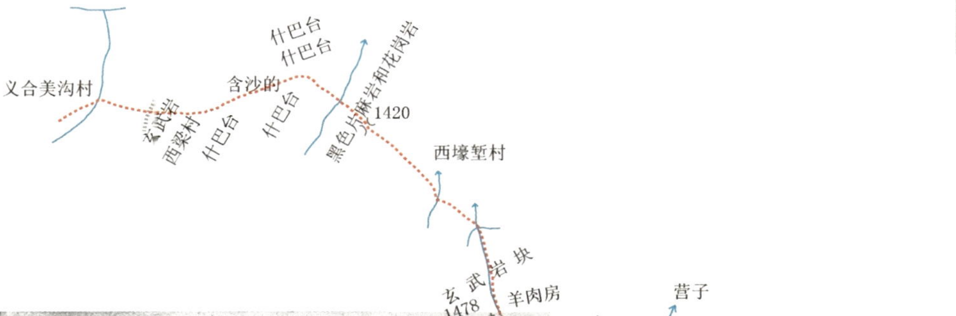
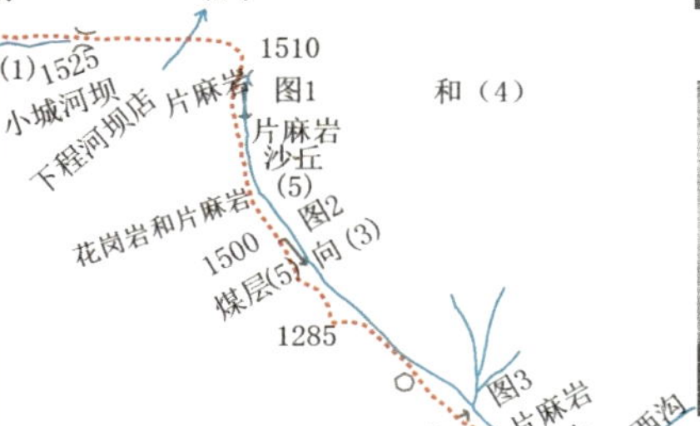
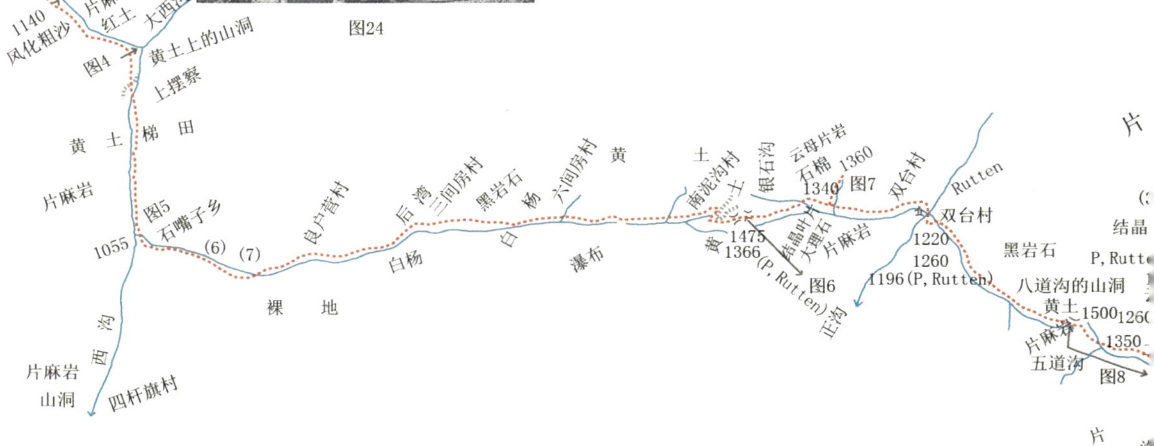

图22

图24

图19

图1

图20

图2

图21

图23

图4

从石嘴子乡到野鸡山再到棋盘梁，根据Pere Rntten提供的西湾子1：10,000的地图绘制
从野鸡山到镇宁堡，根据出版的直隶（今河北）到山东1：200,000的地图绘制

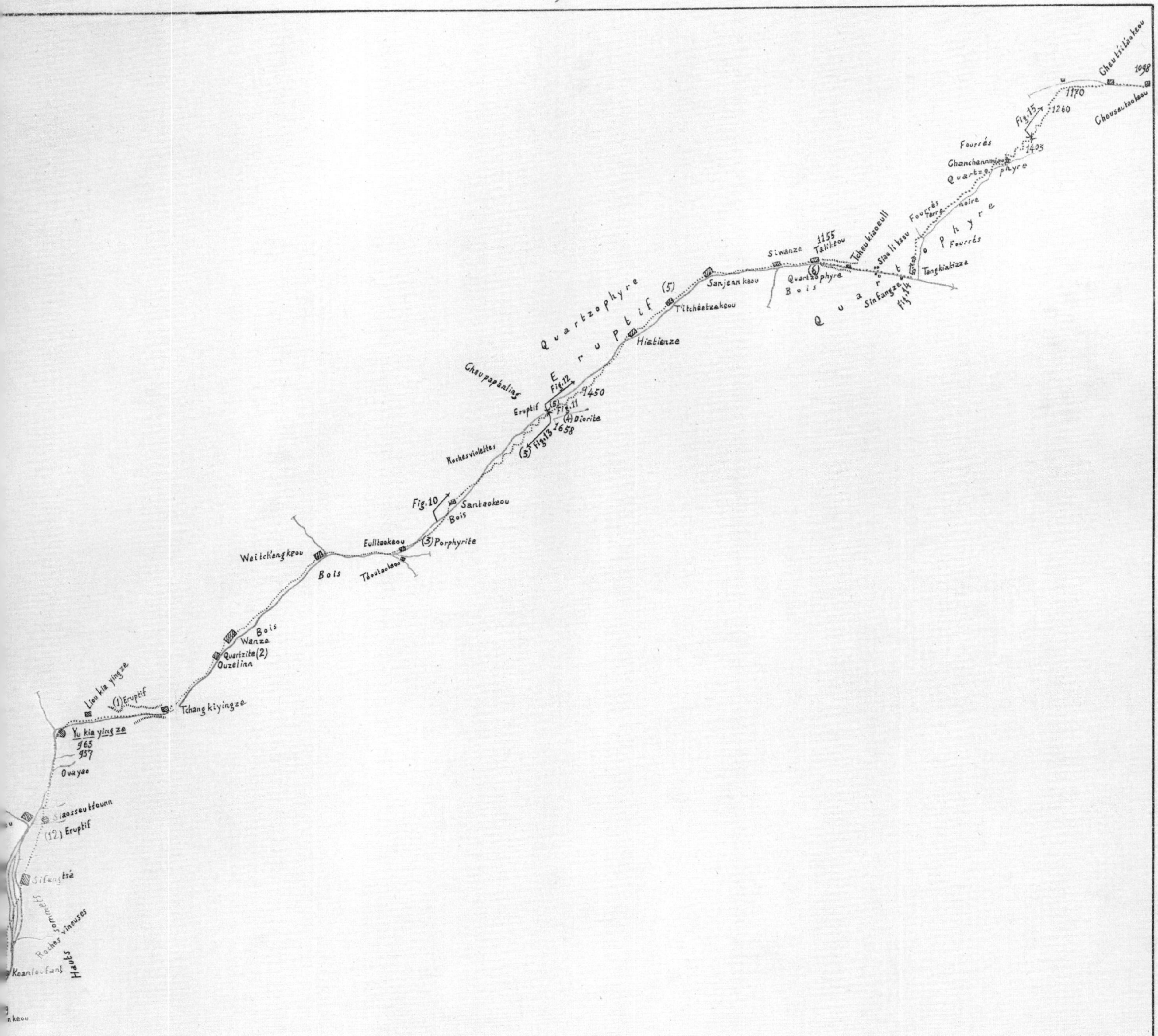

1098
1170
1260
1403
Fig.15
Fourrés
Quartzophyre
Terre noire
Fourrés
Tangkiakiaze
Sinfangze
Fig.14
Siwanze
1155
Talikeou
Quartzophyre
Bois
Sanjeankeou
(5)
Hiatienze
Quartzophyre
Eruptif
Fig.12
Fig.11
1450
(4) Diorite
Eruptif
Fig.13
1658
Roches violettes
Fig.10
Bois
(3) Porphyrite
Weitchangkeou
Bois
Bois
Wanza
Quartzite (2)
Ouzelian
Liou kia yingze
(1) Eruptif
Tchang kiyingze
Yu kia ying ze
965
957
Ouayao
Siaosseutsounn
(12) Eruptif
sommets
Hauts

图6

图7

图1

图3

图9

图10

图1

图2

图2

图11

图12

图4

图5

图8

图13

图15

图14

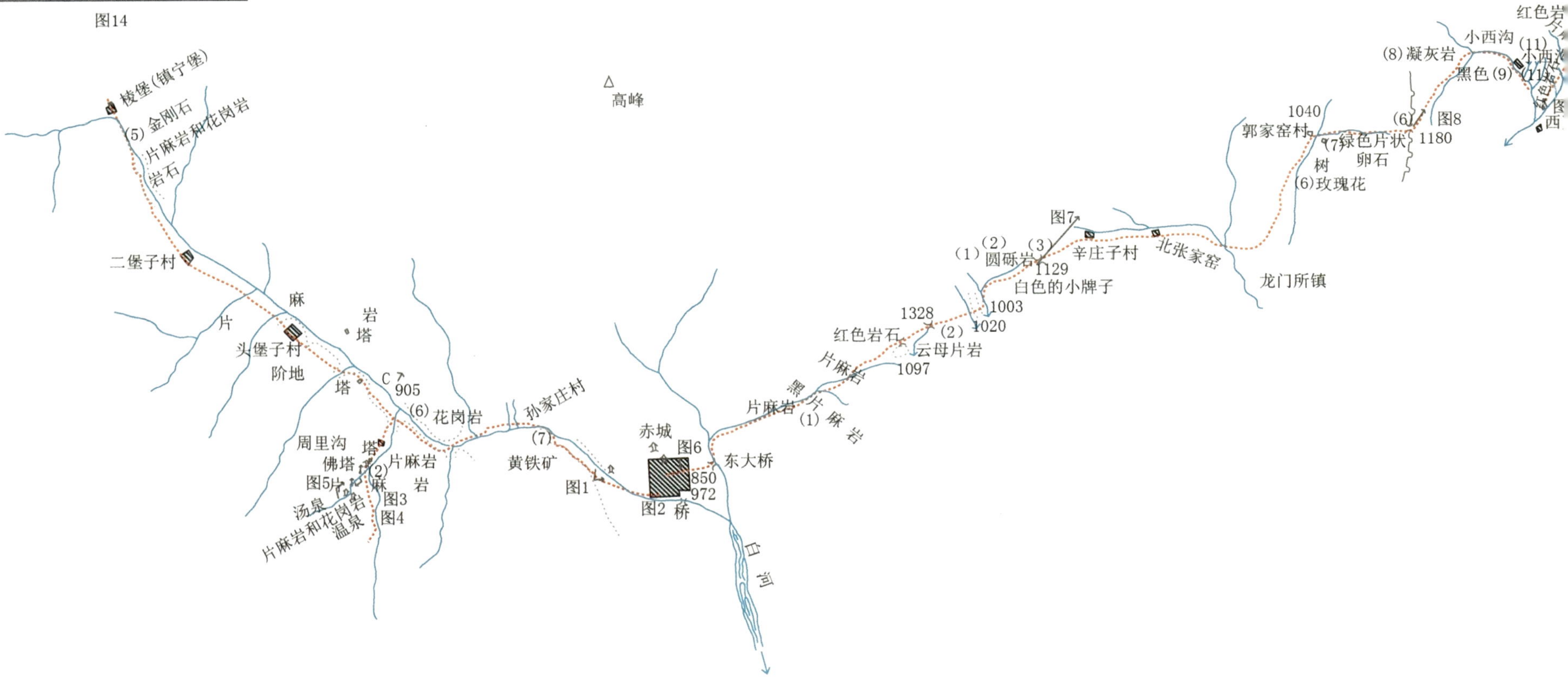

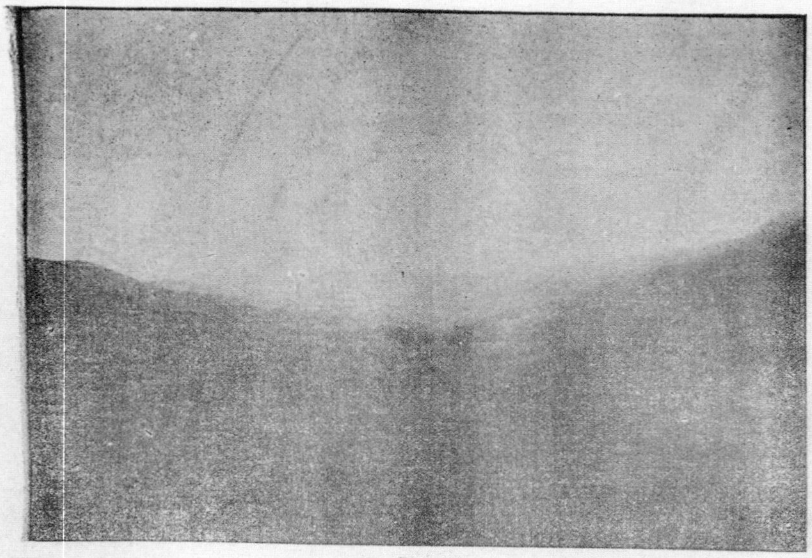

Fig. 15.

Voir feuille 49

Fig. 1.

Voir feuille 49

Fig. 2.

Fig. 3.

Fig. 4.

Fig. 14.

Fig. 16.

Fig. 5.

Fig. 6.

Fig. 7.

Fig. 8.

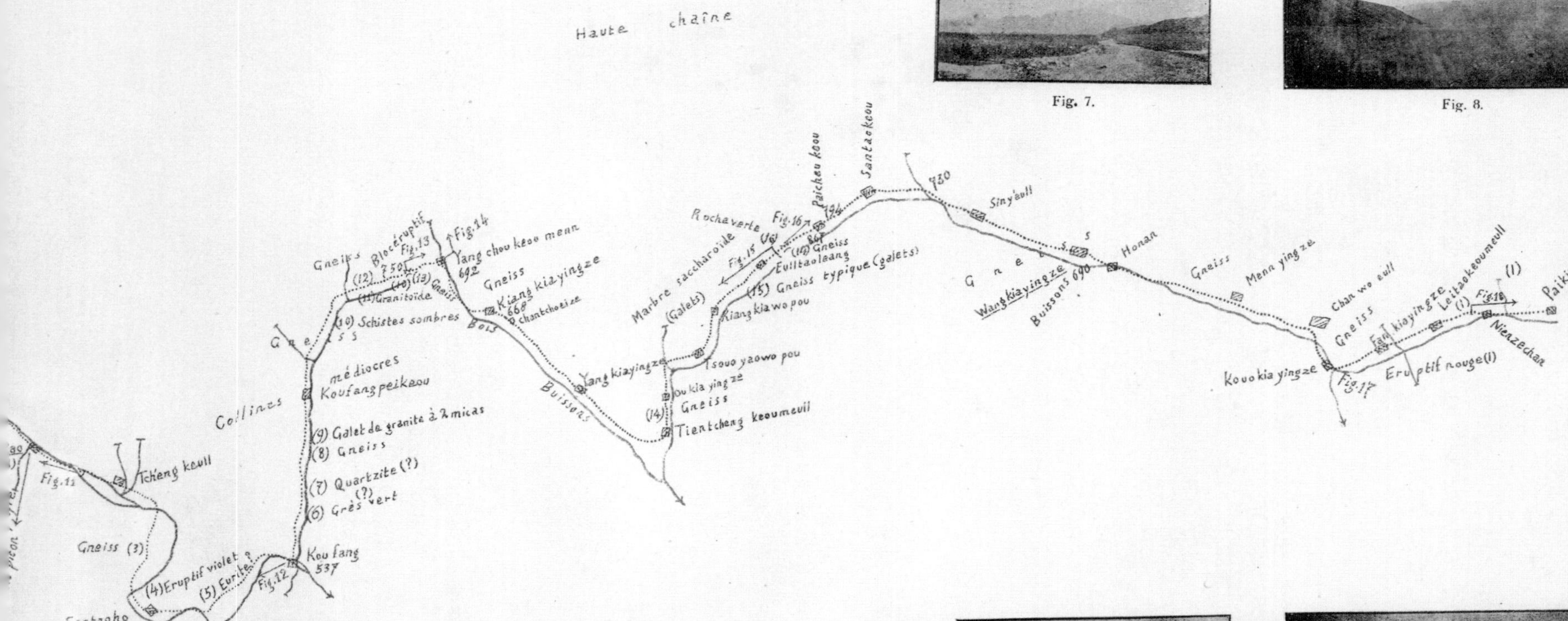

Fig. 17.

Fig. 18

Fig. 9.

Fig. 10

Fig. 12.

Fig. 11.

Fig. 13.

Cheuseu taokeou
1125
Quarzophyre
Cheu seu keou meull
Cheu sankeou
Fig.1
Fig.2
Blocs de granitoïde (1)
Téou taokeou
(2)
Roche siliceuse noire (blocs)
Rochers
Tsiatienkeou
Fig.3
Granitoïde
Cheu taokeou
Kioutaokeou
(3) Granitoïde
Bois
Tsitaokeou meull
Rochers (Granitoïde (3)
Outao ying ze
Arène
Bois
Seutao ying ze
Fig.4
(4)
Santao ying ze
800
(5) Granite rose
(6) Granite à grands éléments
galets
Eulltao ying ze
Fig.5
Santaokeoumeull
758
Fig.7
Fig.6
Fig.8
Tchao ho
Galets éruptifs
Galets éruptifs
Tskoueull
(Galets)
Eruptif (7)
(8) Granite
Filons noirs (9)
Granite
Nanyuanze
Seutaoho
Fig.9
Fig.10
Sitaoho
Sinfang

50号地图

1917年科考行程

N
十七道沟村
1098
1170
1260
图15
四道沟门
矮树丛
1403
山神庙
石英岩
斑岩
黑色
矮树丛
塔
岩
矮树丛
邓家栅子
1155
大里沟
西湾子
四道桥村
小里沟
(6)
长英质斑岩
树林
长
英
南新房
图14
三道沟
长英质斑岩
火成岩
(5)
地车沟
下店子
十八盘
图12
1450
火成岩
(5)
图11
(4)闪长岩
1658
图13
(5)
红色岩石
图10
三道沟
树林
二道沟
(3)黄铁矿
围场沟
树林
头道沟
树林
湾子
石英
孤子岭
罗家营村
(1)火成岩
张家营村
于家营
963
957
瓦窑
小茨村
(12)火成岩
峰嵯村
顶
红色岩石
坊
峰

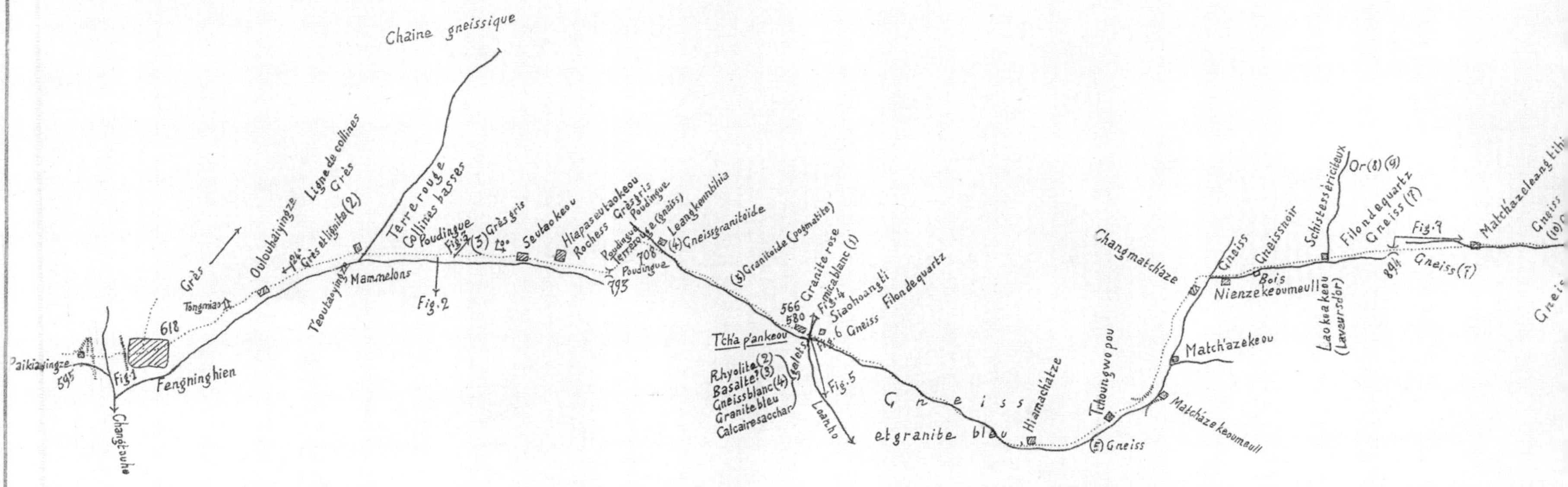

Fig. 7.

Fig. 1.

Fig. 2.

Fig. 3.

Fig. 4.

Fig. 5.

Fig. 6.

Fig, 8.

Fig. 9.

Fig. 10.

Fig, 11.

51号地图

N

图15

Voir feuille 49

图1

Voir feuille 49

图2

图3

图4

图14

图16

图5

图6

图7

图8

高山

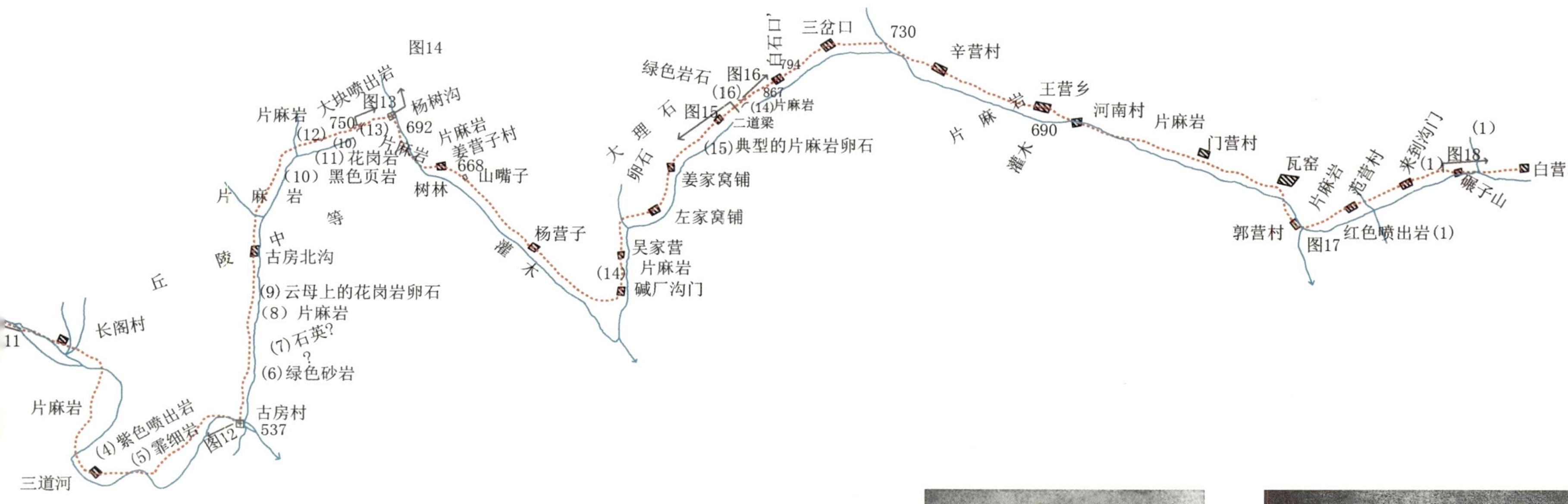

图17

图18

图9

图10

图11

图13

图12

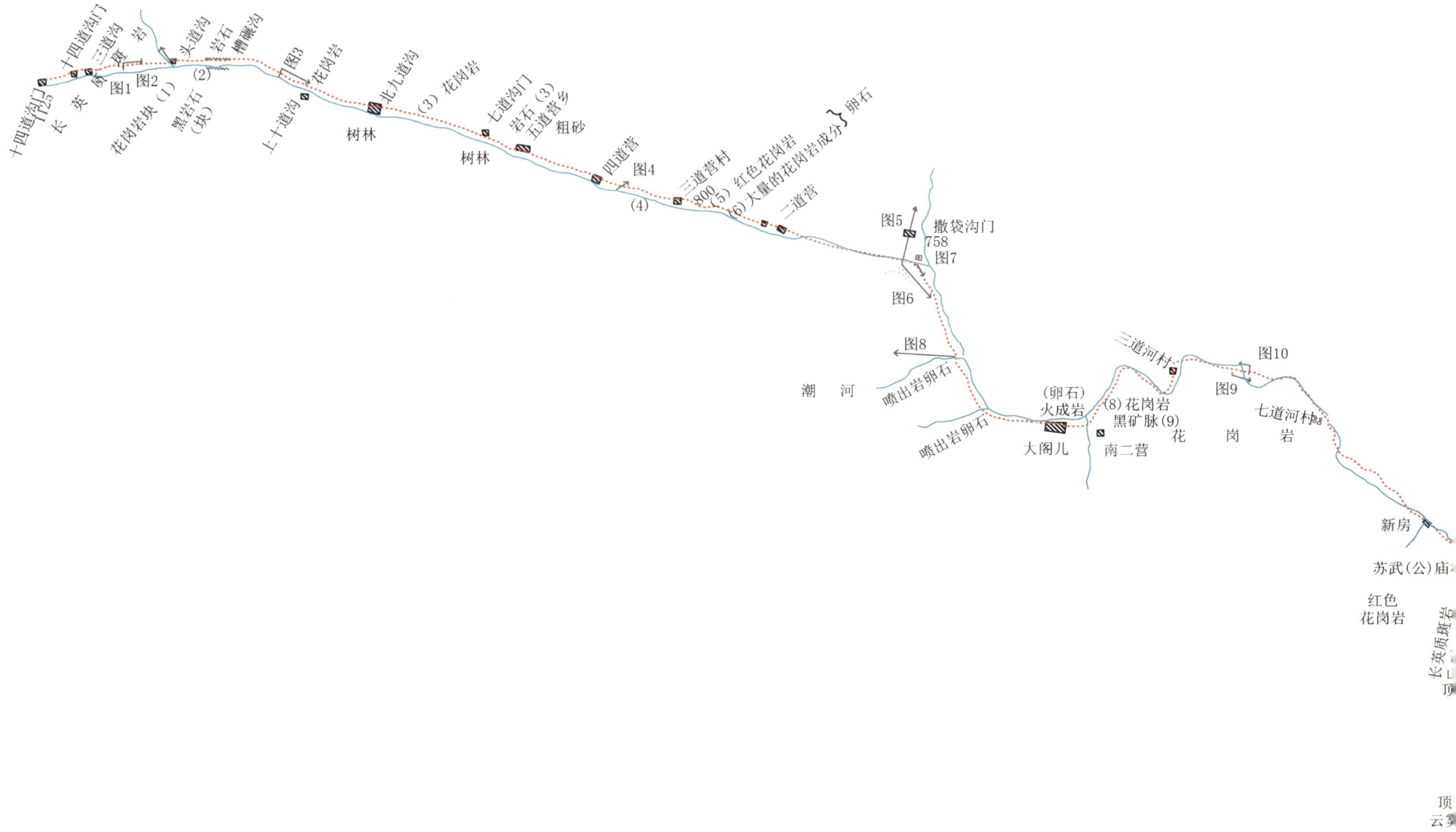
十四道沟门
十四道沟门
三道沟
长
英
斑
岩
图1
图2
头道沟
(2)
岩石
槽碾沟
花岗岩块(1)
黑岩石(块)
图3
花岗岩
上十道沟
北九道沟
树林
(3)花岗岩
七道沟门
岩石(3)
五道营乡
粗砂
树林
四道营
图4
(4)
三道营村
800
(5)红色花岗岩
(6)大量的花岗岩成分
卵石
二道营
图5
撒袋沟门
758
图7
图6
图8
潮
河
喷出岩卵石
喷出岩卵石
(卵石)
火成岩
大阁儿
(8)花岗岩
黑矿脉(9)
南二营
三道河村
图10
图9
七道河村
花
岗
岩
新房
苏武(公)庙
红色
花岗岩
长英质斑岩

Fig. 17.

Fig. 18.

Fig. 19.

Fig. 20.

Fig. 21.

Fig. 22.

Fig. 23.

Fig. 7.

Fig. 8.

Fig. 9.

Fig. 10.

Fig. 11.

Fig. 12.

Fig. 13.

Fig. 14.

Fig. 15.

Fig. 16.

N
高
山
614
两间房
悬岩
紫色石灰岩
苏木营子
高峰
火成岩
红土
灰色砂岩(13)
(12)水晶岩
(11)石英岩
丘
陵
图8
凸壁
两间房
少府村
树林
蓝旗镇
西头道营村
西头道营村
黑片麻岩(14)
煤
塔
(14)黑片麻岩
瓦片
(1)
552
黄姑屯西岭
图9
(黄姑屯)
隆化县
534
510
图10
东岭
(2)红色喷发岩
638
图11
兴隆岭村
高
峰
松木
牌岔子
松树
十八里汰
韩麻营大庙
韩麻营镇
稻田
黑石灰岩
硅质的
北铁匠营
南铁匠营
页岩(5)
(6)
(7)紫色岩石
片麻岩
片麻岩
502
496
马虎营子
(7)16. IX:17
片麻岩
花岗岩(1)
靛青色
(2)黑色片岩
马虎营子岭底下
靛青色的
稻田
石洞
稻田
高
峰
紫色岩石
多孔岩石
(3)
石洞子
石洞子
山洞
石洞子
岩石
火成岩

Fig. 23.

Fig. 22.

Fig. 20.

Fig. 21.

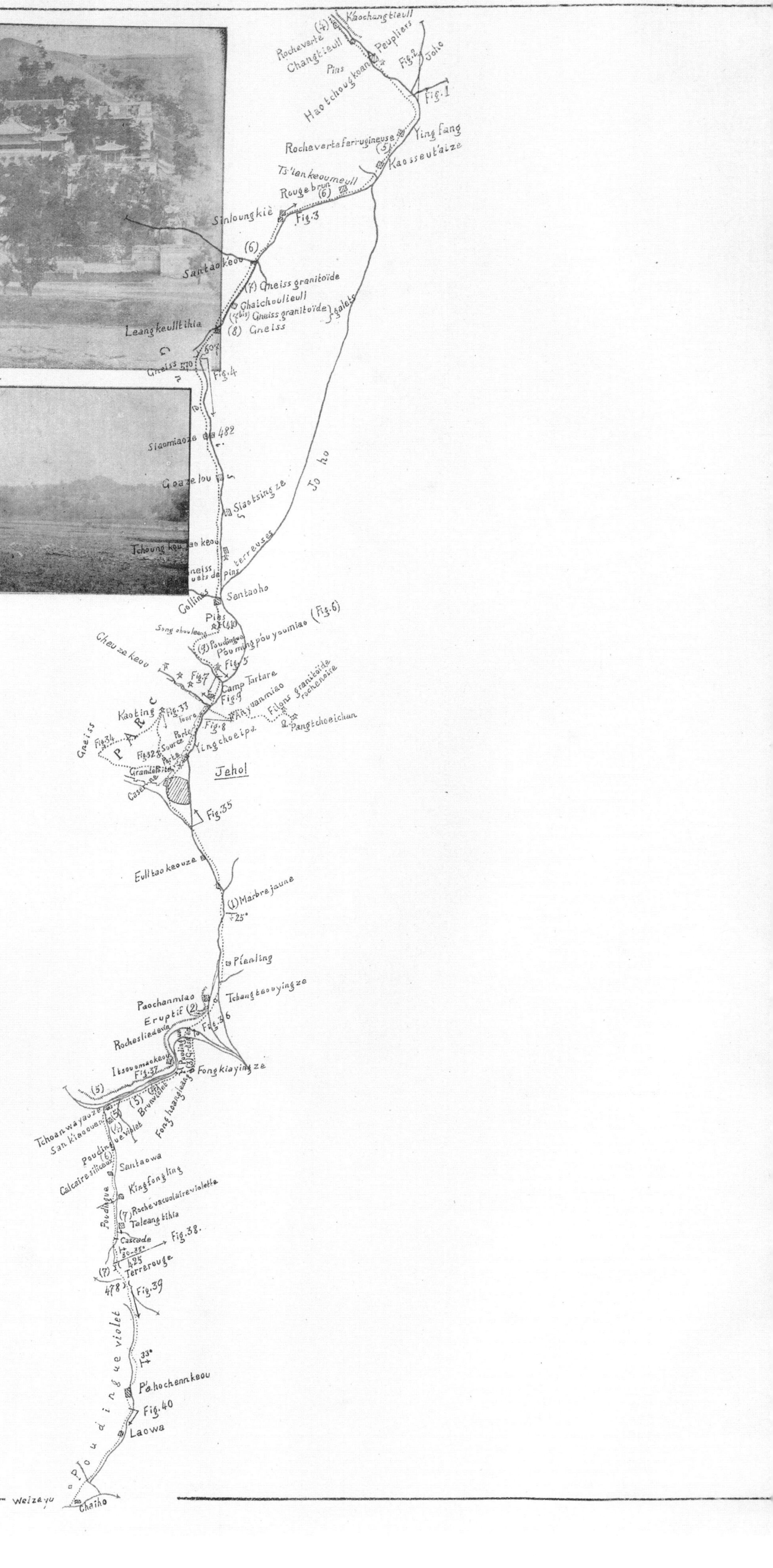

52号地图

图17

图18

图19

图20

图21

图22

图23

图7

图8

图9

图10

图11

图12

图13

图14

图15

图16

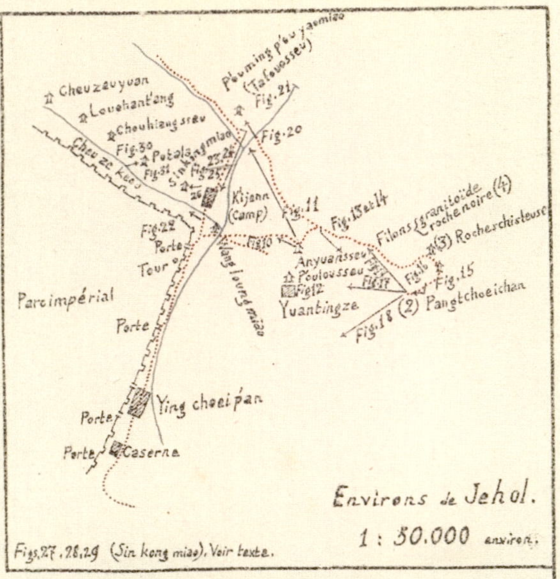

Fig. 11.

Fig. 13.

Fig. 12.

Fig. 1.

Fig. 3.

Fig. 2.

Fig. 14.

Fig. 4.

Fig. 5.

Fig. 8.

Fig. 15.

Fig. 16.

Fig. 17.

Fig. 6.

Fig. 10.

Fig. 19.

Fig. 18.

Fig. 9.

Fig. 7.

图23

图22

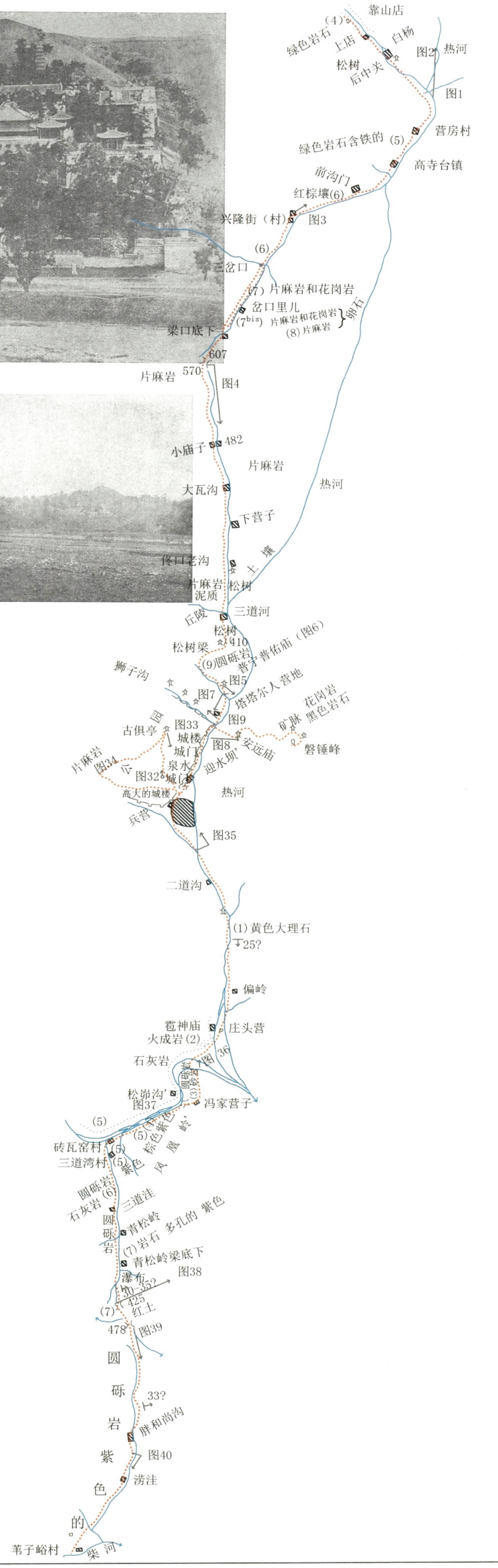

图20

图21

Fig. 31.

Fig. 24.

Fig. 25.

Fig. 26.

Fig. 32.

Fig. 33.

Fig. 34.

Fig. 35.

Fig. 27.

Fig. 28.

Fig. 36.

Fig. 37.

Fig. 29.

Fig. 38.

Fig. 39.

Fig. 30.

Fig. 40.

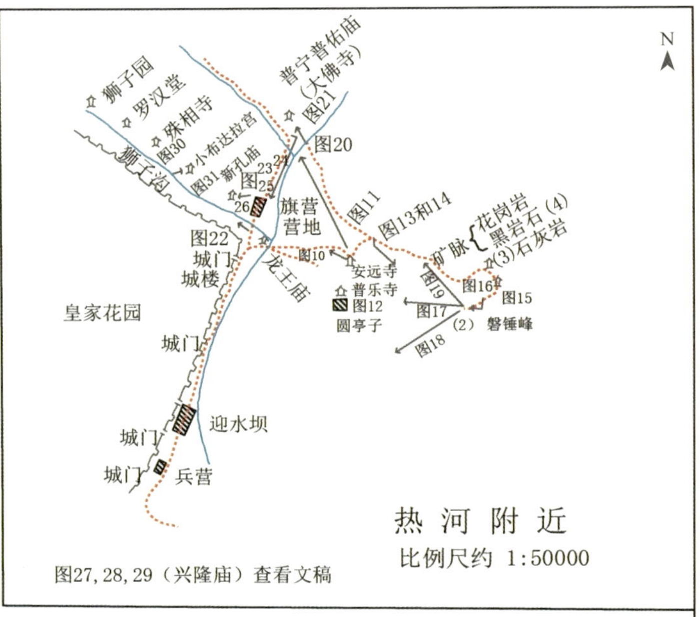

图11

图13

图12

图1

图3

图2

图14

图4

图5

图8

图15

图16

图17

图6

图10

图18

图19

图9

图7

Fig. 1.

Fig. 2.

Fig. 6.

Fig. 3.

Fig. 5.

Fig. 7.

Fig. 4.

Fig. 8.

Fig. 9.

Fig. 10.

Fig. 12.

Fig. 19.

Fig. 11.

Fig. 14.

Fig. 15.

Fig. 20.

Fig. 13.

Fig. 16.

Fig. 17.

Fig. 18.

Fig. 22.

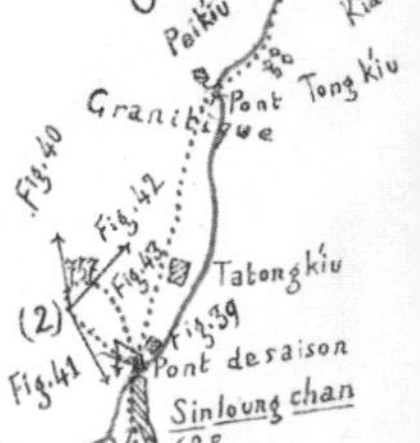

53号地图

图24

图25

图26

图27

图28

图29

图30

图31

图32

图33

图34

图35

图36

图37

图38

图39

图40

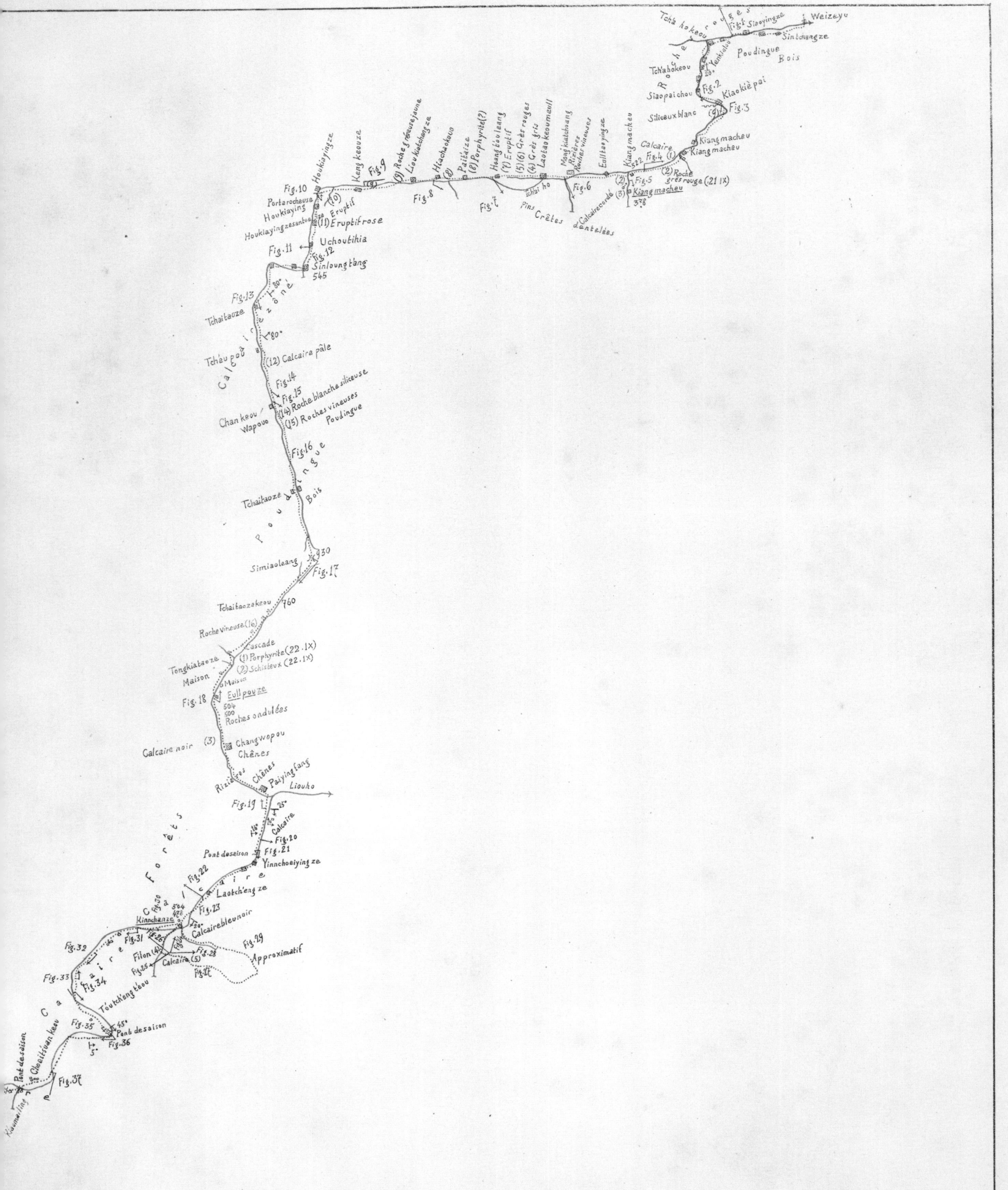
Weizeyu
Siaoyingze
Sintchengze
Poudingue
Bois
Roches rouges
Tchahokeou
Siaopaichou
Kiaokiè pai
Siliceux blanc
Fig. 1
Fig. 2
Fig. 3
Kiangmacheu
Calcaire
Fig. 4
Fig. 5
Roche grès rouge (21.IX)
Calcaire cordé
Crêtes dentelées
Pins
Fig. 6
Fig. 7
Fig. 8
Fig. 9
Kengkeouze
Houkiayingze
Fig. 10
Porte rocheuse
Houkiaying
Eruptif
Eruptif rose
Uchoutikia
Fig. 11
Fig. 12
Sinloungtang
545
Fig. 13
Tchaitaoze
Calcaire zôné
Tch'eu poû
(12) Calcaire pâle
Fig. 14
Fig. 15
Chan keou
Wapouo
(14) Roche blanche siliceuse
(15) Roches vineuses
Poudingue
Fig. 16
Tchaitaoze
Bois
930
Simiaoleang
Fig. 17
Tchaitaozekeou
760
Roche vineuse (16)
Cascade
(1) Porphyrite (22.IX)
(2) Schisteux (22.IX)
Tongkiataoze
Maison
Fig. 18
Eull pou ze
504
500
Roches ondulées
Calcaire noir (3)
Changwopou
Chênes
Rizières
Chênes
Paiyingtang
Liouko
Fig. 19
Calcaire
Fig. 20
Fig. 21
Pont de saison
Yinnchoeiyingze
Forêts
Calcaire
Fig. 22
Laotch'engze
Kinnchanze
Fig. 23
Calcaire bleu noir
Fig. 29
Approximatif
Fig. 28
Filon (4)
Calcaire (5)
Fig. 31
Fig. 32
Fig. 33
Fig. 34
Fig. 35
Fig. 36
Fig. 37
Touitchengt'eou
Pont de saison
Choeiltsuan keou
Pont de saison

图1

图2

图6

图3

图5

图7

图4

图8

图9

图10

图12

图19

图11

图14

图15

图20

图13

图16

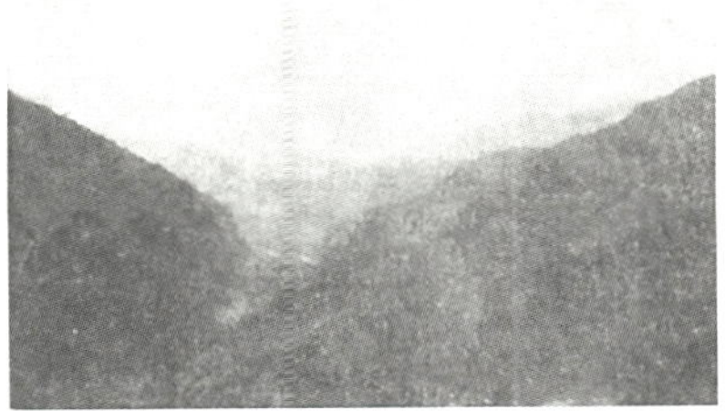

图17

图18

图22

Fig. 23.

Fig. 24.

Fig. 32.

Fig. 25.

Fig. 26.

Fig. 34.

Fig. 27.

Fig. 28.

Fig. 29.

Fig. [illegible]

Eig. 30.

Fig. 31.

Fig. 37.

Fig. 40.

Fig. 41.

Fig. 38.

Fig. 42.

Fig. 43.

Fig. 39.

Fig. 44.

Fig. 36.

Fig. 33.

1917年科考行程

N
茅子峪村
小营村
图1
柴河口
石
岩
新杖子镇
圆砾岩
树林
闫家炉
柴河口
20?
红
小柏树
图2
兰家台
白水杨
(9)
图3
夹马石沟
夹马石沟
石灰岩
图4 (1)
322
(2) 岩石
砂岩 (, 21 1X)
(2)
图5
(3)
夹马石沟
378
石灰岩
二道沟子 (村)
夹马石沟
孟家庄村
稻田
红色岩石
图6
(4) 灰色砂岩
老道沟
(5) 红砂岩
(7) 火成岩
黄土梁
柴河
松树
锯齿状山脊
图7
(8) 黄铁矿
北台村
(8)
下烧锅
图8
(9) 岩石 黄色
刘家杖子
图9
干沟子
(9)
胡营村
图10
岩石城门
(10)
胡家营
火成岩
胡营村
山咀
(11) 红色喷出岩
图11
榆树底下
图12
西营村'
545
80?
图13
石
窄道沟门
灰
岩
80?
车铺
(12) 石灰岩
风
图14
图15
大石沟村
(14) 硅质白色岩石
(15) 红岩石
圆砾岩
窝铺'
图16
岩
窄道沟村
砾
树林
圆
930
西 庙 岭'
图17
窄道子沟
760
砂岩质岩石 (16)
瀑布
(1) 斑岩 (22, 1X)
(2) 页状的 (22, 1X)
东道沟村
房屋
房屋
二铺子'
图18
504
500
岩 石
(3)
上窝铺
黑石灰石
橡树
稻
田
橡树
北营房镇
柳河
图19
25?
16?
石灰岩
图20
浮 桥
图21
鹰手营子
森
林
图22
石
灰
岩
老厂子村
图30
504
478
金扇子
图23
20?
石灰岩蓝色
图31
图26
图29
图32
图24
矿脉
(4)
图28
岩
图25
石灰岩 (5)
大概的
图27
图33
图34
灰
石
土城子
图35
45?
浮桥
图36
5?
图37

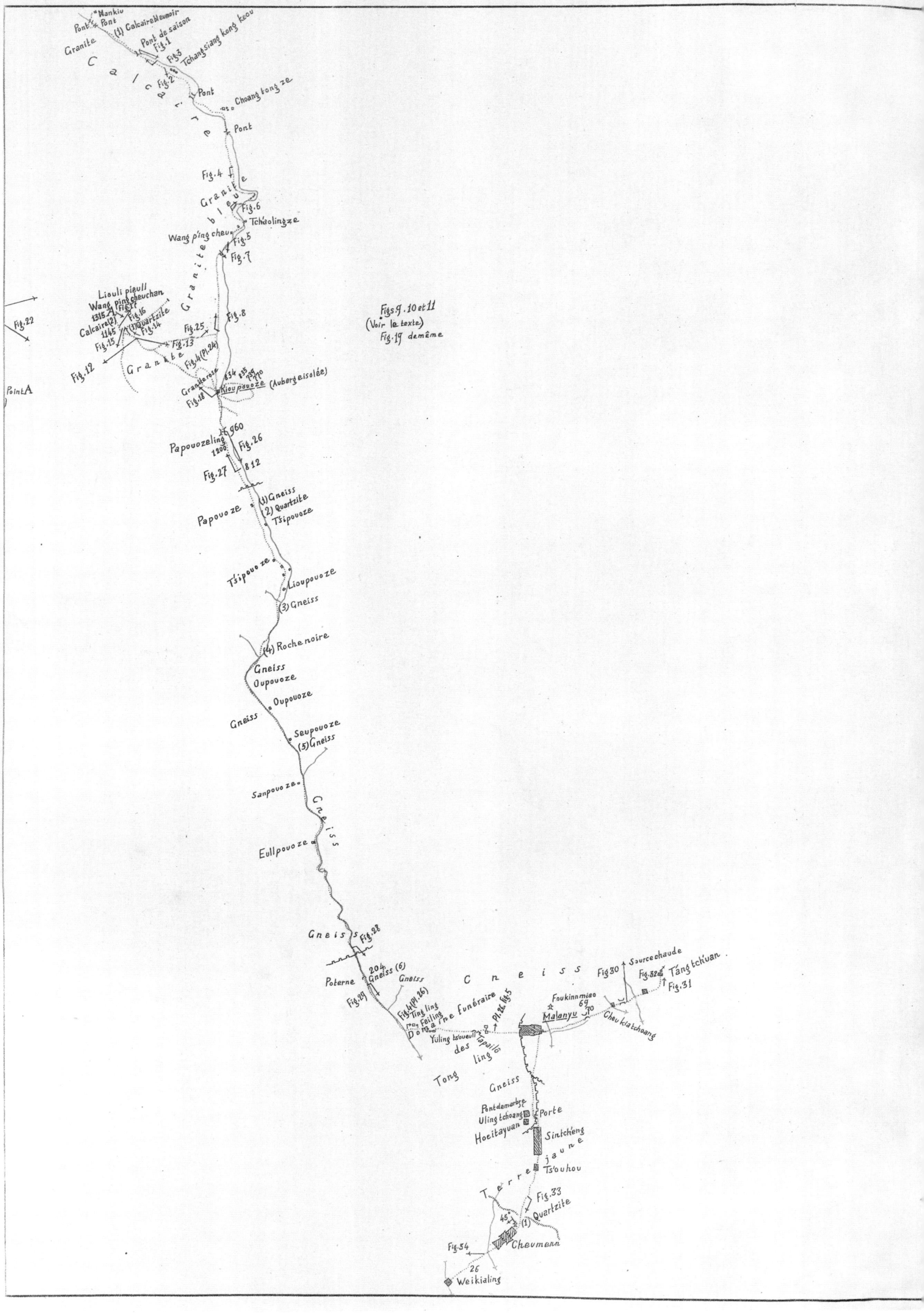

Mankiu
Pont
Pont
(1) Calcaire bleu noir
Granite
Pont de saison
Fig. 1
Fig. 3
Tchangsiang kong keou
Calcaire
Fig. 2
Pont
Choang tong ze
Pont
Fig. 4
Granite
Granite bleu
Fig. 6
Tchaolingze
Wang p'ing cheu
Fig. 5
Fig. 7
Liouli pieull
Wang ping cheuchan
Fig. 17
Fig. 16
1315
Calcaire(2)
(1) Quartzite
1145
Fig. 14
Fig. 15
Fig. 25
Fig. 13
Fig. 12
Granite
Fig. 8
Fig. 4 (Pl. 24)
Granite rose
834 835 739 770
Kioupouoze
(Auberge isolée)
Fig. 18
Fig. 22
Point A
Figs. 9, 10 et 11
(Voir le texte)
Fig. 19 de même
Papouozeling
960
1200
Fig. 26
Fig. 27
812
Papouoze
(1) Gneiss
(2) Quartzite
Tsipouoze
Tsipouoze
Lioupouoze
(3) Gneiss
(4) Roche noire
Gneiss
Oupouoze
Oupouoze
Gneiss
Seupouoze
(5) Gneiss
Sanpouoze
Gneiss
Eullpouoze
Gneiss
Fig. 28
204
Poterne
Gneiss (6)
Gneiss
Fig. 29
Fig. 4 (Pl. 26)
Ting ling
Feiling
Domaine funéraire des Tong ling
Yüling ts'oueull
Tapailo
Pl. 26, fig. 5
Gneiss
Foukinnmiao
69
70
Malanyu
Fig 30
Source chaude
Fig. 32
T'ang tch'uan
Fig. 31
Cheu kiatchoang
Gneiss
Pont de marbre
Uling tchoang
Porte
Hoeitayuan
Sintch'eng
Terre jaune
Ts'ouhou
Fig. 33
45°
(1) Quartzite
Cheumenn
Fig. 34
26
Weikialing

54号地图

图23

图24

图32

图25

图26

图34

图27

图28

图29

图35

图30

图31

图37

图40

图41

图38

图42

图43

图39

图44

图36

图33

Fig. 1.

Fig. 2

Fig. 18.

Fig. 19.

Fig. 3.

.Fgi 4.

Fig. 5.

Fig. 6.

Fig. 8.

Fig. 7.

Fig. 13.

Fig. 14.

Fig. 9.

Fig. 10.

Fig. 15.

Fig. 16.

Fig. 11.

Fig. 12.

Fig. 17.

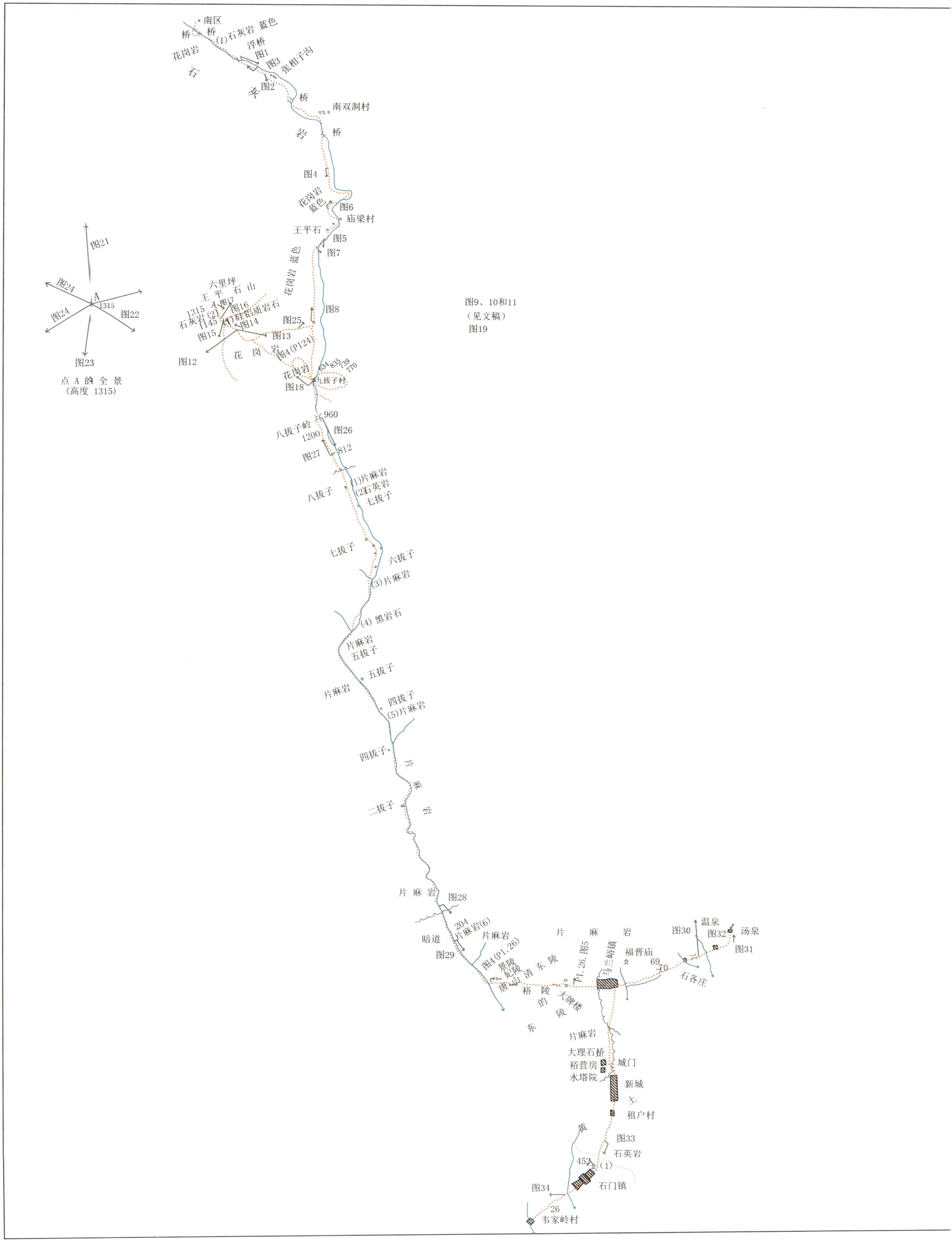
南区
桥
桥
(1)石灰岩 蓝色
花岗岩
浮桥
图1
图3
张相子沟
石
灰
图2
桥
南双洞村
岩
桥
图4
花岗岩
蓝色
图6
庙梁村
王平石
图5
图7
花岗岩 蓝色
图8
图21
图24
A
1315
图22
图24
图23
点 A 的 全 景
(高度 1315)
六里坪
王 平 石 山
1315
石灰岩(2)
1145
(1)硅铝质岩石
图16
图17
图14
图15
图25
图13
图12
花 岗 岩
图4(P124)
花岗岩
634
835
739
770
图18
九拔子村
图9、10和11
(见文稿)
图19
960
八拔子岭
1200
图26
图27
812
(1)片麻岩
(2)石英岩
八拔子
七拔子
七拔子
六拔子
(3)片麻岩
(4) 黑岩石
片麻岩
五拔子
五拔子
片麻岩
四拔子
(5)片麻岩
四拔子
片
麻
岩
二拔子
片 麻 岩
图28
204
片麻岩(6)
暗道
片麻岩
图29
图4(P1.26)
景陵
妃陵
唐山
清 东 陵
裕 陵
的
大牌楼
东 陵
P1.26,图5
马兰峪镇
片 麻 岩
福晋庙
69
70
石各庄
图30
温泉
图32
汤泉
图31
片麻岩
大理石桥
裕营房
水塔院
城门
新城
土
租户村
黄
图33
石英岩
452
(1)
图34
石门镇
26
韦家岭村

Fig. 20.

ʇig. 21.

Fig. 22.

Fig. 23.

Fig. 24.

Fig. 25.

Fig. 26.

Fig. 27.

Fig. 28.

Fig. 29.

Fig. 30.

Fgi. 31.

Fig 32.

Fig. 33.

Fig. 34.

N

图1

图2

图3

图4

图5

图6

图7

图13

图14

图15

图16

图17

图18

图19

图8

图9

图10

图11

图12

图20

图21

图22

图23

图24

图25

图26

图27

图28

图29

图30

图31

图32

图33

图34

Fig. 26.

Fgi. 27.

Fig. 28.

Fgi. 29.

Fig. 30.

Fig. 31.

Fig. 32.

Fig. 34

Fig 35

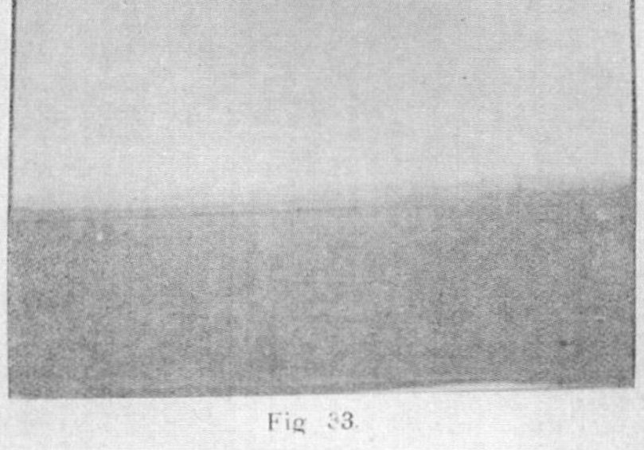
Fig 33.

Fig. 36

Fig. 37.

Fig. 15.

Fig. 16.

Fig. 17.

Fig. 19.

Fig. 18.

Fig. 20.

Fig. 21.

Fig. 22.

Fig. 23.

Fig. 24.

Fig. 25.

图26

图27

图28

图29

图30

图31

图32

图34

图35

图36

图33

图37

图15

图16

图17

图19

图18

图20

图21

图22

图23

图24

图25

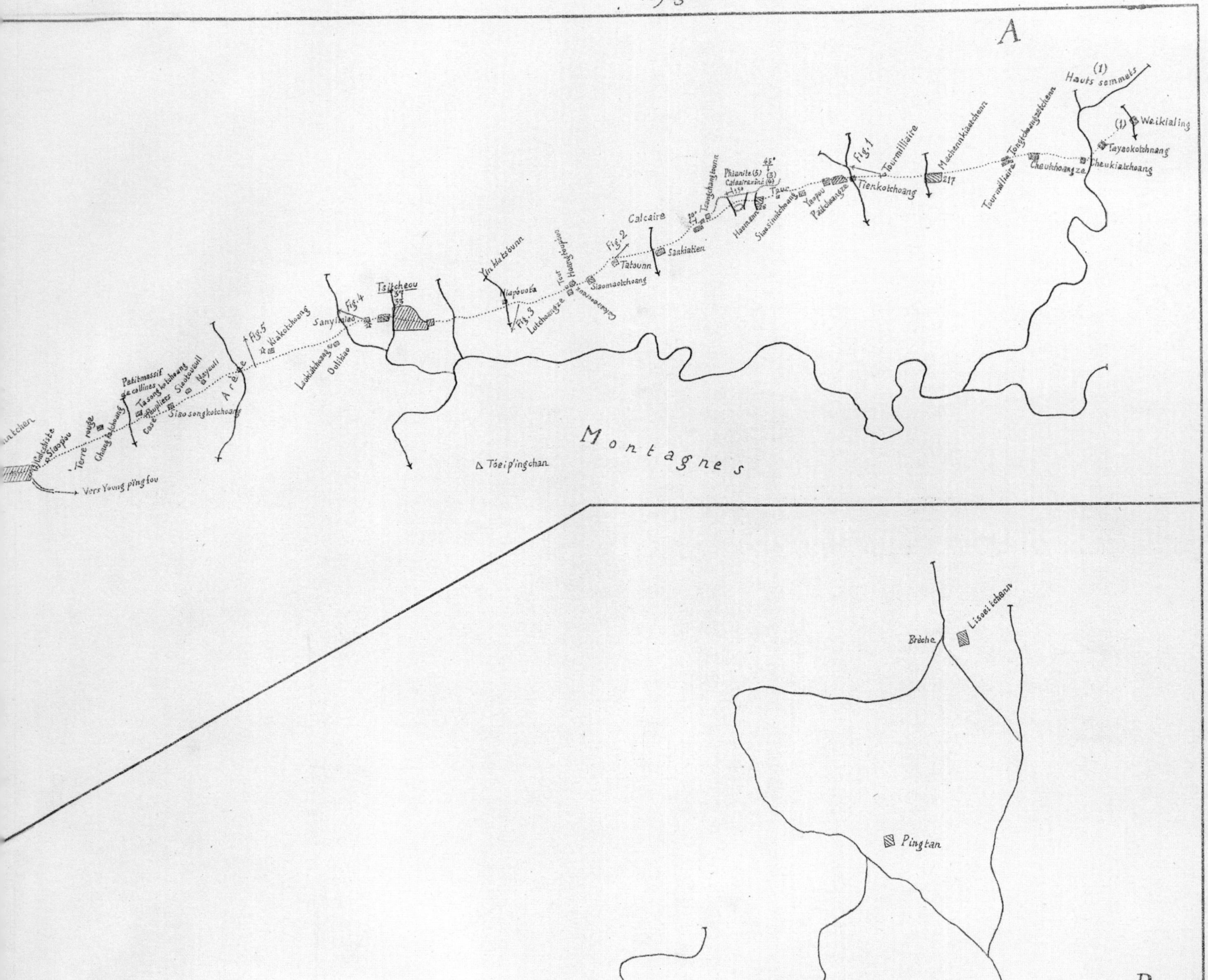
A
Hauts sommets
Waikialing
Tayaokotchoang
Cheukiatchoang
Cheuhhoangze
Tourmilliaire
Tienkotchoang
Fig. 1
Calcaire
Sankiatien
Tatounn
Fig. 2
Siaomaotchoang
Fig. 3
Taitcheou
Fig. 4
Sanyikiao
Fig. 5
Arête
Terre rouge
Vers Young p'ingfou
Montagnes
Tsei p'ingchan
Brèche
Pingtan
B
Pai ho
Cha ho
Tsiang tsiang ho
Yenkiatien
Fig. 6
Passeur
Fig. 7
Koutchieu
Tsaoly
Terre noire
Yangt'ounn
Fig. 8
Passeur
Tongtcheou
Pont de Palik'iao
Fig. 9
Palikiao
Santienfang

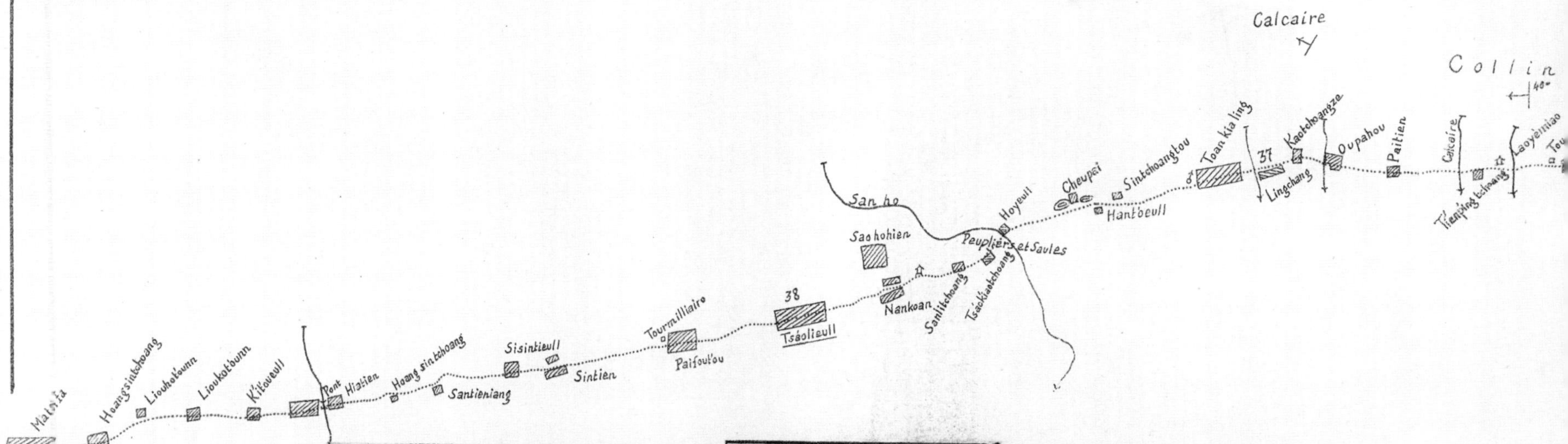

Fig. 1.

Fig. 2.

Fig.3.

Fig. 4.

Fig.5.

Manque.

Fig. 6.

Fig. 7.

Fig. 8.

Fig. 9.

Contrôlé sur "Karte von Tschili und Schantung" au 200.000e

55
号
地
图

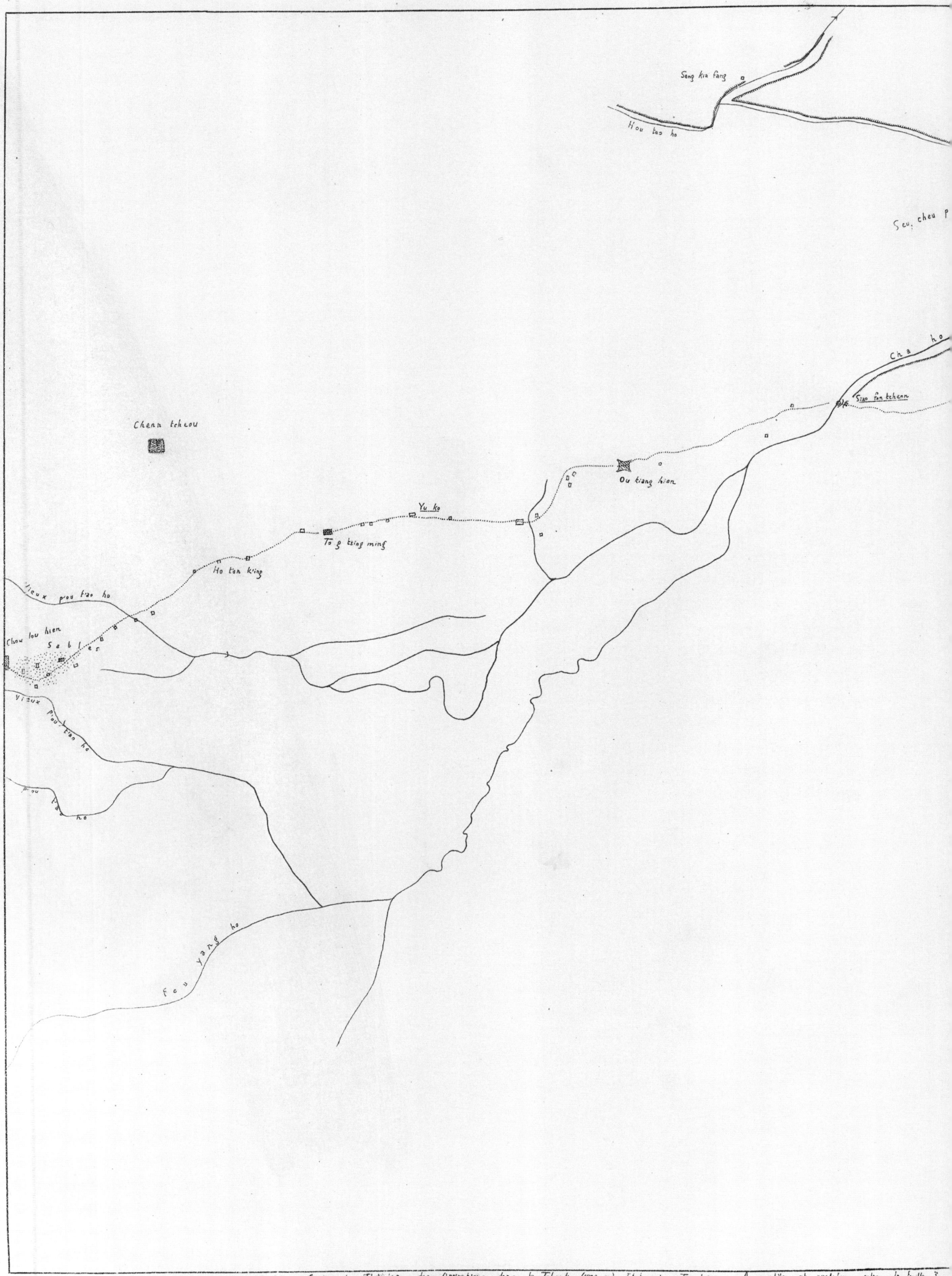

Approximatif : 1 : 200.000 . A l'Est de Oukiang hien. D'après Carte du Théâtre des Operations dans le Tcheuly (1900-01). Etat-major. Tien tsinn. — A compléter et rectifier selon la feuille 3.

56号地图

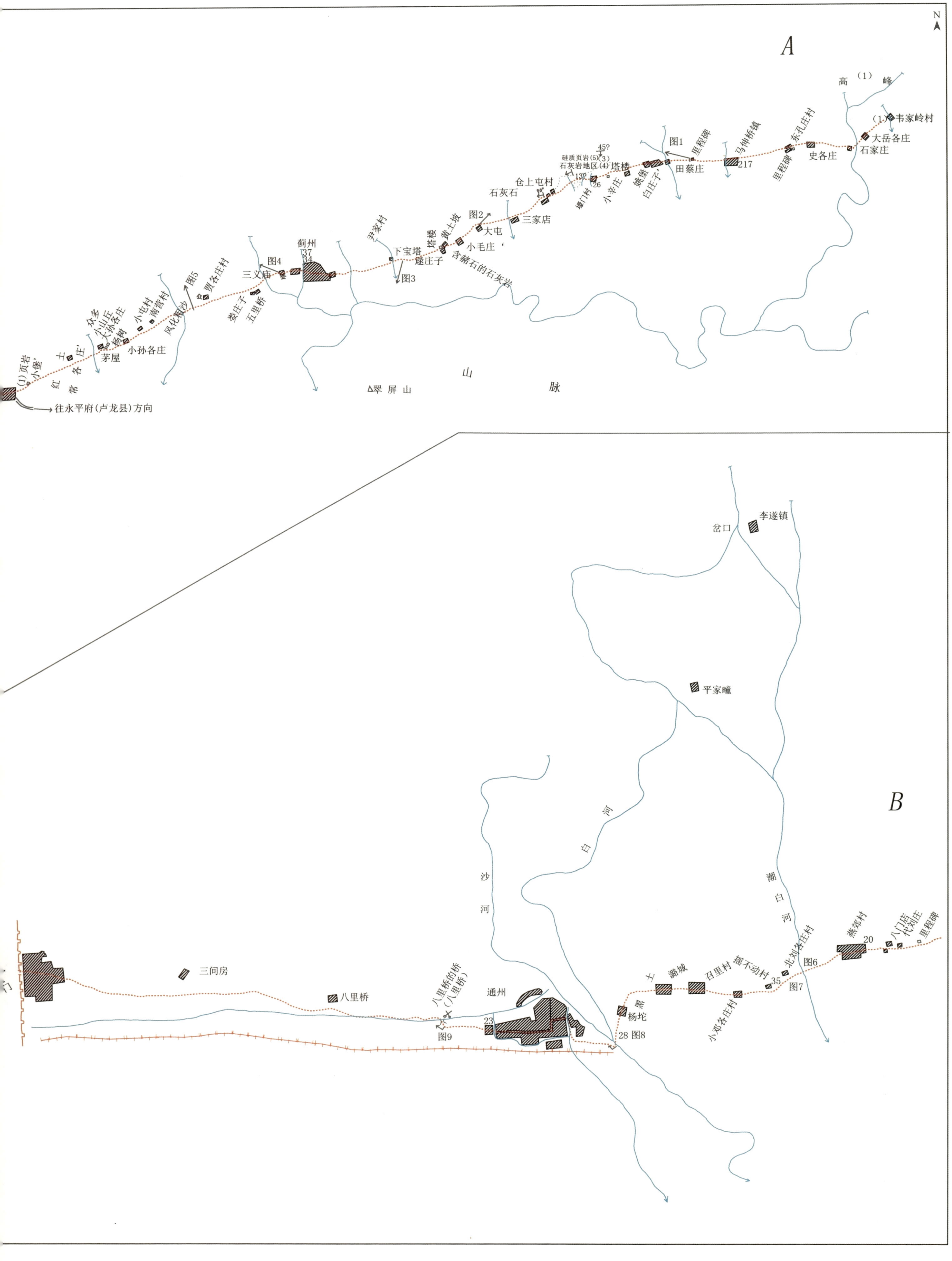
A
B
N
高 (1) 峰
韦家岭村
大岳各庄
石家庄
史各庄
东孔庄村
里程碑
马伸桥镇
217
田蔡庄
图1
塔楼
姚堡
白庄子
小辛庄
石灰岩地区(4)
硅质页岩(5)
仓上屯村
石灰石
三家店
大屯
图2
小毛庄
黄土坡
塔楼
下宝塔
尹家村
图3
含赭石的石灰岩
蓟州
37
34
三义庙
图4
贾各庄村
图5
风化粗沙
南营村
小屯村
小孙各庄
大孙各庄
杨树
茅屋
娄庄子
五里桥
红 常 各 庄
(1)页岩
往永平府(卢龙县)方向
山 脉
翠 屏 山
李遂镇
岔口
平家疃
白河
潮白河
沙河
通州
23
28 图8
杨坨
八里桥的桥(八里桥)
图9
八里桥
三间房
潞城
召里村
摇不动村
小邓各庄村
北刘各庄村
35
图6
图7
燕郊村
20
八门店
代刘庄
里程碑

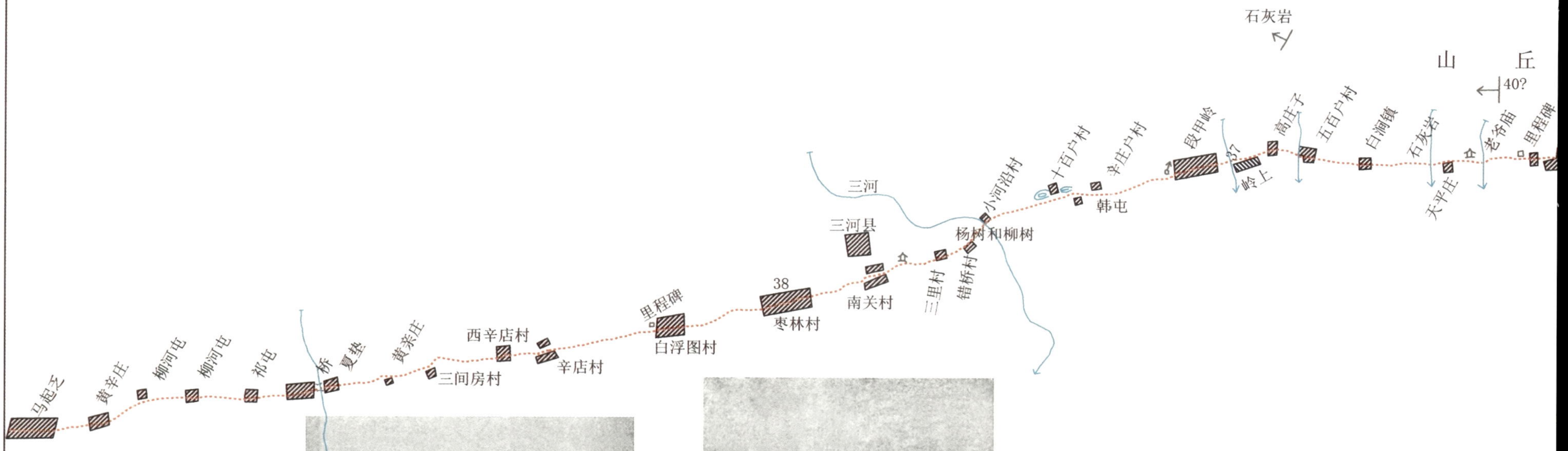

图1

图2

图3

图4

图5

图6

图7

图8

图9

基于直隶（今河北）到山东1：200,000的地图绘制

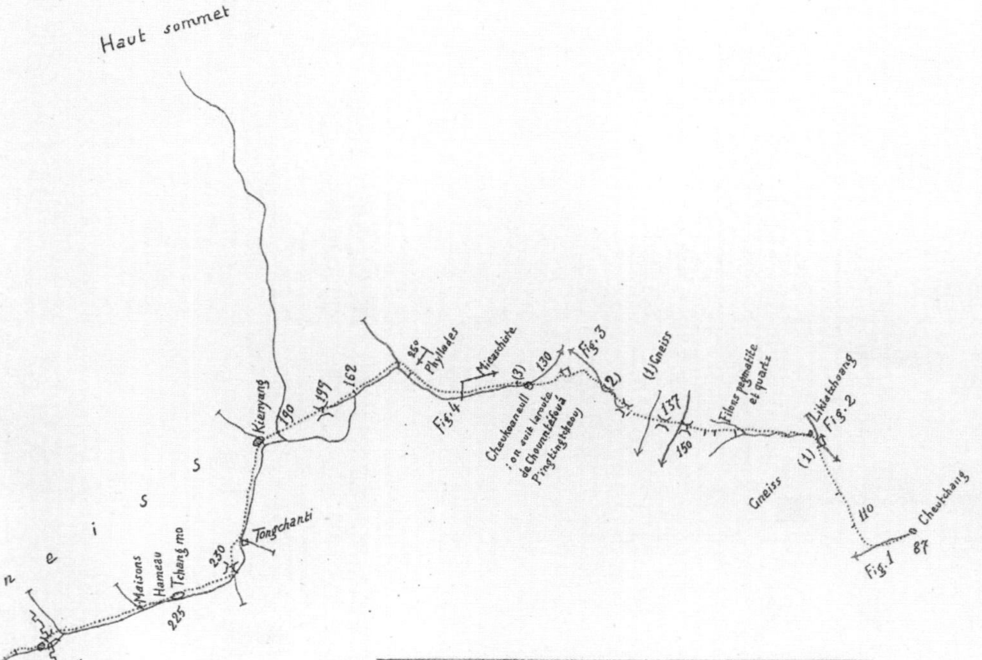
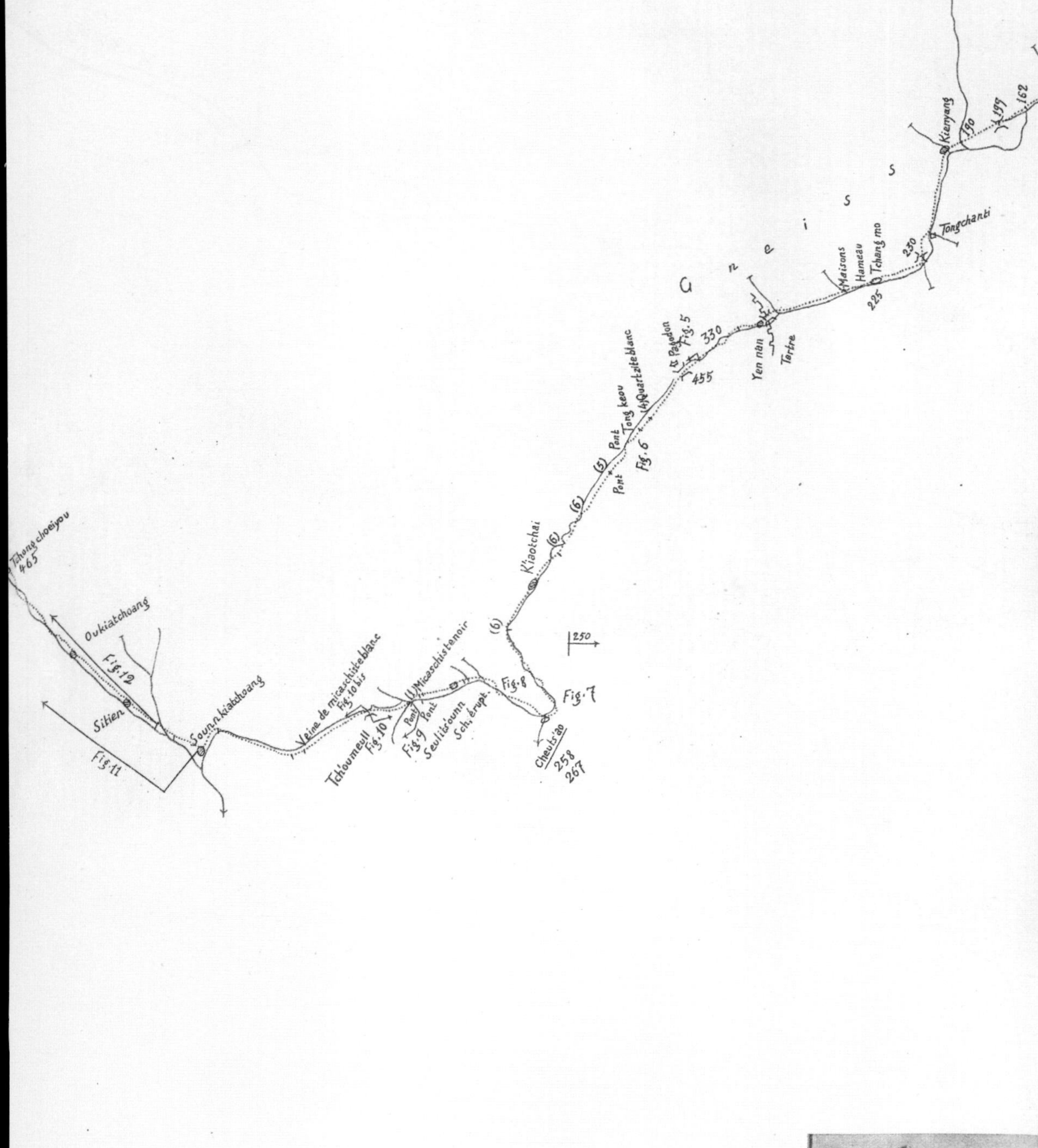

Fig. 23.

Fig. 24.

Fig. 25.

Fig. 26.

Fig. 27.

Fig. 28.

Fig. 17.

Fig. 29.

Fig. 18.

Fig. 20.

Fig. 22.

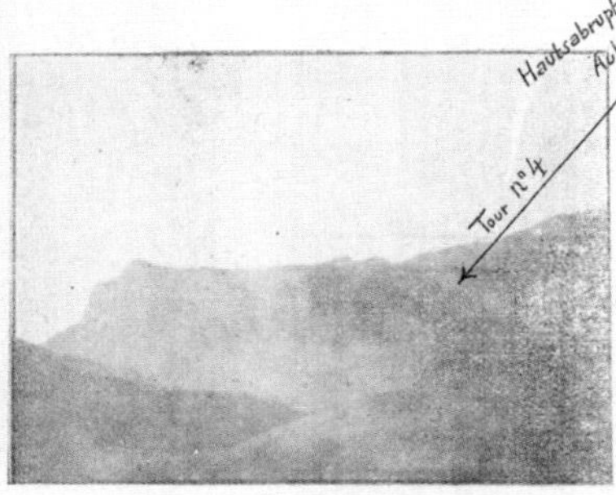

Fig. 21.

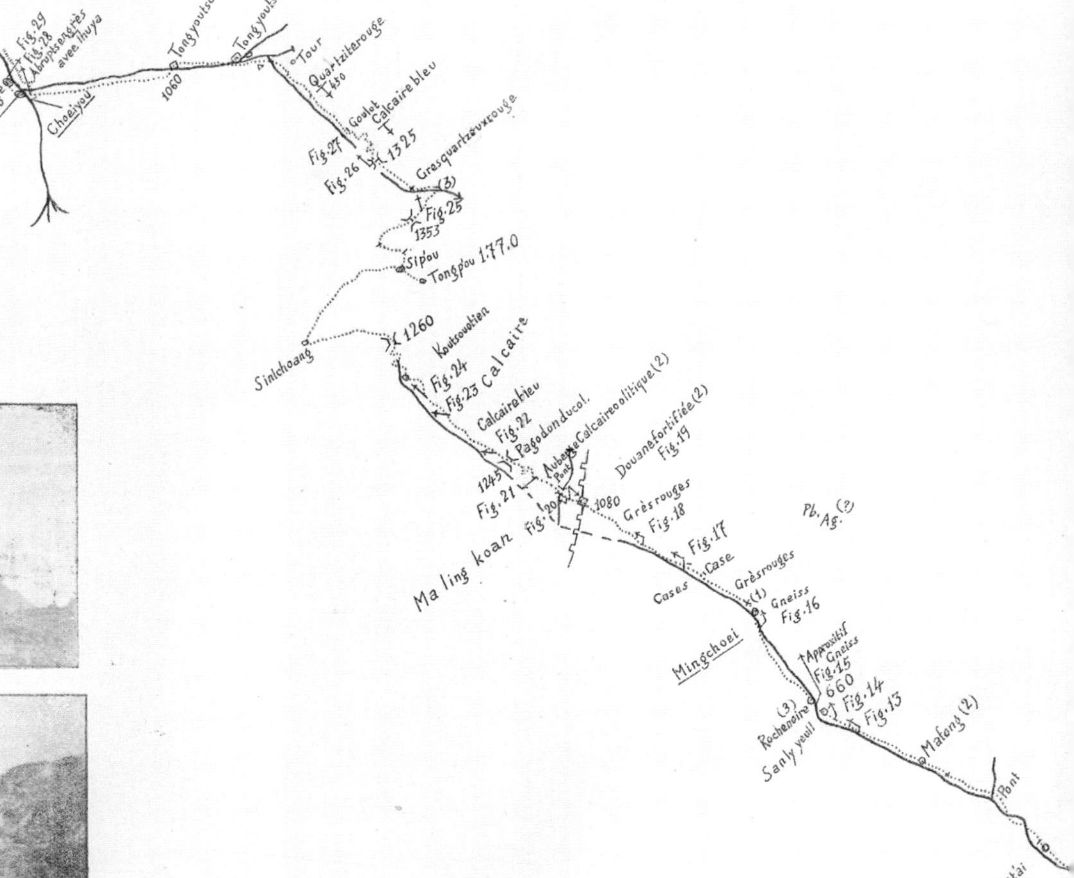

Fig. 16.

Fig. 19.

Fig. 1.

Fig. 2.

Fig. 3.

Fig. 4.

Fig. 10.

Fig. 11.

Manque

Fig. 5.

Fig. 6

Fig. 12.

Fig. 13.

Fig. 7.

Fig. 8.

Fig. 15.

Fig. 14.

Fig. 9.

Fig. 10. bis

57号地图

1918—1919年科考行程

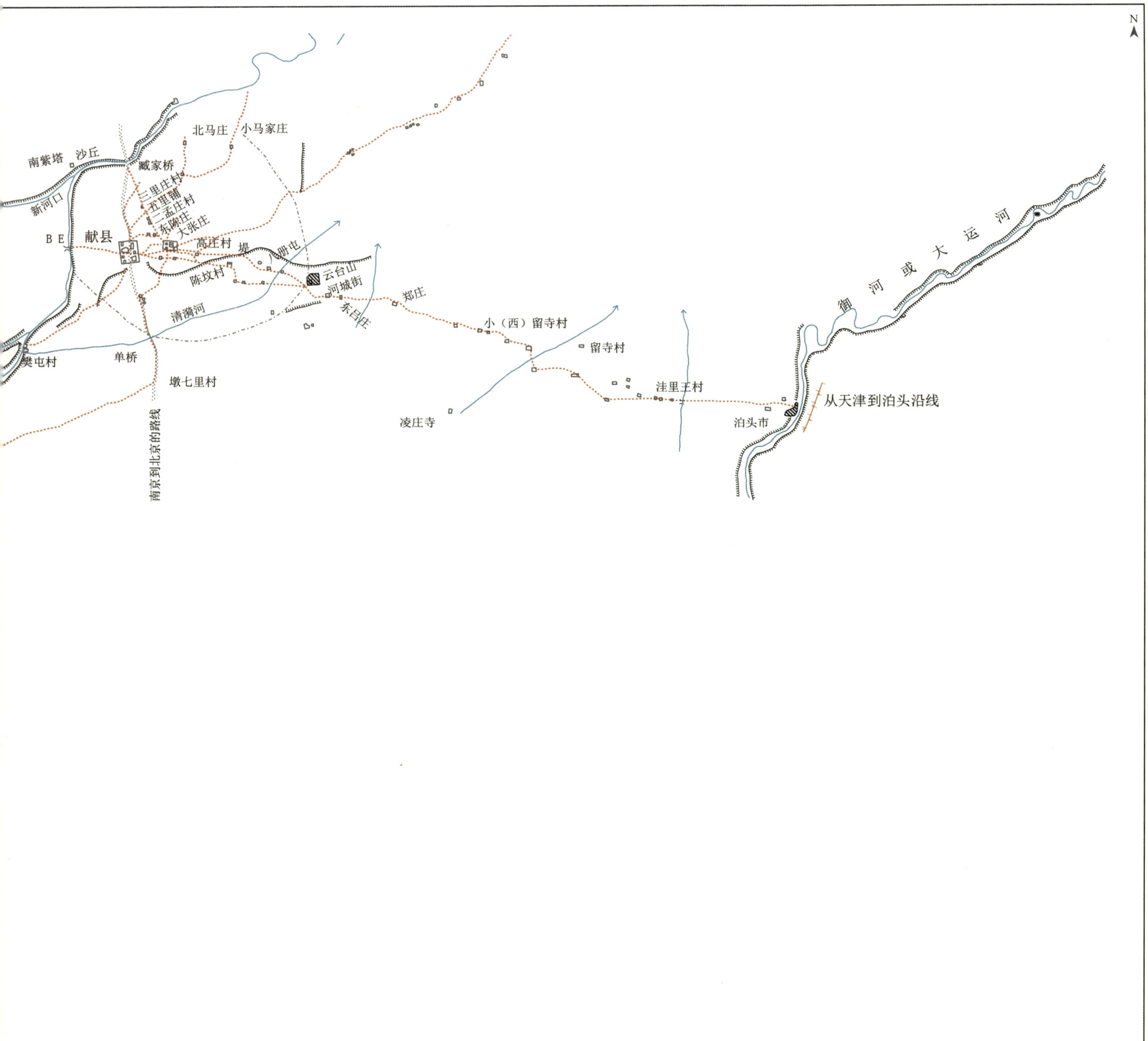

Fig. 3.

Fig. 5.

Fig. 6.

Fig. 5. bis

Fig. 7.

Fig. 8.

Fig. 9.

Fig. 10.

Fig. 11.

Fig. 12.

Fig. 13.

Fig. 14.

Fig. 15.

Fig. 16.

Fig. 17.

Fig. 18.

Fig. 19.

Fig. 20.

Fig. 21.

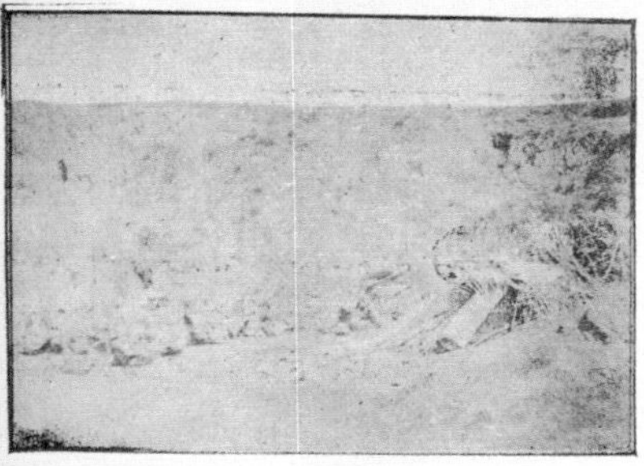

Fig. 22.

Fig. 23.

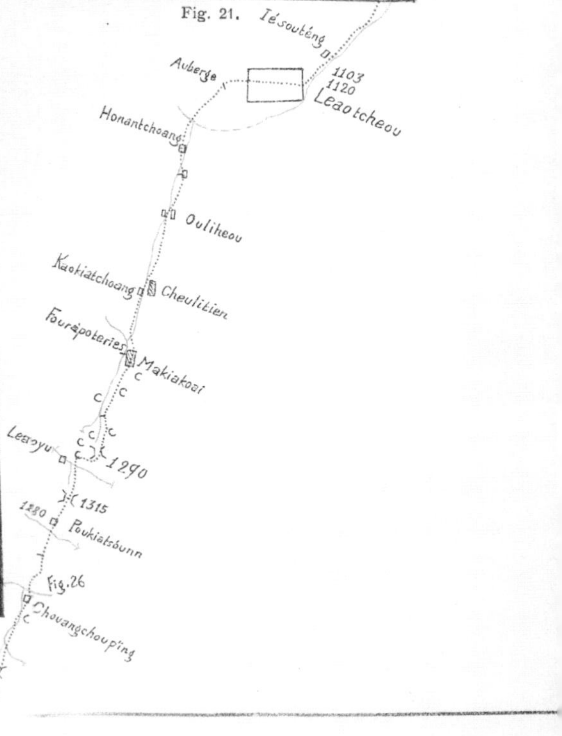

58号地图

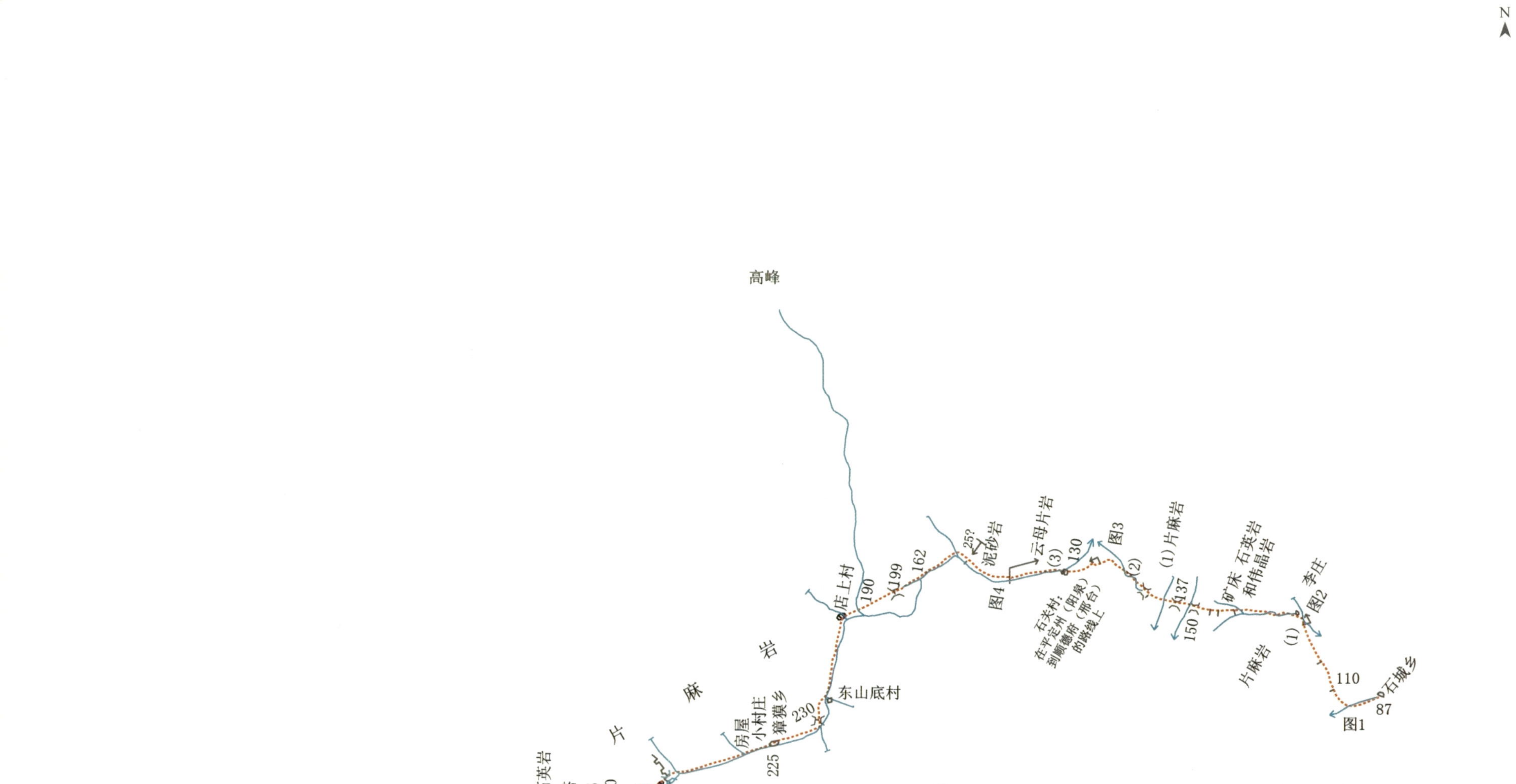

图23

图24

图25

图26

图27

图28

图17

图29

图18

图20

图22

图21

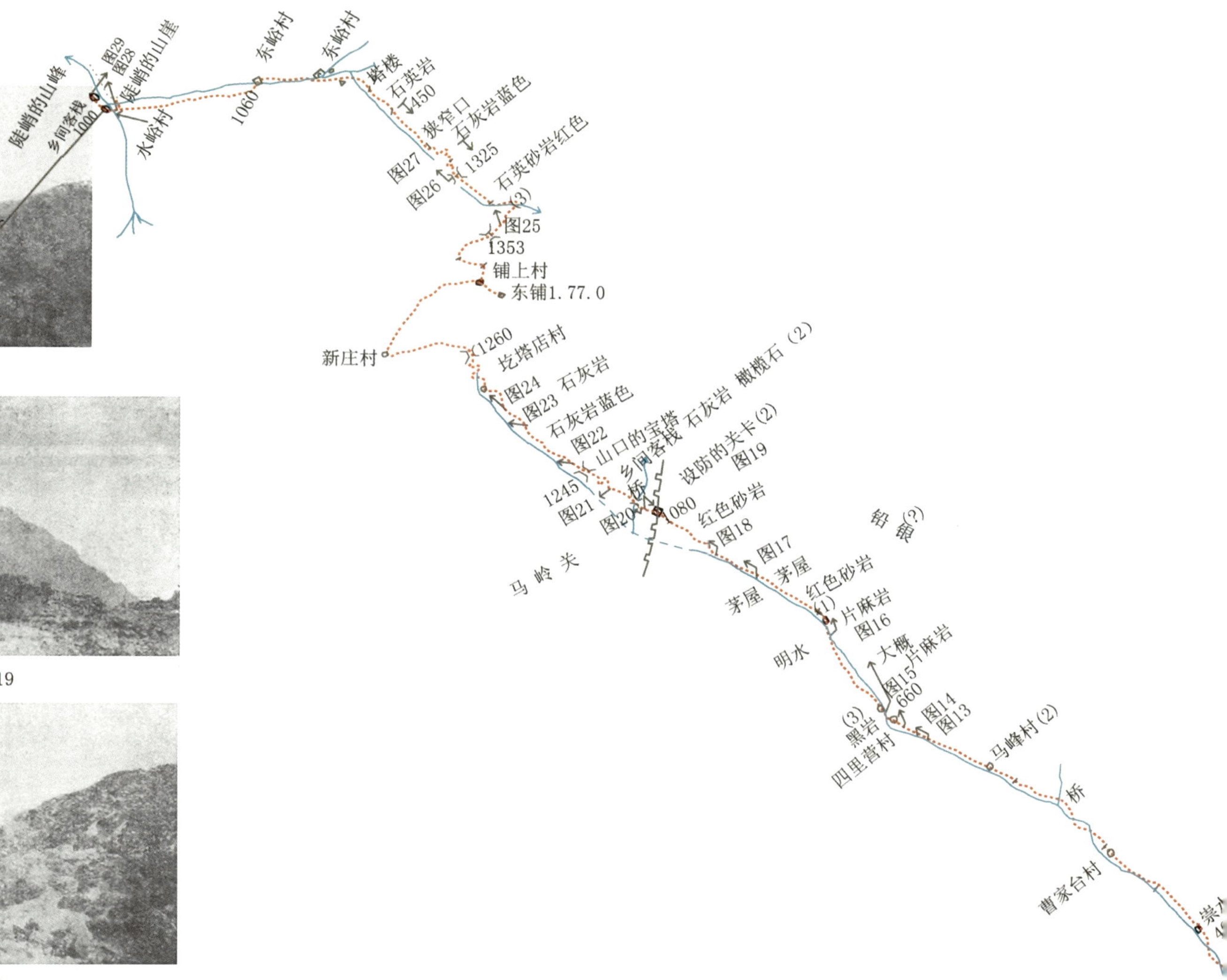

图16

图19

图1

图2

图3

图4

图10

图11

Manque

图5

图6

图12

图13

图7

图8

图15

图14

图9

图10 bis.

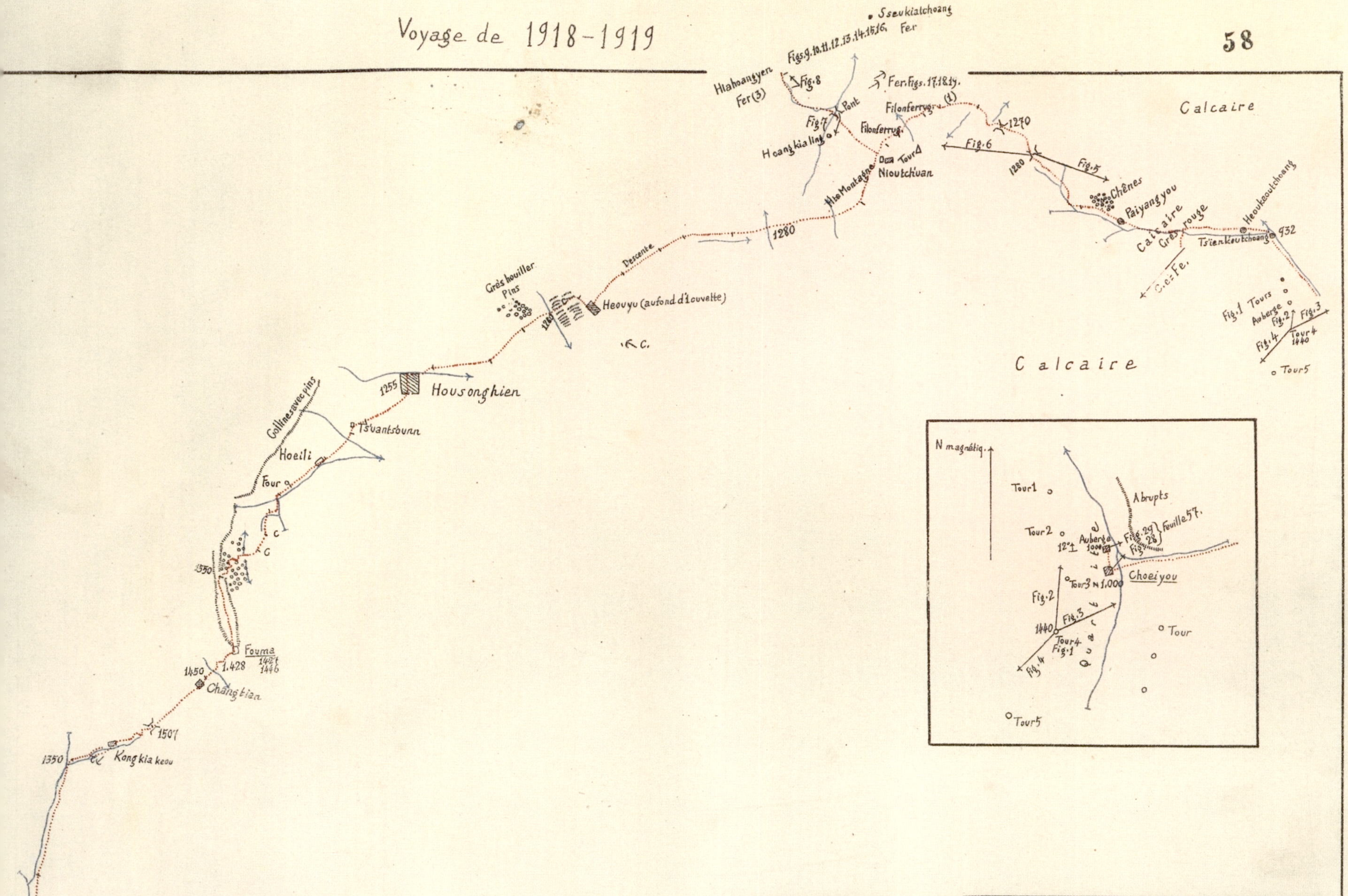

Fig. 1.

Fig. 4.

Fig. 2

Fig. 26.

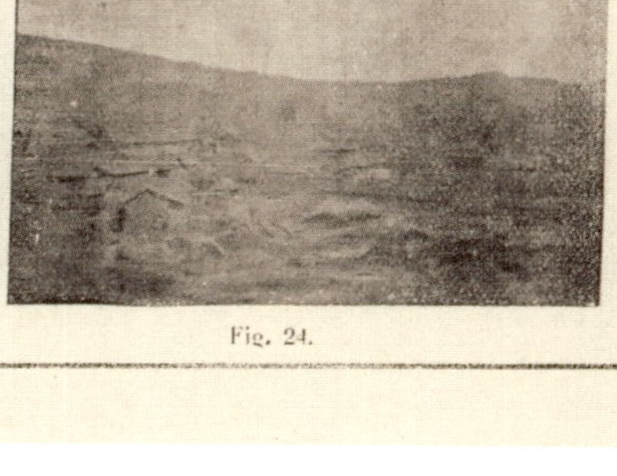
Fig. 24.

Fig 25.

图3

图5

图6

图5之二

图7

图8

图9

图10

图11

图12

图13

图14

图15

图16

图17

图18

图19

图20

图21

图22

图23

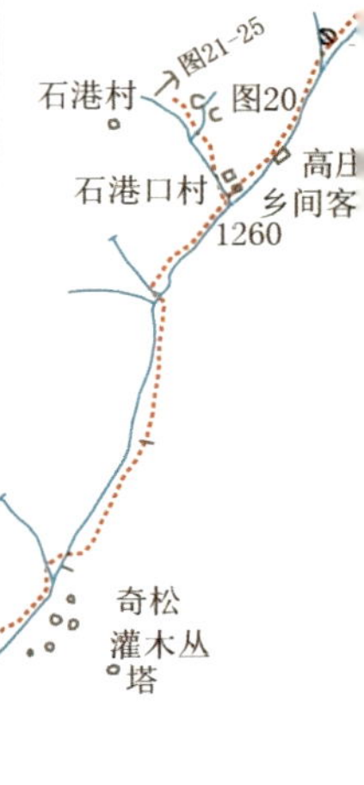
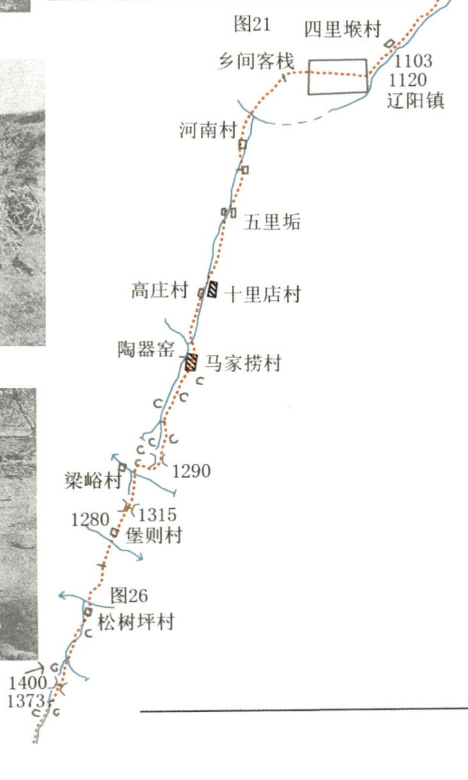

Fig. 1.

Fig. 2.

Fig. 6.

Fig. 10.

Fig. 3.

Fig. 4.

Fig. 11.

Fig. 12

Fig. 5.

Fig. 7.

Fig. 13.

Fig. 8.

Fig. 9.

Fig. 14.

Fig. 15.

Fig. 16.

Fig. 17.

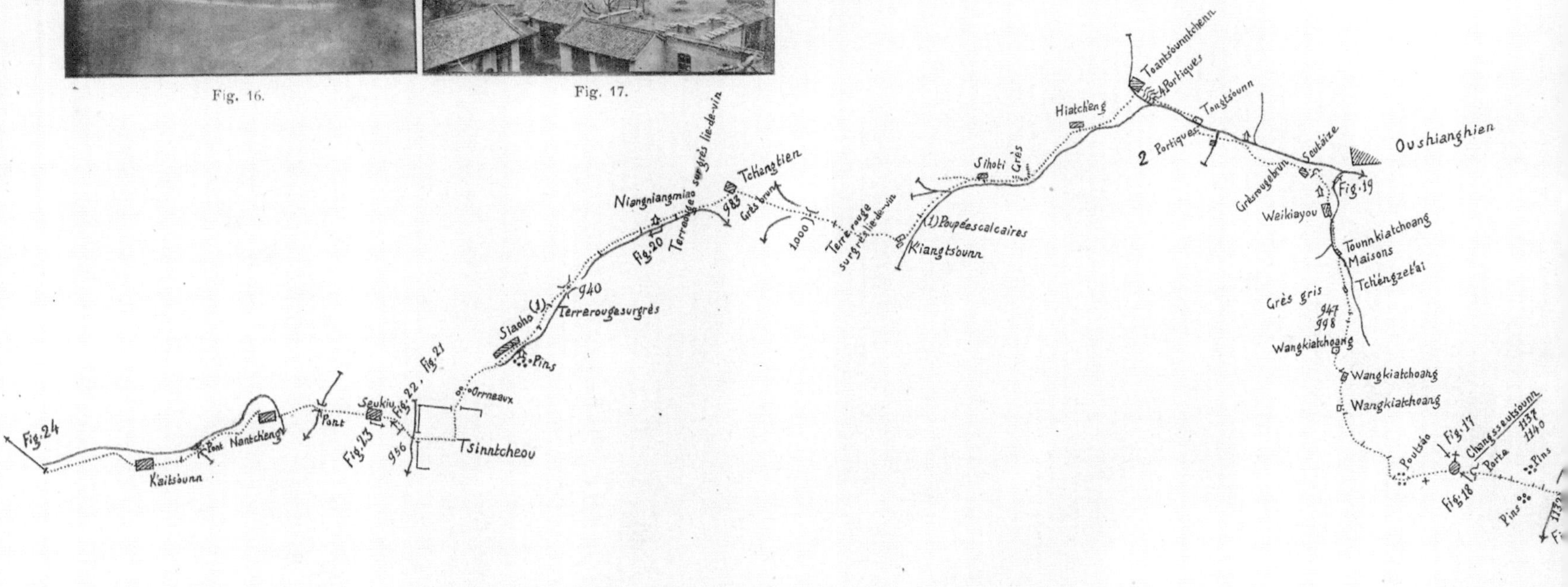

Fig. 18

Fig. 21.

Fig. 22.

Fig. 15. ½

Fig. 23.

Fig. 20.

Fig. 24.

59号地图

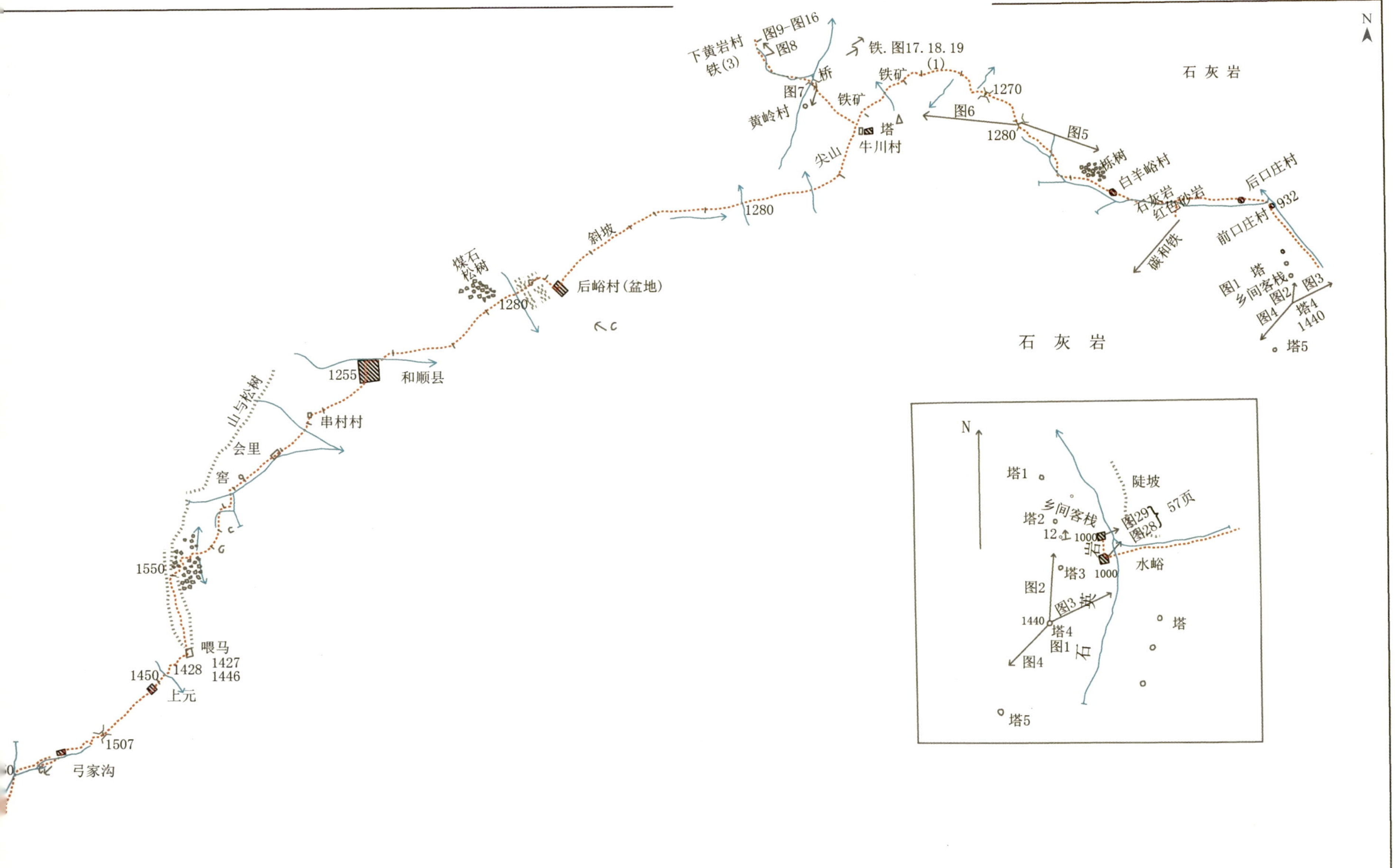

图1

图4

图2

图26

图24

图25

Fig. 1.

Fig. 2.

Fig. 3.

Fig. 4.

Fig. 5.

Fig. 6,

Fig.. 7.

Fig. 8.

Fig. 9,

Fig. 10.

60
号
地
图

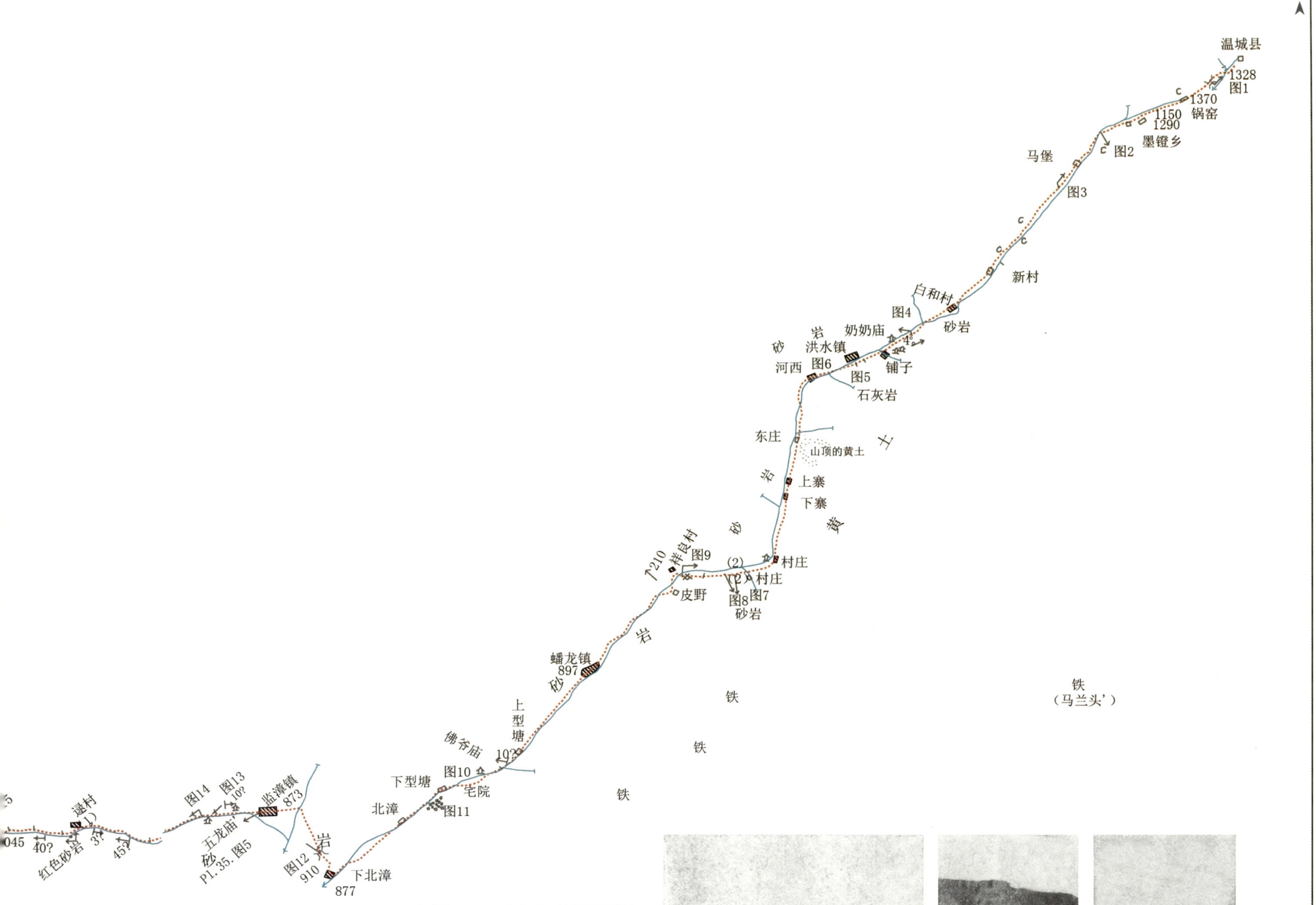

图10

图1

图2

图6

图11

图3

图4

图12

图5

图7

图13

图8

图9

图14

图15

图16

图17

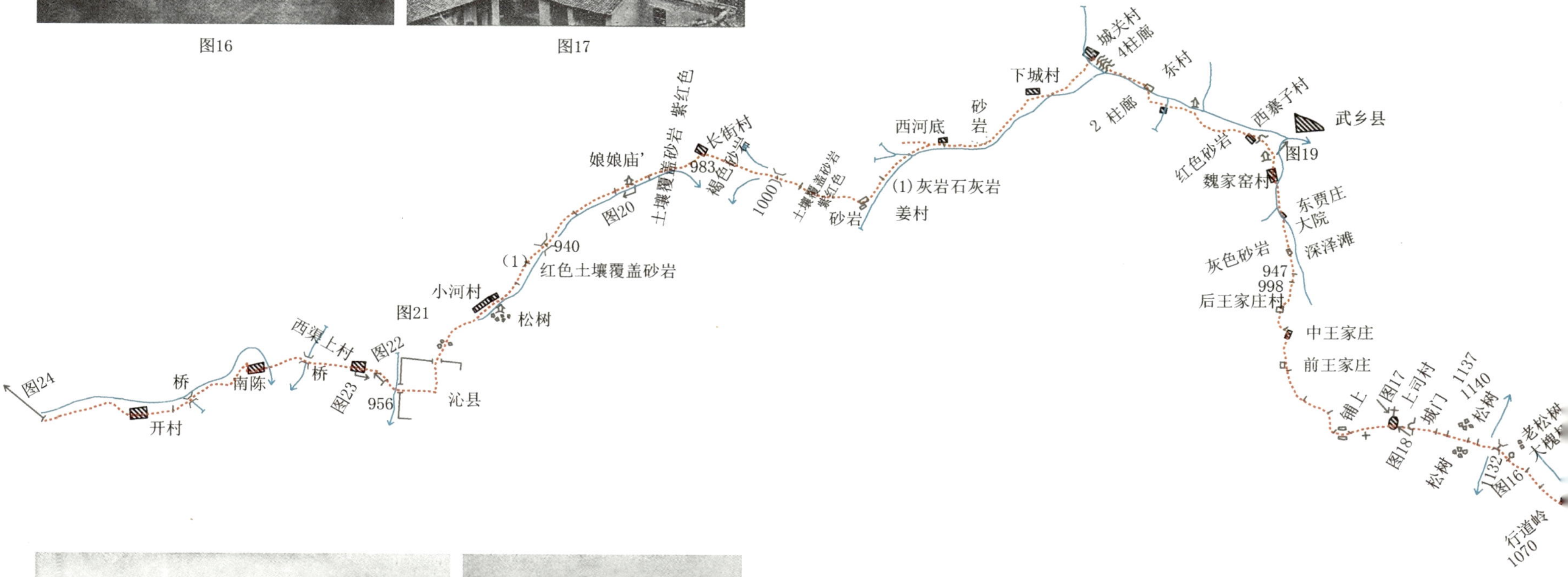

图18

图21

图22

图19

图23

图20

图24

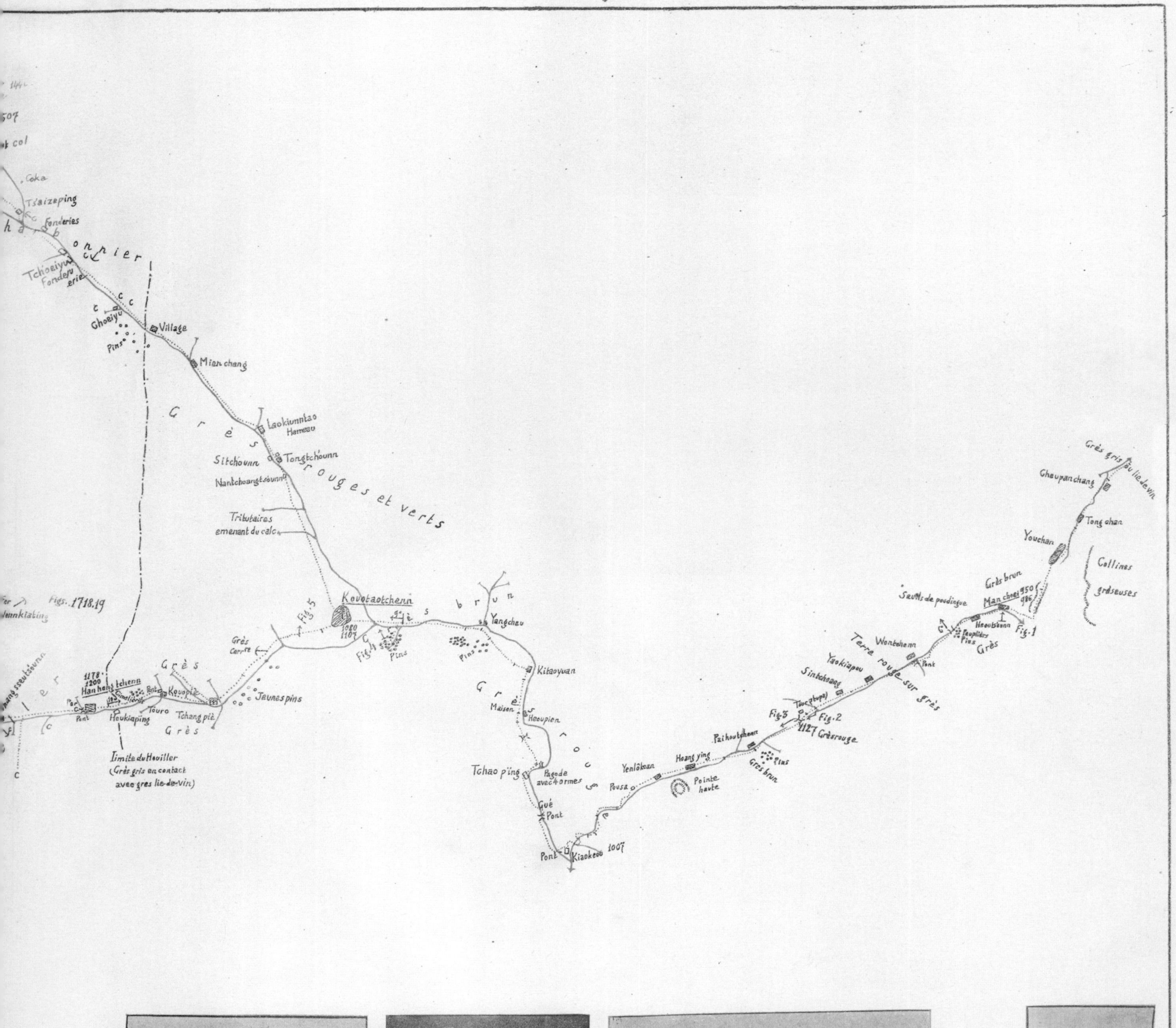

Fig. 16.

Fig. 17.

Fig. 11.

Fig. 13.

Fig. 18

Fig. 19.

Fig. 14.

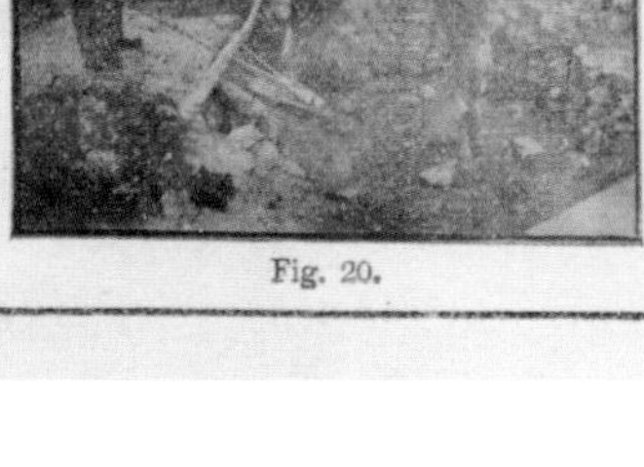
Fig. 20.

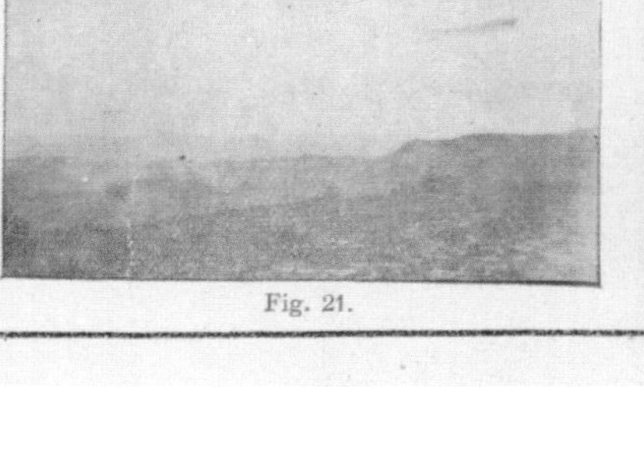
Fig. 21.

Fig. 12.

Fig. 15.

图1

图2

图3

图4

图5

图6

图7

图8

图9

图10

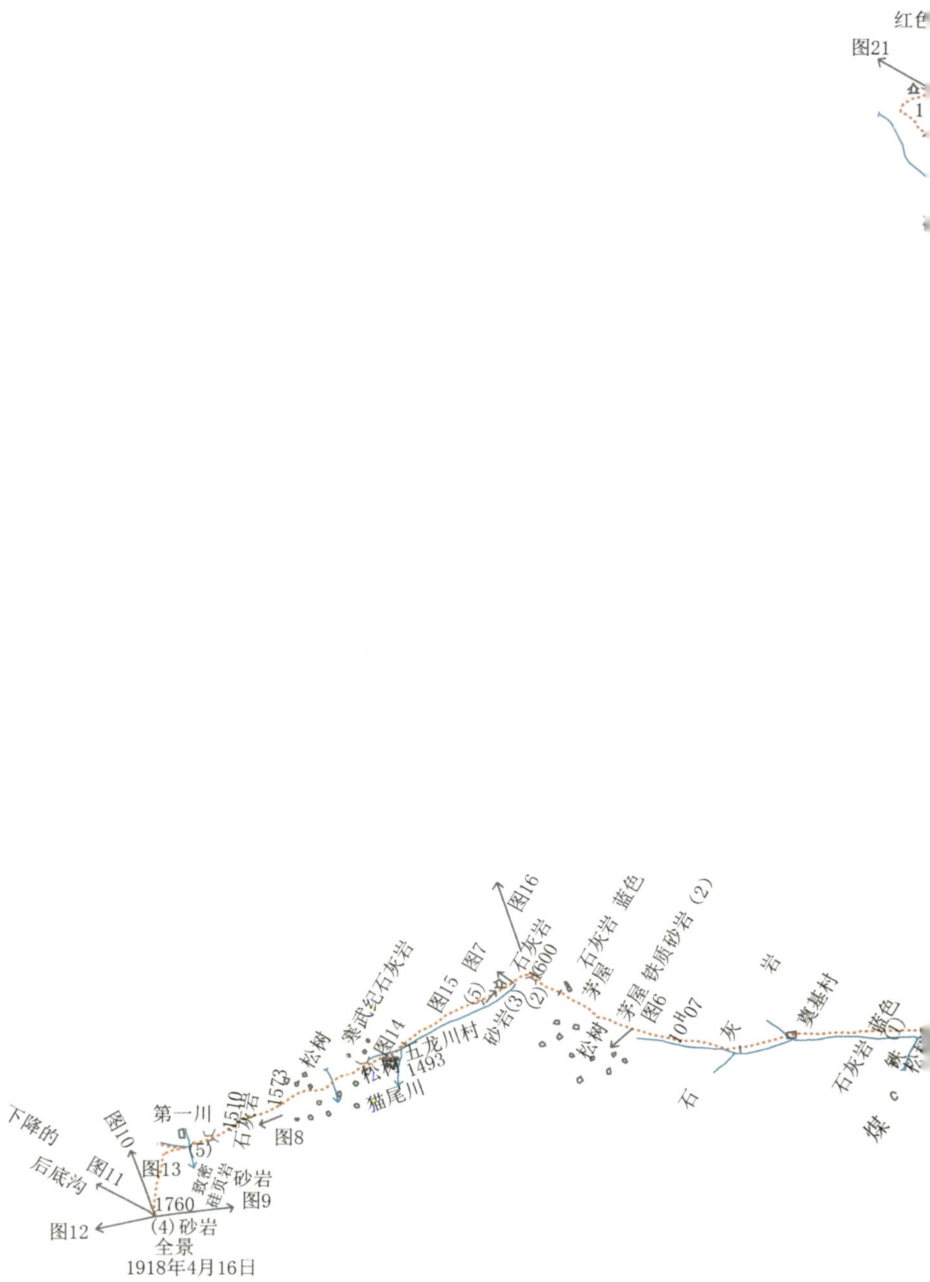

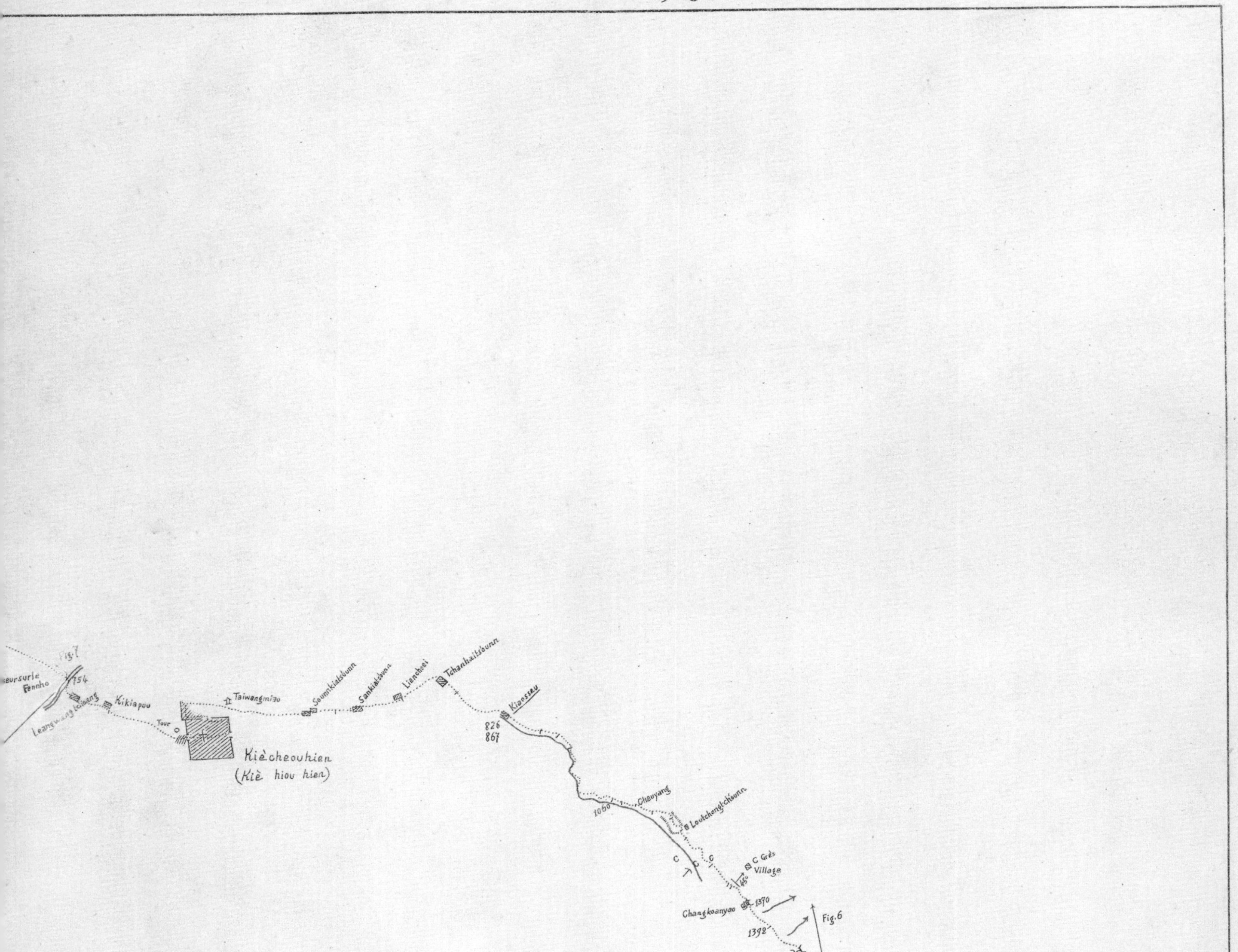
Fig.7
754
Kikiapou
Tour
Taiwangmiao
Lienchoei
826
867
Kièchеouhien
(Kiè hiou hien)
1060
Cheuyang
Grès
Village
Changkoanyao
1370
1392
Fig.6
1414
Tour
Grès
lie de vin
Fig.5
Fig.4
Fig.3
Koantaoling
Carbonifère
1412
Couches verticales
Vers Pingyao
Grès sous terre jaune
Auberge isolée
1290
Changchou
Grès
houiller
Fig.2
Gorge
Bains ferrugineux
Hameau
Calcaire carbonifère
Calc.
Wangtao
1348
1378
Fig.1
1397
1415
1240
Tour en aiguille

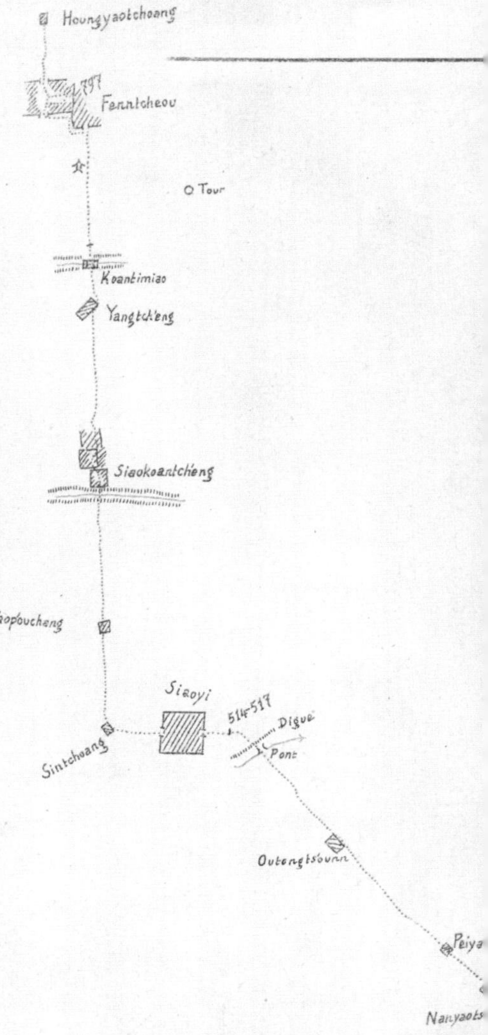

Fig. 1.

Fig. 2.

Fig. 3.

Fig. 4.

Fig. 5.

Fig. 6.

Fig. 7.

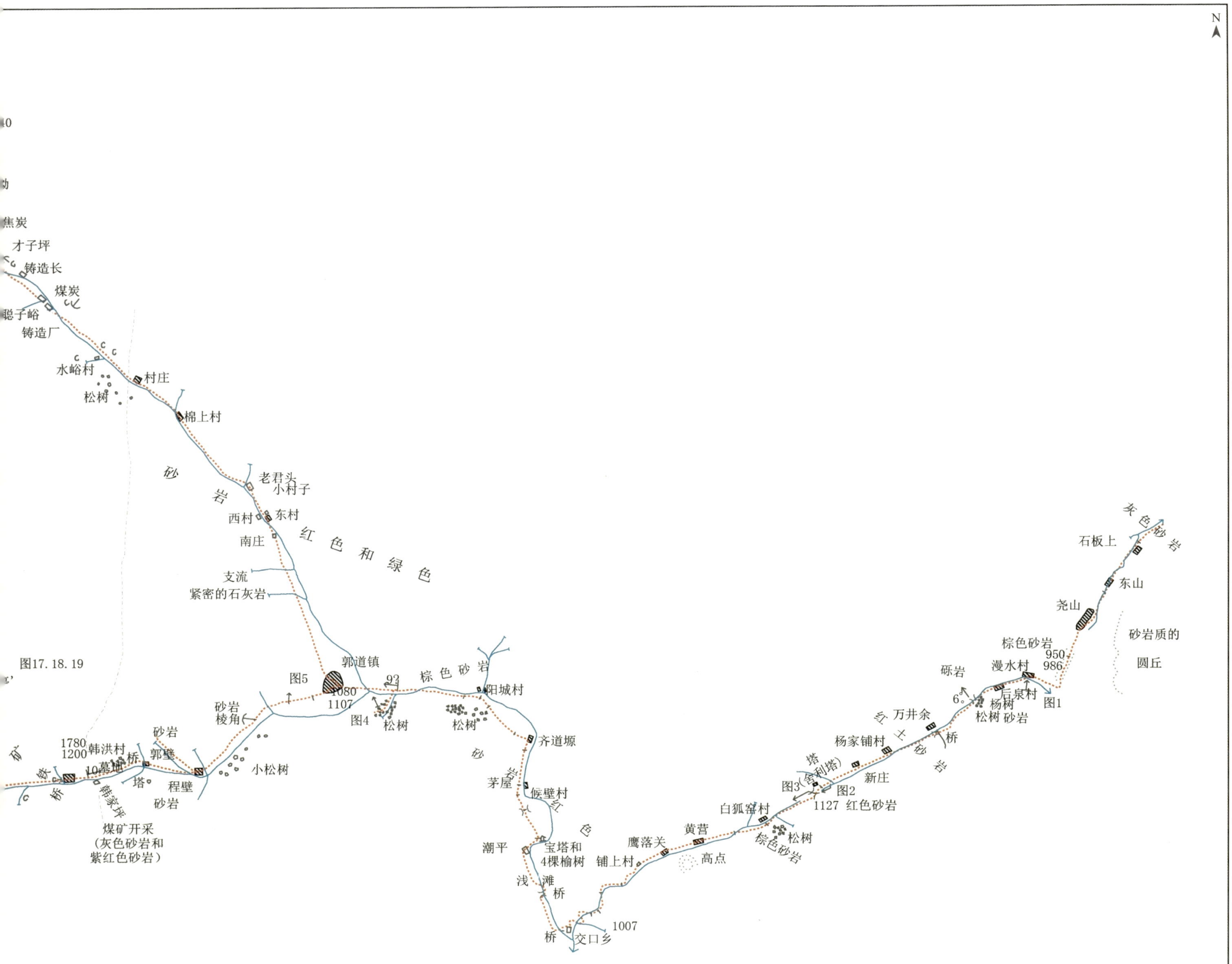

图16

图17

图11

图13

图18

图19

图14

图20

图21

图12

图15

Taheutchenn
Changti
Moutaping
Chisseuwan
Changkiaiseunn
Fangcheukeou
Yukiatcheang
Fongsantsounn
Tsilitai
Calcaire bleu
Laokiao
Calc bleu
A
1082 (3/5 1920)
Fig. 15
Youngningtcheou
Fig. 16
Maoutsuo
1920
Houangchoeikeou
Loess sur grès rouges
Nikiatseunn
Fig. 14
Hieuwangtcheang
Grès
Changwangtcheang
Yachoueping
Nanhekan
Haut sommet cristallin
Grès rouge zoné (5)
Fig. 9
Fig. 10
Fig. 13
Grès rouge
Bois
Calcaire bleu
Calcaire oolitique
Grès rouge
Cristallins
Changseuho
Tourmalinite
Cristall
Makiatai
Granite
Silhouette des Monts au N et N.N.O. de Chang sseu ho
Les hachures marquent le pendage
Silhouette des Monts entrevus par la vallée A

62号地图

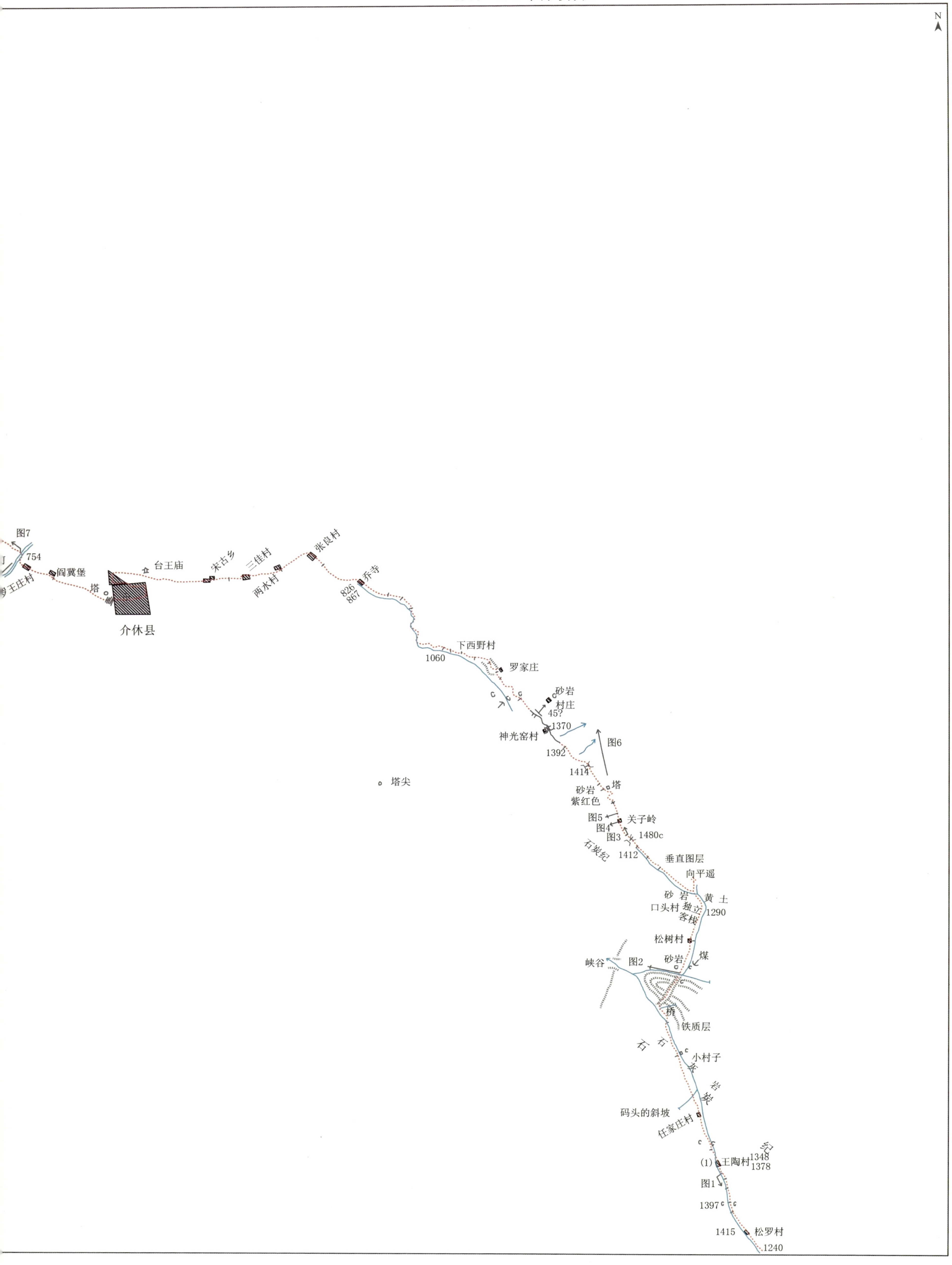
N
图7
754
王庄村
阎冀堡
塔
台王庙
介休县
宋古乡
三佳村
两水村
张良村
乔寺
826
867
下西野村
1060
罗家庄
砂岩
村庄
45?
1370
神光窑村
1392
图6
1414
塔尖
塔
砂岩
紫红色
图5
关子岭
图4
图3
1480c
石炭纪
1412
垂直图层
向平遥
砂岩
黄土
口头村
独立
客栈
1290
松树村
煤
峡谷
图2
砂岩
桥
铁质层
石灰岩
小村子
岩块
码头的斜坡
任家庄村
(1)
王陶村
1348
1378
图1
1397
1415
松罗村
1240

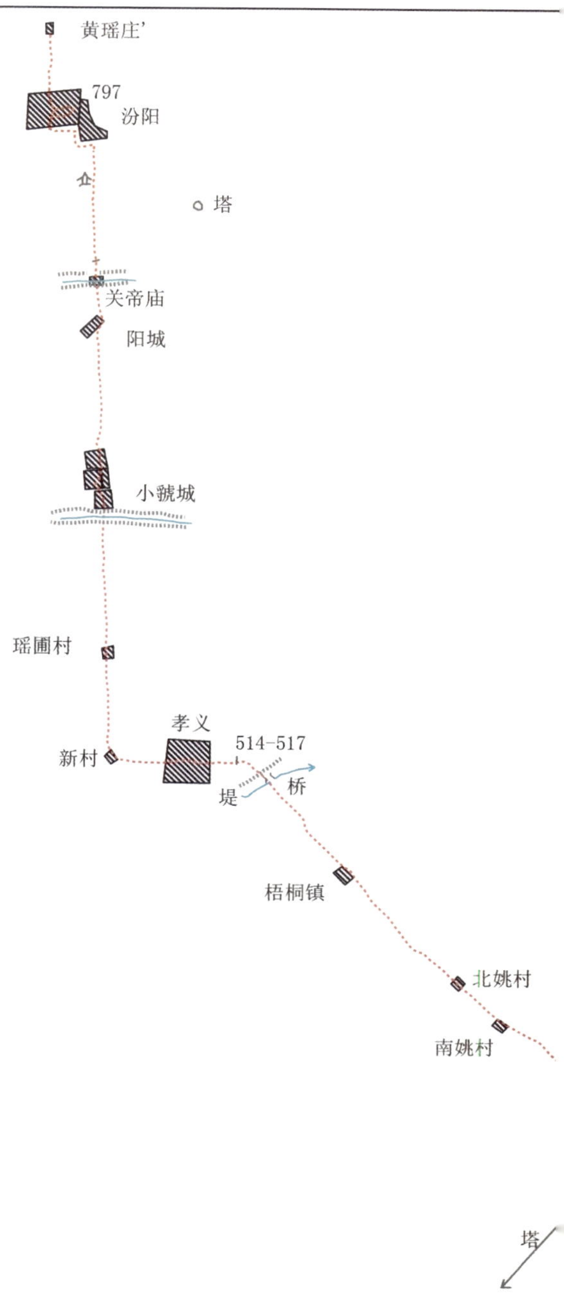

图1

图2

图3

图4

图5

图6

图7

Fig. 13.

Fig. 14.

Fig. 1.

Fig. 2.

Fig. 15.

Fig. 16.

Fig. 3.

Fig. 4.

Fig. 17.

Fig. 5.

Fig. 6.

Fig. 7.

Fig. 8.

Fig. 9.

Fig. 10.

Fig. 11.

Fig. 12.

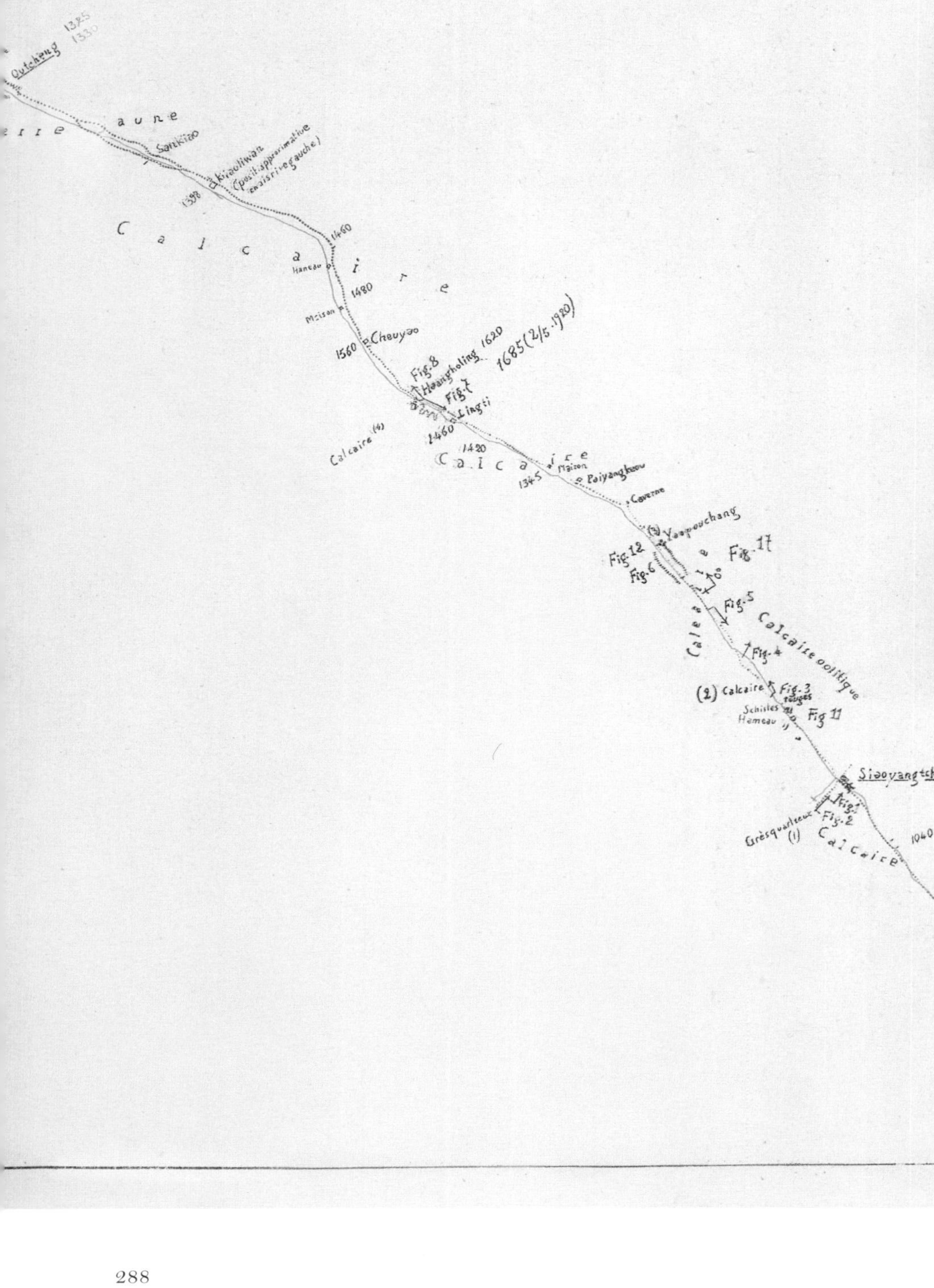
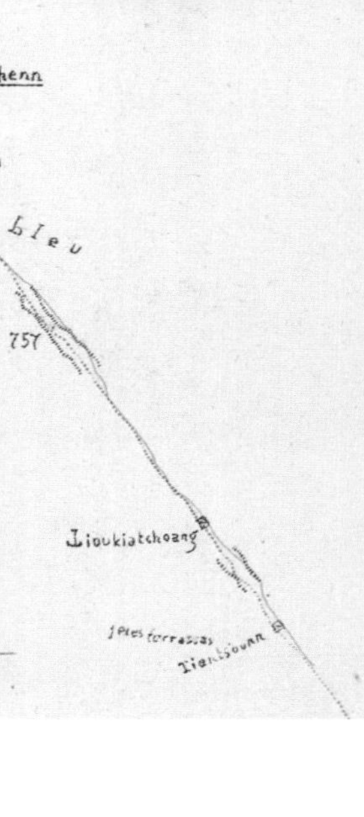

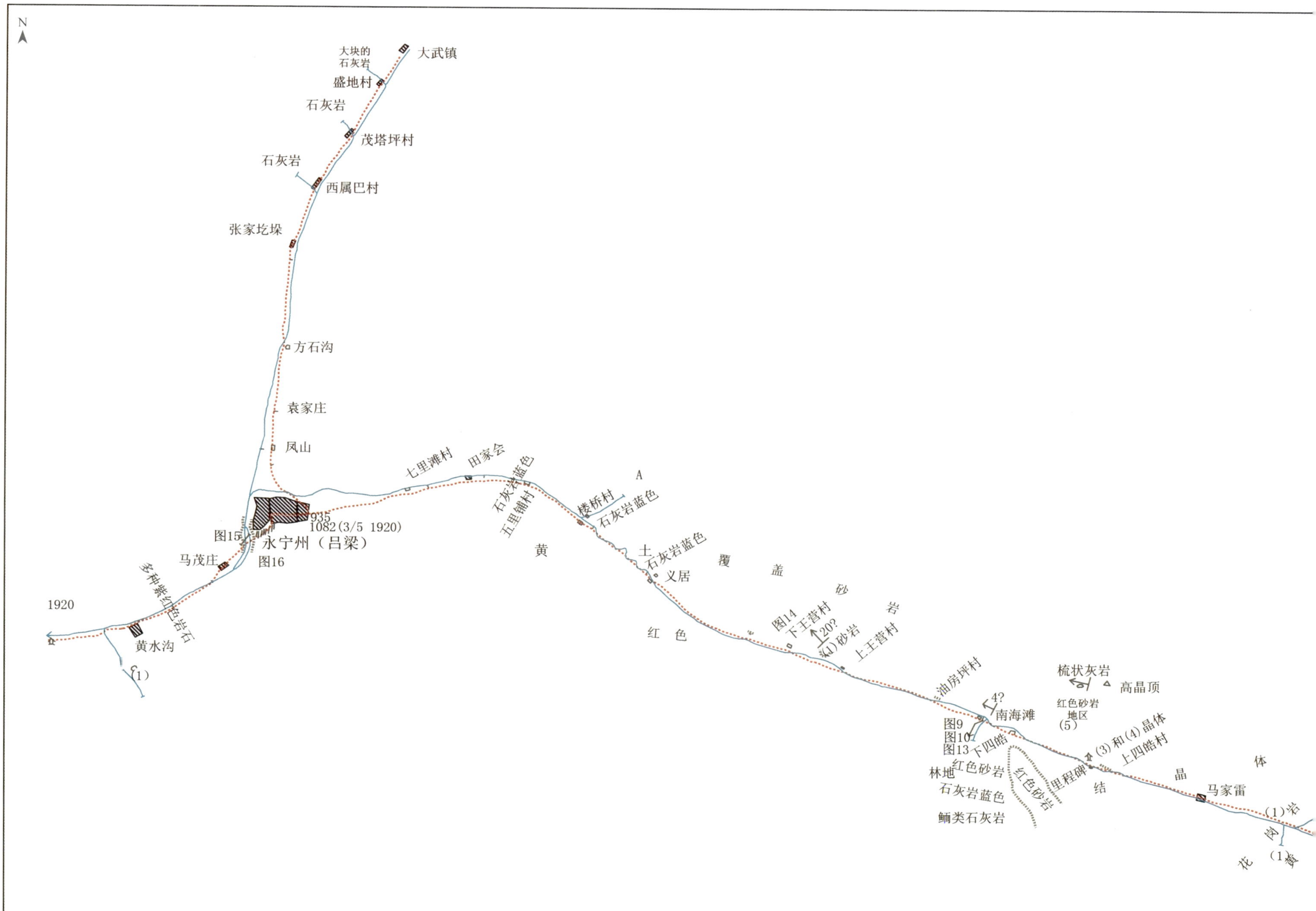

上四皓村斜坡侧面图

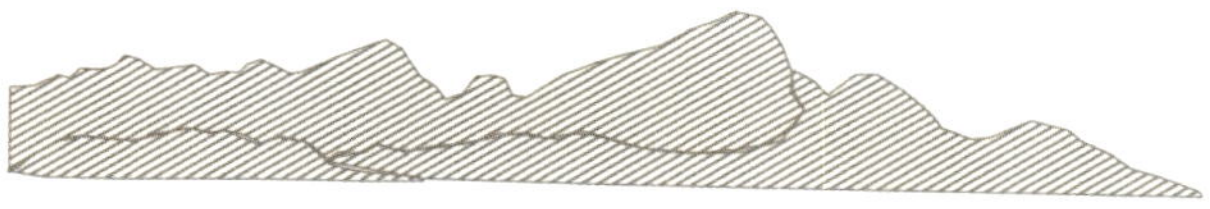

A山谷的山峰侧面图

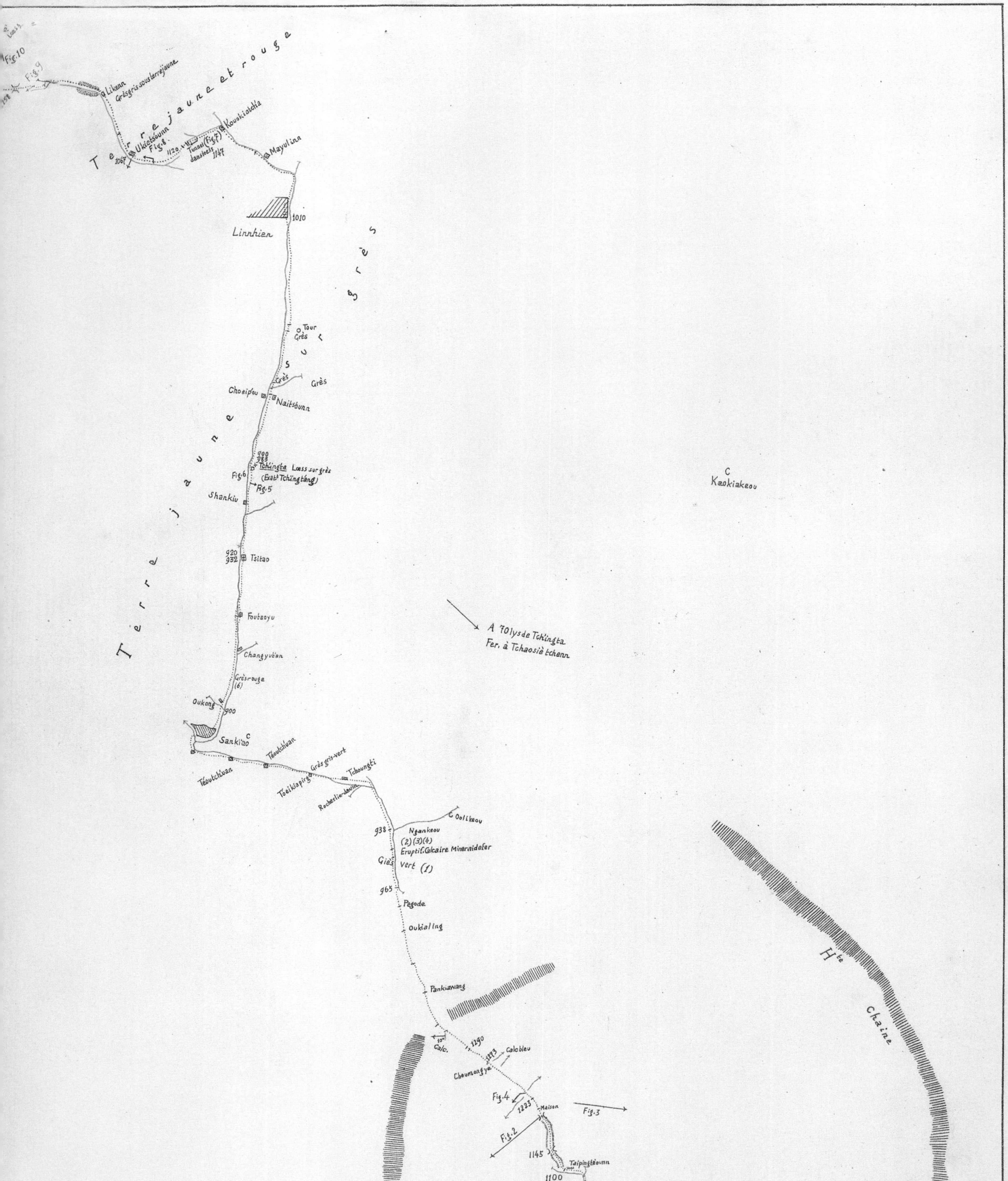
Terre jaune et rouge
Terre jaune sur grès
Fig.10
Fig.9
Likenn
Grès gris sous terre jaune
Ukiatsounn
Fig.8
Tunnel (Fig.7) dans loess
1067
1147
Kouskiatch'a
Mayulinn
Linnhien
1010
Tour Grès
Grès
Grès
Choeipou
Naitsounn
990
983
Tch'ingta
Loess sur grès
(Exct Tch'ing tang)
Fig.6
Fig.5
Shankiu
920
932
Tsitao
Foutzoyu
Changyukan
Grès rouge (6)
Oukong
900
Sankiao
Kaokiakeou
A 70 lys de Tch'ingta
Fer. à Tchaosiè tchenn
Tsoutchuan
Tsoutchuan
Grès gris-vert
Tchoungti
Tsaikiaping
Oolikeou
938
Ngankeou
(2) (3) (4)
Eruptif. Calcaire Mineraidefer
Grès vert (1)
965
Pagode
Oukialing
Pankiawang
Hte Chaine
1290
Calc.
1373
Calc bleu
Cheumongye
Fig.4
1223
Maison
Fig.3
Fig.2
1145
Taipingtsounn
1100
Hiangfou
Loikiakeou
Fig.1
Tahoutchenn

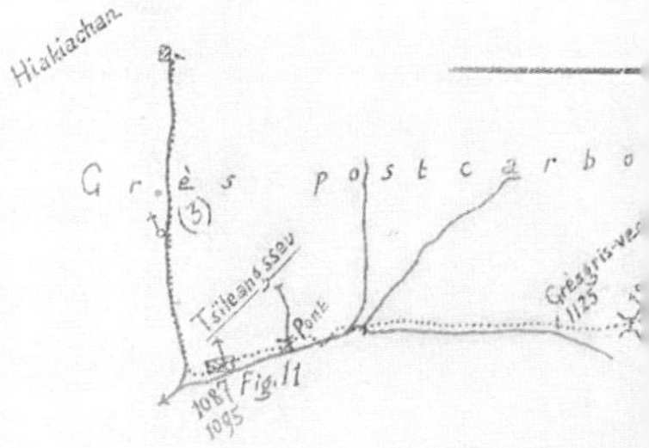

Fig. 1.

Fig. 2.

Fig. 3.

Fig. 4.

Fig. 5.

Fig. 6.

Fig. 7.

Fig. 8.

Fig. 9.

Fig. 11.

Fig, 10.

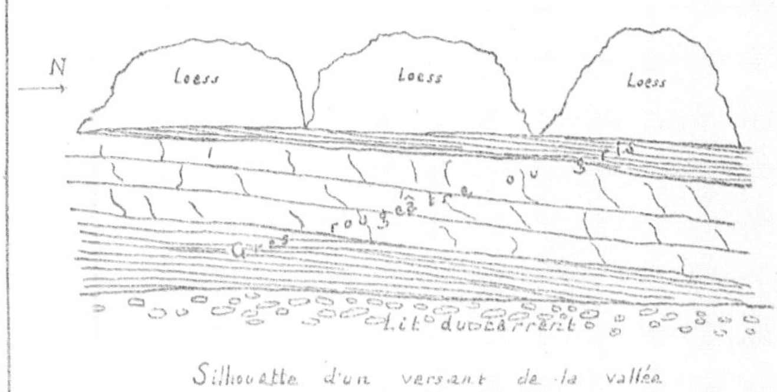

Silhouette d'un versant de la vallée de Linn hien.

63
号地图

图13

图14

图1

图2

图15

图16

图3

图4

图17

图6

图5

图7

图8

图9

图10

图11

图12

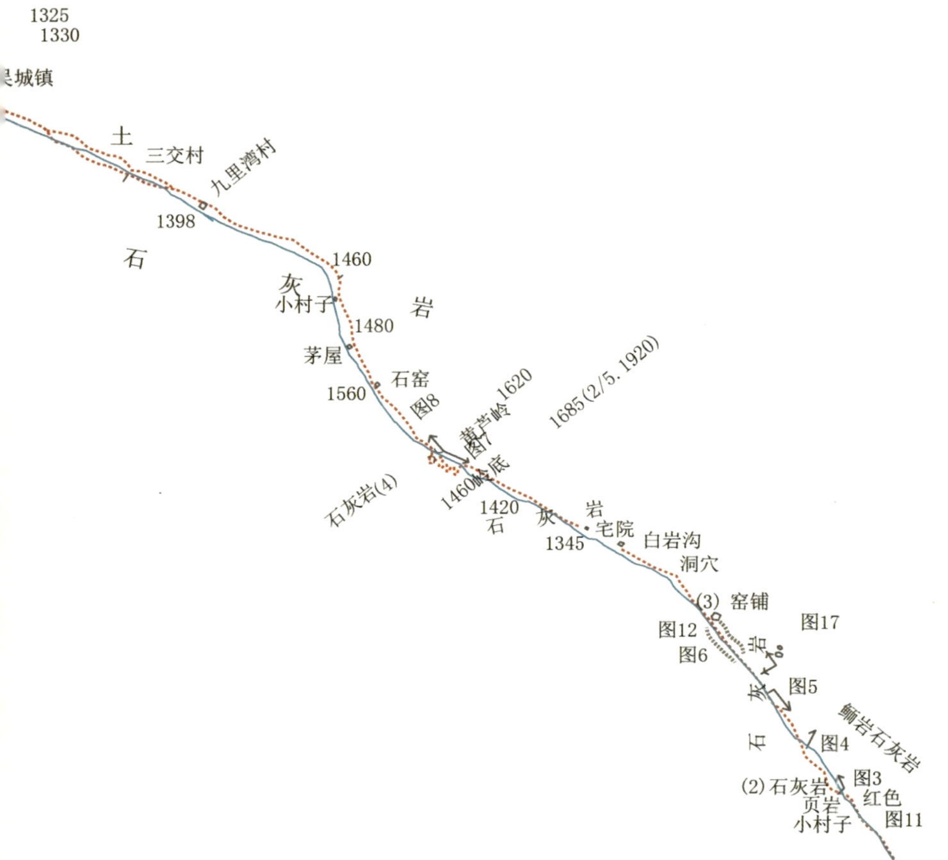
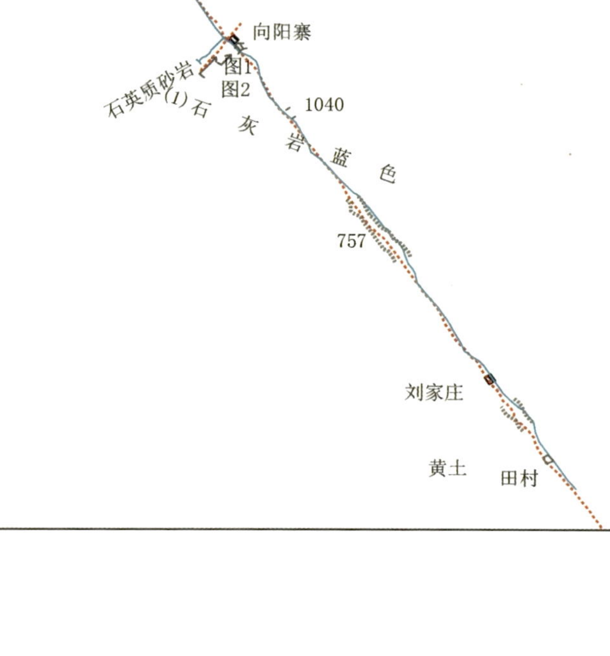

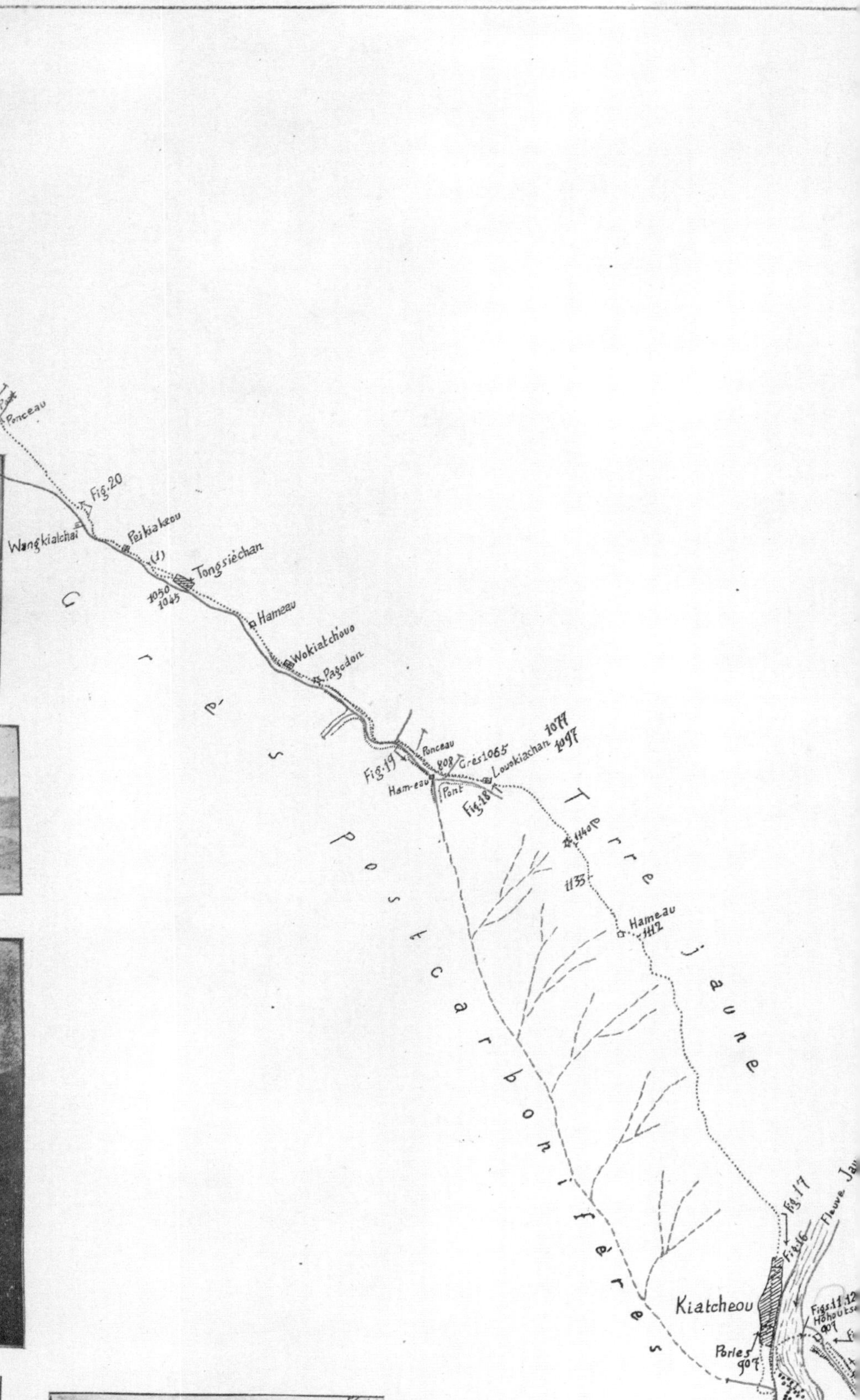

Fig. 10.

Fig. 11.

Fig. 12.

Fig. 15.

Fig. 14.

Fig. 16.

Fig. 21.

Fig. 19

Fig. 17.

Fig. 18.

Fig. 20.

64
号
地
图

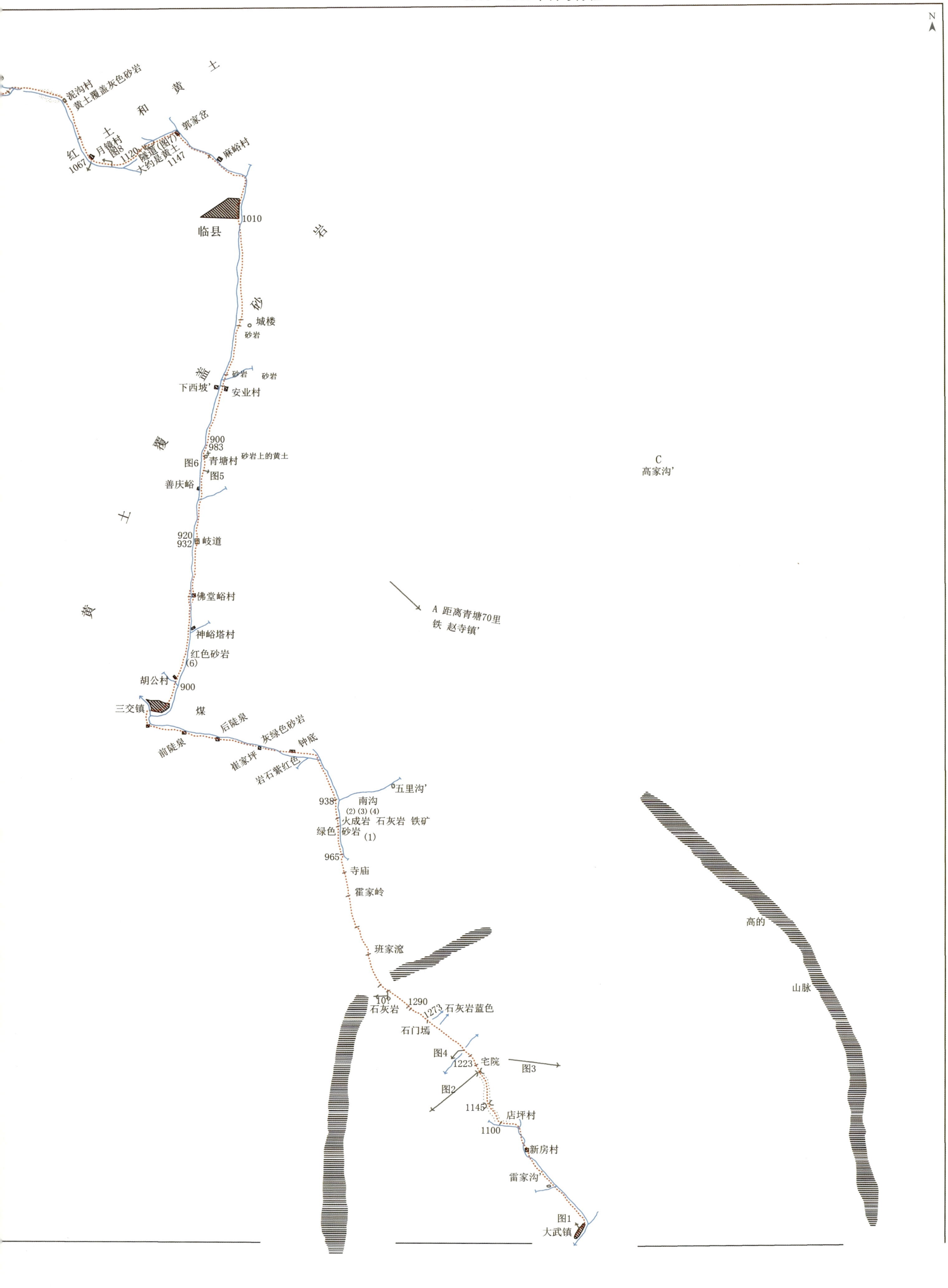
N
泥沟村
黄土覆盖灰色砂岩
和
黄
土
红
土
月镜村
1067
图8
1120
隧道(图7)
大约是黄土
1147
郭家岔
麻峪村
1010
临县
岩
砂
城楼
砂岩
盖
砂岩
砂岩
下西坡'
安业村
覆
900
983
图6
青塘村
砂岩上的黄土
图5
善庆峪
土
920
932
岐道
黄
佛堂峪村
神峪塔村
红色砂岩
(6)
胡公村
900
三交镇
煤
后陡泉
前陡泉
灰绿色砂岩
崔家坪
钟底
岩石紫红色
五里沟'
938
南沟
(2) (3) (4)
火成岩 石灰岩 铁矿
绿色 砂岩 (1)
965
寺庙
霍家岭
班家流
109
1290
石灰岩
1273
石灰岩蓝色
石门墕
图4
1223
宅院
图3
图2
1145
店坪村
1100
新房村
雷家沟'
图1
大武镇
C
高家沟'
A 距离青塘70里
铁 赵寺镇'
高的
山脉

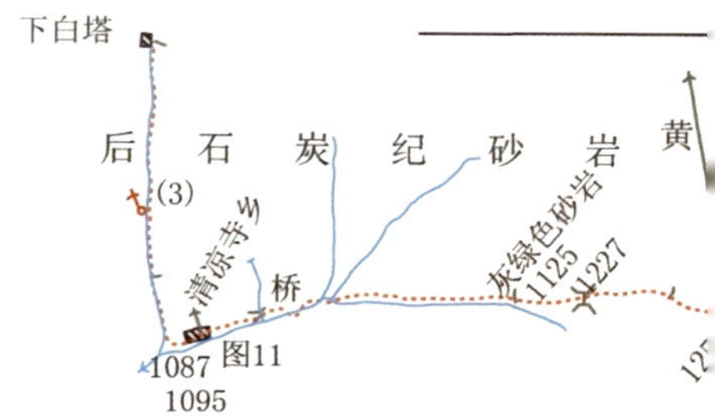

图1

图2

图3

图4

图5

图6

图7

图8

图9

图11

图10

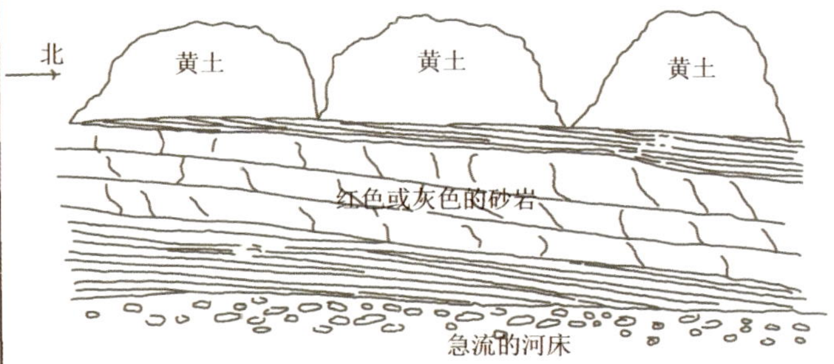

临县山谷一个斜坡的剖面图

Fig. 1.

Fig. 2.

Fig. 3.

Fig. 5.

Fig. 7.

Fig. 4.

Fig. 6.

Fig. 8.

Fig. 12.

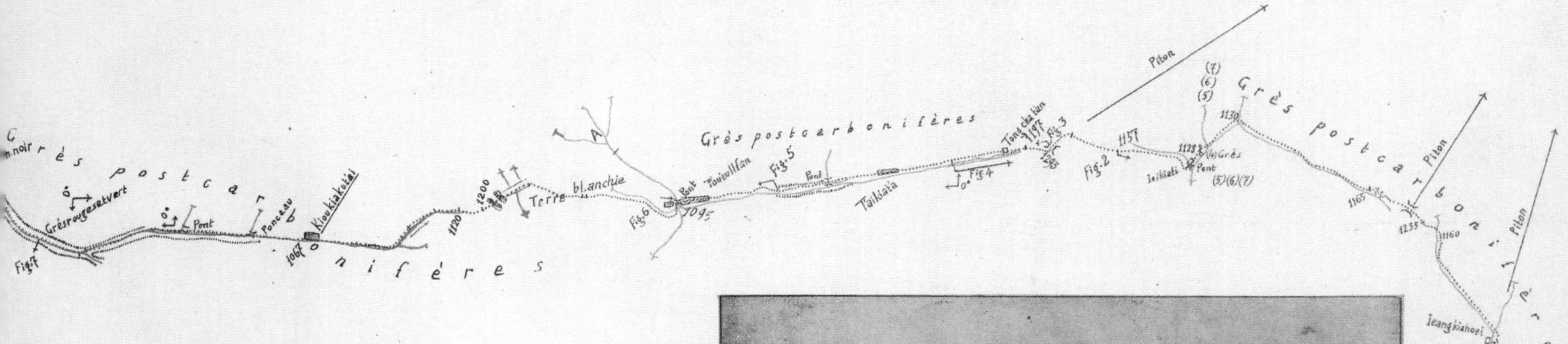

Fig. 9.

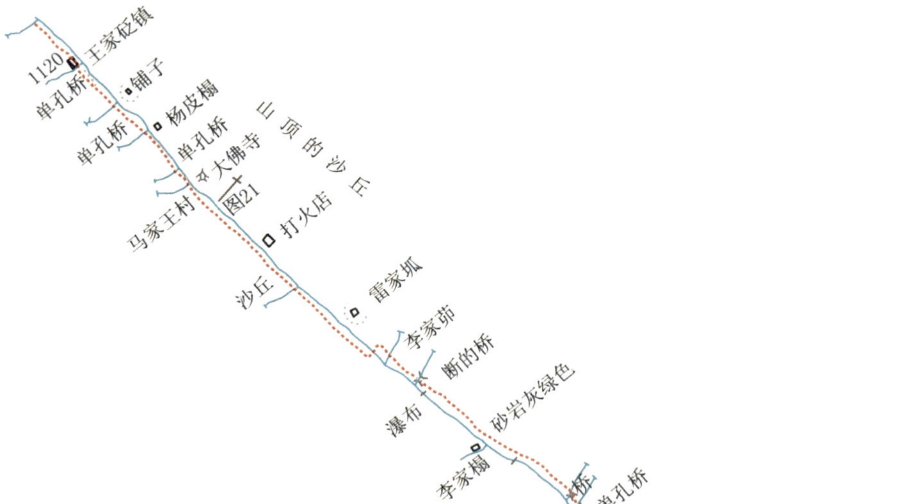
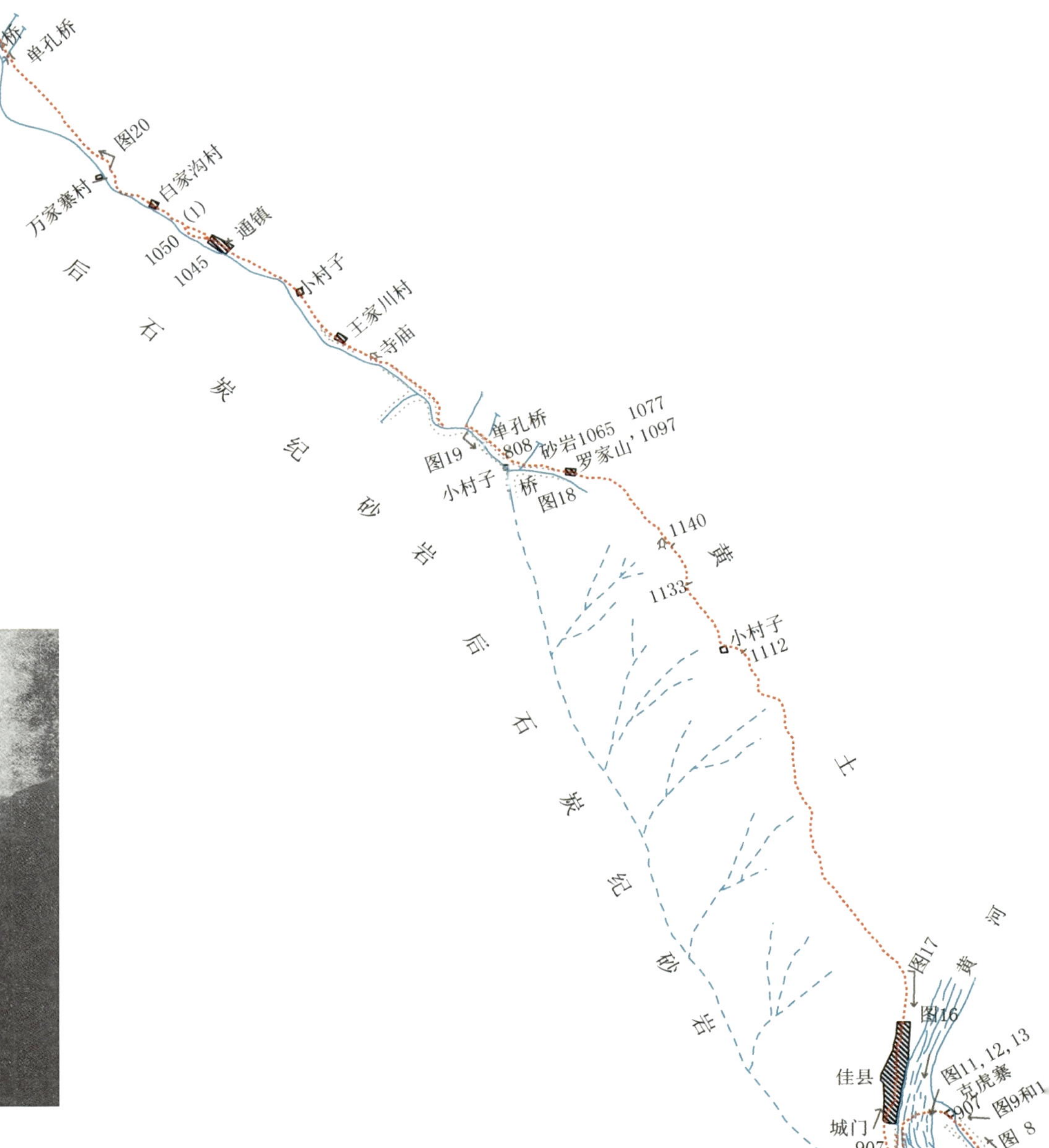
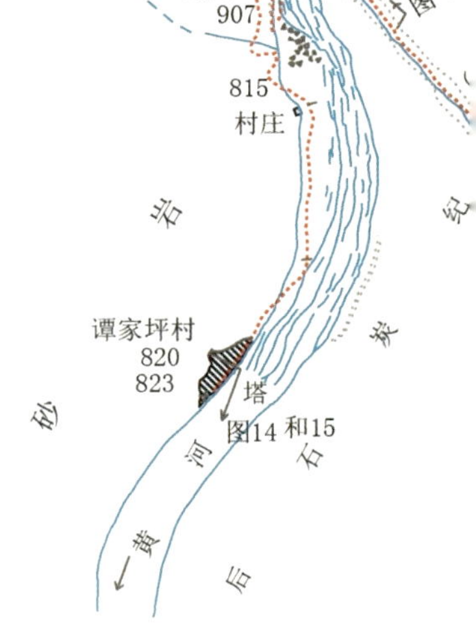

图10

图11

图13

图15

图14

图16

图21

图19

图17

图18

图20

Fig. 38.

Fig. 39.

Fig. 40.

Fig. 41.

Fig. 28.

Fig. 29.

Fig. 30.

Fig. 31.

Fig. 32.

Fig. 36.

Fig. 33.

Fig. 34.

Fig. 37.

Fig. 35

Fig. 17.

Fig. 18.

Fig. 19.

Fig. 20.

Fig. 21.

Fig. 22.

Fig. 23.

Fig. 24.

Fig. 25.

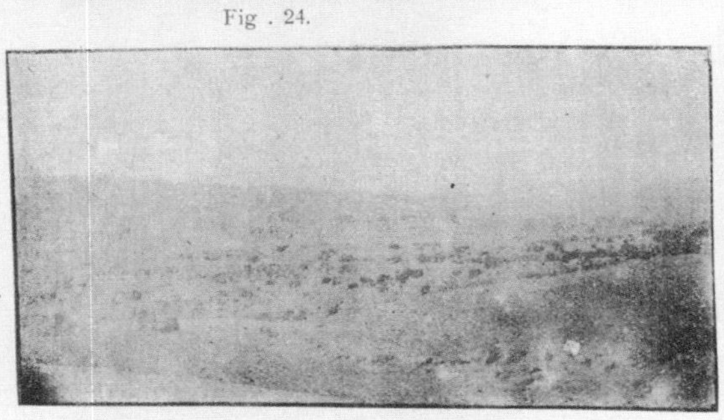

Fig. 26.

Fig. 27.

图1

图2

图3

图5

图7

图4

图6

图8

图12

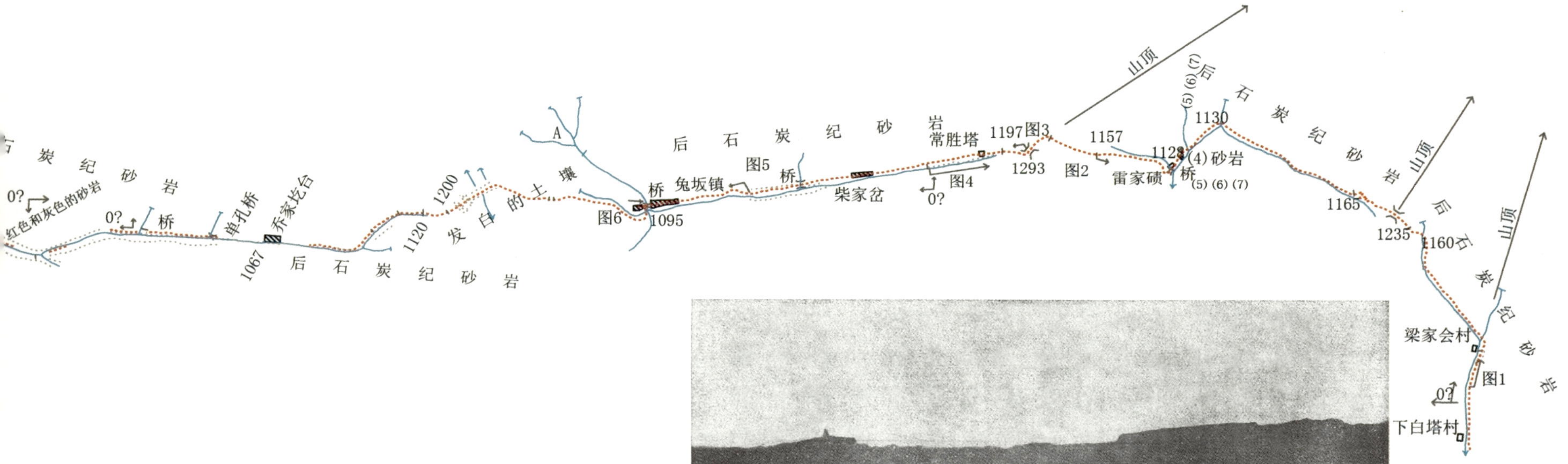

图9

Figs. 17 et suivantes, Feuille 65 bis
Yu linn fou
Ebauche.
Ancien camp
Pagode des Supplices
Terres cultivées
Grande Porte Ouest
Porte Est
Palais du Pacificateur
Mission
Ecole
Porte d'eau
Petite porte de l'Ouest
Porte Sud
Pont
Tour
20. VII. 1922
Yu linn ho
Fig. 13
Fig. 15
Fig. 12
Fig. 35
Fig. 36
Figs. 38, 39
Fig. 32
Fig. 33
Fig. 34
1210
Fig. 21
Fig. 20
Fig. 19
1195
Hochanghieull
Ancien camp
Yulinnfou
Auberge
Fig. 10
Dunes sur terre grise reposant sur
Fig. 9
Fig. 8
1150
2 juillet 1922
Dunes, pelars et oasis
Maisons
Lioukiamao
Choeitcha
Kinghouo
Houochang
Yakiyao
Ruines
Mission
Oulima
Hameau
Fig. 41
Fig. 40
Dunes
Yu linn ho
Tour de Yu linn fou
Fig. 26
Figs. 24 et 25
Changhouo
Fig. 27
Fig. 28
Fig. 29
Oasis
Yanghouohai
Tours
1287
1918

65号地图

图38

图39

图40

图41

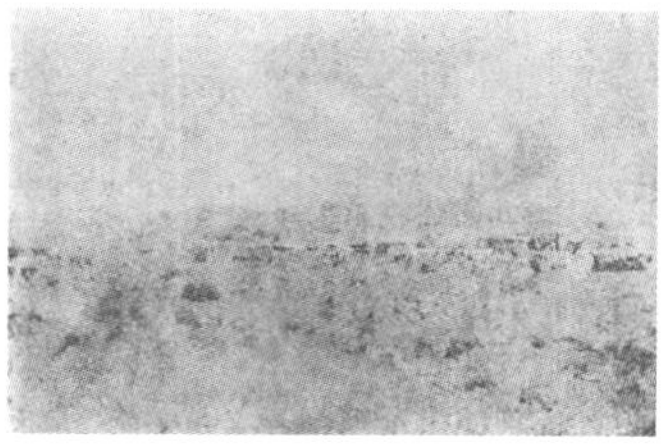
图28

图29

图30

图31

图32

图36

图33

图34

图37

图35

图17

图18

图19

图20

图21

图22

图23

图24

图25

图26

图27

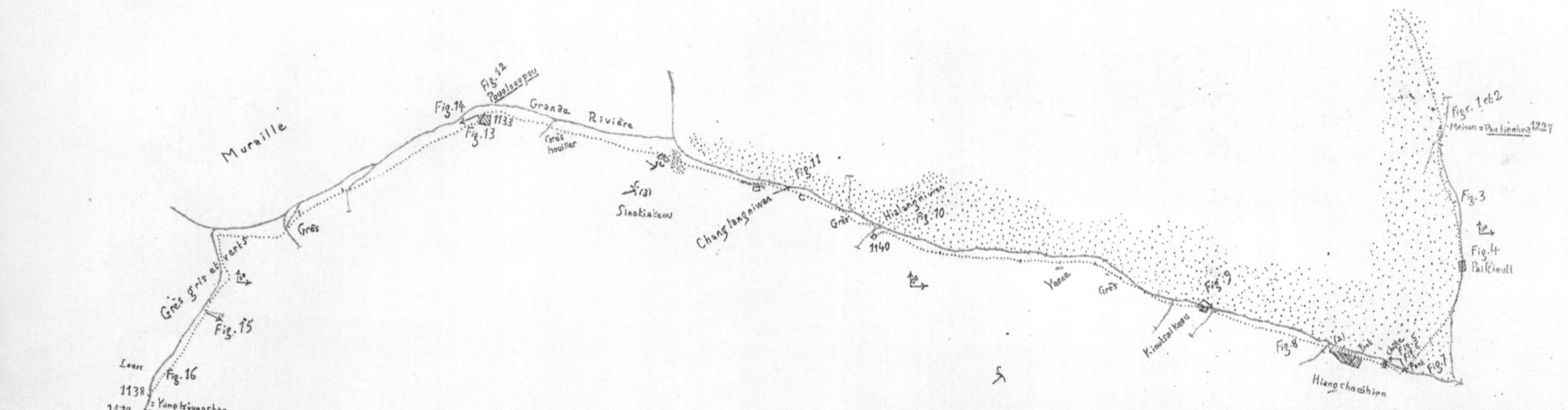

Fig. 1.

Fig. 2.

Fig. 3.

Fig 4.

Fig. 5.

Fig. 6.

Fig. 7.

Fig. 8.

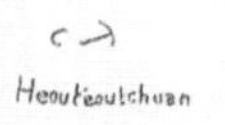

Fig. 9.

Fig. 10.

Fig. 11.

Fig. 17.

Fig. 12.

Fig. 13.

Fig. 14.

Fig. 15.

Fig. 16.

Fig. 18.

Fig. 19.

Fig. 20.

Fig, 21.

Fig 22.

Fig. 25.

Fig. 24.

Fig. 23.

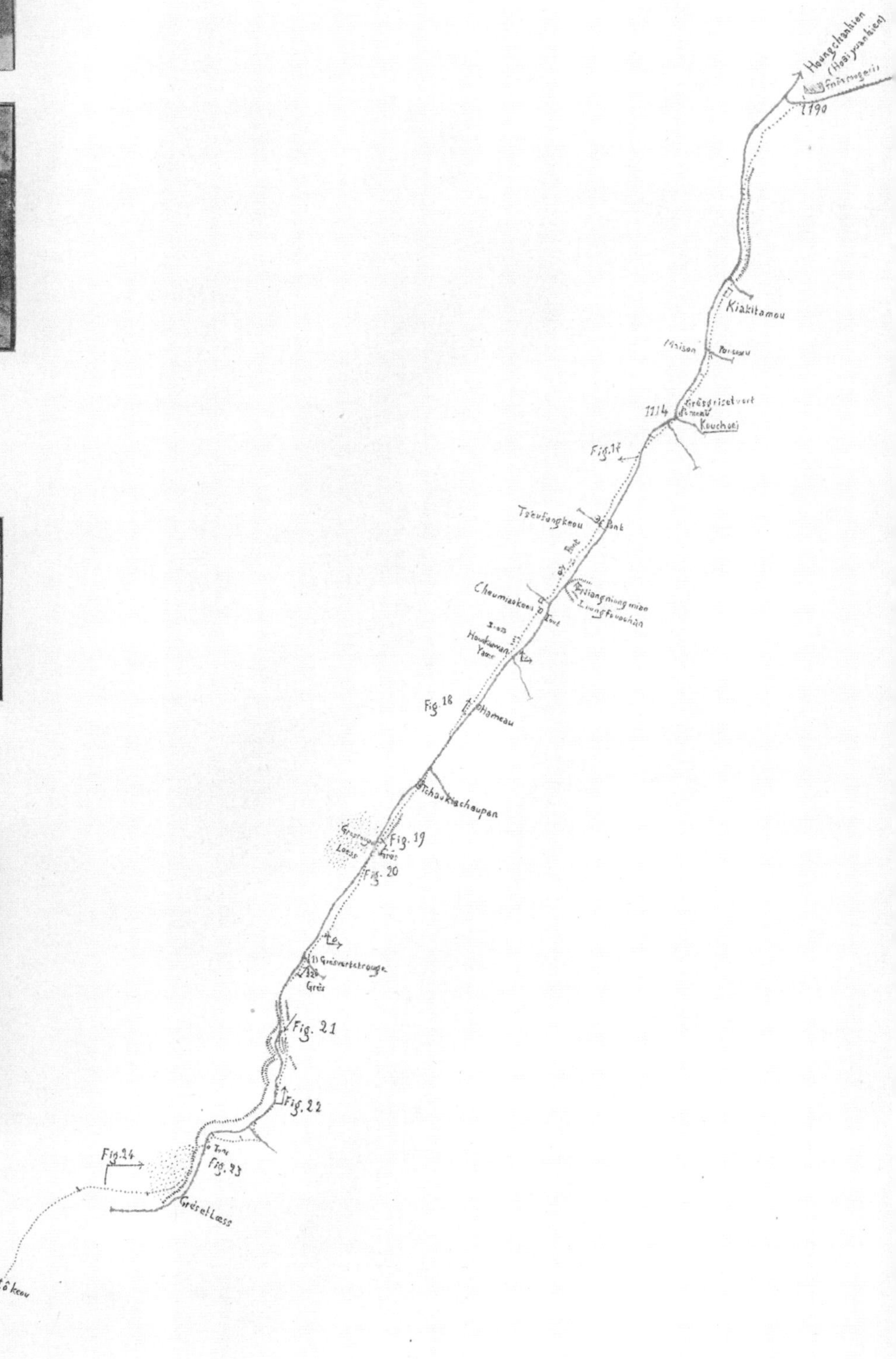

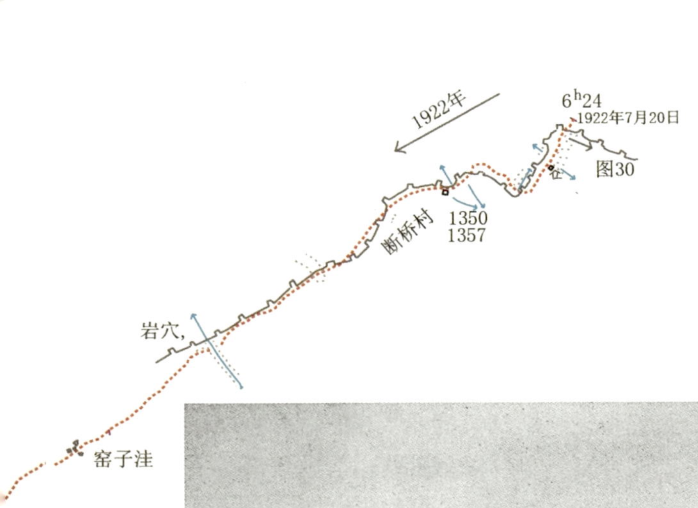

图1

图2

图3

图4

图10

图5

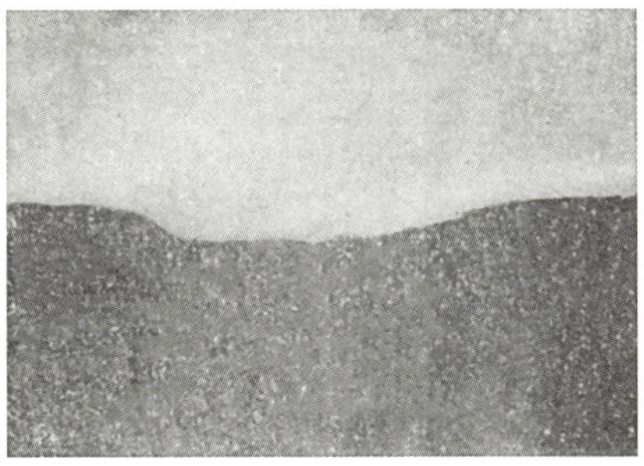

图6

图14

图16

图7

图8

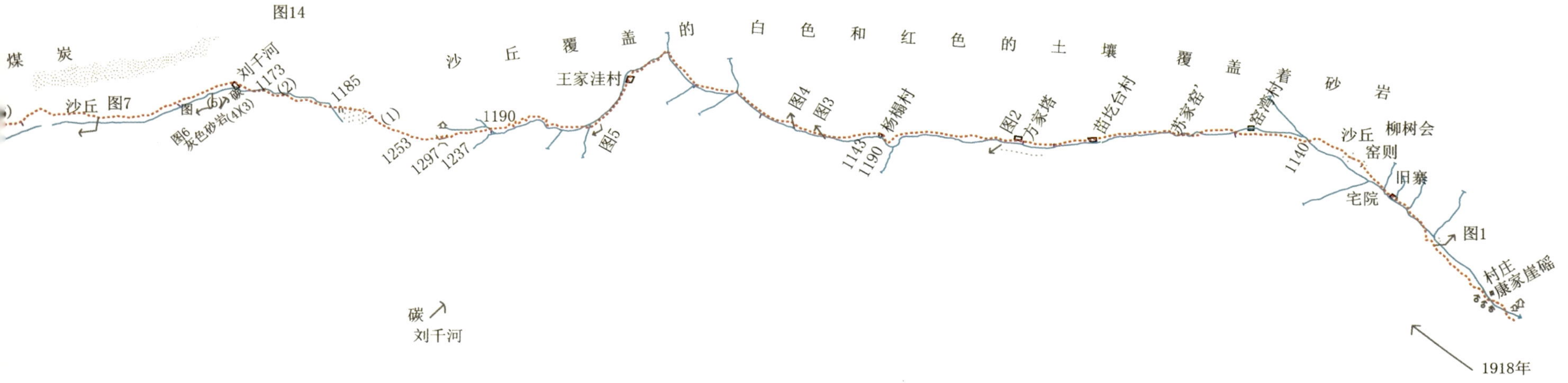

图15

图9

图11

图12

图13

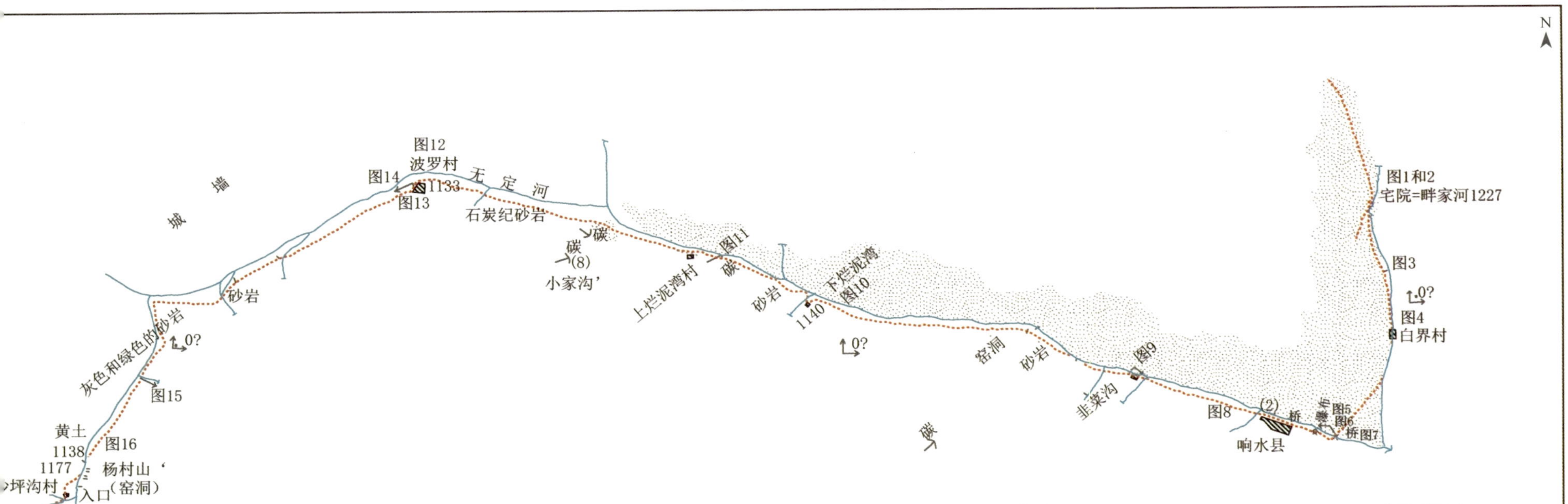

图1

图2

图3

图4

图5

图6

图7

图8

图9

图10

图11

图17

图12

图13

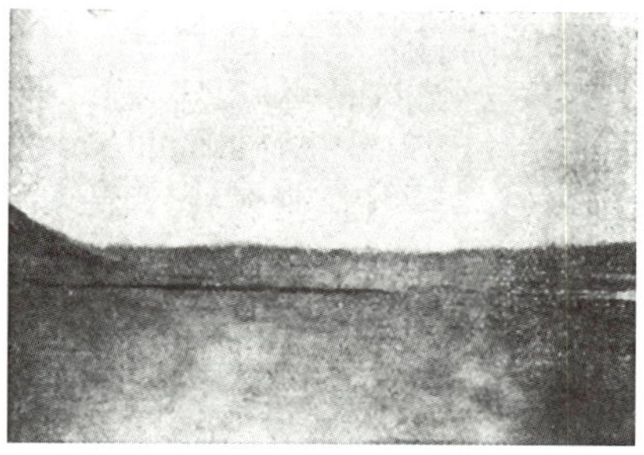

图14

图15

图16

图18

图19

图20

图21

图22

图25

图24

图23

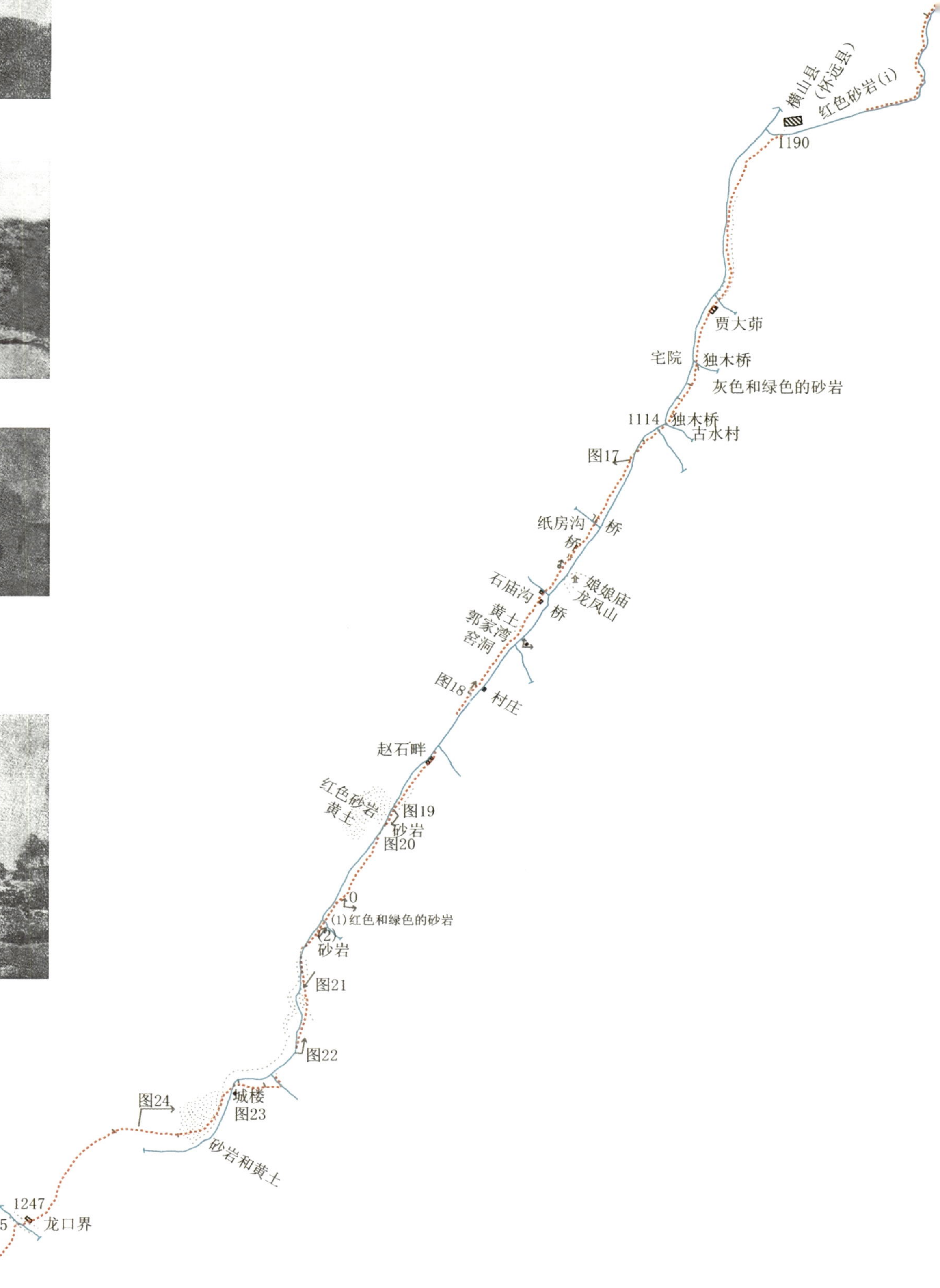

Fgi. 60

Fgi. 61.

Fig. 47.

Fig. 50.

Fg! 62.

Fgi. 63.

Fig. 48.

Fig. 51.

Fgi. 64.

Fig. 65.

Fig. 49.

Fig. 66.

Fig. 67.

Fig. 68.

Fig. 52.

Eig. 51.

Fig. 69.

Fig. 72.

Fig. 56.

Fig. 53

Fi;. 55.

Fig. 70.

Fig. 71.

Fig. 57.

Fig. 58.

Fig. 59.

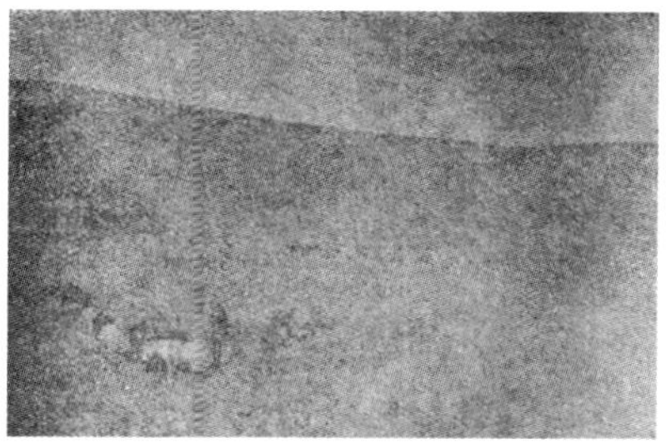
图60

图61

图62

图63

图64

图65

图66

图67

图68

图69

图72

图70

图71

图47

图50

图51

图48

图49

图52

图54

图56

图53

图55

图57

图58

图59

Fig. 45.

Fig. 36.

Fig. 37.

Fig. 38.

Fgi 39.

Fig. 42.

Fig. 40.

Fig. 41.

Fig 43.

Fig. 46.

Fig. 44.

Fig. 31.

Fig. 32.

Fig. 20.

Fig. 21.

Fig. 22.

Fig. 23.

Fig. 33.

Fig. 34.

Fig. 24.

Fig. 25.

Fig. 29.

Fig. 27.

Fig. 26.

Fig. 30.

Fig. 28.

Fig. 35.

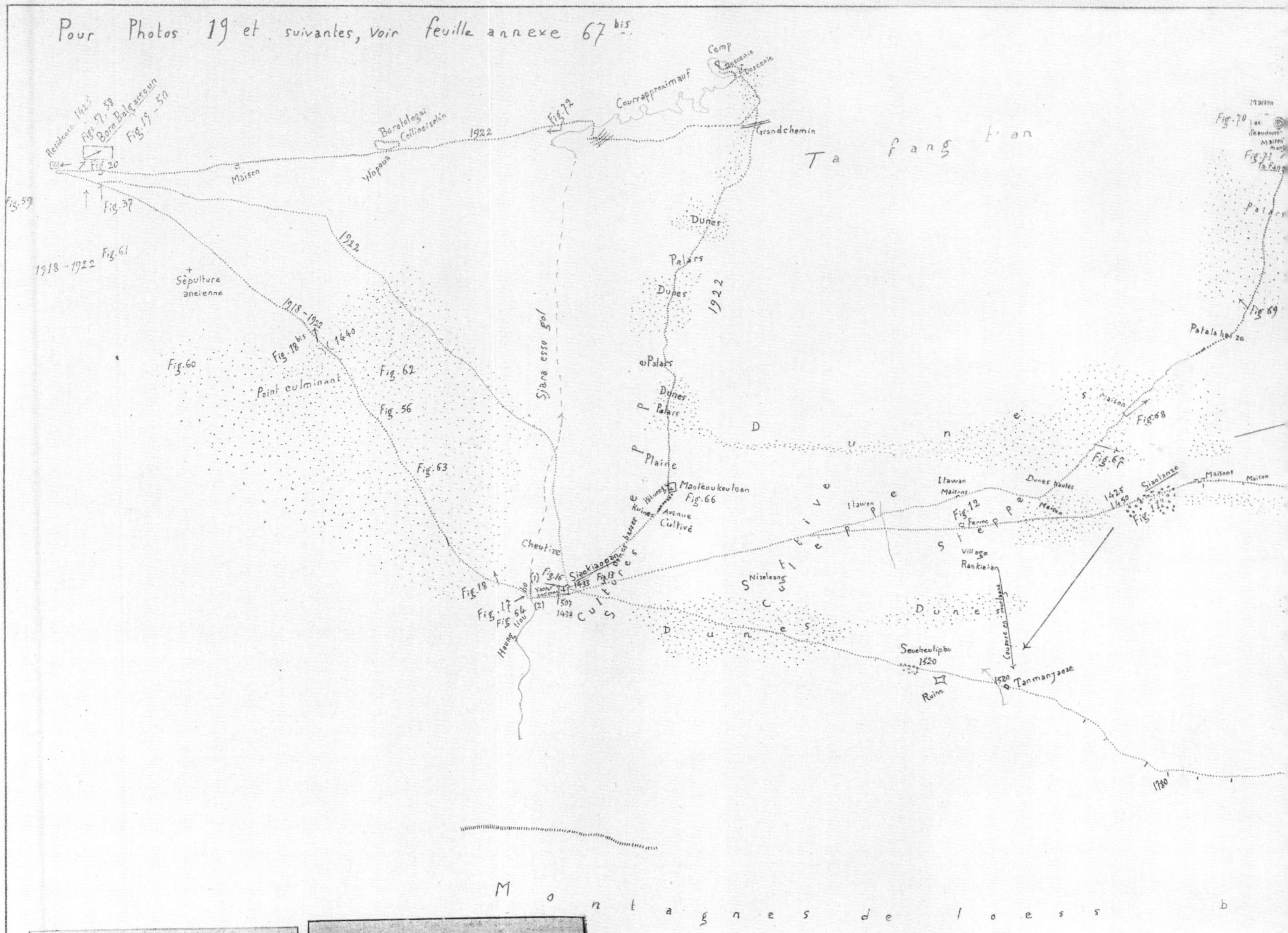

Fig. 16.

Fig. 17.

Fig. 18. bis.

Fig. 18.

Fig. 16.

67
号
地
图

图45

图36

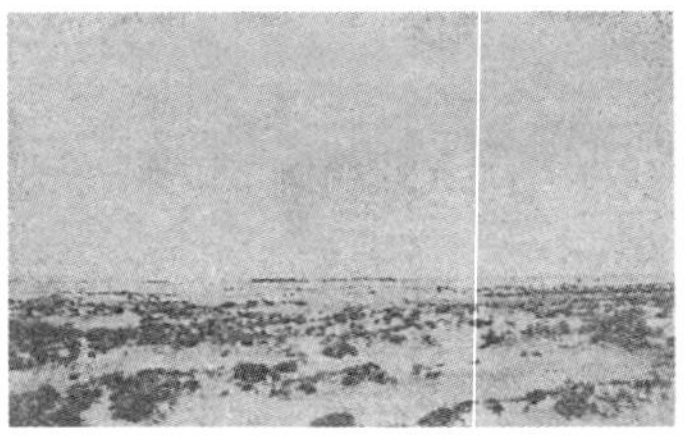

图37

图38

图39

图42

图40

图41

图43

图46

图44

图31

图32

图20

图21

图22

图23

图33

图34

图24

图25

图29

图27

图26

图30

图35

图28

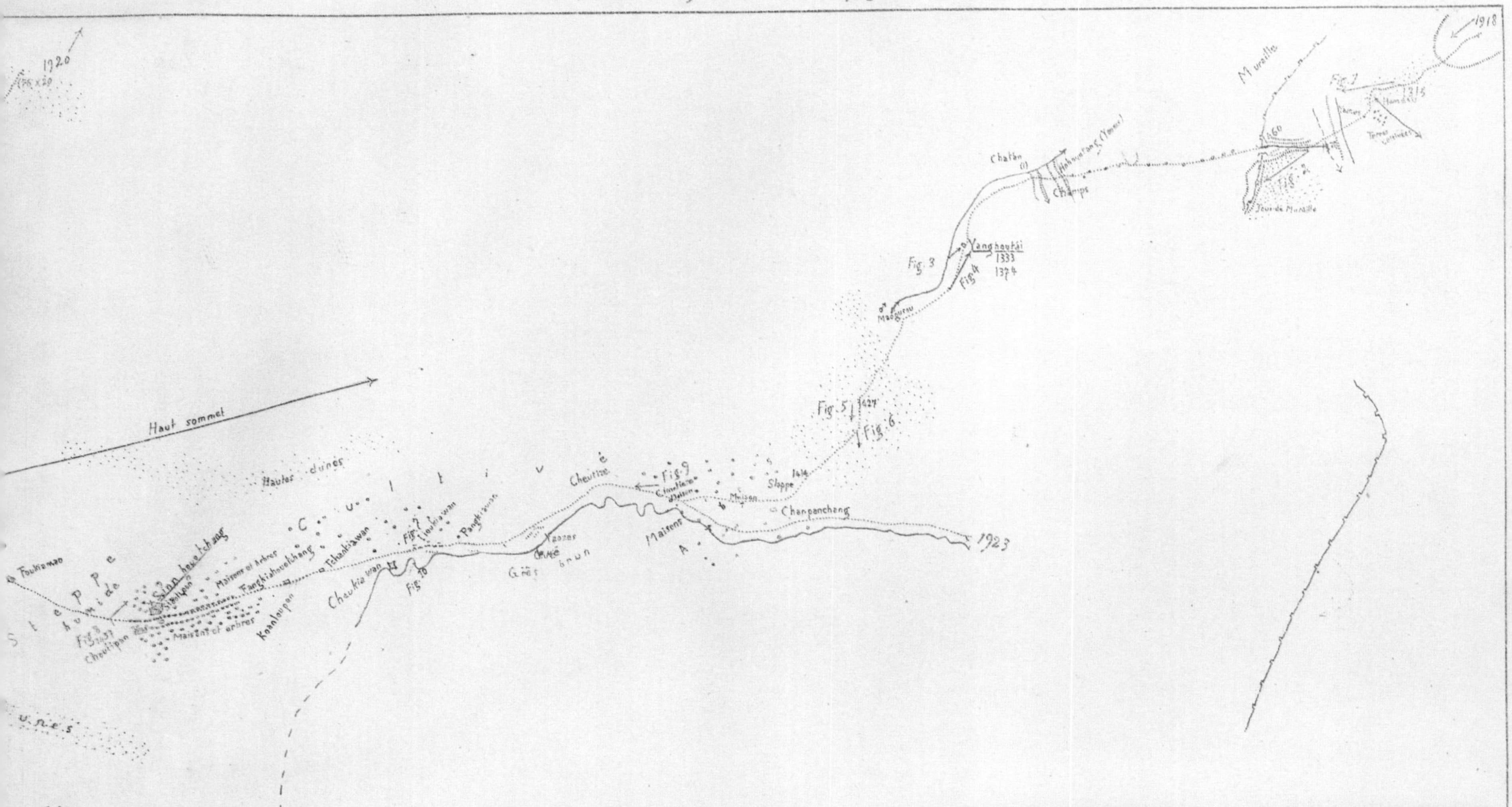
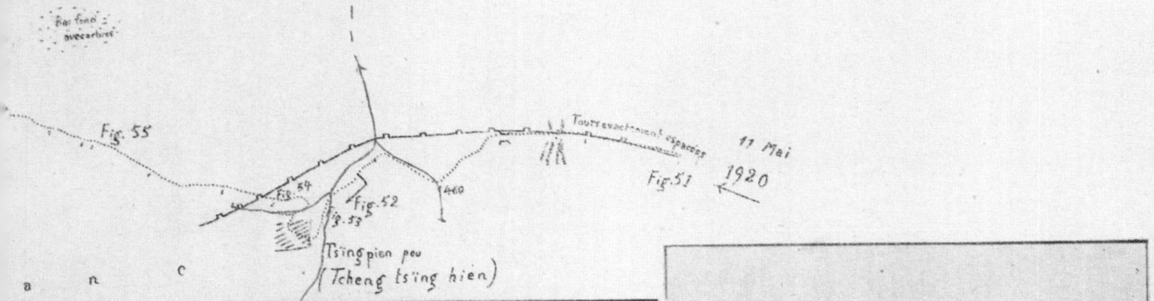

Fig. 6.

Fig. 7.

Fig. 1.

Fig. 2.

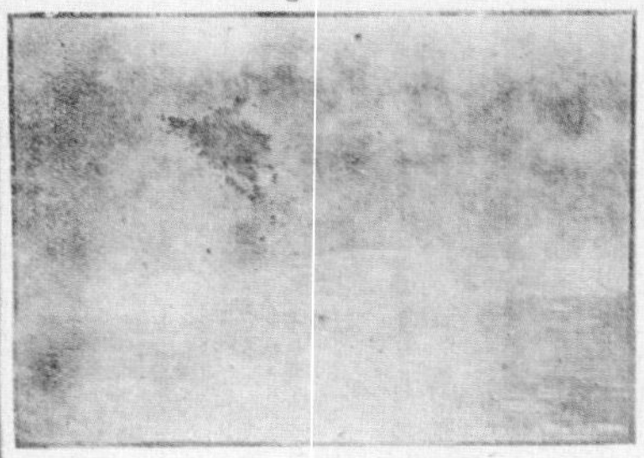
Fig. 8.

Fig. 9.

Fig. 10.

Fig. 11.

Fig. 3.

Fig. 5.

Fig. 12.

Fig. 13.

Fig. 4.

Fig. 14.

Fig. 15.

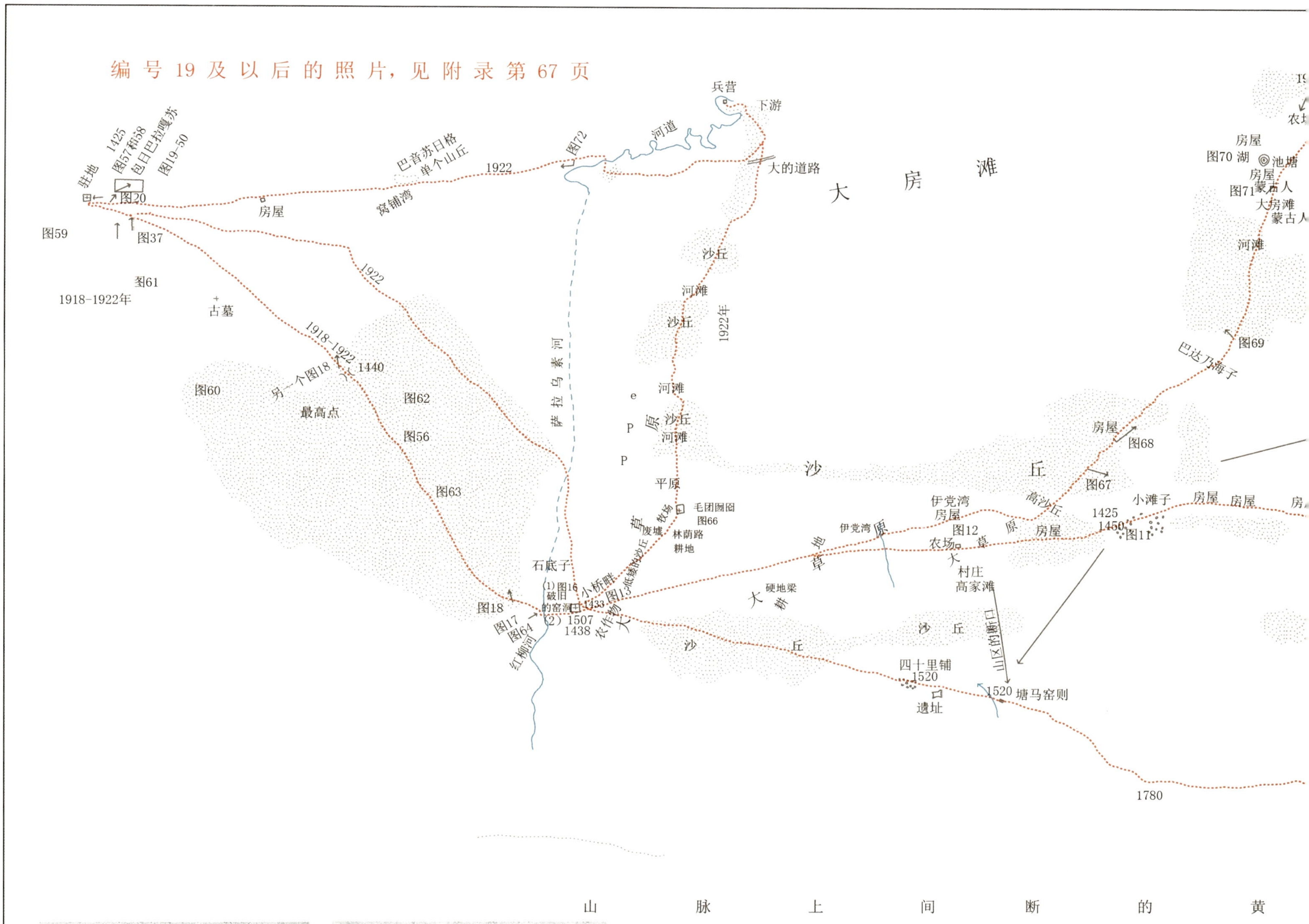

图16

图17

图18 bis.

图18

图16

Fig. 11.

Fig. 12.

Fig. 16.

Fig. 15.

Fig. 14.

Fig. 13.

Fig. 17.

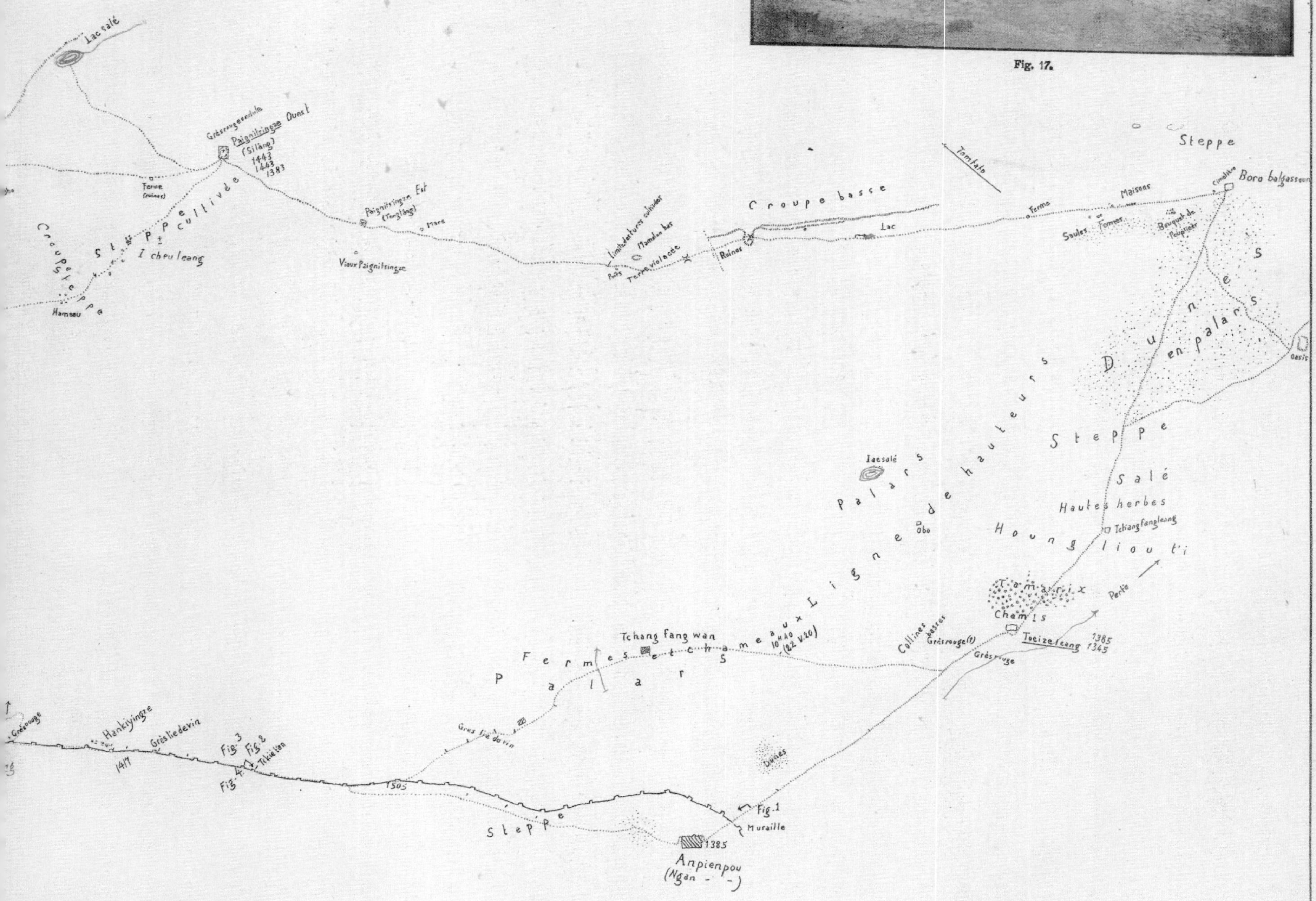

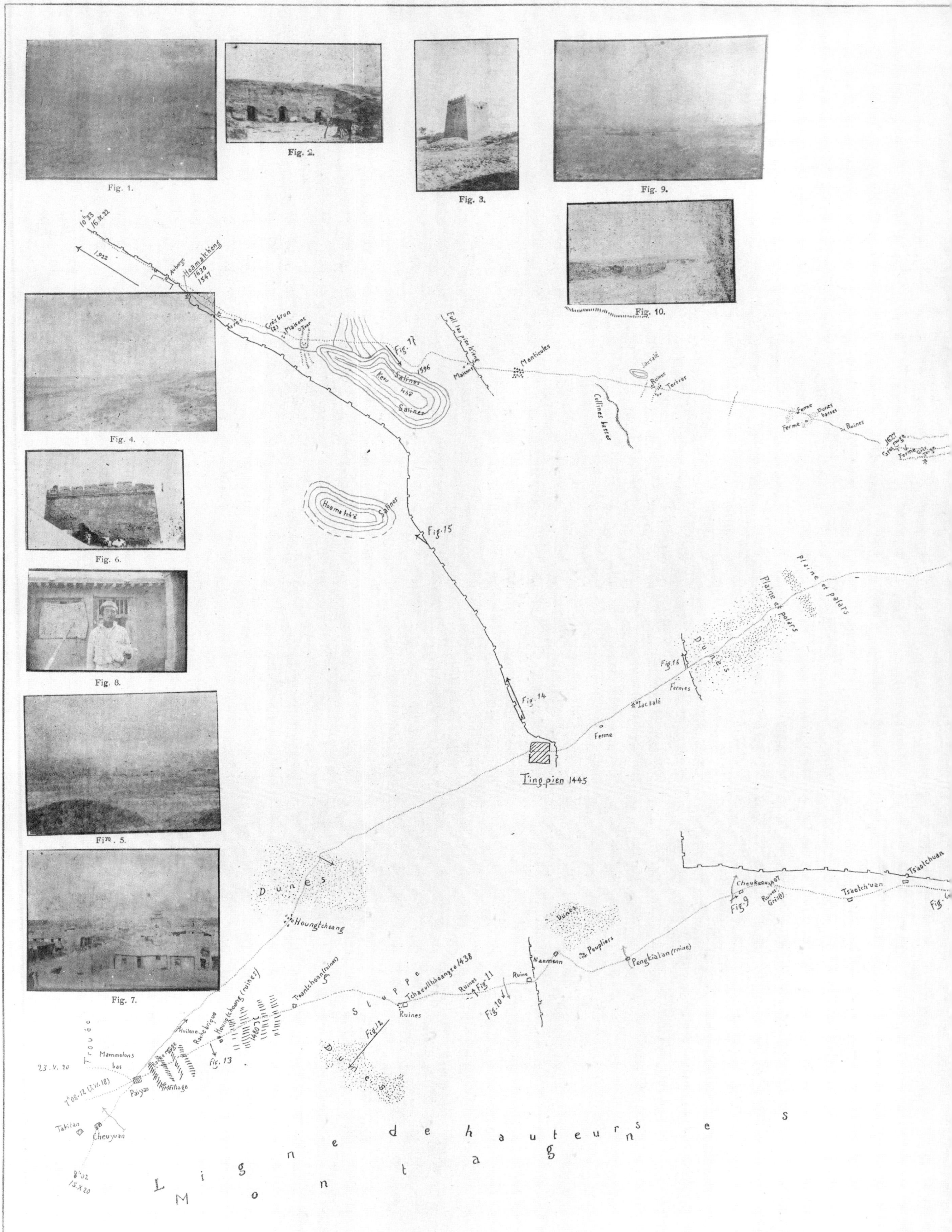

Fig. 1.

Fig. 2.

Fig. 3.

Fig. 9.

Fig. 10.

Fig. 4.

Fig. 6.

Fig. 8.

Fig. 5.

Fig. 7.

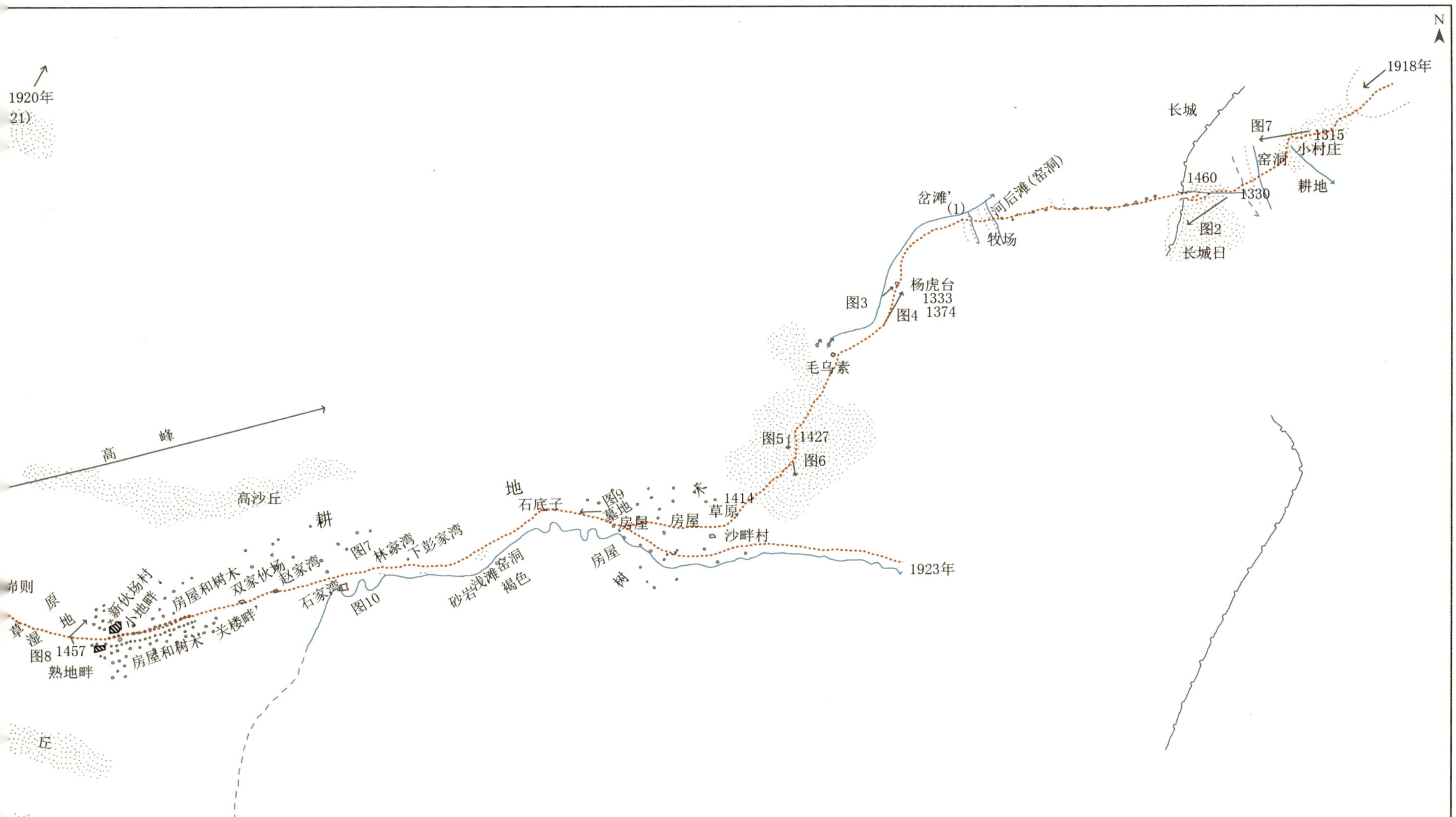

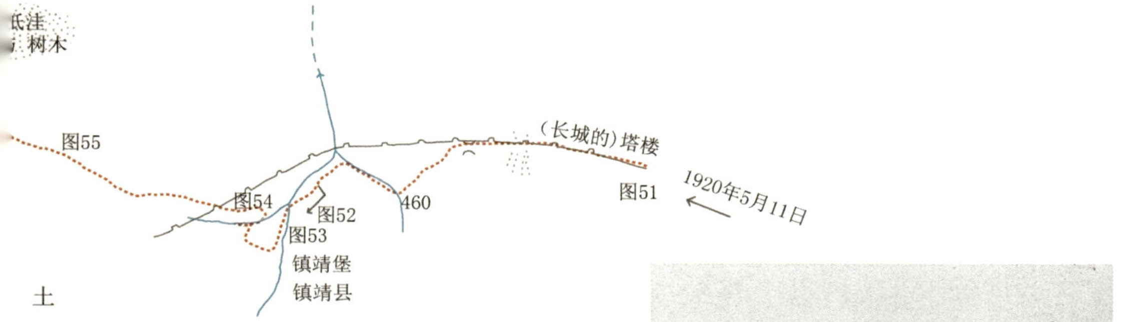

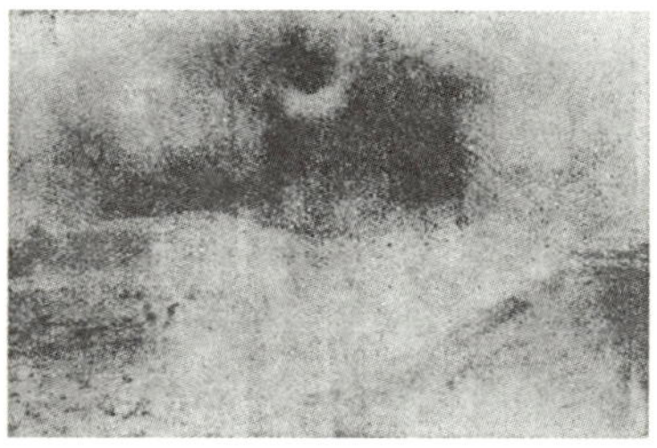
图1

图2

图3

图5

图4

图6

图7

图8

图9

图10

图11

图12

图13

图14

图15

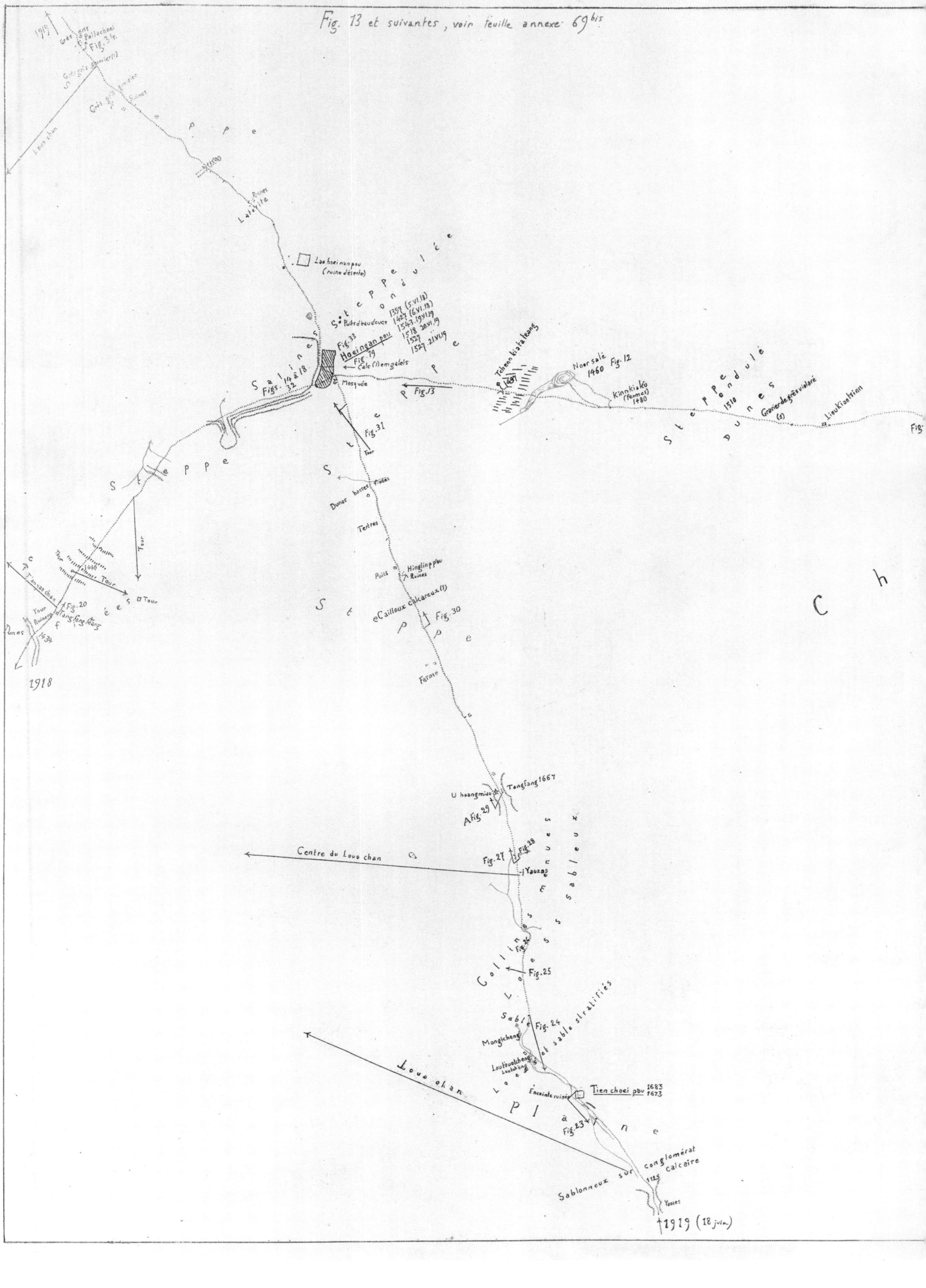

Fig. 13 et suivantes, voir feuille annexe 69 bis
Louo chan
1590
Laterite
Laohoeinanpou
(ruine déserte)
Puits d'eau douce
1397 (5.VI.18)
1427 (6.VI.18)
1543 19.VI.19
1518 20.VI.19
1527 21.VI.19
Fig. 33
Hoeingan pou
Fig. 19
Calc (?) en galets
Salines
Figs. 14 à 18
Figs. 32
Mosquée
Fig. 13
Steppe ondulée
Tchennkiakaleang
Noor salé
1460 Fig. 12
Kinnkiaku
(fermes)
1480
Steppe ondulée
Dunes
1510
Gravier de grès violacé
Lieukiaotsinn
Fig. 31
Tour
Steppe
Dunes basses fixées
Tertres
Puits
Hinglinp'pou
Ruines
Cailloux calcaireux (?)
Fig. 30
Ferme
Tour
1440
Fig. 20
Dunes
1434
1918
Ch
U hoangmiao
Tangfang 1667
A fig. 29
Centre du Louo chan
Fig. 27
Fig. 28
Yaozas
Collines
Loess
menues
sableux
Fig. 25
Fig. 26
Sable
Fig. 24
et sable stratifiés
Mongtchenq
Loutouotcheng
Enceinte ruinée
Tien choei pou 1683
1673
Plaine
Fig. 23
Louo chan
Sablonneux sur conglomérat calcaire
1725
Yaoses
1919 (18 juin)

69号地图

图11

图12

图16

图15

图14

图13

图17

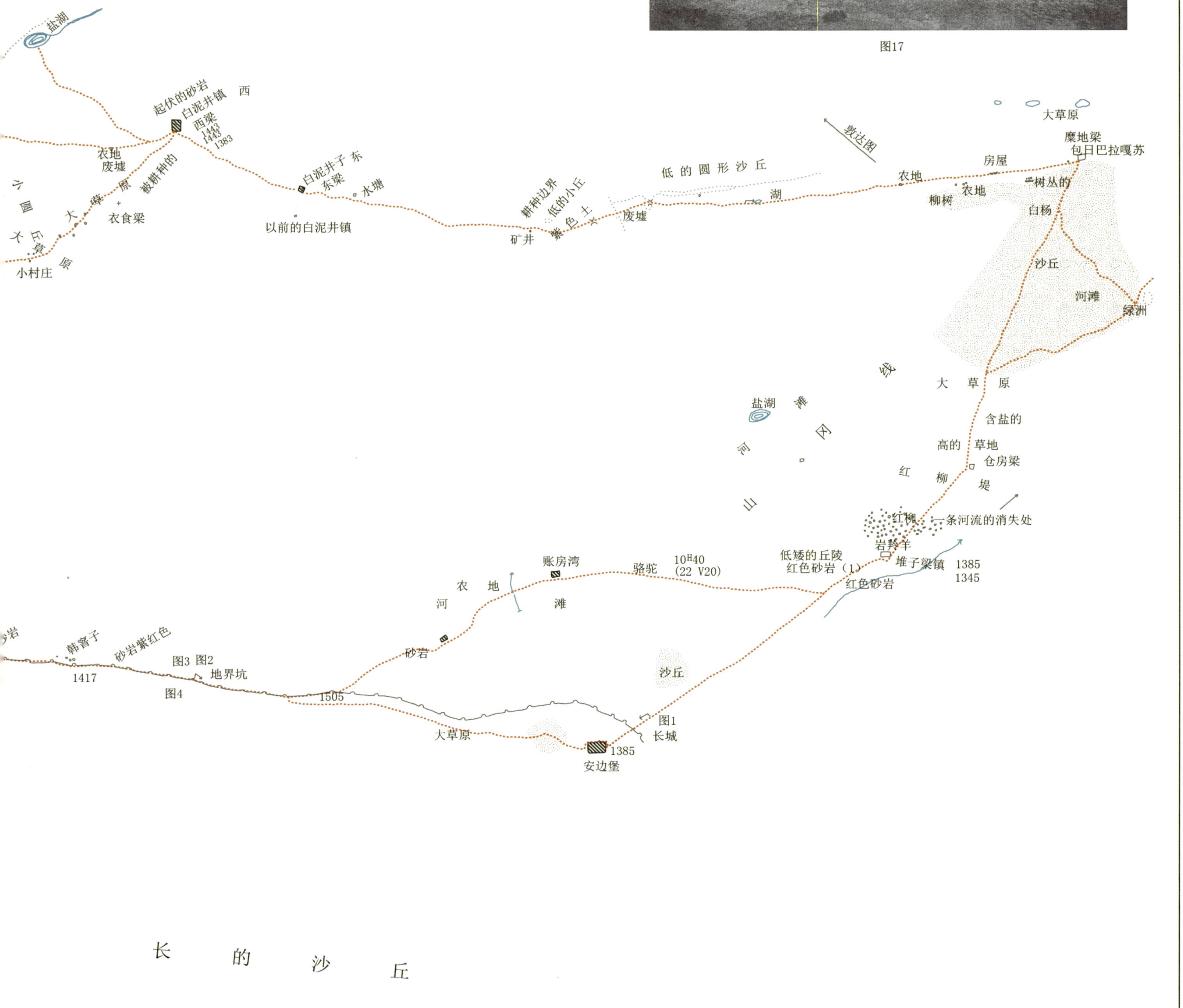

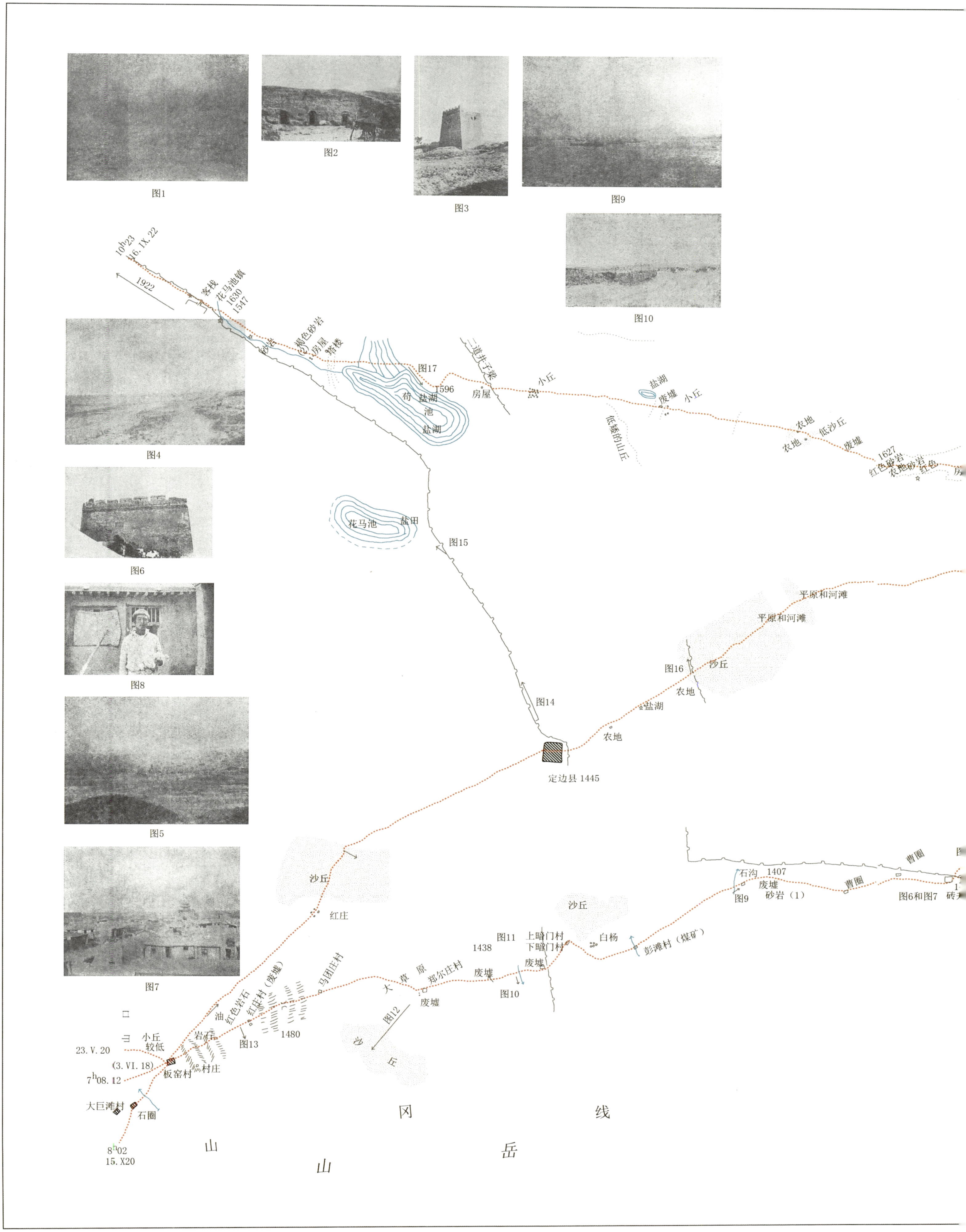

图1
图2
图3
图9
图10
10h23
16. IX. 22
1922
客栈
花马池镇
1630
1547
图4
砂岩
褐色砂岩
房屋
瞥楼
图17
1596
荀
盐湖
池
盐湖
二道井子梁
房屋
小丘
盐湖
废墟
小丘
低矮的山丘
农地
低沙丘
农地
废墟
1627
红色砂岩
农地砂岩
红色
图6
花马池
盐田
图15
图8
平原和河滩
平原和河滩
图16
沙丘
农地
盐湖
图14
农地
定边县 1445
图5
沙丘
红庄
图7
曹圈
石沟
1407
废墟
曹圈
图9
砂岩（1）
图6和图7
沙丘
图11
上暗门村
下暗门村
白杨
彭滩村（煤矿）
1438
郑尔庄村
废墟
废墟
图10
大
草
原
废墟
马团庄村
红庄村（废墟）
红色岩石
油
图13
1480
岩石
图12
沙
丘
小丘
较低
23. V. 20
(3. VI. 18)
板窑村
村庄
7h08. 12
大巨滩村
石圈
8h02
15. X20
山
山
冈
岳
线

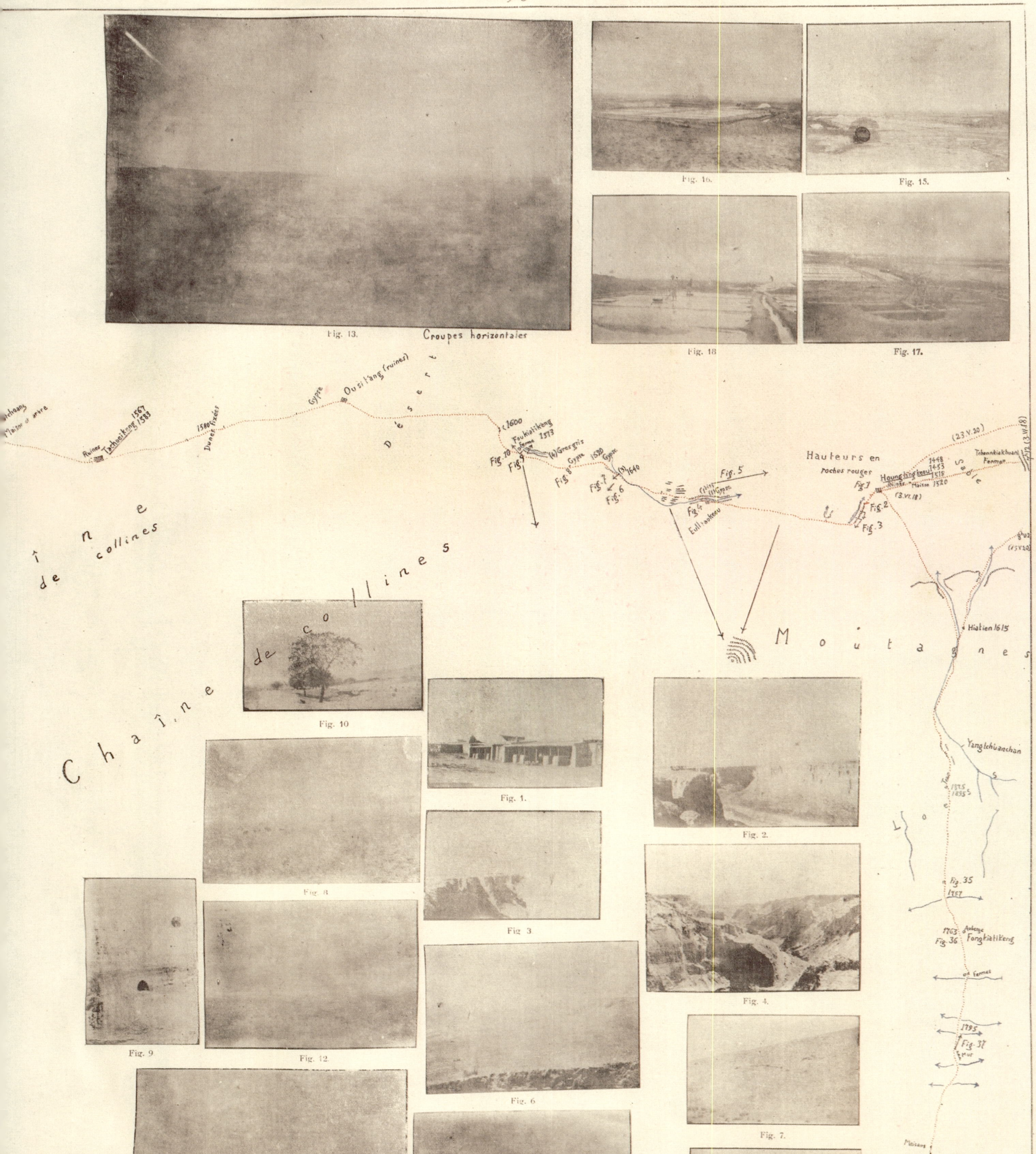

Fig. 13. Fig. 16. Fig. 15. Fig. 18. Fig. 17. Fig. 10. Fig. 1. Fig. 2. Fig. 8. Fig. 3. Fig. 4. Fig. 9. Fig. 12. Fig. 6. Fig. 7. Fig. 5. Fig. 11. Fig. 14.

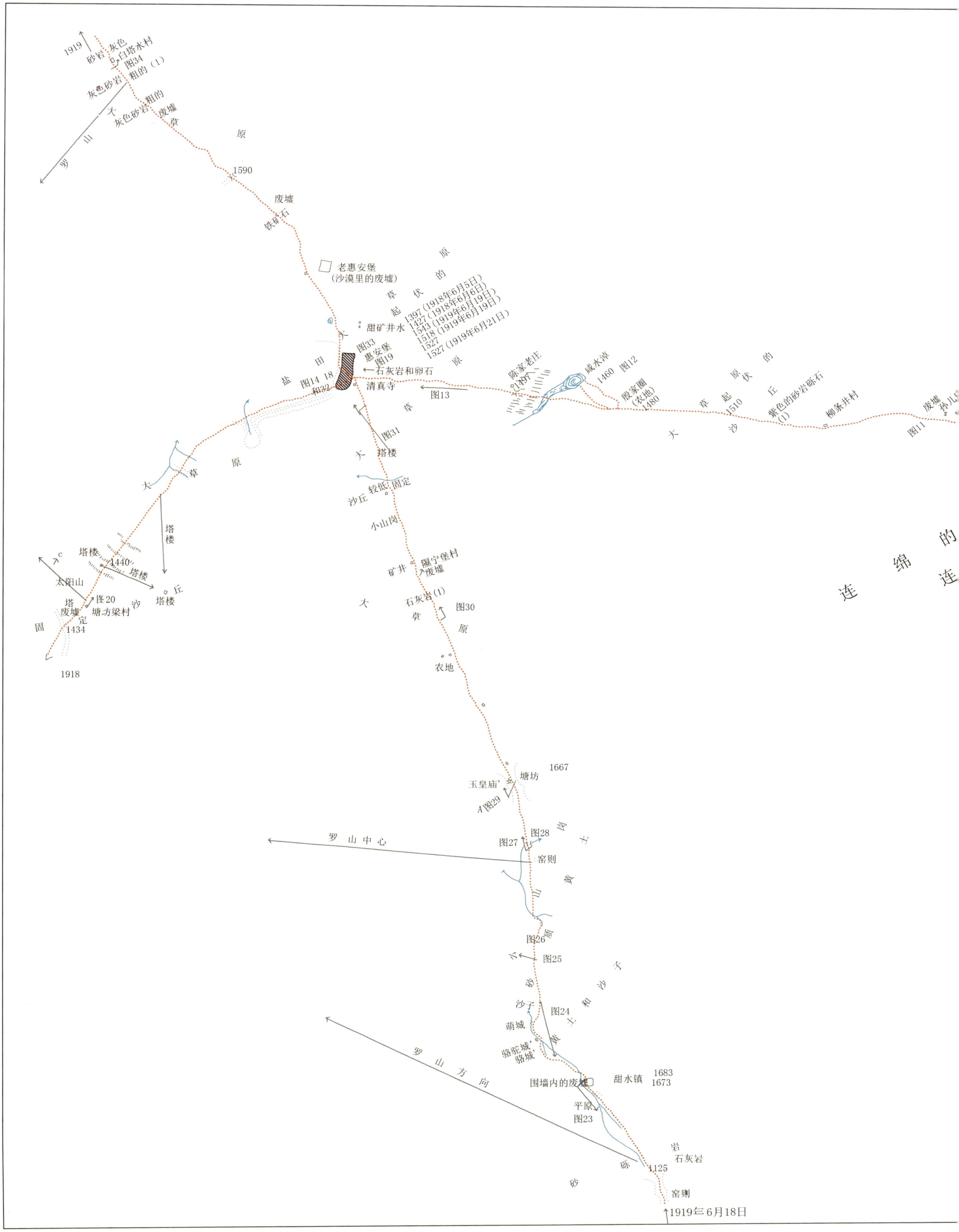
1919
砂岩
灰色
白塔水村
图34
粗的（1）
灰色砂岩
灰色砂岩粗的
罗
山
大
废墟
草
原
1590
废墟
铁矿石
老惠安堡
（沙漠里的废墟）
原
的
伏
起
草
甜矿井水
1397（1918年6月5日）
1427（1918年6月6日）
1543（1919年6月19日）
1518（1919年6月19日）
1527（1919年6月21日）
大
田
盐
图33
惠安堡
图19
石灰岩和卵石
清真寺
图14
18
和22
原
图13
陈家老庄
1397
咸水淖
1460
图12
废家圈
（农地）
1480
原
的
伏
起
草
1510
丘
紫色的砂岩砾石
（1）
柳条井村
废墟
图11
大
沙
沙
草
图31
大
塔楼
大
草
原
沙丘
较低
固定
小山岗
塔楼
塔楼
1440
塔楼
太阳山
丘
图20
塔
废墟
塘方梁村
沙
塔楼
定
固
1434
1918
矿井
隰宁堡村
废墟
大
石灰岩（1）
图30
草
原
农地
连
绵
的
连
1667
玉皇庙
塘坊
A 图29
图28
图27
罗
山
中
心
窑则
岗
土
黄
山
图26
质
小
图25
子
沙
砂
和
沙子
图24
土
萌城
黄
骆驼城
骆城
罗
山
方
向
围墙内的废墟
甜水镇
1683
1673
平原
图23
岩
石灰岩
砾
1125
砂
窑则
1919年6月18日

Fig. 27.

Fig. 28.

Fig. 29.

Fig. 30.

Fig. 31.

Fig. 32.

Fig. 33.

Fig. 34.

Fig. 35.

Fig. 36.

Fig. 37.

Fig. 38.

Fig. 26

Fig. 19.

Fig. 20.

Manque

Fig. 21.

Manque

Fig. 22.

Fig. 23.

Fig. 24.

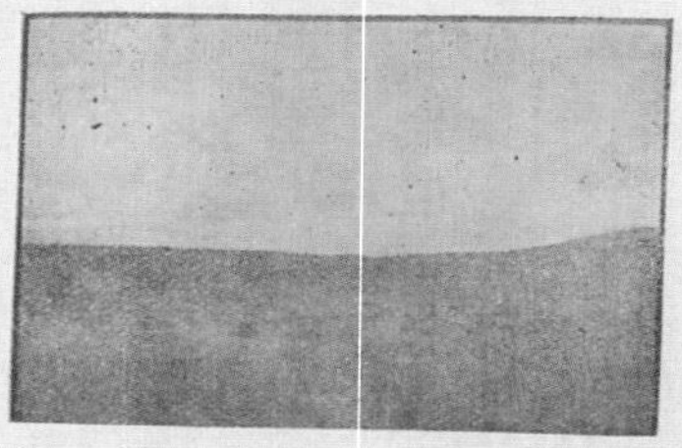
Fig. 2..

图13

图16

图15

图18

图17

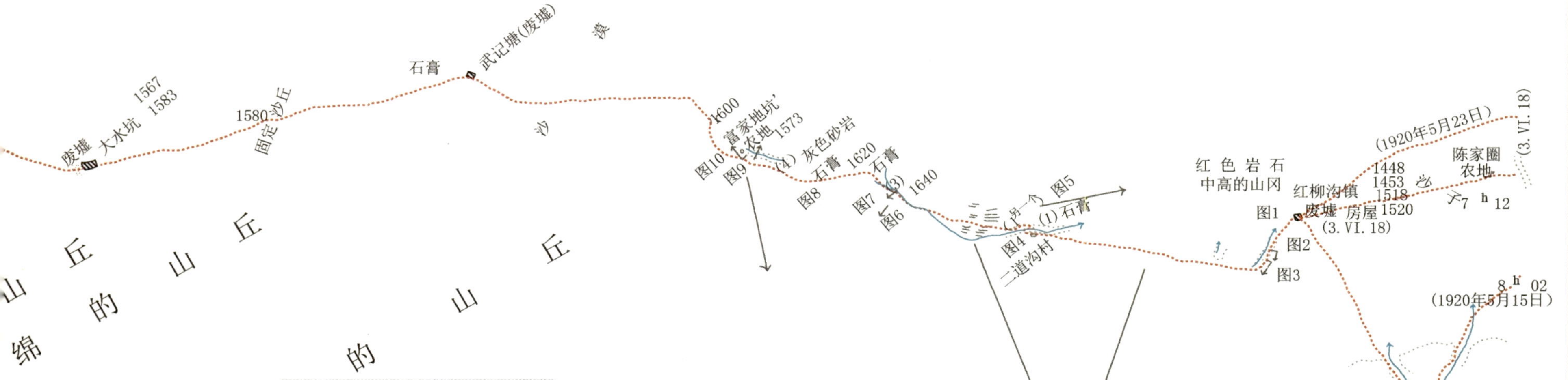

图10

图1

图2

图8

图3

图4

图9

图12

图6

图7

图5

图11

图14

Figures 16 et suivantes, voir Feuille 70 bis

Fi . 1.

Fig. 2.

Fig. 13.

Fi 3.

Fig. 4.

Fig. 5.

Fig. 6.

Fig. 14.

Fig. 15.

Fig 7.

Fig. 8.

Fig. 16.

Fig. 17.

Gypse abondant

Fig. 9.

Fig. 19.

Fig. 2○.

Fig. 10.

Fig. 11.

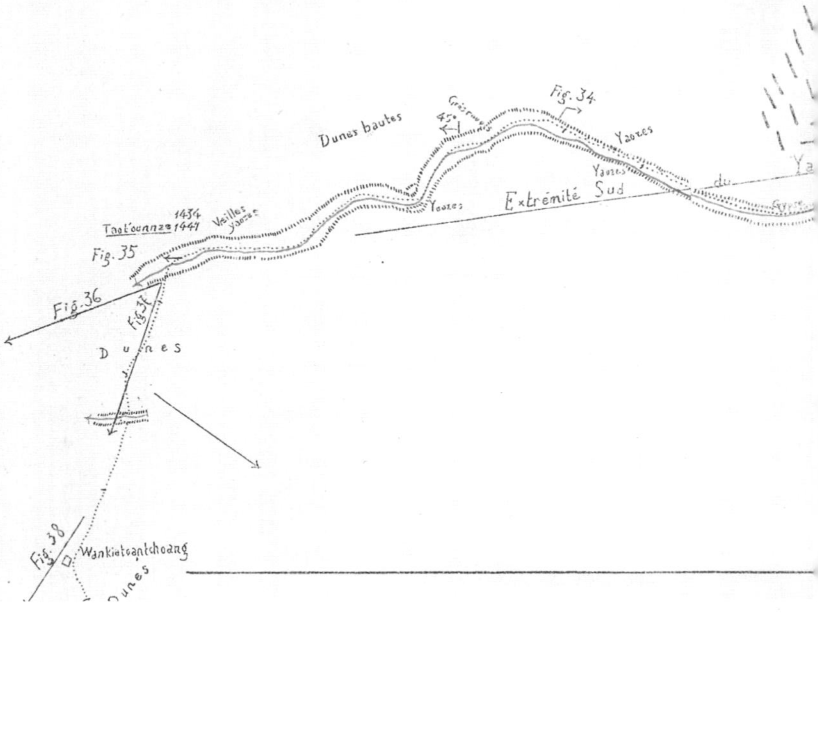

图27

图28

图29

图30

图31

图32

图33

图34

图35

图36

图37

图38

图26

图19

图20

图21

图22

图23

图24

图2

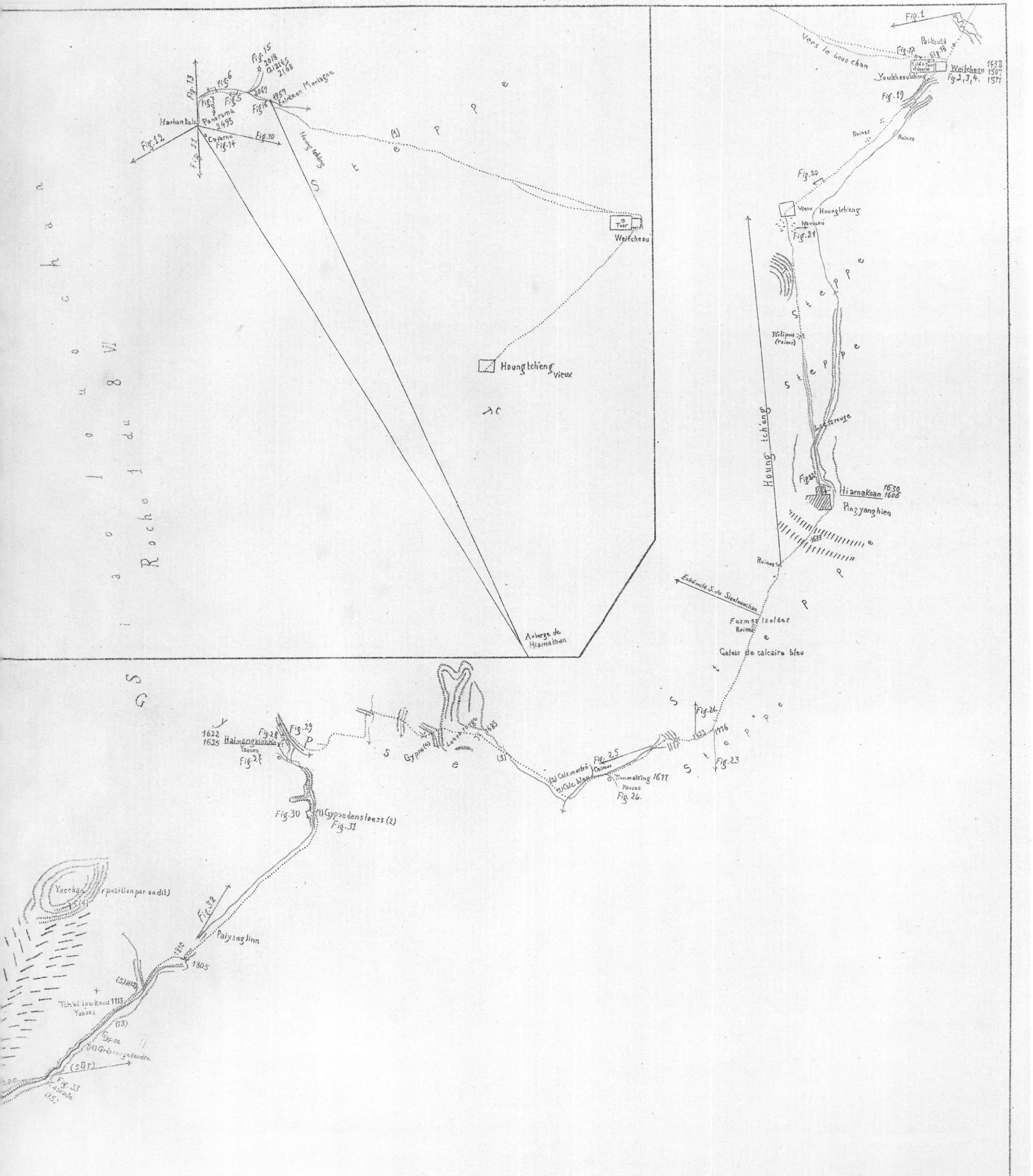
Haohankala
Panorama
2495
Caverne
Fig.14
Fig.10
Fig.12
Fig.13
Fig.15
Fig.16
Entrée en Montagne
Steppe
Weifcheau
Houngtch'eng vieux
Auberge de Hiamakoan
Roche du 8 VI
Vers le Leou chan
Paikouté
Weifcheou
Youkheoutchoang
Ruines
Houngtch'eng
Hiamakoan 1630 1606
Pingyanghien
Extrémité S. du Sieoleouchan
Fermes isolées
Ruines
Galets de calcaire bleu
Steppe
Gypse
1622 1625 Haiwangkiahne
Fig.28
Fig.29
Fig.30
Fig.31
Gypse dans loess (2)
Fig.25
Tienmatsing 1677
Fig.26
Fig.23
Fig.24
Yaochan (position par on dit)
Fig.32
Paiyangtinn
1810
1805
Tch'ei iou keou 1713
Fig.33

图1

图2

图3

图4

图13

图5

图6

图14

图15

图7

图8

图16

图17

图9

图19

图20

图10

图11

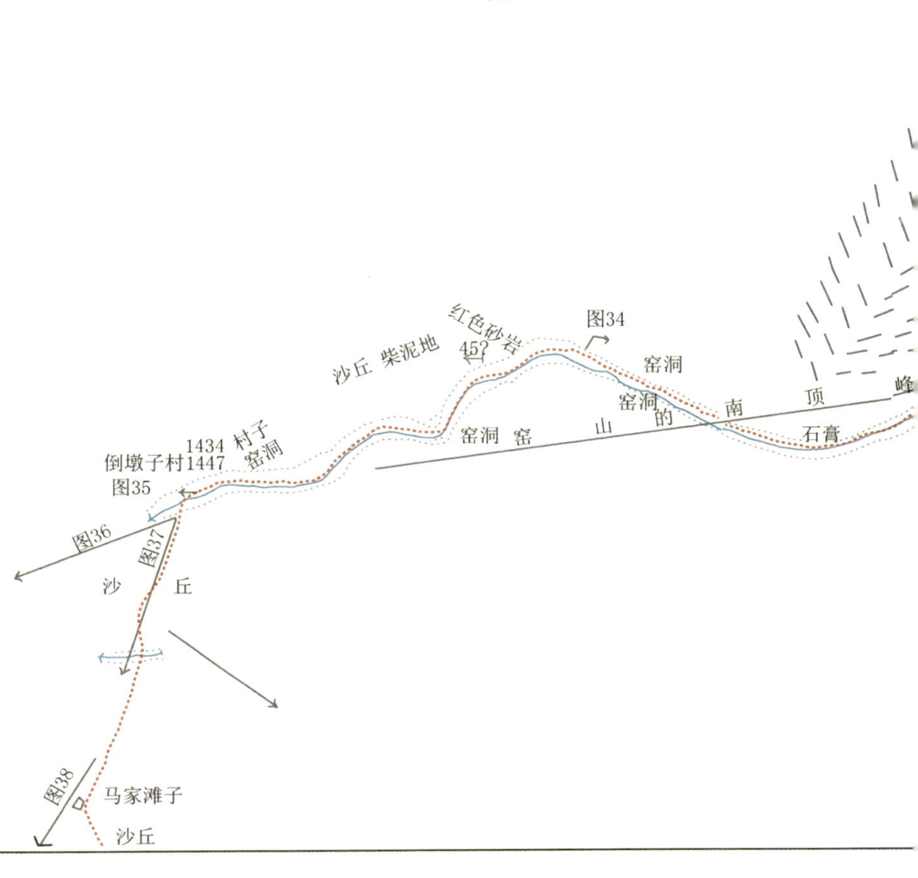

Fig. 26.

Fig. 27.

Fig. 12.

Fig. 28

Fig. 29.

Fig. 31.

Fig. 30.

Fig. 10.

Fig. 32.

Fig. 33.

Fig. 21.

Fig. 22.

Fig. 34.

Fig. 37.

Fig. 23.

Fig. 24.

Fig. 36.

Fig. 25.

Fig. 35.

Fig. 38.

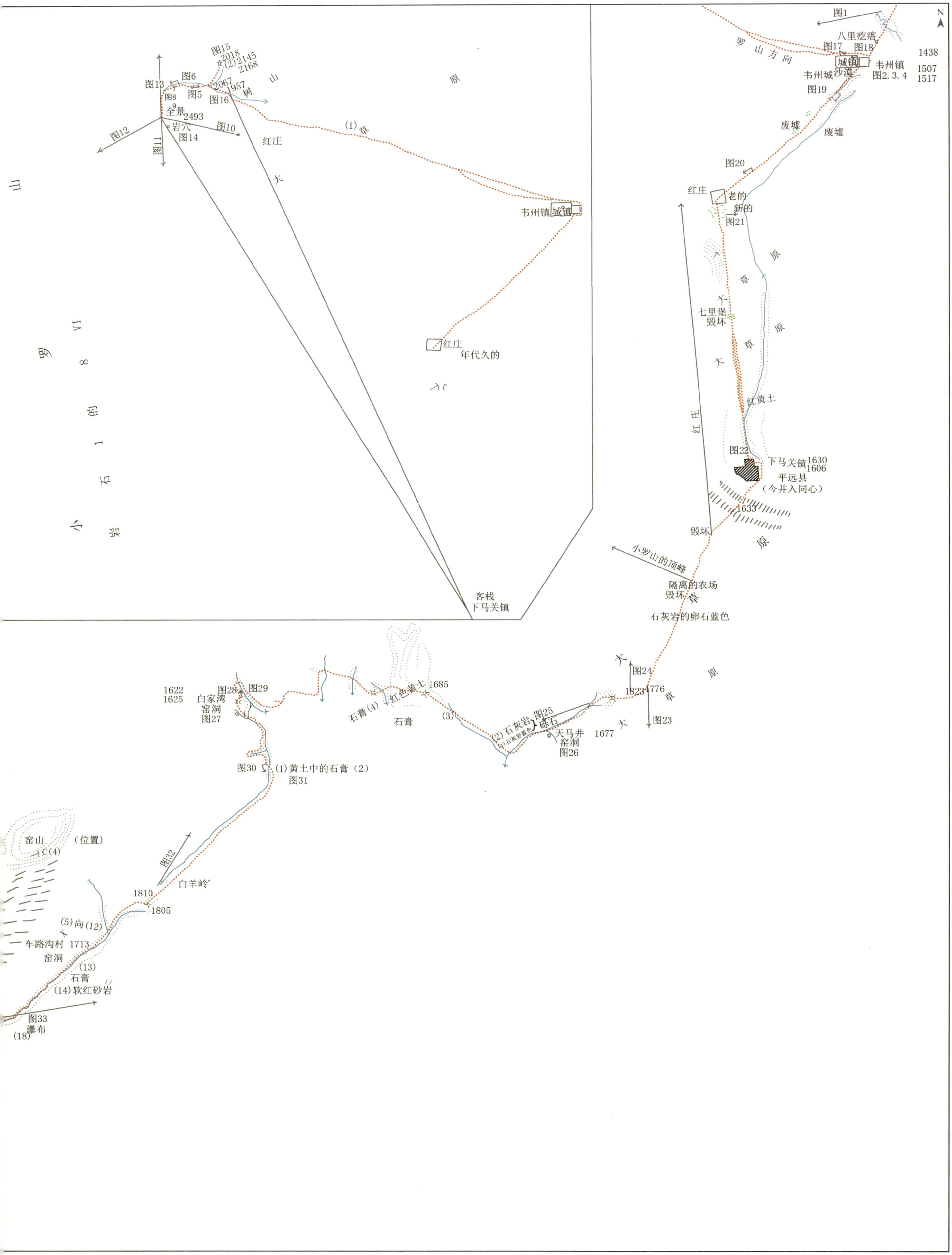
N
图1
八里疙瘩
罗山方向
图17
图18
1438
城镇
韦州镇
1507
1517
韦州城沙漠
图2.3.4
图19
废墟
废墟
图20
红庄
老的
新的
图21
大草原
七里堡
毁坏
大草原
红黄土
红庄
图22
下马关镇
1630
1606
平远县
（今并入同心）
1633
毁坏
原
小罗山的顶峰
隔离的农场
毁坏
石灰岩的卵石蓝色
大草原
图24
1823
1776
图23
大
1677
图25
(2)石灰岩
砾石
天马井
窑洞
图26
(3)
石膏(4)
红色黄土
1685
石膏
1622
1625
图28
图29
白家湾
窑洞
图27
图30
(1)黄土中的石膏（2）
图31
窑山
(位置)
图32
白羊岭
1810
1805
(5)向(12)
车路沟村 1713
窑洞
(13)
石膏
(14)软红砂岩
图33
瀑布
(18)
图15
2018
(2)2145
2168
图13
图6
2067
1957
图8
图5
图16
树
山
原
全景
2493
图12
岩穴
图10
图11
图14
(1)草
红庄
大
韦州镇
城镇
红庄
年代久的
山
罗
8
VI
的
1
石
小
岩
客栈
下马关镇

Fig. 11.

Fig. 12

Fig. 20.

Fig. 13.

Fig. 14.

Fig. 21.

Haute croupe presque horizontale

Fig. 15.

Fig. 16.

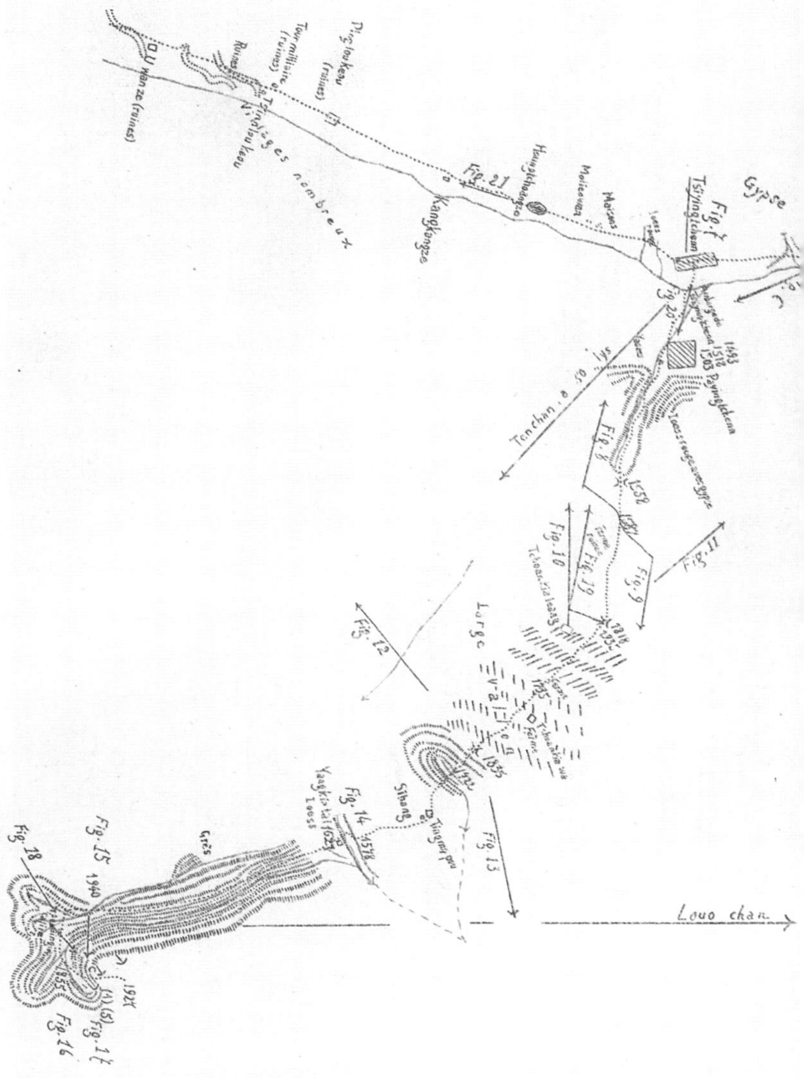

Fig. 17.

Fig. 18

Fig. 19.

Fig. 5.

Fig. 6.

Fig. 7.

Fig. 8.

71号地图

图26

图27

图12

图9

图28

图31

图18

图30

图32

图33

图21

图22

图34

图37

图23

图24

图36

图25

图35

图38

Fig. 20.

Fig. 23.

Fig. 24.

Fig. 19.

Fig. 26

Fig. 25.

Eig. 22.

Fig. 21.

Fig. 27.

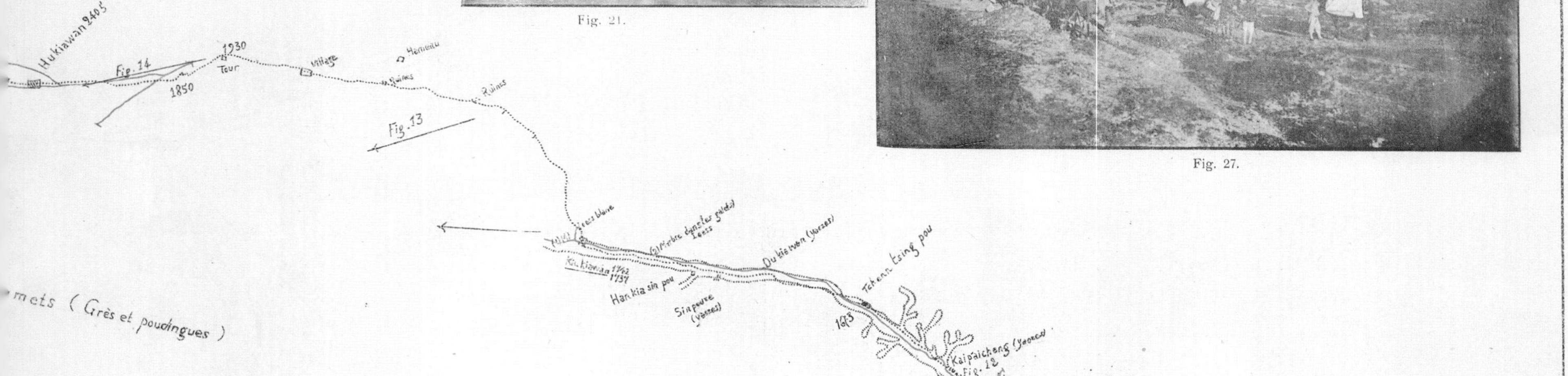

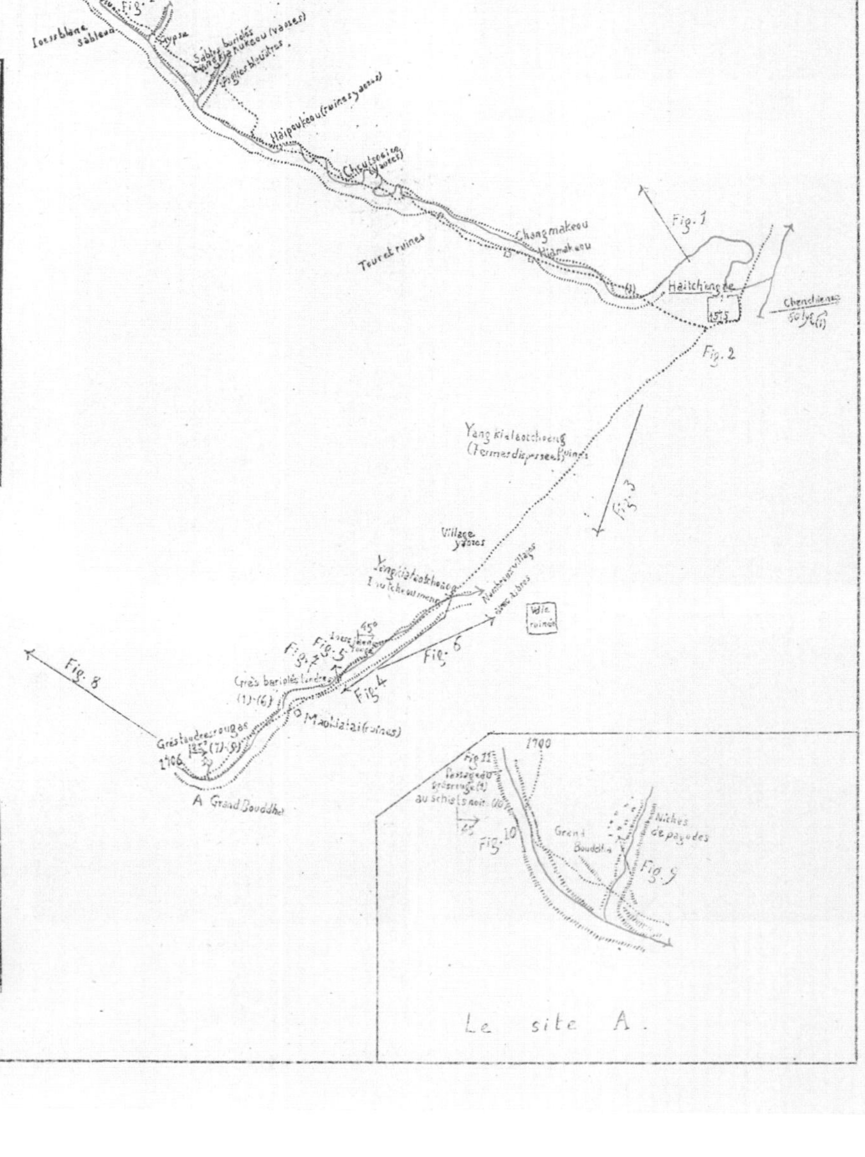

Fig. 14.

Fig. 15.

Fig. 16.

Figures 19 et suivantes, voir Feuille 72 bis.

Fig. 12.

Fig. 13.

Fig. 17.

Fig. 18.

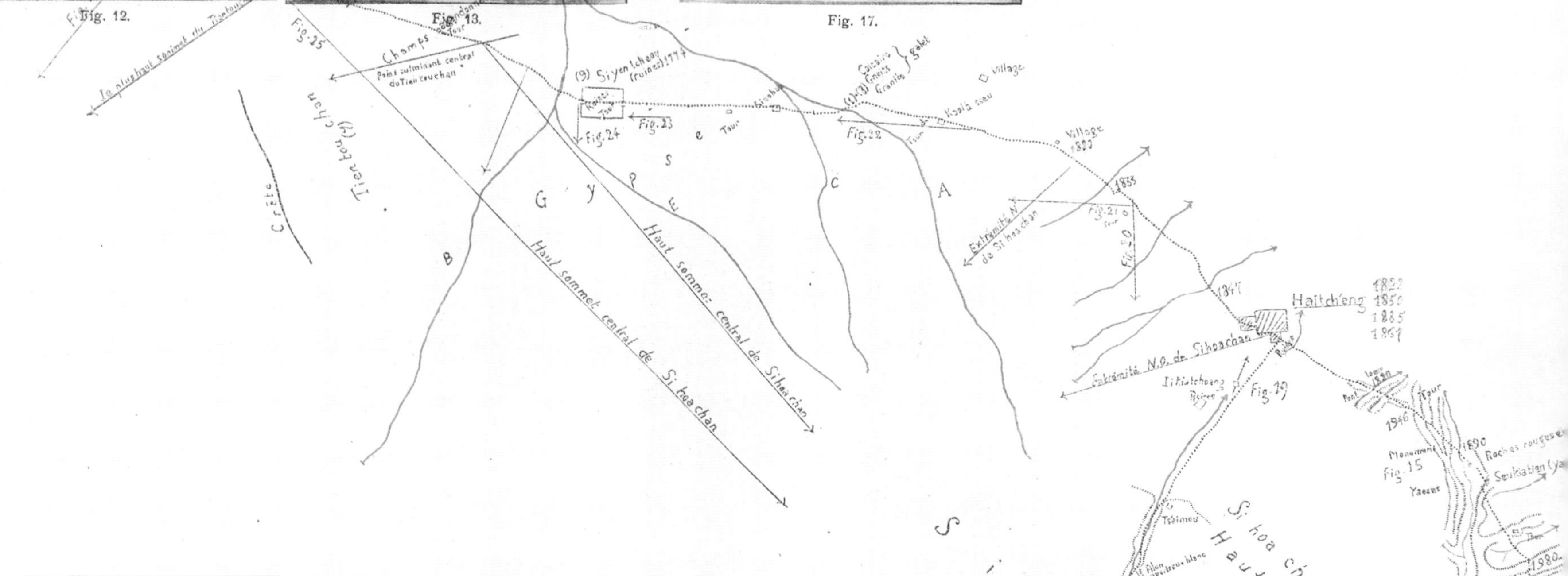

Fig. 1.

Fig. 2.

Fig. 3.

Fig. 8.

Fig. 4.

Fig. 5.

Fig. 7.

Fig. 10.

Fig. 6.

Fig. 9.

Fig. 11.

72号地图

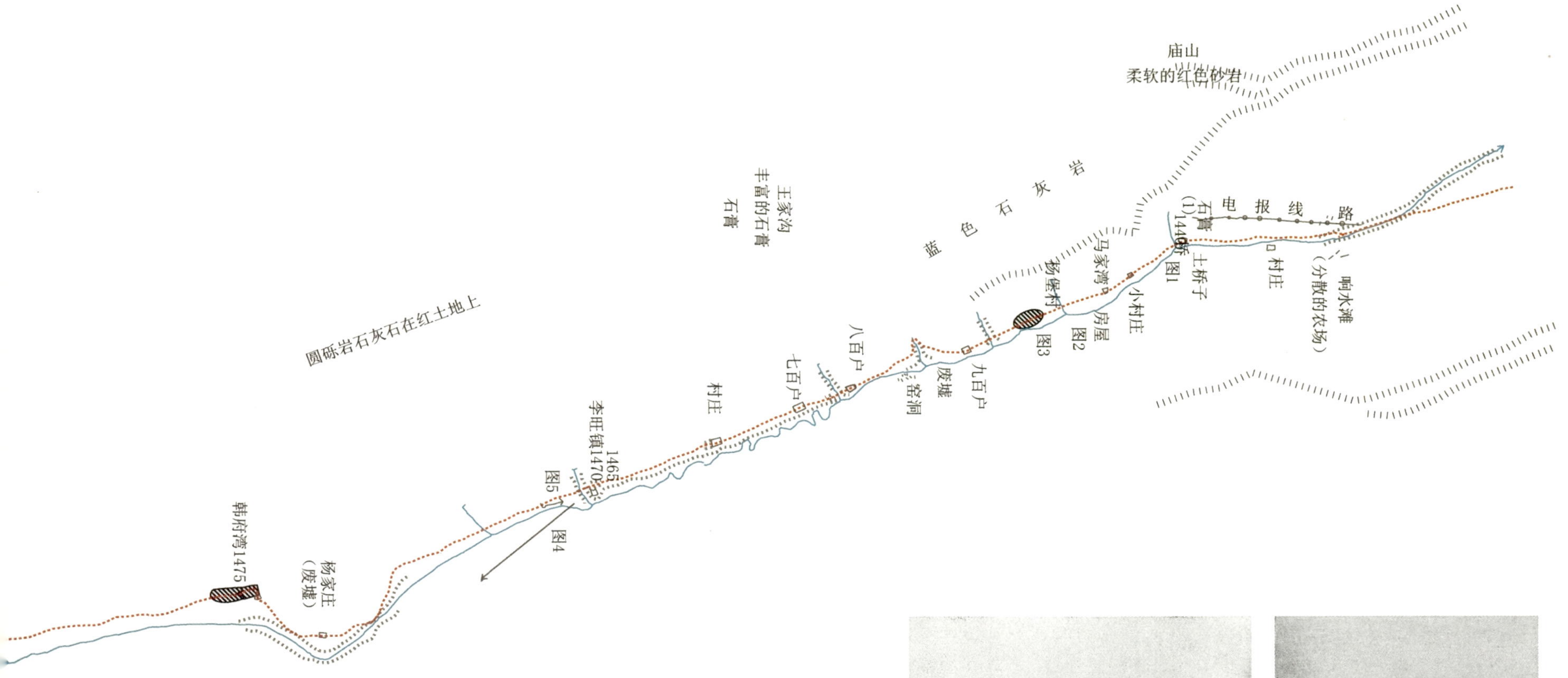

图1

图2

图3

图4

图9

图10

N

Figures 21 et suivantes, voir Feuille 73 bis.

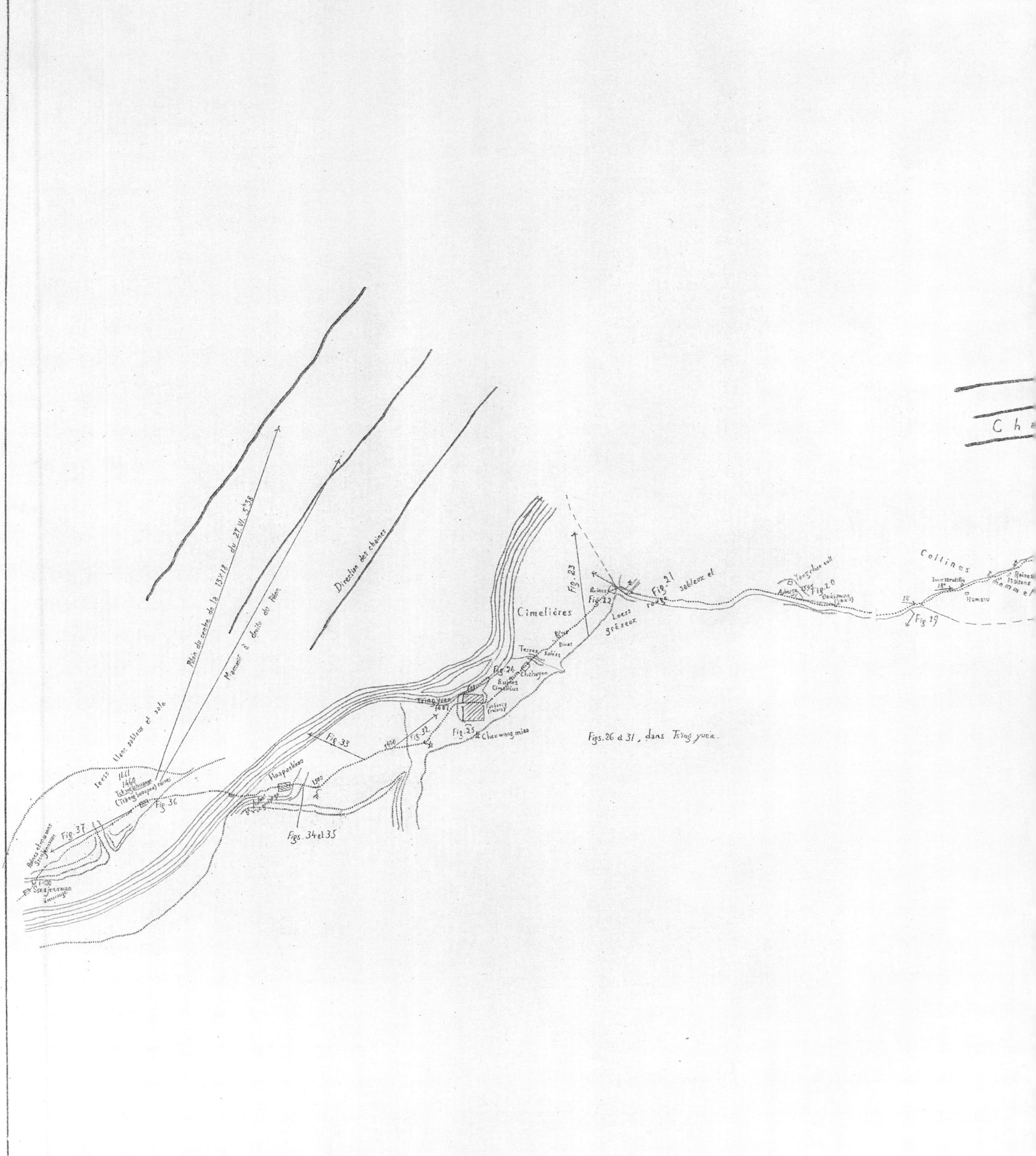

图20

图23

图24

图19

图26

图25

图22

图21

图27

图14

图15

图16

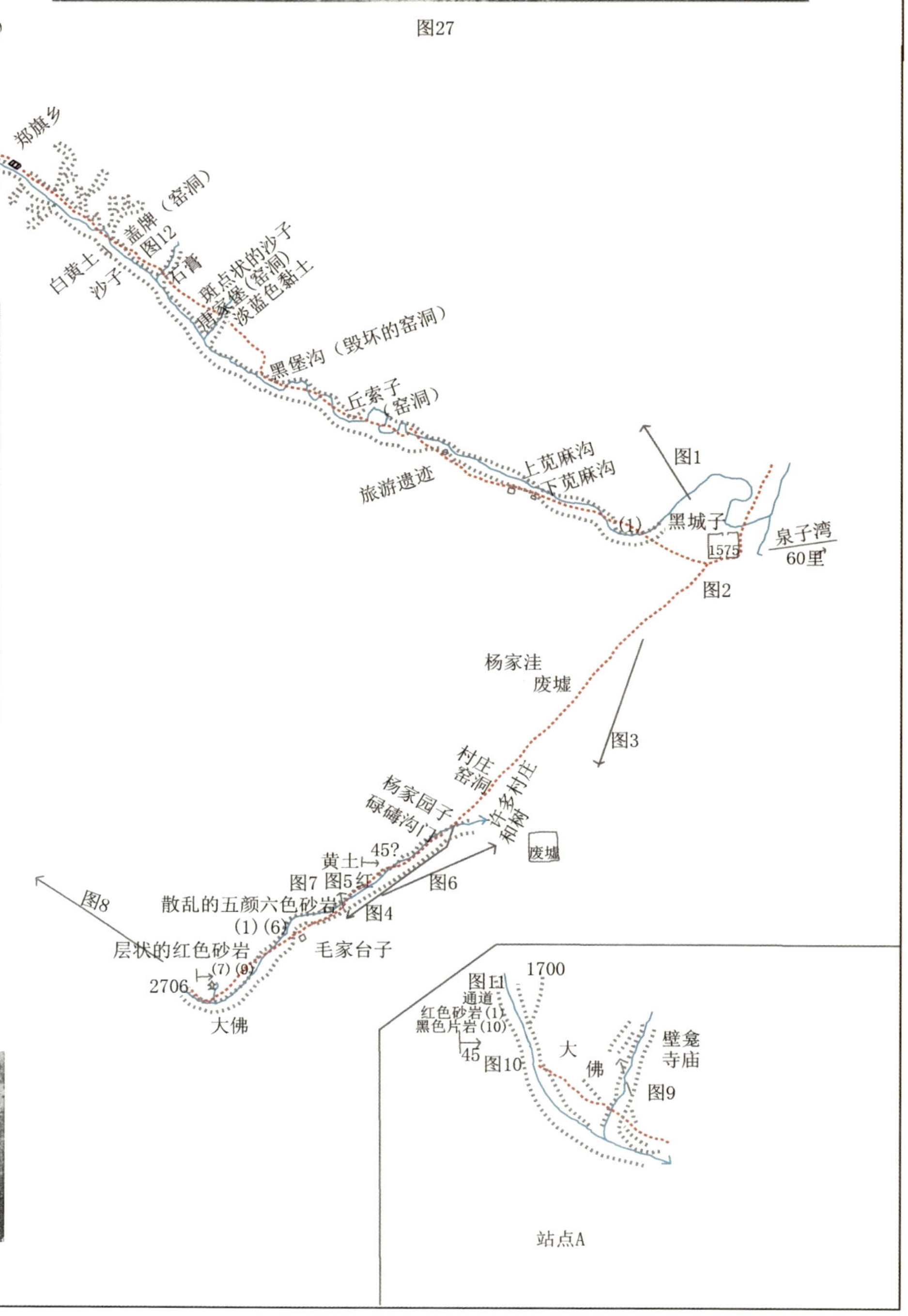

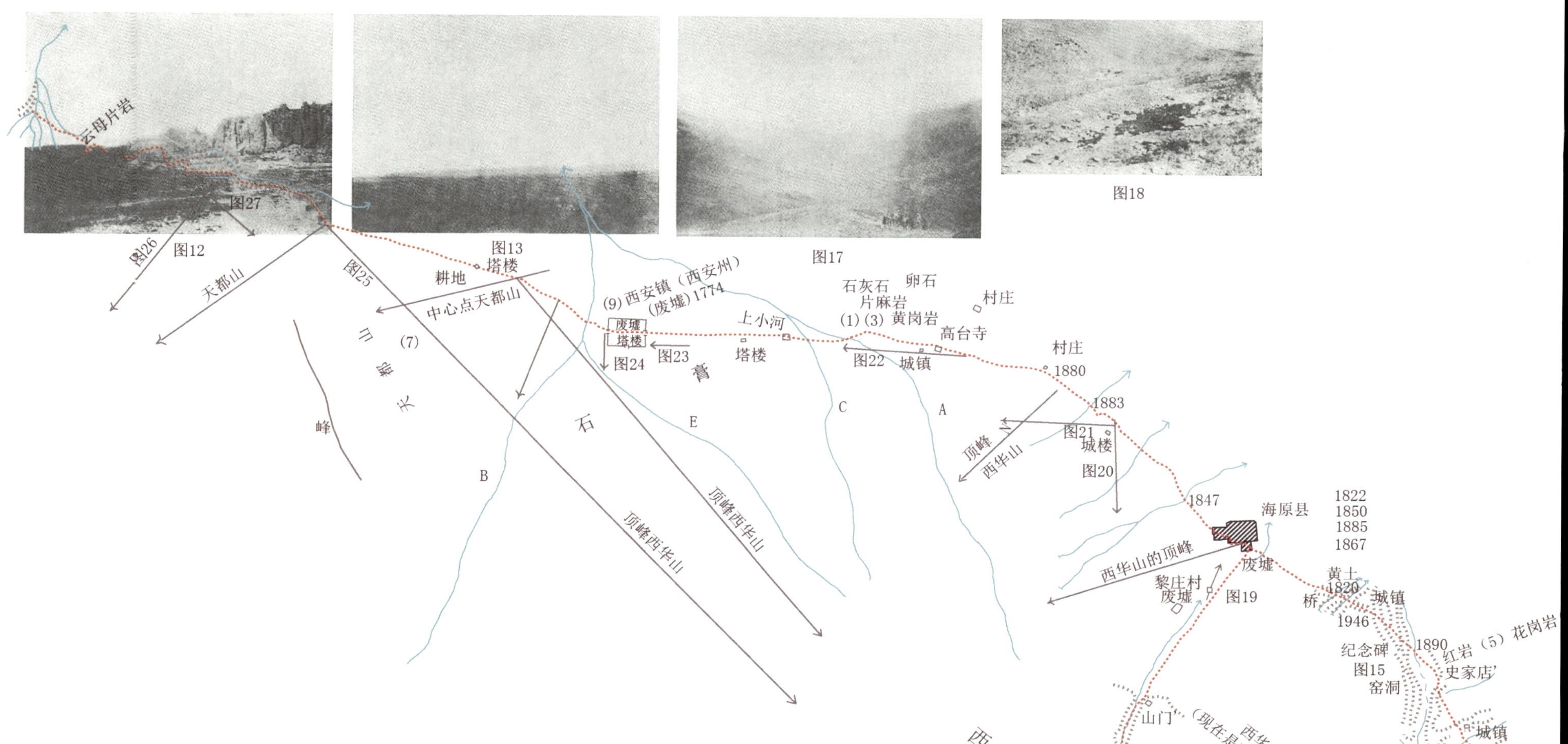

图18

图1

图2

图3

图8

图4

图5

图7

图10

图6

图9

图11

Fig. 12.

Fig. 13.

Fig. 1.

Fig. 2.

Fig. 14.

Fig. 3.

Fig. 3.

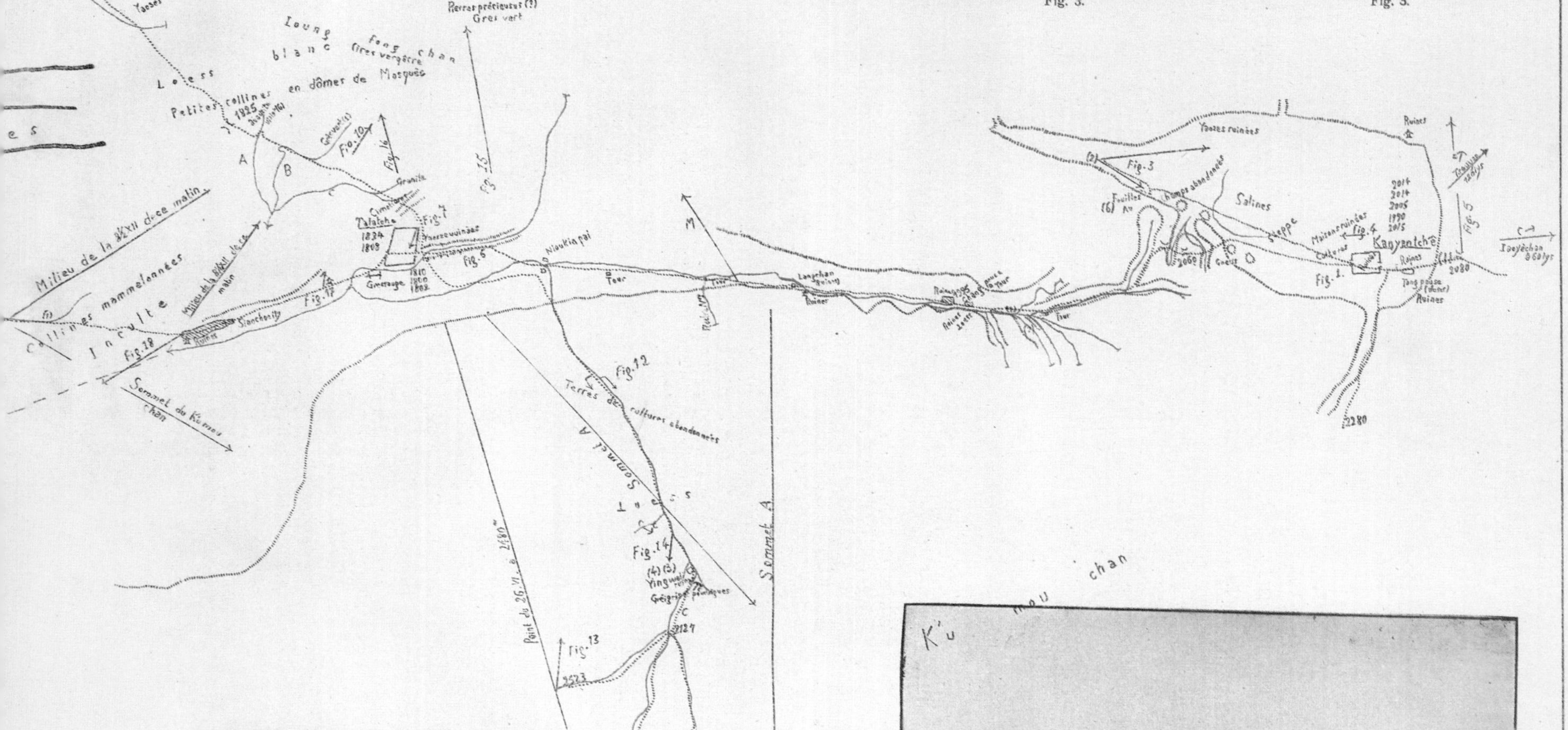

Fig. 6.

Fig. 7.

Fig. 4.

Fig. 8.

Fig. 9.

Fig. 5.

Fig. 10.

Fig. 11.

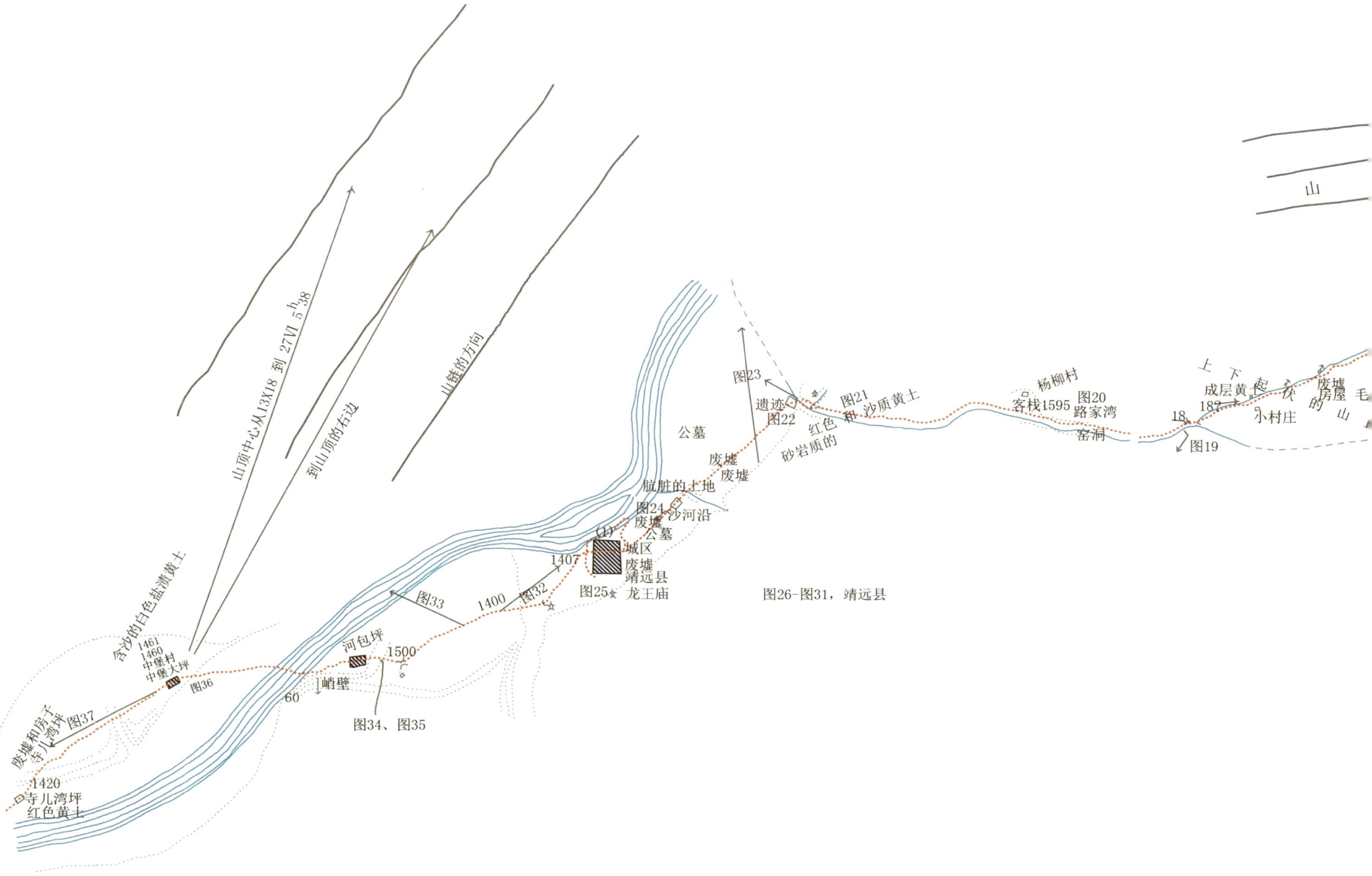
山顶中心从13X18 到 27Ⅵ 5 h38
到山顶的右边
山脊的方向
山
含沙的白色盐渍黄土
废墟和房子
寺儿湾坪
图37
1461
1460
中堡村
中堡大坪
图36
1420
寺儿湾坪
红色黄土
60
峭壁
河包坪
1500
图34、图35
图33
1400
图32
1407
图25
城区
废墟
靖远县
龙王庙
图24
废墟
沙河沿
公墓
肮脏的土地
废墟
废墟
公墓
图23
遗迹
图22
图21
砂质黄土
红色
砂岩质的
图26-图31，靖远县
杨柳村
客栈1595
图20
路家湾
窑洞
18
图19
上
下
成层黄
小村庄
废墟
房屋
毛

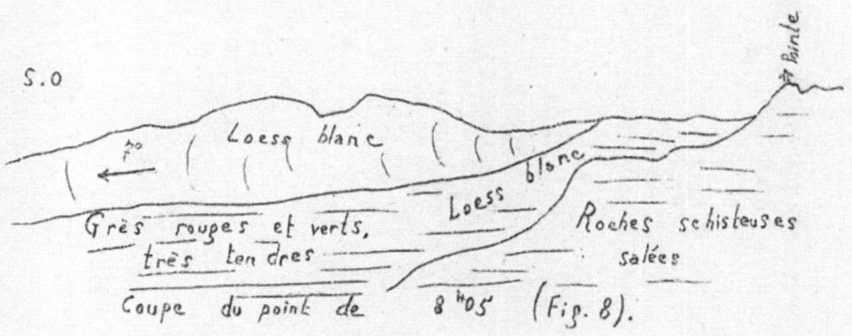

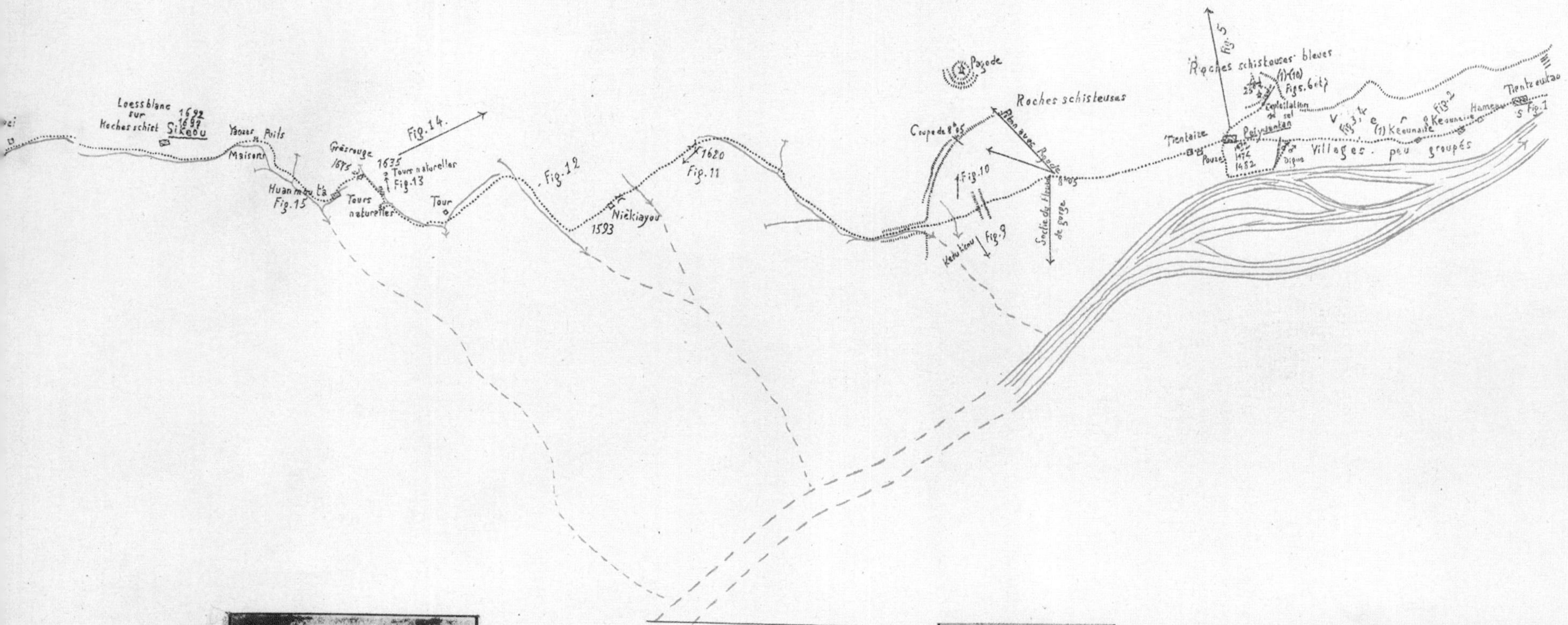

Fig. 7.

Manque.

Fig. 8.

Fig. 1.

Fig. 2.

Fig. 10

Fig. 4.

Fig. 9.

Fig. 3.

Fig. 12.

Fig. 5.

Fig. 11.

Fig. 13.

Fig: 4.

Fig. 15.

Fig. 6.

Fig. 16

Fig. 17.

Fig. 18.

Fig. 20.

Fig. 19.

Fig. 21

Fig. 22.

74号地图

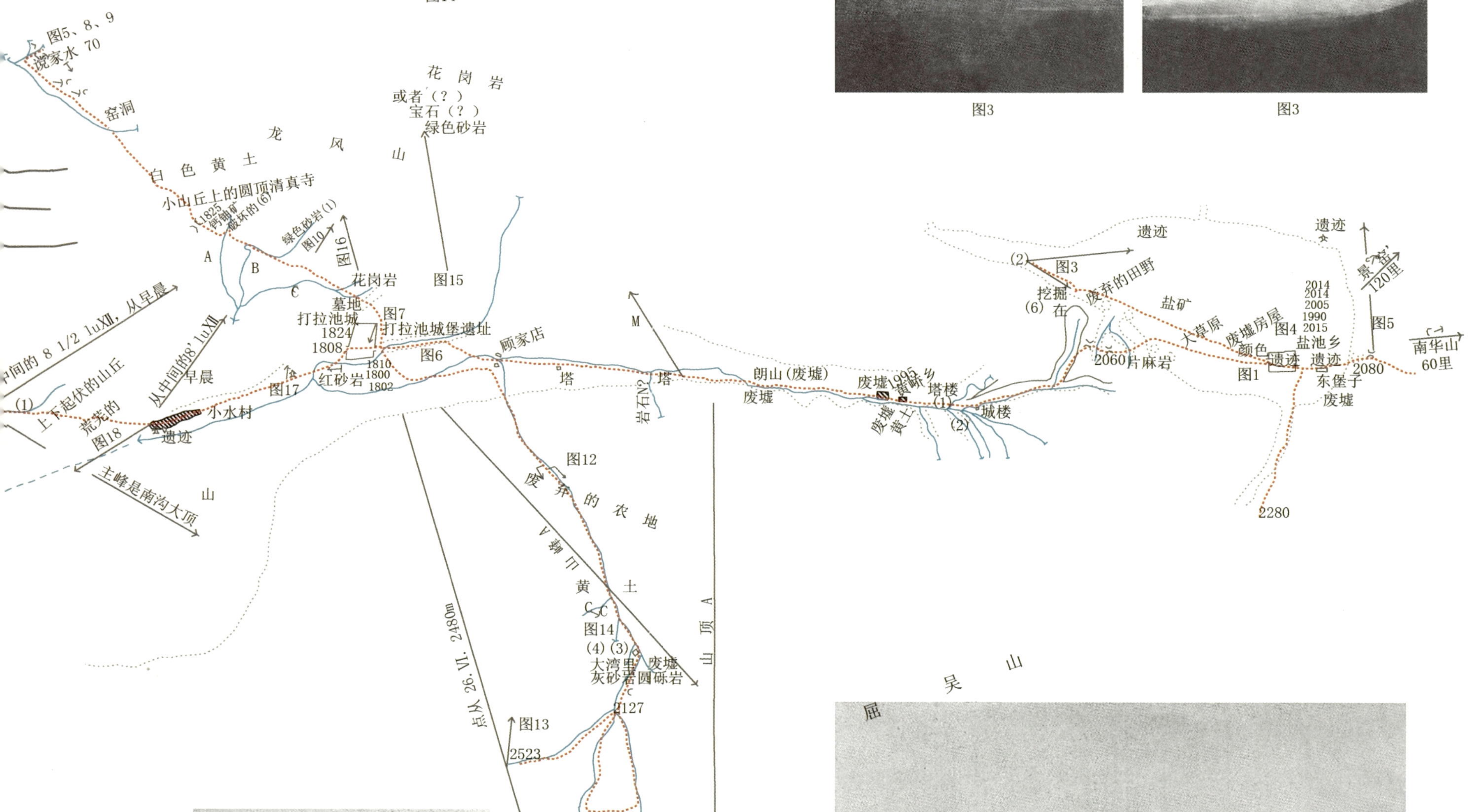

图12

图13

图1

图2

图14

图3

图3

图6

图7

图4

图8

图9

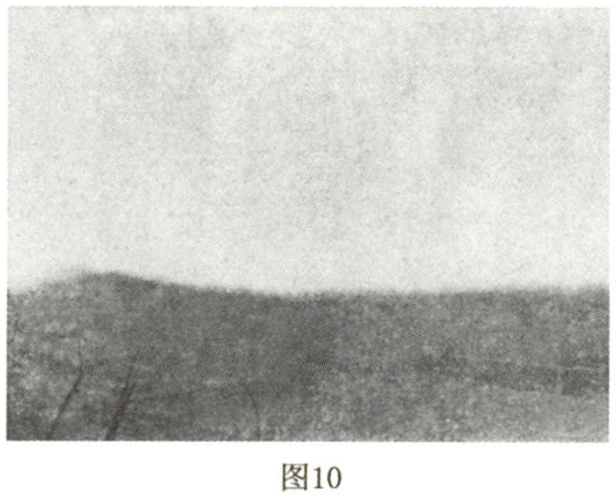
图10

图11

图5

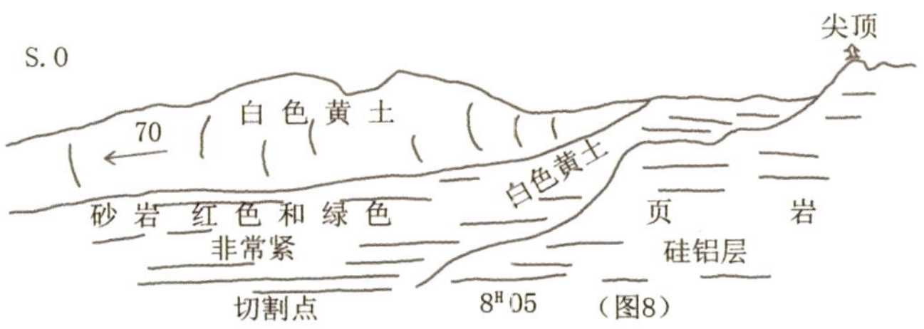

图7

图8

图1

图2

图10

图3

图4

图9

图12

图5

图11

图13

图4

图15

图6

图16

图17

图18

图20

图19

图21

图22

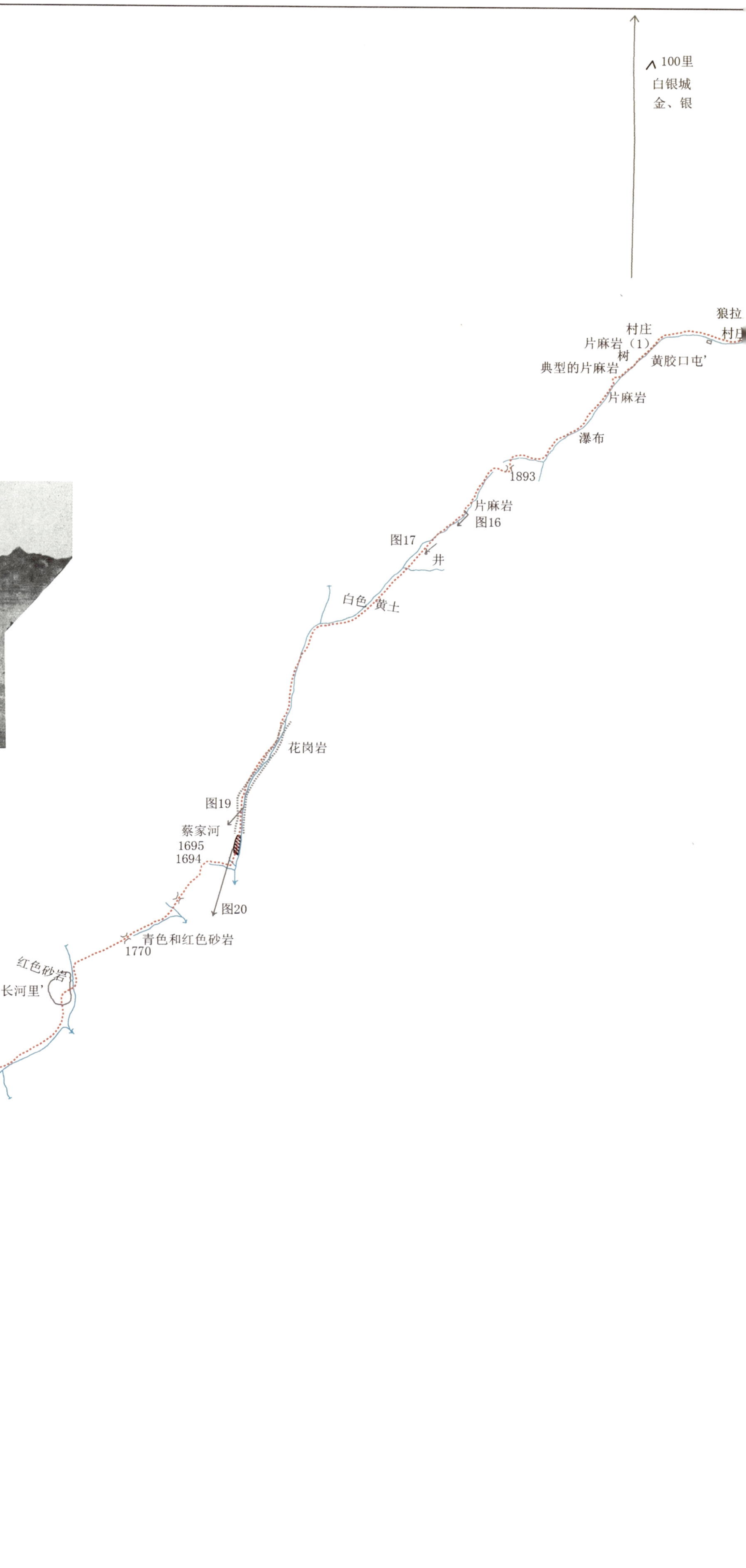

Fig. 55.

Fig. 56.

Fig. 57.

Fig. 58.

Fig. 59.

Fig. 41.

Fig. 42.

Fig. 54.

Fig. 49.

Fig. 50.

Fig. 51.

Fig. 52.

Fig. 53.

Fig. 60.

图55

图56

图57

图58

图59

图41

图42

图54

图49

图50

图51

图52

图53

图60

Fig. 32.

Fig. 34.

Fig. 20.

Fig. 35.

Fig. 36.

Fig. 21.

Fig 22.

Fig. 37.

Fig. 38.

Fig. 40.

Fgi. 39.

Fig. 25.

Fig. 23.

Fgi. 24.

Fig. 26.

Fig. 27.

Fig. 28.

Fig. 29.

Fig. 43.

Fig. 41.

Fig. 30.

Fig. 31.

Fig. 45.

Fig. 46.

Fig. 47.

Fig. 48.

Fig. 33.

Fig. 6.

Fig. 7.

Fig. 8.

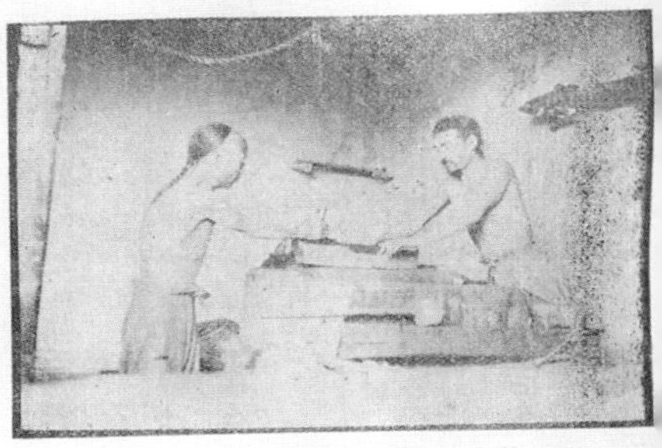
Fig. 9.

Fig. 10.

Fig. 11.

Fig. 12.

Fig. 13.

Fig. 14.

Fig. 15.

Fig. 16.

Fig. 17.

Fig. 18

Fig. 19.

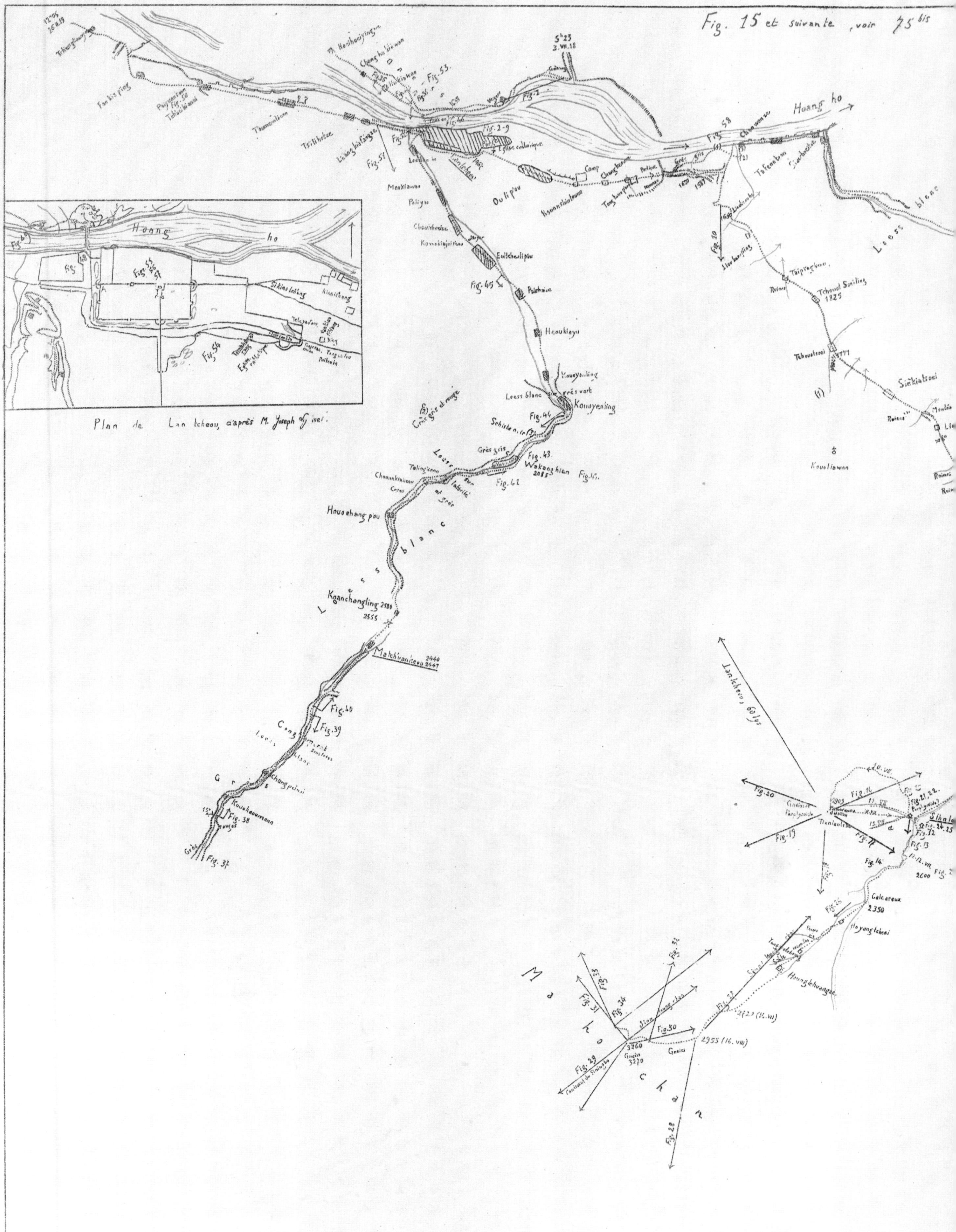

Fig. 15 et suivante, voir 75 bis
Hoang ho
Plan de Lan tcheou, d'après M. Joseph
Loess blanc
Kouoyenling
Wakanghien
Houochang pou
Kganchangling 2580
2555
Fig. 40
Fig. 39
Fig. 38
Fig. 37
Fig. 43
Fig. 44
Fig. 42
Fig. 45
Fig. 51
Fig. 53
Fig. 54
Fig. 55
Fig. 2-9
Fig. 58
Fig. 20
Fig. 19
Fig. 16
Fig. 17
Fig. 14
Fig. 27
Fig. 28
Fig. 29
Fig. 30
Fig. 31
Fig. 33
Fig. 34
Eglise catholique
Oulipou
Poliyu
Heoukiayu
Tchoutsoei
Tchouei Seuling 1825
Siekiatsoei
Kouoliewan
Tienlaotsao
Calcaires 2350
Hoyangtchoei
Ma ho chan
Gneiss
3260
2953 (16. VII)
Lan tcheou, 60 lis

75号地图

图32

图34

图35

图36

图37

图38

图39

图40

图26

图27

图43

图41

图45

图46

图47

图48

图20

图21

图22

图25

图23

图24

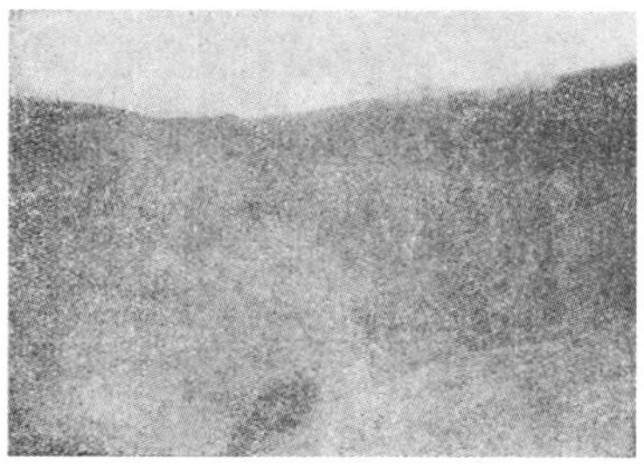
图28

图29

图30

图31

图33

图6

图7

图8

图9

图10

图11

图12

图13

图14

图15

图16

图17

图18

图19

Fig. 1.

Fig. 2.

Fig. 3.

Fig. 4.

Fig. 5.

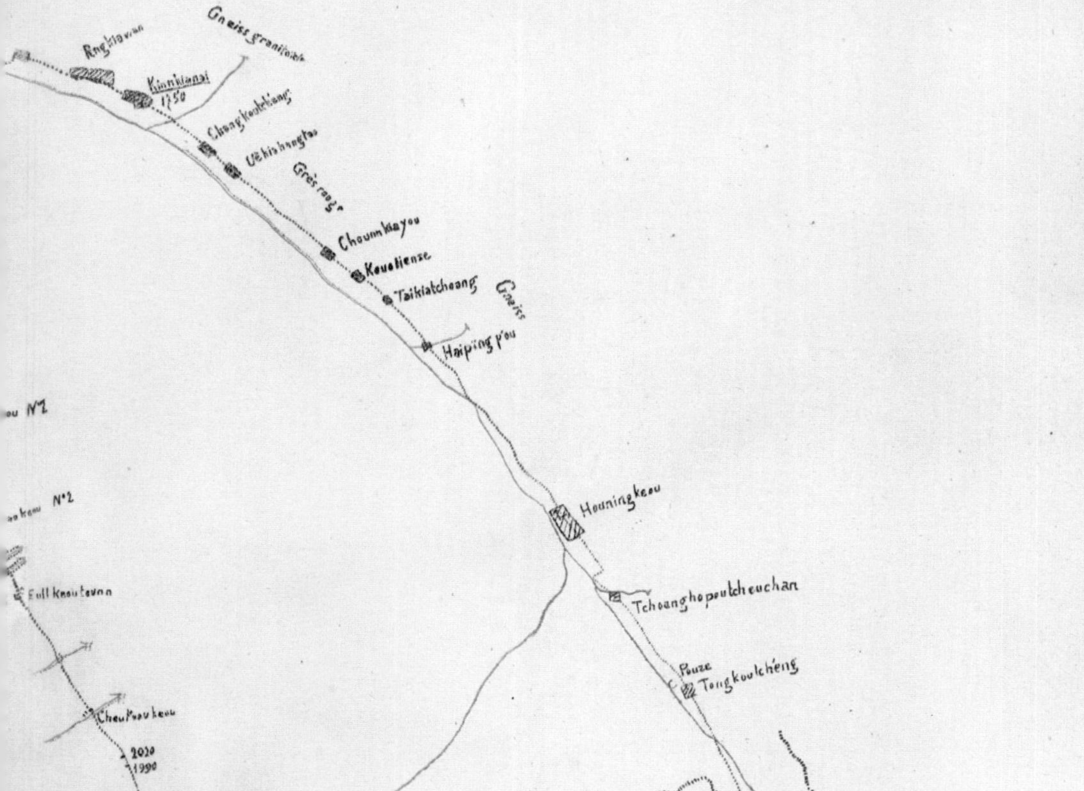
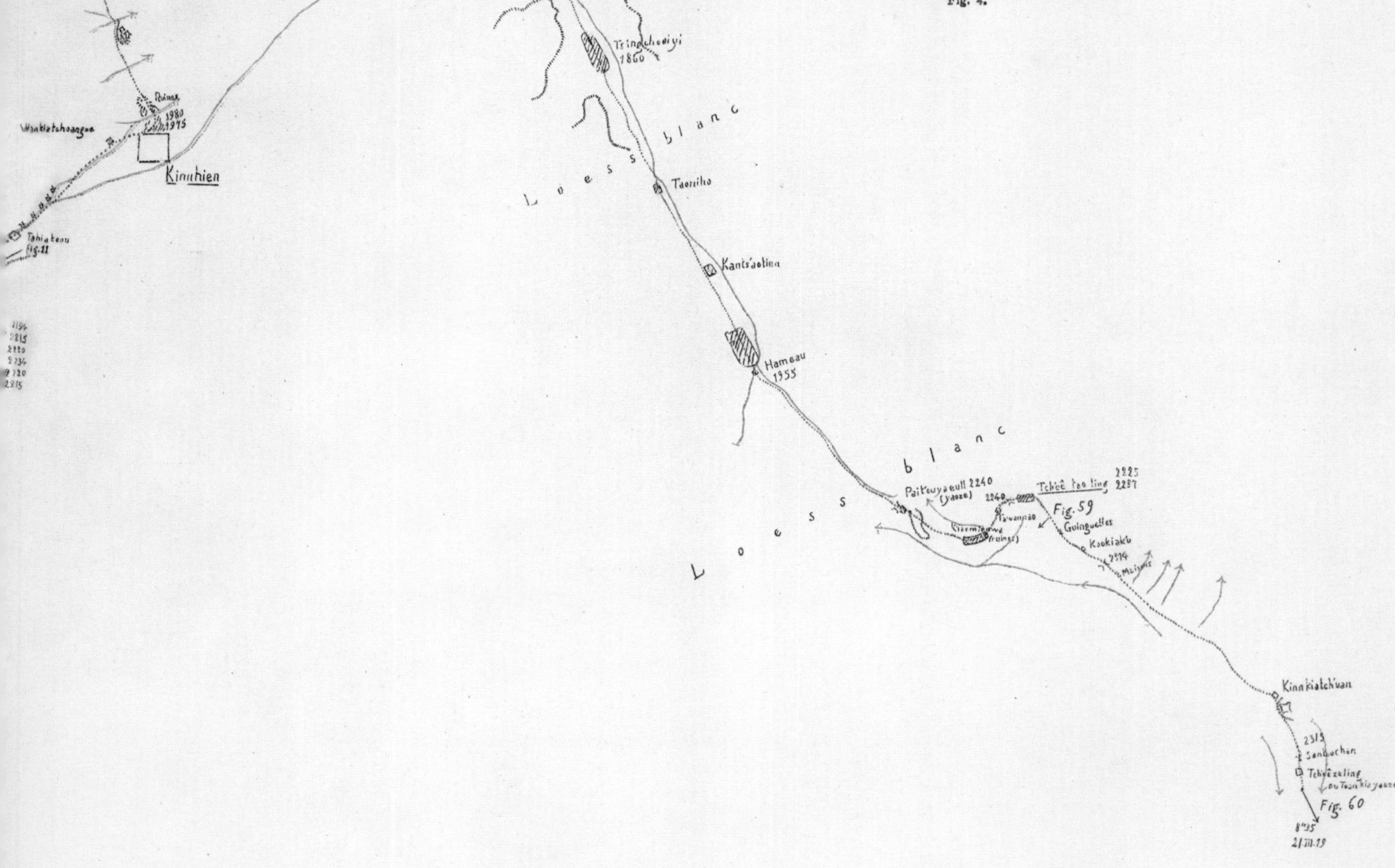

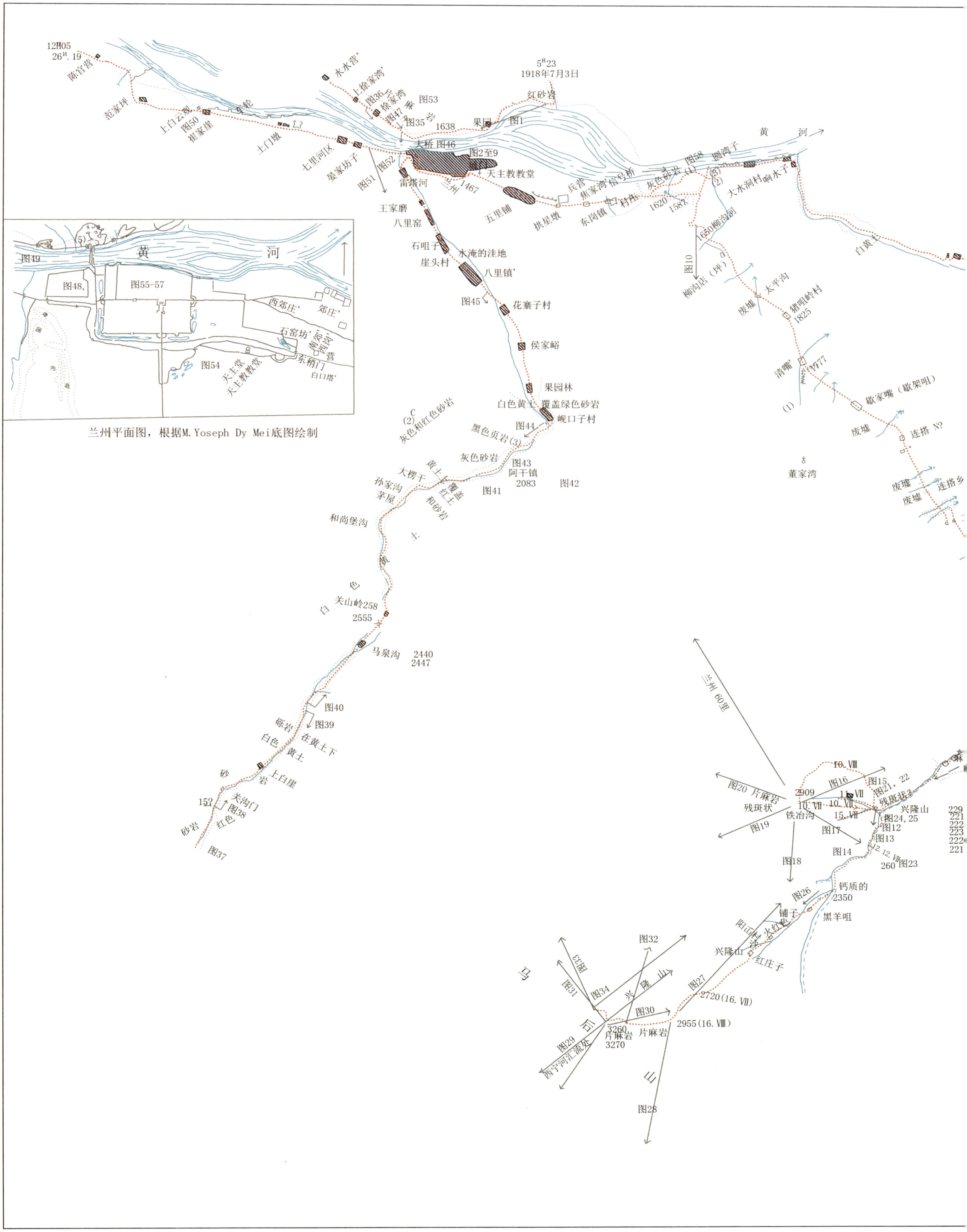

12H05
26H.19
陈官营
范家坪
上白云观
图50
崔家崖
土门墩
七里河区
晏家坊子
图51
图52
水水营
上徐家湾
图36
徐家湾
图47
图53
图35
1638
果园
图1
红砂岩
5H23
1918年7月3日
大桥 图46
图2至9
天主教教堂
雷塔河
兰州
1467
五里铺
拱星墩
兵营
焦家湾
东岗镇
灰色砂岩
1620
1587
图58
圆湾子
大水洞村
响水子
黄
河
白黄土
图10
柳沟店（坪）
1650柳沟河
废墟
太平沟
猪咀岭村
1825
清嘴
歇家嘴（歇架咀）
连搭
废墟
董家湾
废墟
连搭乡
王家磨
八里窑
石咀子
水淹的洼地
崖头村
八里镇
图45
花寨子村
侯家峪
果园林
白色黄土
覆盖绿色砂岩
岘口子村
图44
黑色页岩(3)
灰色和红色砂岩
灰色砂岩
图43
阿干镇
2083
图42
图41
大楞干
孙家沟
茅屋
和尚堡沟
黄
土
色
白
关山岭258
2555
马泉沟
2440
2447
图40
图39
砾岩
在黄土下
白色
黄土
上白崖
砂
岩
关沟门
图38
红色
砂岩
图37
图49
黄
河
图48
图55-57
西郊庄
郊庄
石窑坊
图54
天主堂
天主教教堂
东稍门
白口塔
兰州平面图，根据M. Yoseph Dy Mei底图绘制
兰州60里
10. VIII
图16
图15，22
图21，22
2909
图20 片麻岩
残斑状
铁冶沟
图19
图17
图18
兴隆山
图24，25
图12
图13
图14
260
图23
图26
钙质的
2350
黑羊咀
铺子
兴隆山
红庄子
图32
图33
图31
图34
马
兴
隆
山
图30
图27
2720（16. VII）
2955（16. VIII）
片麻岩
3260
3270
图29
西宁河汇流处
山
图28

Carte du pays S du Kansou

76

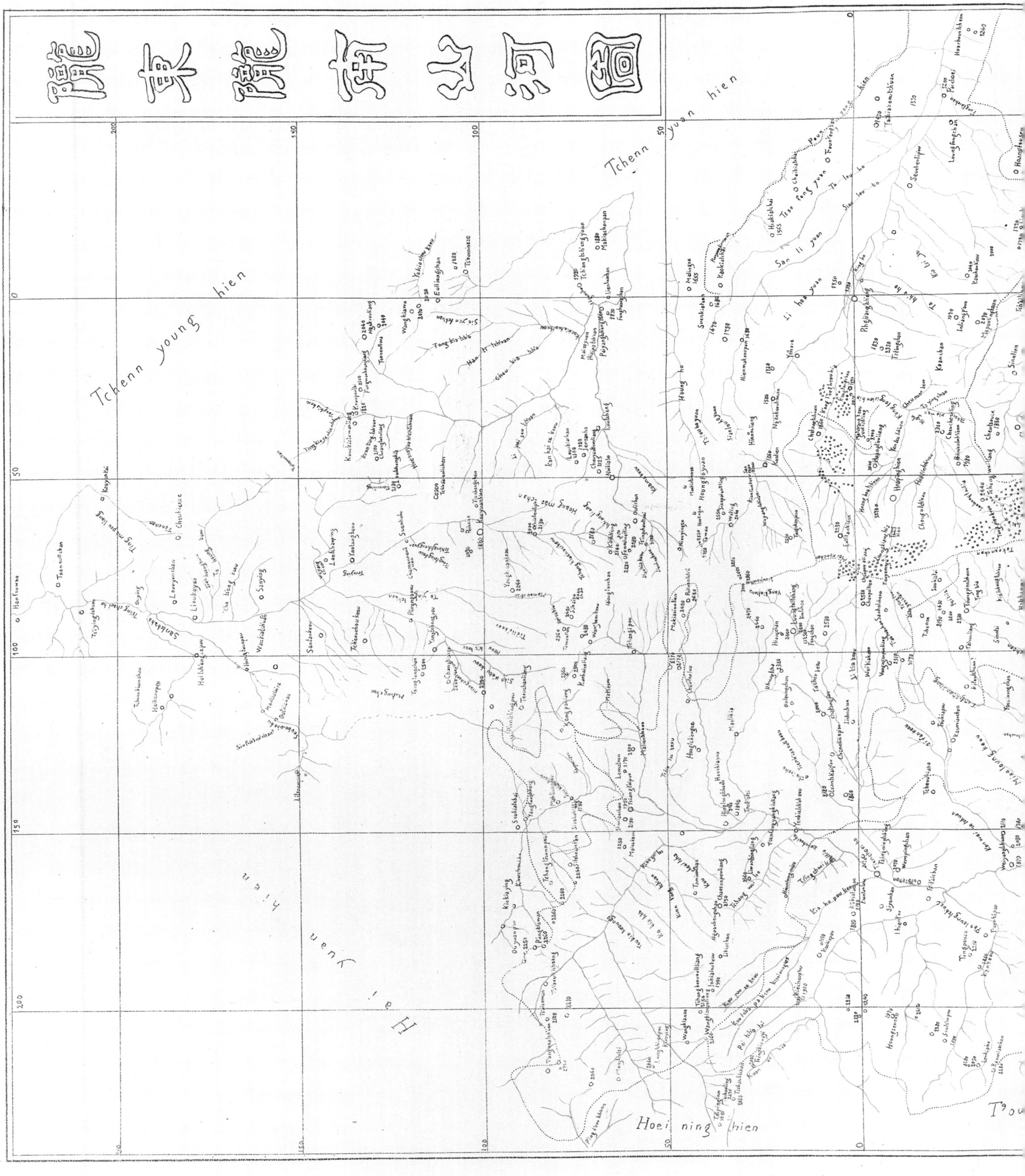
隴東隴南山河圖
Tchenn young hien
Tchenn yuan hien
Hai yuan hien
Hoei ning hien
San li yuan
Li hoa yuan
Hoang ho

76
号地图

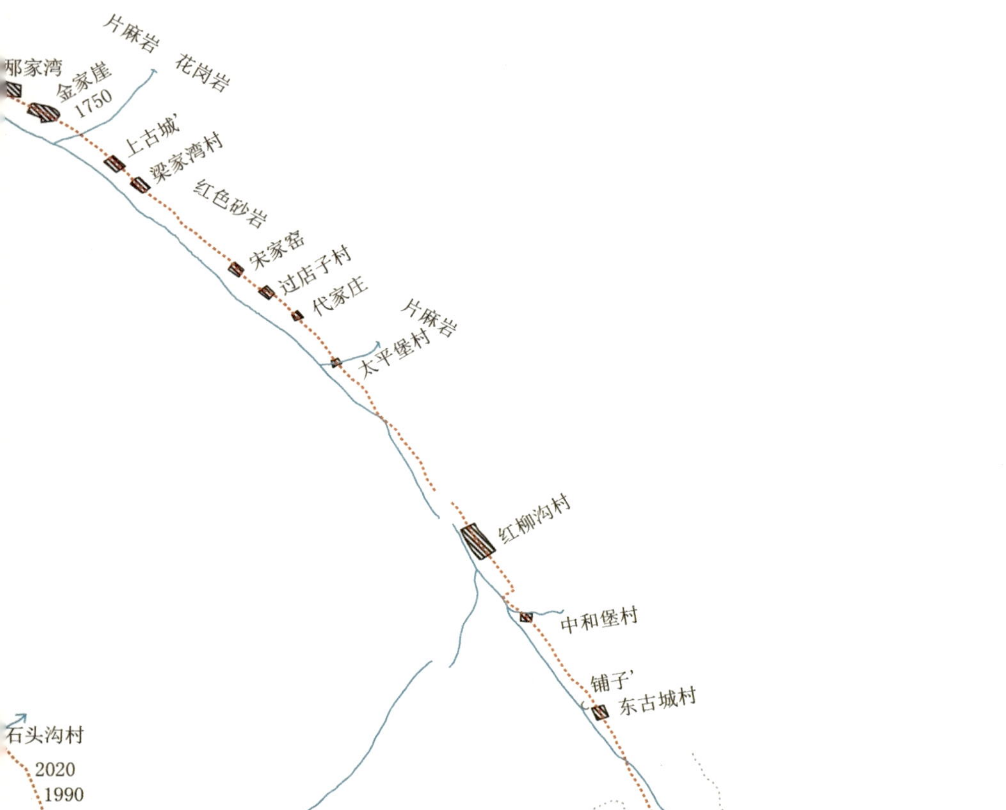

N
邓家湾
金家崖
1750
片麻岩
花岗岩
上古城'
梁家湾村
红色砂岩
宋家窑
过店子村
代家庄
片麻岩
太平堡村
红柳沟村
中和堡村
铺子'
东古城村
石头沟村
2020
1990
废墟
1980
1975
庄
榆中县
清水村(清水驿)
1860
黄
土
白
色
稠泥河村
甘草店镇
村庄
1955
土
黄
色
白
白杨山2240
(窑洞)
2240
车道岭
2237
2225
图59
大山上
官兴村
刺梅湾
(遗迹)
管家坪
2374
宅院
景家泉
2313
三号山'
清恩岭
吴关家窑则'
图60
8H35
21. III. 19

图1

图2

图3

图4

图5

甘肃地区的地图

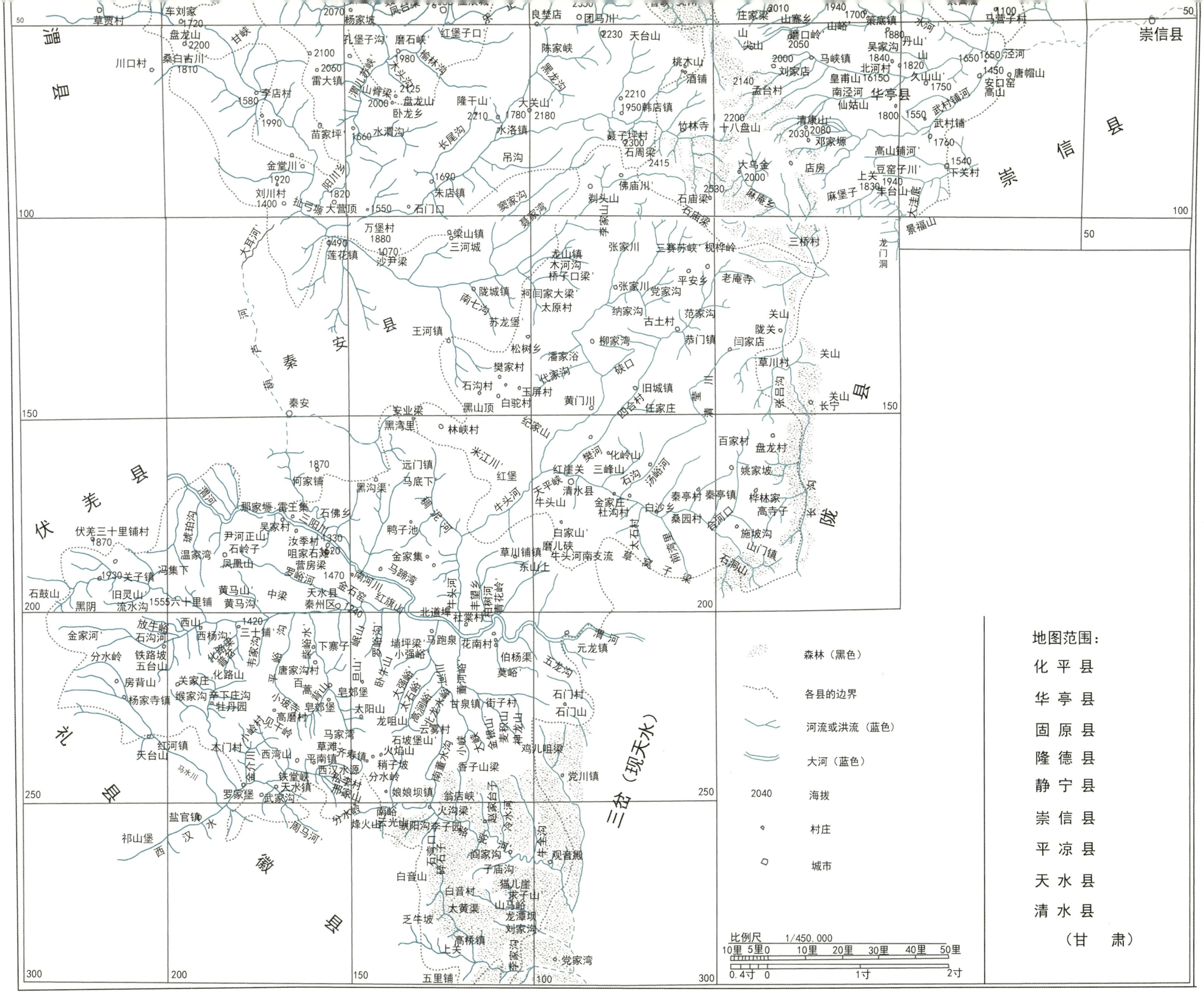
地图范围：
化 平 县
华 亭 县
固 原 县
隆 德 县
静 宁 县
崇 信 县
平 凉 县
天 水 县
清 水 县
（甘　肃）
森林（黑色）
各县的边界
河流或洪流（蓝色）
大河（蓝色）
2040　海拔
村庄
城市
比例尺　1/450,000
10里 5里 0　10里　20里　30里　40里　50里
0.4寸 0　1寸　2寸
崇信县
华亭县
清水县
秦安县
伏羌县
礼县
徽县
陇县
渭县
三岔（现天水）
天水县
秦州区
清水县
崇 信 县
陇 县
秦 安 县
伏 羌 县
礼 县
徽 县

隴東隴南山河圖

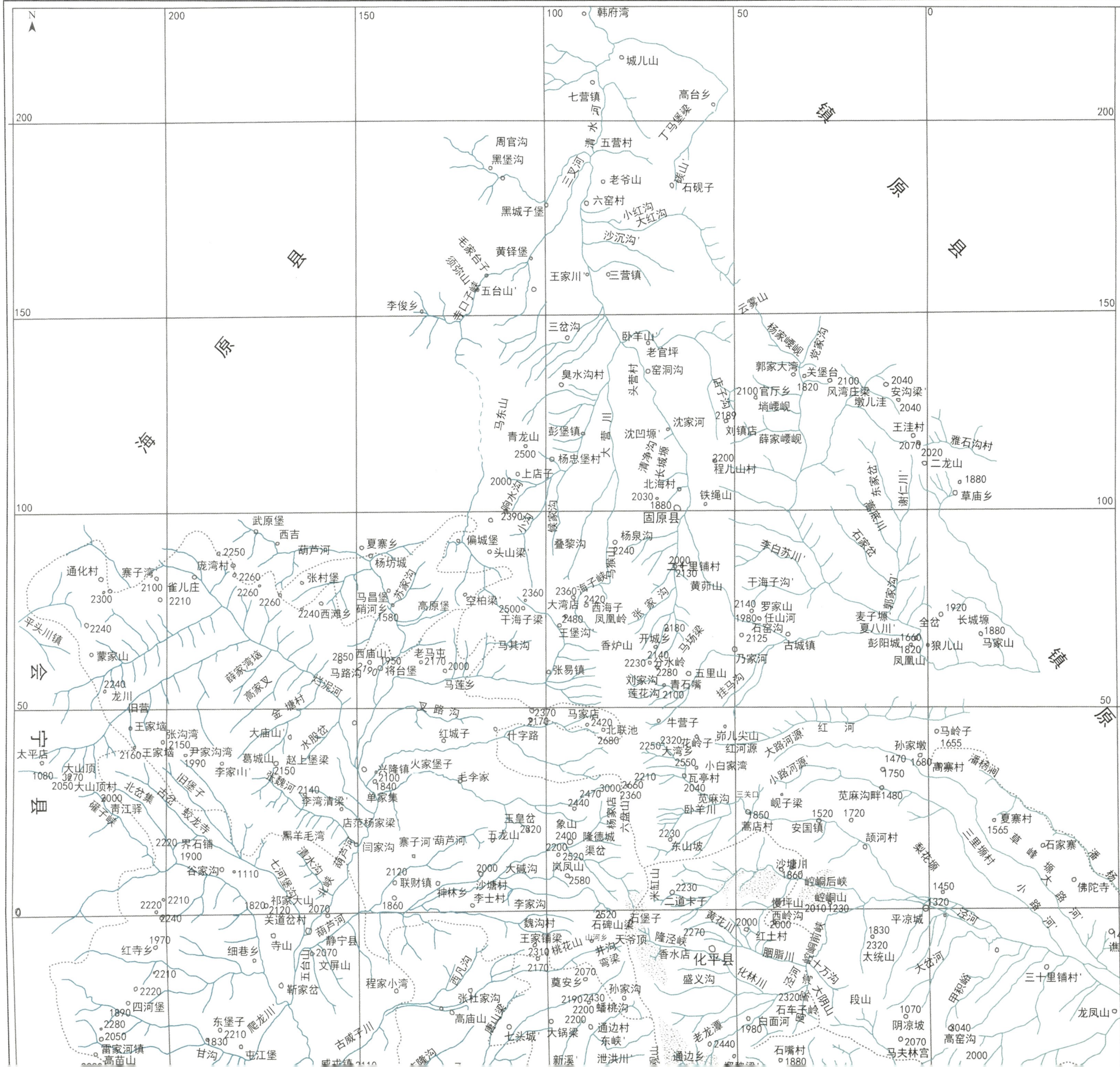

韩府湾
城儿山
七营镇
高台乡
五营村
周官沟
黑堡沟
老爷山
石砚子
六窑村
黑城子堡
小红沟
大红沟
沙沉沟
黄铎堡
王家川
三营镇
李俊乡
三岔沟
卧羊山
老官坪
窑洞沟
臭水沟村
郭家大湾
关堡台
杨家峻岘
官厅乡
风湾庄梁
安沟梁
墩儿洼
王洼村
雅石沟村
二龙山
草庙乡
彭堡镇
青龙山
杨忠堡村
沈家河
沈凹塬
刘镇店
薛家峻岘
程儿山村
上店子
北海村
铁绳山
固原县
武原堡
西吉
葫芦河
夏寨乡
偏城堡
头山梁
叠黎沟
杨泉沟
杨坊城
张村堡
马昌堡
高原堡
空柏梁
于海子梁
大湾店
西海子
凤凰岭
王堡沟
马其沟
干海子沟
罗家山
任山河
石岔沟
古城镇
彭阳城
狼儿山
凤凰山
马家山
长城塬
全岔
乃家河
香炉山
开城乡
分水岭
刘家沟
青石嘴
五里山
莲花沟
张易镇
通化村
寨子湾
雀儿庄
庞湾村
平头川镇
蒙家山
龙川
马莲乡
薛家湾垴
高家叉
旧营
王家垴
张沟湾
太平店
大山顶
大山顶村
北岔集
青江驿
蜂子崃
界石铺
谷家沟
马家店
牛营子
北联池
什字路
红城子
大庙山
水股岔
葛城山
赵上堡梁
兴隆镇
火家堡子
单家集
李湾清梁
店范杨家梁
黑羊毛湾
闫家沟
寨子河
葫芦河
联财镇
玉皇岔
五龙山
象山
隆德城
渠岔
六盘山
杨家店
瓦亭村
小白家湾
岘子梁
高店村
安国镇
东山坡
马岭子
孙家墩
高寨村
觅麻沟畔
颉河村
夏寨村
石家寨
佛陀寺
平凉城
太统山
段山
化平县
盛义沟
香水店
隆泾峡
石碑山梁
莫安乡
孙家沟
蟠桃沟
静宁县
文屏山
关道岔村
寺山
红寺乡
四河堡
东堡子
雷家河镇
高庙山
程家小湾
张杜家沟
七头城
新溪
大锅梁
白面河
阴凉坡
高窑沟
马夫林宫
龙凤山
白水镇
三十里铺村
谯家口庄
崆峒山
崆峒后峡

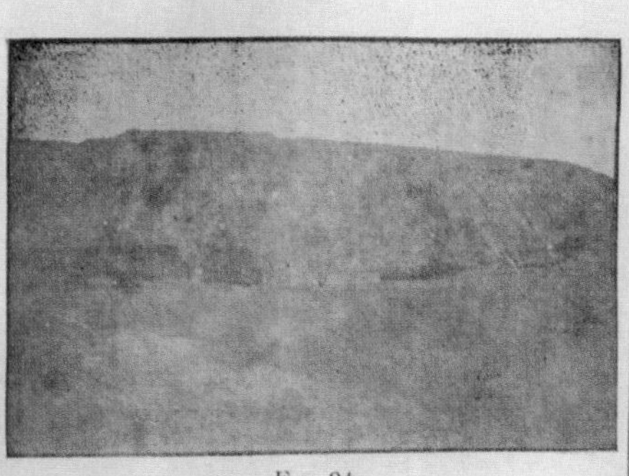

Fig. 24.

Fig. 25.

Fig. 15.

Fig. 26.

Fig. 16.

Fig. 17.

Fig. 18.

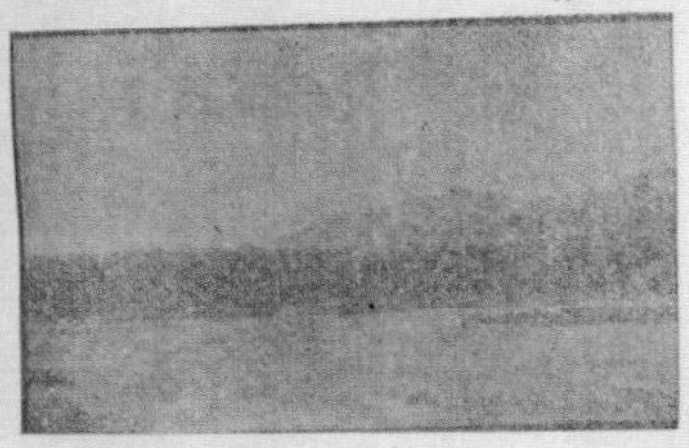

Fig. 21.

Fig. 23.

Fig. 19.

Fig. 22.

Fig. 20.

图24

图25

图15

图26

图16

图17

图18

图21

图23

图19

图22

图20

Voyage de 1918-19
77
Fig. 12 et suivantes, voir Feuille 77 bis
Houngtch'engze 1880 (30.XII.18)
Hukiamour
Payingtseu
Fig. 7
Pont
Hanchoeiho
Grès gris cendre
Likiapou
Salines
Hakiatchoei N°2
Hakiatchoei
(ruiné en partie)
Ruines
Miakiaotou
Gypse
Pont (Fig. 6)
Roches rouges
Foulaitikia
Fig. 5
Fig. 4
Sisolouoktien
Hameau
Yu kia wan
Tsoukeoutseu
Pai cheutseu
Yenkiaping
Loess blanc
Tchoukiatingze 1663 1658
Maisons
Fig. 11
Hameau
Fig. 10
Fig. 9
Fig. 8
Cheulitienze
Fig. 2
Charijn Gol ou Ping fan ho
chocolat
Sintch'eng 1706 1610
Fig. 22
Tchingcheuluei
Roches hydrauliques
Fig. 23
Fig. 24
Faille
Leangkiawan
Fig. 26
Fig. 25
Grès rouge
Ruines
Hameau
Koutch'eng

Fig. 1.

Fig. 3.

Fig. 6.

Fig. 2.

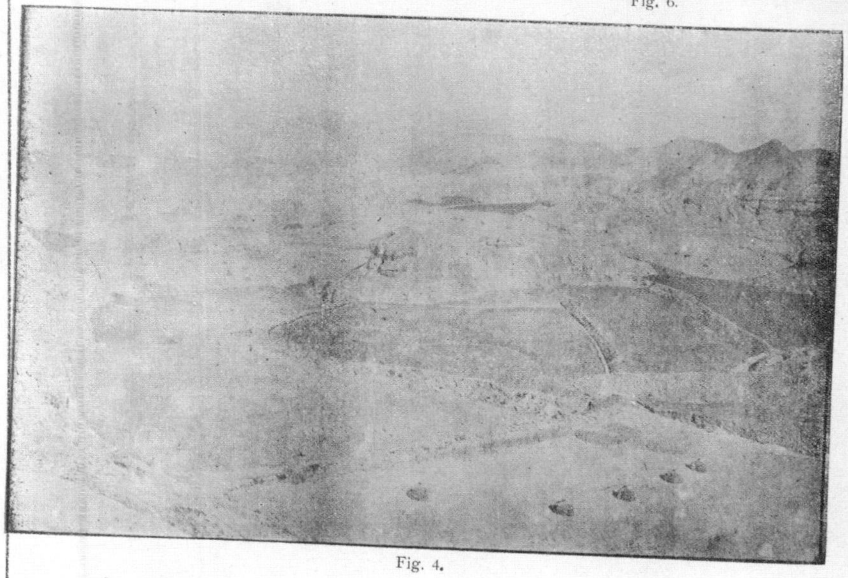

Fig. 4.

Fig. 8.

Eig. 9.

Fig. 10

Fig. 11.

Fig. 12.

Fig. 13.

Fig. 14.

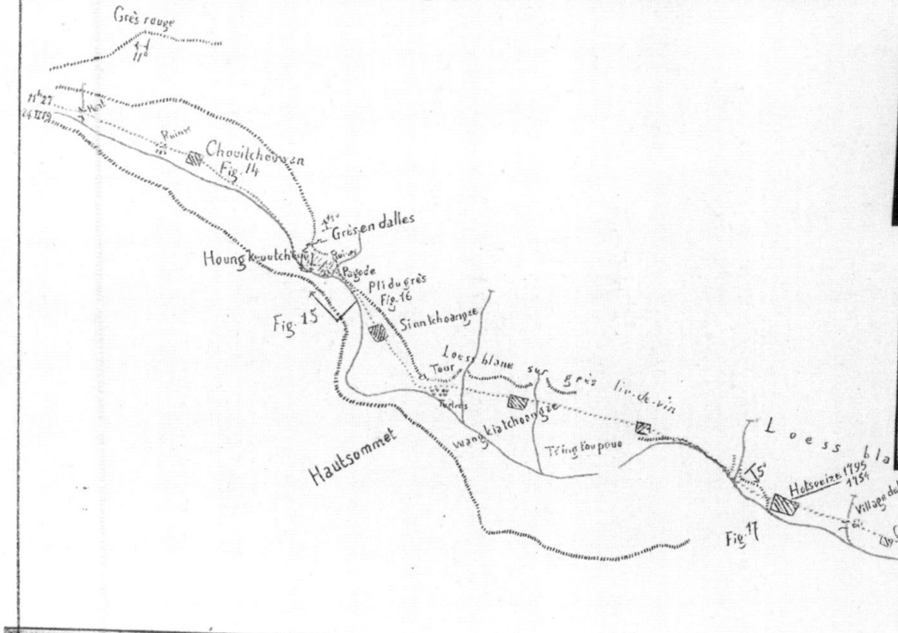

Fig. 5.

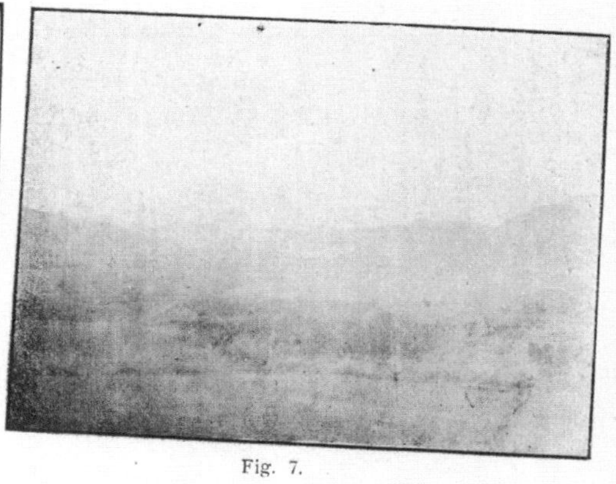

Fig. 7.

77号地图

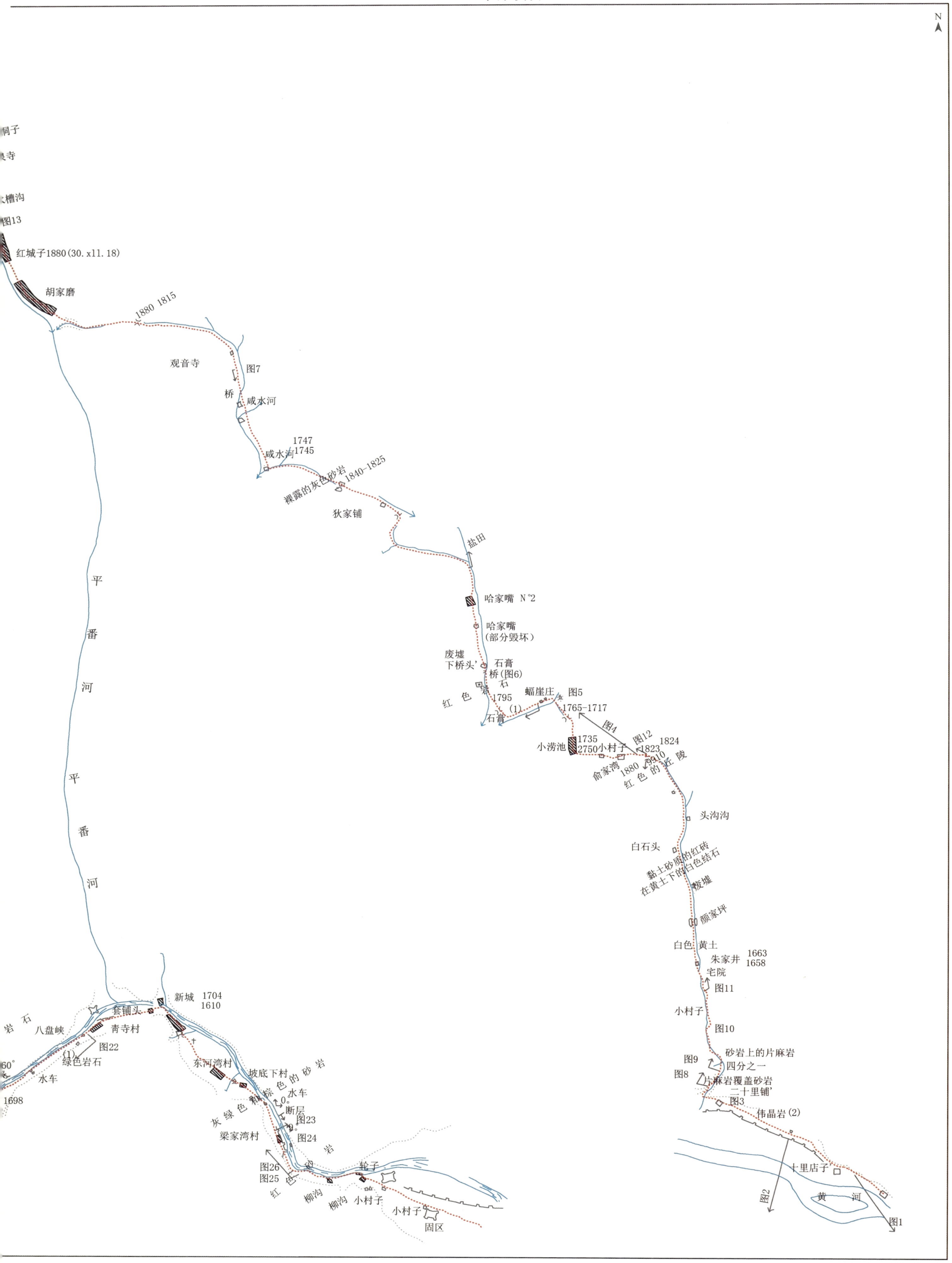
N
洞子
泉寺
水槽沟
图13
红城子1880(30.x11.18)
胡家磨
1880 1815
观音寺
图7
桥
咸水河
1747
1745
咸水河
裸露的灰色砂岩
1840-1825
狄家铺
盐田
哈家嘴 N°2
哈家嘴
(部分毁坏)
废墟
下桥头'
石膏
桥(图6)
红 色
石
1795
蝠崖庄
图5
(1)
1765-1717
石膏
图4
小涝池
1735
2750
小村子
图12
1823
1824
俞家湾
1880
红 色 的 丘 陵
头沟沟
白石头
黏土砂质的红砖
在黄土下的白色结石
废墟
颜家坪
白色 黄土
朱家井
1663
1658
宅院
图11
小村子
图10
砂岩上的片麻岩
图9
四分之一
图8
片麻岩覆盖砂岩
二十里铺'
图3
伟晶岩(2)
十里店子
黄 河
图2
图1
平 番 河
平 番 河
新城
1704
1610
岩 石
八盘峡
套铺头
青寺村
图22
(1)
绿色岩石
60°
水车
1698
东河湾村
坡底下村
棕 色 的 砂 岩
水车
灰 绿 色 和
断层
图23
梁家湾村
图24
岩
图26
图25
红 色
轮子
柳沟
柳沟
小村子
小村子
固区

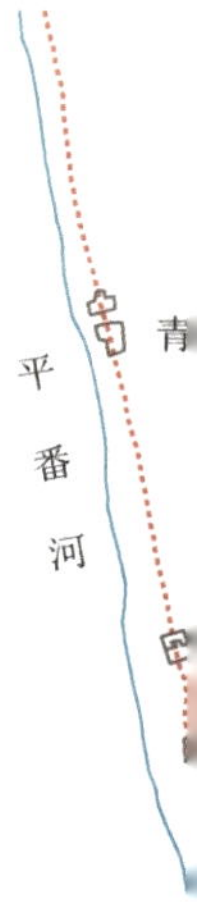

图1

图2

图3

图6

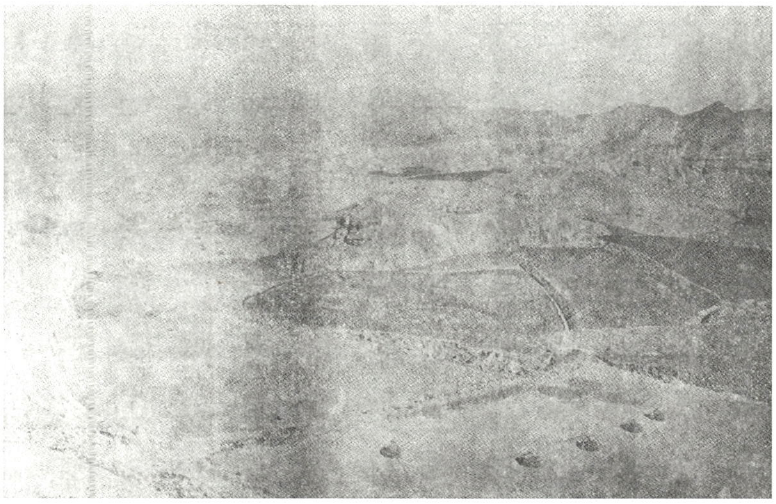

图4

图8

图9

图10

图11

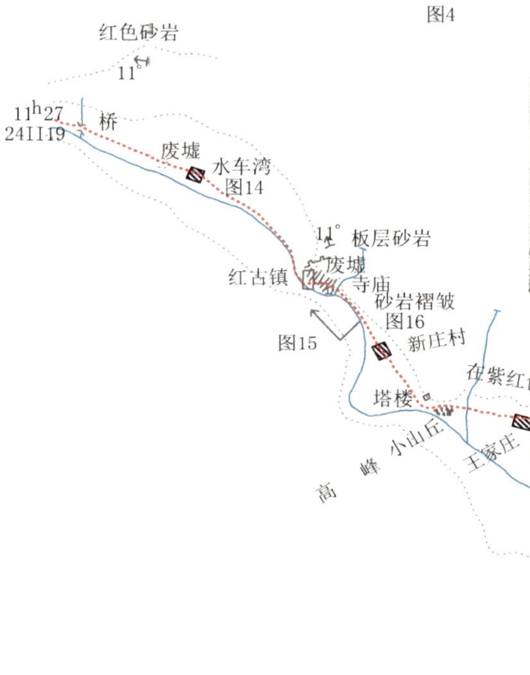
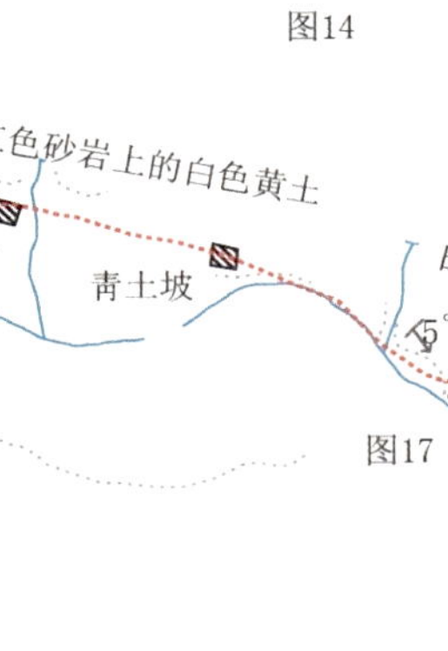
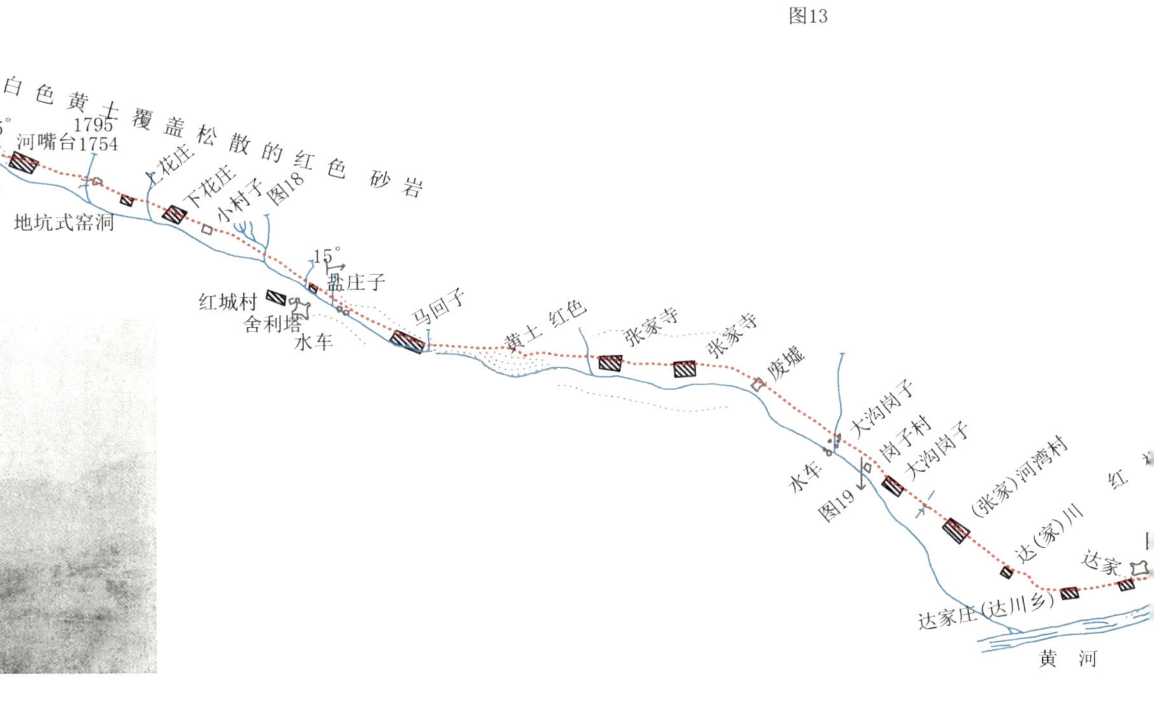

图14

图12

图13

图5

图7

法文名称	原地名	现地名
Cheolipóu	十里铺	十里铺
Cheou yang hien	寿阳县	寿阳县
Cheouchoei	车涡水	车涡水
Cheoupisnhh'ung	石平梁	石平梁
Cheu che ze ling	石车子岭	石车子岭
Cheu ho	石河	石河
Cheu jennliang	石周梁	石周梁
Cheu keou	石口县	石口县
Cheu kia keou	谈家沟	谈家沟
Cheu kia tcha	石家岔	石家岔
Cheu kia tchoang	石家庄	石家庄
Cheu kia wan	石家湾	石家湾
Cheu kiang	石港村	石港村
Cheu kiatchoang	石各庄	石各庄
Cheu kien ze	石砚子	石砚子
Cheu kou	后沟	后沟
Cheu man keou	十万沟	十万沟
Cheu menn tchai	石门寨镇	石门寨镇
Cheu meull	石门	云门
Cheu meull chan	石门山	云门山
Cheu miao	石庙	石庙梁
Cheu pouo liang	石堡梁	石堡子
Ch'eu seu keoumeull	十四道沟	四道沟门
Cheu taokeou	十道沟	上十道沟
Cheu tou ho	石洞河	石洞河
Cheu tsi li t'ounn	七里墩村	墩七里村
Cheu ts'it'aokeou	十七道沟村	十七道沟村
Cheu ts'ounn	史村	史村
Cheutchoeize	石咀子	石咀子
Cheu tzelou	什字路	什字路
Cheu wang miao	龙王庙	龙王庙
Cheu yao keou liang	石窑沟梁	石窑沟
Cheu ze keou	狮子沟	狮子沟
Cheu zeu yuan	狮子园	狮子园
Cheu,ennchan	石门山	石门山
Cheueullpou	石儿铺	石儿铺
Cheufouokeou	施坡沟	施坡沟
Cheuhhoangze	史张庄子	史各庄
Cheuhouoze	石河子	石河子
Cheukeou	石沟	石沟
Cheukeouliang	石沟梁	石沟村
Cheukiang k'eou	石港口村	石港口村
Cheuki'ao	赤桥	赤桥李氏民居
Cheukiapou	程家庄	程家庄
Cheukiatchoang	石家庄	石家庄
Cheukouchan	石鼓山	石鼓山
Cheulingze	石岭子	石岭子
Cheulipóu	十里铺村	十里铺村
Cheulipòu	十里铺村	十里铺村
Cheulitien	十里店村	十里店村
Cheulitienze	十里店子	十里店子
Cheumenn	石门镇	石门镇
Cheumennchanmiao	石门山庙	石门口
Cheumennze	石门村	石门村
Cheumiaokeou	石庙沟	石庙沟
Cheumongye	石门瑪村	石门瑪村
Cheupaho	石坝河	石坝河
Cheupai	十百户村	十百户村
Cheupap'an	十八盘岭	十八盘岭
Cheupapanchan	十八盘山	十八盘山
Cheupapanling	十八盘	十八盘
Cheupeull t'ai	什巴台	什巴台
Cheuping fang	石碑坊	石牌庄
CheuPooukeou	石头沟村	石头沟村
Cheupop'ao chan	石坡堡山	石坡堡山
Cheusankeou	三道沟	三道沟
Cheusanli	十三里	十三里
Cheuseu taokeou	十四道沟	四道沟门
Cheuseutaokeou	十四道沟	四道沟门
Cheutchang	陈家崇村	陈家崇村
Cheutchoang	师庄乡	师庄乡
Cheutchoeitze	石嘴子乡	石嘴子乡
Cheuteouho	石固河	石固河
Cheutize	石底子	石底子河畔
Cheutong	石洞	石洞
Cheutongze	石洞子	石洞子
Cheut'outchenn	石佛乡	石佛乡
Cheuts'ao	石曹村	石曹村
Cheutzetao	十字道村	十字道村
Cheuwantzetien	石湾店	石湾店
Cheuyang	西野村	下西野村
Cheuyao	石窑	石窑
Cheuyt'angtchenn	社棠村	社棠村
Cheuyuan	石圈	石圈
Ching p'ing hien	兴平县	兴平县
Chisseuwan	西属巴村	西属巴村
Chiumièpes	七里坪村	七里坪村
Choang tong ze	双洞子	南双洞村
Choang yuan tchoang	宋温庄村	宋温庄村
Choangmiao	双庙	双庙
Choangtoenliang	庄家梁	庄家梁
Choei fousseu	卧佛寺乡	卧佛寺乡
Choei mou t'eou	水磨头	磨头村
Choei p'ou	水坡	下西坡
Choei ts'ao keou	水槽沟	水槽沟
Choei you	水峪	水峪
Choeikoan	水关口村	水关口村
Choeilaotcheng	水洛镇	水洛镇
Choeilchá	水掌村	水掌村
Choeilisnt'sonn	水莲寨村	水莲寨村
Choeimoun	水磨梁	水磨梁
Choeitao	水头镇	水头镇
Choeitcheuwan	水车湾	水车湾
Choeits'uankeou	水泉沟	水泉沟
Choeiweikeou	水渭沟	水渭沟
Choeiye	水冶	水冶
Choeiyè	清峪村	清峪村
Choeiyou	水峪村	水峪村
Choeiyu	水峪村	上水峪村
Chongkiatsounn	张家村	张家村
Chou lou hien	束鹿县	束鹿县
Chou ti	仇堤	仇家庄
Chouhiangsseu	殊相寺	殊相寺
Chouikiahotien	史家合店	史大合村
Choulipan	熟地畔	熟地畔
Chouliueuliang	石庙梁	石庙梁
Choulouhien	束鹿县	束鹿县
Chounn kiayou	宋家窑	宋家窑
Chounn té fou	顺德府	邢台
Chounnkiakenu	孙家沟	孙家沟
Chouowanli	石马沟	石马沟
Chouti	水堤村	水堤村
Chuang toen liang	堝崾梁	堝崾岘
Cimetièrs	糜地梁	糜地梁
Domaine funéraire	唐山清东陵	唐山清东陵
Euil cheu li p'ou	二十里铺村	二十里铺村
Eulitaoyingze	二道营子	二道营子
Eull lang tcheng keou	二郎城沟	二郎城沟
Eull ling koan	二里关村	二里关村
Eull tai paicnan	二太白山	二太白山
Eull tan kia ze	二道卡子	二道卡子
Eull tao pien ls'iang	二道井子梁	二道井子梁
Eull wangmiaochan	二郎庙山	二郎庙山
Eullcheuli p'ou	二十里铺	八里镇
Eullcheuli póu	二十里铺	二十里铺
Eullcheulip'ou	二十里铺	二十里铺

法文名称	原地名	现地名
Eullcheulipóu	二十里铺	二十里铺
Eullcheulitien	二十里店村	二十里店村
Eulliongchan	二龙山	二龙山
Eullkeoutounn	二沟墩	二沟墩
Eulllangmiao	二郎庙	二郎庙
Eullpouoze	二拔子	二拔子
Eullpousseu	二堡子村	二堡子村
Eullpouze	二铺子	二铺子
Eulltao ying za	二道沟村	二道沟村
Eulltaokeou	二道沟	二道沟
Eulltaokeouze	二道沟子	二道沟子
Eulltaoleang	二道梁	二道梁
Eulltaoyingze	二道营	二道营
Eullyèhai	二爷海	二爷海
Eultaokeou	二道沟	二道沟
Fan ho	樊河	樊河
Fan kiaping	范家坪	范家坪
Fan tounn	樊屯村	樊屯村
Fanchan pou	矾东关村	矾东关村
Fang hoang tsan	凤凰头村	凤凰头村
Fang ke tchoang	樊各庄	樊各庄
Fang kia t'oueull	方家屯儿	方家屯儿
Fang Yang sseu	方阳寺	方阳寺
Fangchan	方山	方山
Fangcheukeou	方石沟	方石沟
Fangkiahouotchang	双家伙场	双家伙场
Fangniouyu	放牛峪	放牛峪
Fangpeichan	房背山	房背山
Fanho	汾河	汾河
Fanioupouo	乏牛坡	乏牛坡
Fankiapou	范家坡村	范家坡村
Fankiatoen	樊家屯	樊家村
Fankiayingze	范家营子	范营村
Fanli	坂里	坂里
Fei lao fou	北道阜	北道阜
Feiling	妃陵	妃陵
Feilsichan	西山	西山
Feng kialan	方家塔	方家塔
Feng tai	丰台	丰台区
Feng tchenn	丰镇	丰镇
Feng tchenn	丰镇市	丰镇市
Fenglitou	风陵渡	风陵渡
Fengninghien	丰宁县	丰宁县
Fenn choe iling	分水岭	分水岭
Fenn ho	汾河	汾河
Fennchoeiling	分水岭	分水岭
Fennho	汾河	汾河
Fenntcheou	汾阳	汾阳
à Tchao siè tchenn	赵寺镇	赵寺镇
Feukiatchenn	范家镇	范家沟
Fiang thoei tian	香水店	香水店
Fleuve Jaune	黄河	黄河
Fong chan	凤山	岚凤山
Fong ho	沣河	沣河
Fong hoang chan	凤凰山	凤凰山
Fong k'eoun an	风口庵	风口庵
Fong li	丰宜镇	丰宜镇
Fong san tsounn	凤山	凤山
Fong tcheng	东正村	东正村
Fong to tckenn	洪河屯乡	洪河屯乡
Fong ts'ounn	冯村	冯村
Fongchankeou	风声口	风声河
Fonghoangchan	凤凰山	凤凰山
Fonghoangleang	凤凰岭	凤凰岭
Fonghouochan	烽火山	烽火山
Fongkiahailiang	冯集下梁	冯集下
Fongkiatik'eng	冯地坑乡	冯地坑乡
Fongkiayingze	冯家营子	冯家营子

法文名称	原地名	现地名
Fongtaichan	丰台山	丰台山
Fongtailiang	风台梁	风台梁
Fongwangchan	丰望乡	丰望乡
Fou fong hien	扶风县	扶风县
Fou fongtchenn	扶风镇	扶风镇
Fóu kiang hien	伏羌县	伏羌县
Fou p'ing tien	富平县	富平县
Fou tch'eng	府城镇	府城镇
Fou téou	福头村	福头村
Fou t'ounn	符村	符村
Fou yang ho	滏阳河	滏阳河
Fouchoeitchenn	夫水镇	夫水镇
Fouhotchan	活火山	活火山
Foukiamao	冯家峁则	冯家峁则
Foukiatik'eng	富家地坑	富家地坑
Foukinnmiao	福晋庙	福晋庙
Foulaitihia	蝠崖庄	蝠崖庄
Fouliang sancheulitoen	伏羌三十里铺村	伏羌三十里铺村
Fouo teng seu	佛陀寺	佛陀寺
Fouomiaotch'uan	佛庙川	佛庙川
Fourà po teries	铁炉庄	铁炉庄
Foutaoyu	佛堂峪村	佛堂峪村
Fouteouli	朴头里	朴西村
Fouyangho	滏阳河	滏阳河
Fouyèmiao	佛爷庙	佛爷庙
Fung wan tchang liang	风湾庄梁	风湾庄梁
Genie de la fortune	财神庙	财神庙
Ghai chou lieull	岔口里儿	岔口里儿
Gni ho	泥河	泥河
Gni ho ze	泥河子村	泥河子村
Gnieng tzeu koan	娘子关	娘子关
Gnihotsóunn	东泥河村	东泥河村
Goazelou	瓦子沟	大瓦沟、小瓦沟
Golfe du Pei tcheuly	北直隶海湾	渤海湾
Granae Rivière	无定河	无定河
Grand canel	大运河	大运河
Hai ho	海河	海河
Hai keou pou	黑沟堡	黑堡沟
Hai kia wa	解家洼	解家洼
Hai long koan	黑龙关	黑龙关
Hai loung ho	黑龙港河	黑龙港河
Hai loung toung	黑龙洞	黑龙洞
Hai tch'eng ze pou	黑城子堡	黑城镇
Hai tcheou	解州	解州
Hai yang tchenn	海阳镇	海阳镇
Hai Yatchenn	槐芽镇	槐芽镇
Hai yuan hien	海原县	海原县
Hai ze hia	海子峡	海子峡
Haichanze	黑山子	黑山顶
Haikoutsoei	黑沟渠	黑沟渠
Hailinnkeou	黑龙沟	黑龙沟
Hailong kiangset	海龙桥	龙岗桥
Haipingp'ou	太平堡村	太平堡村
Haipoukeou	黑堡沟	黑堡沟
Haitch'eng	海原县	海原县
Haitchengze	黑城子	黑城子
Haiwangkiatch'a	白家湾	白家湾
Han fou wan	韩府湾	韩府湾
Han kia lin	胡家林	胡家林
Han leang	韩略村	韩略村
Han tan	邯郸	邯郸
Han tchouang	韩庄	韩庄
Han ti tchuan	蒿底川	蒿底川
Han tsounn	韩村	北韩村
Hanchoeiho	咸水河	咸水河
Hangling	杏林	杏林
Hanhong tchenn	韩洪村	韩洪村
Hanhouling	韩家岭	韩家岭

法文名称	原地名	现地名
Hankiasinpou	韩家新堡	韩家新堡
Hankiyingze	韩窨子	韩窨子
Hanmayingze	韩麻营镇	韩麻营镇
Hanmingtamiao	韩麻营大庙	韩麻营大庙
Hantanhien	邯郸县	邯郸市
Hant'oeull	韩屯村	韩屯村
Hao fa	侯方	开发区侯方新村
Haohankate	和汉凯特	和汉凯特
Haornenn	壕门村	壕门村
Haotchougkoan	后中关	后中关
Haots'ounn	郝村镇	郝村镇
Hatchanwa	铧岔湾	铧岔湾
Haut col	高山坳	高山坳
Haut massif	高地	高地
Haut piton	高山顶	高山顶
Haut plateau	黄土高原	黄土高原
Haut sommet	高峰	高峰
Hek'eou	河口镇	河口镇
Hemahou	黑麻湖	黑麻湖
Heng ling koan	横岭关	横岭关
Henghatchenn	红河镇	红河镇
Heou cheu	后寺	后寺
Heou kia keou	候家沟	候家沟
Heou weisseu	后围寨	后围寨
Heoukeoutchoang	后口庄村	后口庄村
Heoukiayu	侯家峪	侯家峪
Heoulaiouop'ou	葫芦窝铺	葫芦窝铺
Heouléoutchuan	韩岔镇	韩岔镇
Heououan	后湾	后湾
Heoupien	侯壁村	侯壁村
Heoutchoang	侯庄村	侯庄村
Heouts'ounn	后村	后泉村
Heuoyenchan	火焰山	火焰山
Hia fan cheu	下盘石	下盘石
Hia hoa yuan	下花园区	下花园区
Hia k'i	下迪村	下迪村
Hia ying	下营村	下营村
Hia ying p'an	下营盘	下营盘
Hiachaokouo	下烧锅	下烧锅
Hiachnuongeue	下桑娥村	下桑娥村
Hiahien	夏县	夏县
Hiahoayuan	下花园	下花园
Hiahotchoang	下花庄	下花庄
Hiai pa tchuan	夏八川	夏八川
Hiaii	下一村	下一村
Hiakiachan	下家山	下白塔村
Hiakiatchai	夏家寨	夏寨村
Hiakoan	下关村	下关村
Hiamakeou	下苋麻沟	下苋麻沟
Hiamakoan	下马关镇	下马关镇
Hiamch'atze	下马栅子	下马栅子
Hiamennlien	峡门林	林峡村
Hiang choe ikeou	响水沟	响水沟
Hiang choeihien	响水县	响水县
Hiang lou chan	香炉山	香炉山
Hiang ning hien	乡宁县	乡宁县
Hiang p'ing ts'ounn	常平村	常平村
Hiang tsi chan	香子山	香子山梁
Hiangan	下安镇	下安镇
Hiangchan	象山	象山
Hiangchoei pou	响水铺村	响水铺村
Hiangchoeit'an	响水滩	响水滩
Hiangfou	新房村	新房村
Hianguchan	祥峪	祥峪
Hiapaseutaokeou	下坝村	下坝村
Hiapeitchoang	下北漳村	下北漳村
Hiap̓ingchen	下平山村	下平山村
Hiapou	下堡村	下堡村

法文名称	原地名	现地名
Hiap'ouot'a	下宝塔	下宝塔
Hiasi tchoang	西庄村	北西庄村
Hiasintáng	下型塘村	下型塘村
Hiasseuhao	下四皓村	下四皓村
Hiatchai	下寨村	下寨村
Hiatch'eng	下城村	下城村
Hiatien	夏垫村	夏垫村
Hiatienze	下店子	下店子
Hiatieull	下淀村	下淀村
Hiatize	下其至村	下其至村
Hiatoan	下疃村	下疃村
Hiatongouan	下同关	下同关
Hie ki tchenn	薛吉村	薛吉村
Hie k'l yuan	前兹峪	前兹峪
Hiè ts'ounn	薛村	西薛村
Hie wan li	黑湾里	黑湾里
Hiekouchan	仙姑山	仙姑山
Hien ma keou pan	苋麻沟畔	苋麻沟畔
Hien nan ho	县南河	县南河
Hien yang hien	咸阳县	咸阳市
Hien ze liang	岘子梁	岘子梁
Hienchongmiao	黑羊毛	黑羊毛湾
Hiewangtchoang	下王营村	下王营村
Himing chan	鸡鸣山	鸡鸣山
Hing fiense	兴伏	肖家沟
Hing kia tsóunn	新村	新家村
Hing long tchenn	兴隆镇	兴隆镇
Hing sutchenn	兴市镇	兴市镇
Hing téounn	莘村	莘村
Hinglinpp'ou	隰宁堡村	隰宁堡村
Hiong hien	雄县	雄县
Hiong tsi tchai	汝季村	汝季村
Hisoukia	郝家村	郝家村
Hiu t'ai	许坦	许坦西站
Ho chan tchouang	和尚足	和尚足
Ho chang lieull	河上梁	河上梁
Ho chong kie	河城街	河城街
Ho kien fou	河间市	河间市
Ho Klen Keou	合涧镇	合涧镇
Hô maHeou ma	侯马村	侯马村
Ho nan koan	河南关	河南关
Ho pei	郝壁村	郝壁村
Ho pien	河北村	河北村
Ho si	河三村	河三村
Ho t'an k'ing	河栏井村	河栏井村
Ho tsinghien	河津县	河津市
Ho yang tchoei	黑羊咀	黑羊咀
Hoa ling ze	花岭子	花岭子
Hoa ping hien	华平川	华平川
Hoa p'ing hien	华平县	华平县
Hoa ting hien	华亭县	华亭县
Hoa yin miao	华阴庙	华山西岳庙
Hoachan	华山	华山
Hoai king fou	怀庆府今河内县	怀庆府今河内县
Hoai k'ing fou	怀庆府	沁阳市
Hoai lai	怀来县	怀来县
Hoai loungchan	化路山	化路山
Hoai yuanhien	怀远县	怀远县
Hoailaihien	怀来县	怀来县
Hoak.ts'ounn	郝村	郝村
Hoalingchan	化岭山	化岭山
Hoalingzeliang	桦林子梁	桦林家
Hoalintch'uan	化林川	化林川
Hoalounuliang	化路梁	化路梁
Hoamatche	花马池	花马池
Hoamatch'eng	花马城	花马池镇
Hoang chang tsoei	河上咀村	河上咀村
Hoang ho	黄河	黄河

法文名称	原地名	现地名
Hoang ho ya	黄河涯镇	黄河涯镇
Hoang hoa tchuan	黄花川	黄花川
Hoang hou t'ounn	黄姑屯	黄姑屯
Hoang kia ling	黄家岭	黄岭村
Hoang kia t'sounn	黄家村	黄家村
Hoang kiachoei	黄家水	黄家水
Hoang kou t'ounn si leang	黄姑屯西岭	黄姑屯西岭
Hoang ma chan	黄马山	黄马山
Hoang ma keou	黄马沟	黄马沟
Hoang mao chan	黄茆山	黄茆山
Hoang menntch'uan	黄门川	黄门川
Hoang nan	黄安村	黄安村
hoang pou zekeou	红堡子口	红堡子口
Hoang sin tchoang	黄亲庄村	黄亲庄村
Hoang tai t'sounn	洪善镇	洪善镇
Hoang t'ou liang	红土梁	红土村
Hoang touo pou	黄铎堡	黄铎堡
Hoang t'ououan	黄拖南	黄拖南
Hoang ts'ao keou	黄土沟	黄土沟
Hoang ts'ounn	黄村	黄村
Hoang ying	黄营村	黄营村
Hoanganfouo	花南府	花南村
Hoangfouchan	皇甫山	皇甫山
Hoangholing	黄芦岭	黄芦岭
Hoangsintchoang	黄辛庄村	黄辛庄村
Hoangtien	凰店	凰店
Hoangt'ouleang	黄土梁	黄土梁
Hoangtóupóu	黄土坡	黄土坡
Hoangtouseu	黄土寺村	黄土寺村
Hoano tou tsoeize	黄土嘴村	黄土嘴村
Hoapaok'eou	河包坪	河包坪
Hoatcheou	华州	华州区
Hoat'inghien	华亭市	华亭市
Hoatsai	华寨村	华寨村
Hoayen	黑阴	黑阴
Hoayinhien	华阴县	华阴市
Hocheu	黑城村	黑城村
Hocheu hien	黑石堰	黑石堰
Hoei hien	徽县	徽县
Hoei ning hien	会宁县	会宁县
Hoei p'ouo ti	回坡底村	回坡底村
Hoeili	会里	会里
Hoeinganpou	惠安堡	惠安堡
Hoeitayuan	水塔院	水塔院
Hohi ts'ounn	河西村	河西村
Hoho keou	合河口	合河口
Hohouotang	河后滩	河后滩
Hohoutsai	克虎寨村	克虎寨村
Hokéou	河口镇	河口镇
Hokiakeou	吴家沟	吴家沟
Hokiatchoei	哈家嘴	哈家嘴
Hok'u	河渠镇	河渠镇
HONAN	河南省	河南省
Honan fou	河南府	河南府
Honantchoang	河南村	河南村
Honantsi	河南街	河南街
Hong tch'eng ze	红城子	红城子
Hong tong hien	洪洞县	洪洞县
Hongk'iu	横渠镇	横渠镇
Hongtsîtàn	红旗滩	红旗滩
Hoooyaokiu	胡窑渠	胡窑渠
Hopital de Chan-si	山西医院	山西医院
Hosseu	河西	河西
Hotchaou	后底沟	后底沟
Hotch'eng	河街镇	河街镇
Hotcheou	霍州	霍州
Hoti	河底村	河底村
Hotong	河东	河后村

法文名称	原地名	现地名
Hotsoeize	河嘴子	河嘴台
Hou chang t'eou	壶上口	壶口
Hou lou ho	壶流河	壶流河
Hou pouo keou	琥珀沟	琥珀沟
Hou tao ho	滹沱河	滹沱河
Houai ho	槐河	槐河
HOUAILOU HIEN	获鹿县	石家庄市鹿泉区
Houang chèuhiang	黄石港村	黄石港村
Houang k'eou	花儿沟	花儿沟
Houchan	华山	华山
Houhien	户县	户县
Houkiakeou	胡家沟村	胡家沟村
Houkiapïng	韩家坪村	韩家坪村
Houkiat'oueull	胡家屯儿	胡家屯儿
Houkiaying	胡家营	胡家营
Houkiayingze	胡家营子	胡营村
Houkiayingzesantoeize	胡营村　山咀	胡营村　山咀
Houleang	许良镇	许良镇
Houlimiao	后里庙	后里庙
Houng choei	横水	横水
Houng ho	红河	红河
Houng ho yuan	红河源	红河源
Houng hoa ho	红河谷	红河谷
Houng hoa Keou	红河谷	红河谷
Houng keou tcheng	红古镇	红古镇
Houng k'i chan	红旗山	红旗山
Houng kia kou tóuo	黄胶口屯	黄胶口屯
Houng kia yaoze	全家窑村	全家窑村
Houng k'iao	横桥乡	横桥乡
Houng liou	红柳河	红柳河
Houng liou t'i	红柳堤	红柳堤
Houng tchéng	红庄	红庄
Houng tch'eng sseu	红城寺	红城村
Houng tch'eng ze	红城子	红城子
Houng tchoangze	红庄子	红庄子
Houng teouling	红土梁镇	红土梁镇
Houng t'ou pou	红堡	红堡
Houng tzeu pouRichthofen	宏赐堡村	宏赐堡村
Houng yen koan	红崖关	红崖关
Houngchanhien	横山县	横山县
Houngchoei	洪水镇	洪水镇
Hounglingkeou	红柳沟镇	红柳沟镇
Houngseueull	红寺乡	红寺乡
Houngtch'eng	红庄	红庄
Houngtchoang	红庄村	红庄村
Houngtchuangze	红庄子	红庄子
Houngyaotchoang	黄瑶庄	黄瑶庄
Houning keou	红柳沟村	红柳沟村
Hounkiawan	郭家湾	郭家湾
Hounn ho	灅河	永定河
Hounngchoeikeou	黄水沟	黄水沟
Houo kia pou	火家堡子	火家堡子
Houo lo tien	化乐店	化乐村
Houochang	伙场	伙场
Houoehang p'ou	和尚堡沟	和尚堡沟
Houpikeou	缑家沟	缑家沟
Housonghien	和顺县	和顺县
Houtchang	胡张乡	胡张乡
Hout'sitchoang	侯其庄	侯其庄
Hoyang hien	合阳县	合阳县
Hoyeull	河沿村	小河沿村
Hsihoang ts'ounn	西黄村镇	西黄村镇
Hsin tcheu t'sounn	新置村	新置村
Hsints'ounn	新村	新村
Hsukia wan	徐家湾	徐家湾
Hsukiap'ouo	宋家堡	东宋家庄
Hte Montagne	尖山	尖山
Hu kia Wan	徐家湾	徐家湾

法文名称	原地名	现地名
Hu kia yuan	虎家山	虎家山
Huan mou t'a	萱帽塔	萱帽塔
Hue kia yao hien tchuan	薛家崾岘川	薛家崾岘
Hukiamoun	胡家磨	胡家磨
Hukiawan	徐家坪	徐家坪
I cheu leang	衣食梁	衣食梁
I tien	益店	益店
Iac sale	盐湖	盐湖
Iac salé	盐湖	盐湖
Iacsalé	盐湖	盐湖
Iaotzechang	窑子城	南窑
Iaoyèchan	南华山	南华山
Ichongsinhien	崇信县	崇信县
Iè souténg	四里堠村	四里堠村
Ieangkiahoei	梁家会村	梁家会村
Iekichan	野鸡山	野鸡山
Ihomeikeou	义合美沟村	义合美沟村
IiKiatchoang	黎庄村	黎庄村
Iioukiawan	林家湾	林家湾
Iiwangpou	李旺镇	李旺镇
In kia lou keou	尹家沟	尹家沟湾
Inliangp'ouo	阴凉坡	阴凉坡
Inondèen	洪水泛滥	洪水泛滥
Ioikiati	雷家碛	雷家碛
Iôkeou	龙口界	龙口界
Ioutcheoumenn	碌碡沟门	碌碡沟门
Itawan	伊党湾	伊党湾
Itsouo mao keou	松峁沟	松峁沟
IU TZEN HIEN	榆次县	榆次县
JEHOL	热河	今河北、辽宁、内蒙古自治区三省交界
Jen cheu chao	金石窑	金石窑
Jen kia tchoang	金家庄	金家庄
Jen san ho	任山河	任山河
Jenn	任县	任县
Jenn kiou	任丘市	任丘市
Jenn yi	仁义村	仁义村
Jenntangtchuan	金堂川	金堂川
Jennyen chenn	金银山	金银山
Joeiho	泾河	泾河
Joung hoa hien	隆化县	隆化县
Jour de muraille	长城日	长城日
Kacheu	克城镇	克城镇
Kai fong fou	开封市	开封市
Kai ho	开河	开河
K'ai tch'eng	开城乡	开城乡
Kaip'ing	开平区	开平区
K'aits'ounn	开村	开村
Kaiwopou	高铺	高铺
Kalgan	张家口厅	张家口
Kan hai ze keou	干海子沟	干海子沟
Kan hai zeliang	干海子梁	干海子梁
Kan keoie	甘峡	甘峡
K'ang tch'eng	康城镇	康城镇
Kang tchoang	康庄	康庄
Kang tou	岗头村	岗头村
Kangkangze	康康子	康康子
Kangze	岗子村	岗子村
Kanhochaho	开河沙河	开河沙河
Kanjioanseu	甘泉寺	甘泉镇
Kankeou	甘沟	甘沟
KANSOU	甘肃	甘肃
Kants'aotien	甘草店镇	甘草店镇
Kanyentchê	盐池乡	盐池乡
Kao hien	高县	高县
Kao k.mat'eou	高码头村	高码头村
Kao k.tch	高庄村	高庄村
Kao kia hoa keou	郭家河沟	郭家沟
Kao kia pouo	高家坡村	高家坡村
Kao kiao	高桥镇	高桥镇
Kao long chan	卧龙春	卧龙春
Kao tchouang	高庄	高庄
Kao tien	蒿店村	蒿店村
Kao ts'ounn	高村	高村
Kao tzeu pou	高村	高村
Kao yang	高阳县	高阳县
Kao yang	高阳	高阳
Kao yen t'ai	高崾台	高台乡
Kao yi hien	高邑县	高邑县
Kao yu	高阳村	高阳村
Kao yuan pou	高原堡	高原村
K'aochangtieull	靠山店村	靠山店村
Kaochanpouho	高山铺河	高山铺河
Kaochaukeou	高窑沟	高窑沟
kaohoa	高花村	高花村
Kaokiakeou	高家沟	高家沟
Kaokiak'u	管家坪	管家坪
Kaokiapou	谷家铺	谷家沟
Kaokiatchai	高家寨	高寨村
Kaokiatchoang	高家庄	高庄村
Kaokienyu	高涧峪	高涧峪
Kaolá sseu	高台寺	高台寺
Kaoling	高陵	高陵
Kaolou	皋落乡	皋落乡
Kaomiaochan	高苗山	高苗山
Kaomiaochen	高庙山	高庙山
Kaomouo	高磨村	高磨村
Kaoseuze	高寺子	高寺子
Kaosseut'aize	高寺台镇	高寺台镇
Kaotchoang	高家庄村	高家庄村
Kaotchoangze	高庄子	高庄子
Kaotéou	口头村	口头村
Kaotien	高店	高河店
Kaoting	古俱亭	古俱亭
Kaots'ounn tchenn	高村镇	高村镇
Kaoyangkiataliang	柯闫家大梁	柯闫家大梁
Kaoyihien	高邑县	高邑县
Kawati	大洼底	大洼底
Kengkeouze	干沟子	干沟子
Keo lei tcho ng	郭磊庄镇	郭磊庄镇
Keou k'u	高渠村	高渠村
Keouk'cou	河道咽喉	河道咽喉
Keoulcaokeou	圪僚沟村	圪僚沟村
Keoulei tchoang	郭磊庄镇	郭磊庄镇
Keoumenn	沟门	沟门
Keouneize	寇内子	寇内子
Kéoutéou ts'ounn	古渡	禹门口
Keukiayaoze	郭家窑村	郭家窑村
Khagan	张家口	张家口
Khaigan	张家口	张家口
Kia hiang	贾乡村	贾乡村
Kia ho pou keou	七河堡沟	七河堡沟
Kia tch'uan	嘉泉村	嘉泉村
Kia tsi yu	甲积峪	甲积峪
Kia t'sounn	贾村	贾村
Kiai tcheou	解州	解州
Kiakiayaoze	贾家河	贾家河
Kiakinn	嘉节	嘉节
Kiakitamou	贾大茆	贾大茆
Kiakotchoang	贾各庄村	贾各庄村
Kialing tchenn	贾令镇	贾令镇
Kian ho	灌河村	灌河村
K'iang holi	长河里	长河里
Kiang kia wo pou	姜家窝铺	姜家窝铺
Kiang kiayingze	姜家营子	姜营子村
KIANG SOU	江苏省	江苏省

法文名称	原地名	现地名
Kiang tch eou	绛州	绛州
Kiangkiat'ai	姜家台	姜家台
Kiangmacheu	夹马石	夹马石沟
K'iangts'ounn	姜村	姜村
K'ianmienwa	刺梅湾	刺梅湾
K'iao cheu	桥上村	桥上村
K'iao tiser	桥底镇	桥底镇
Kiaotiseng	桥底镇	桥底镇
Kiao ho	洨河	洨河
Kíao keou	西廒口	西廒村
Kiao maitchoang	荞麦川村	荞麦川村
Kiaochansseu l	角山	角山风景区
Kiaognikeou	胶泥沟村	胶泥沟村
Kiaohanlien	韩店镇	韩店镇
Kiaoichang	乔庄	乔庄
Kiaokeou	交口乡	交口乡
Kiaokia ho	交界河村	交界河村
Kiaokièpai	兰家台	兰家台
Kiaoloungtchang	蛟龙掌村	蛟龙掌村
K'iaomailing	荞麦岭	荞麦岭村
Kiaosseu	乔寺	乔寺
K'iaotchai	雀寨村	雀寨村
Kiaozekeouliang	桥子口梁	桥子口梁
Kiatcheou	佳县	佳县
kiauliwan	九里湾村	九里湾村
Kiayou	家峪	郭李峪
K'ichanpou	祁山堡	祁山堡
Kicheouchag	齐寿镇	齐寿镇
Kie chou	界首铺	界首铺
Kiè hiou hien	介休县	介休县
Kiè hoa	醍醐村	醍醐村
K'ie kia ying	西吉营	西吉
Kie tai chan	纪家山	纪家山
Kiècheouhien	介休县	介休县
Kiècheupou	界石铺	界石铺
Kien gn ho	烂泥河	烂泥河
Kien tchouang	前庄村	前庄村
Kienti	涧溪村	涧溪村
Kienyang	店上村	店上村
Kiètchongtchuan Takoanchan	泄洪川　大观山	泄洪川　大观山
kieull tsoei	鸡儿咀	鸡儿咀梁
Kièzetchenn	街子村	街子村
K'ijenn	齐琏 jin	齐琏
K'ikia	七甲乡	七甲乡
Kikiapou	冀家堡	阎冀堡
kikiapóu	齐家坡村	齐家坡村
K'ikiatachan	祁家大山	祁家大山
Kikiatsaitchenn	齐家镇	齐家镇
K'imiyichan	笔架山	笔架山
Kin ling ho	嘉陵河	嘉陵河
Kin sseu	青寺	青寺
king	京邯线	京邯线
King hien	绛县	绛县
King ho	泾河	泾河
King ning hien	静宁县	静宁县
King tcheou	景县	景县
King yang hien	泾阳县	泾阳县
K'ingfongling	青松岭	青松岭
King-Han	火车线路	火车线路
K'inghotien	清河店村	清河店村
K'inghouo	芹河	芹河
Kinglouchan	景福山	景福山
Kingmacheu	夹马石	夹马石沟
K'ingtien ts'ounn	清涧站	清涧站
Kinkiatsi	金家集	金家集
Kinkietchuan	金介川	金介川
Kinn f'ouo keou	苋麻沟	苋麻沟

法文名称	原地名	现地名
Kinn hien	榆中县	榆中县
Kinn tang tchuan	金塘村	金塘村
Kinn ts'ounn	芹泉村	芹泉村
Kinnchanze	金扇子	金扇子
Kinnkiaho	金家河	金家河
Kinnkiaku	殷家圈	殷家圈
Kinnkianai	金家崖	金家崖
Kinnkiatch'uan	景家泉	景家泉
Kinnkiutchenn	金渠镇	金渠镇
Kiokiawan	瞿家塆	巨家湾
K'iou chanchan	久山山	久山山
Kiou heouling	九号岭	九号
Kiou hien	旧县	旧县
Kiou lingchan	旧灵山	旧灵山
Kiou Paonan	保安州	保安州
kiou pou ze keou	旧堡子沟	旧堡子
Kiou tcheng tchenn	旧城镇	旧城镇
Kiou wei ho	卫河　漳河	卫河　漳河
K'iou yao	九窑	九窑
Kiou ying	旧营	旧营
Kioukeou	酒沟	酒铺
Kioukiakokái	乔家圪台	乔家圪台
Kioulsai	旧寨	旧寨
Kioupeihou	九百户	九百户
Kioupouoze	九拔子村	九拔子村
Kioutaokeou	九道沟	北九道沟
Kioutcheng	七营北嘴古城	七营北嘴古城
Kioutchoangtái	九针台村	九针台村
KioutsaiKeou	韭菜沟	韭菜沟
Kitaoyuan	齐道塬	齐道塬
Kitcheou	吉镇	吉县
K'it'oueull	祁屯村	祁屯村
Kitoutchenn?	七头城	七头城
Kiuse chan	求子山	求子山
Kne tchan	渠岔	渠岔
Ko tch'eng	克城镇	克城镇
Koa ma keou	挂马沟	挂马沟
Koai pièchan	怪白山	怪白山
Koan chan	关山	凤凰岭
Koan cheu	关石村	关石村
Koan kia tchoang	关家庄	关家庄
Koan k'iao	官雀村	官雀村
Koan pou t'ai	关堡台	关堡台
Koan ting tch'oan	官厅川	官厅乡
Koan tsounn	管村	管村
Koan yingchan	观音山	观音山
Koan ze hia	礶子峡	礶子峡
Koanchan	段山	段山
Koanchangling	关山岭	关山岭
Koang ping fou	广平县	广平县
Kóangtien	孔涧村	孔涧村
Koangtientśounn	孔涧村	孔涧村
Koanintien	关音殿	关音殿
Koanloufang	官路坊	官路坊
Koanloupan	关楼畔	关楼畔
koantao	官道村	官道村
Koantaoho	管道河	管道河
Koantaoling	关头岭	关子岭
Koantaotene	关道岔村	关道岔村
Koantchoang	官庄	官庄
Koantimiao	关帝庙	关帝庙
Koantśounntze	官村	官村
Koanyangtong	悬阳洞	悬阳洞
Koanying táng 910	观音山村	观音山村
Koanyingtien	观音殿村	观音殿村
Koanzetchenn	关子镇	关子镇
Koei kiué	估衣街	估衣街
Koeiho	浍河	浍河

法文名称	原地名	现地名
Koeitchenn	虢镇	虢镇
Kokia tcha	高家叉	高家叉
Kokiapou	何家铺	何家铺
Kon wei ze tchuan	古威子川	古威子川
Kong choei	横水镇	横水镇
Kong kia keou	弓家沟村	弓家沟村
Kong Kiapang	洪家房村	洪家房村
Kong lchoang	孔庄村	孔庄村
Kong menntchenn	恭门镇	恭门镇
Kong pai liang	空柏梁	空柏梁
Kong tong chan	崆峒山	崆峒山
K'ong tong heou hia	崆峒后峡	崆峒后峡
K'ong tong tsien hia	崆峒前峡	崆峒前峡
K'ong tsai	孔寨	孔寨
Kongpouzeliang Mocheuhia	孔堡子沟，磨石峡	孔堡子沟，磨石峡
Kongssen	巩寺村	巩寺村
Kongtsiao	孔寨村	孔寨村
Kou chan	孤山村	孤山村
K'ou choei ho	郭水河	葫芦河
Kou choei tcha	股水岔	水股岔
Kou fang	古房村	古房村
Kou fang peikeou	古房北沟	古房北沟
K'ou lou	古罗	古罗
Kou lou chan	孤楼山	孤楼山
kou tcha pa keou kiao loung ses	古岔　蛟龙寺	古岔　蛟龙寺
Kou tchan	固镇村	固镇村
Kou tch'eng	古城镇	古城镇
K'ou tcheng	固城	同善镇
Kou ye C	古冶区	古冶区
Kouchan	崮山	崮山
Koucheu	孤石村	孤石村
Kouchey	孤石峪村	孤石峪村
Kouchoei	古水村	古水村
Kouk'iao	古交	古交
Koung Kia tchoang	孔家庄镇	孔家庄镇
Koungkiathoang	孔家庄	孔家庄
Kounnkiajai t'eou	孔家崖头村	崖头村
Kounnshintounn	拱星墩	拱星墩
Kountzou	红寺村	红寺村
Kouo ho tchenn	匼河村	匼河村
Kouo kia ta wan liang	郭家大湾梁	郭家大湾
Kouo kia yingze	郭家营子	郭营村
Kouo ma ts'ounn	郭马村	郭马村
Kouo tchang t'sounn	沟上村	沟上村
Kouo tou	官沟村	官沟村
Kouo ts'ounn	官庄村	官庄村
Kouo t'sounn	北郭村	北郭村
Kouo ts'unn	郭村	郭村
Kouochan	甘山	甘山
Kouok.tch	卧庄村	卧庄村
Kouokeounmenn	关沟门	关沟门
Kouokiapou	郭家堡村	郭家堡村
Kouokiatch'a	郭家岔村	郭家岔村
Kouokiayaoze	郭家窑村	郭家窑村
Kouoliawan	董家湾	董家湾
Kouolienze	过店子村	过店子村
Kouopiè	郭壁村	郭壁村
Kouotaotchenn	郭道镇	郭道镇
Kouoyaoleang	锅窑梁	锅窑
Kouoyenhng	岘口子村	岘口子村
Kouoyouling	果园林	果园林
Koutchéngta	古城滩	古城滩
Koutchenn	固镇村	固镇村
Koutch'eu	潞城	潞城
K'out'ouopouoliang	古土堡梁	古土村
Koutsouotien	圪塔店村	圪塔店村
Koutwei	古堆村	古堆村

法文名称	原地名	现地名
K'u ma ho	拒马河	拒马河
K'u mou chan	屈吴山	屈吴山
K'umaho	库马河	库马河
Kunn tou chan	军都山	军都山
La ma toen	老马屯	老马屯
La TrappeYang kiap'ing	路线杨家坪	路线杨家坪
La Trap'peYangkiap'ing	陷阱杨家坪	陷阱杨家坪
Lac de Wenn ying	文瀛湖	文瀛湖
Lalahou	啦啦湖村	啦啦湖村
Lamikeou	拉米沟	拉米沟
Lan tcheou	滦州	滦州
lang ho	洋河	洋河
Lang kéou tsóunn	冷口乡	冷口乡
Lang la pei	狼拉牌	狼拉牌
Langchanruines	朗山遗迹	朗山遗迹
langtchuang kouo	上庄头村	上庄头村
Lank'i	蓝旗镇	蓝旗镇
Lanlacheou	兰州	兰州
Lao hou tchoang	老洪庄	老洪庄
Lao kiao	楼桥村	楼桥村
Lao menn koeu	老门口	老门口
Lao Si kai	老西开	老西开
Lao sseu ts'ounn	牢寺村	牢寺村
Lao tchao ping	老官坪	老官坪
Lao yenseu hia	老庵寺峡	老庵寺
Laochan	牢寨村	牢寨村
Laohoeinanpou	老惠安堡	老惠安堡
Laohoukeou	老虎沟村	老虎沟村
Laokiatchoang	娄家庄	娄庄子
Laokiunntao	老君头村	老君头村
Laokoakeou	老窝沟	老窝沟
Laotaokeoumeull	老道沟	老道沟
Laotchaowan	老张湾村	老张湾村
Laotch'engze	老厂子村	老厂子村
Laotien	劳井村	劳井村
Laotien	捞店	捞店镇
Laoyè mian	老爷庙	老爷庙
Laoyê miao tcheang	老爷庙庄	老爷庙庄
Laoyèmiao	老爷庙	老爷庙
Laveursdor	老窝沟	老窝沟
Leang houo yingze	良户营村	良户营村
Leang kenn ti hia	梁门底下	梁门底下
Leang keull ti hia	梁口底下	梁口底下
Leang kia wan	梁家湾村	梁家湾村
Leang kiafang	两间房	两间房
Léang kiafa'ngze	晏家坊子	晏家坊子
Leang ma	良马乡	良马乡
Leang p'ou	梁家铺村	梁家铺村
Leang tchakeouii	两岔口	两岔口
Leang tien pouo	良田	良田
Leangtou tchenn	两渡镇	两渡镇
Leangwangtchoang	梁王堡	罗王庄村
Leao tcheou	辽阳镇	辽阳镇
Leaoyu	梁峪村	梁峪村
Lei kia tchoang	雷家庄村	雷家庄村
Lei tchoang	雷庄镇	雷庄镇
Leikiaho	雷家河镇	雷家河镇
Leikiakeou	雷家沟	雷家沟
Leiliawa	雷家坬村	雷家坬村
Leitaokeoumeull	来到沟门	来到沟门
Leitawan	雷大湾	雷大镇
Leoukoanyou	柳观峪村	柳观峪村
Leungtcheng	陇城镇	陇城镇
lhientou	细巷头	细巷乡
Li hie	蠡县	蠡县
Li hien	礼县	礼县
Li kia chan	李家山	李家山
Li kia keou	李家沟	李家沟

法文名称	原地名	现地名
Li kia p'ou	狄家铺	狄家铺
Li pai seu tchuan	李白苏川	李白苏川
Li soei tchenn	李遂镇	李遂镇
Li tchauo	里望乡	里望乡
Li tsoen pouo	李俊堡	李俊乡
Li tsounn	栗村	栗村
Li wan tsing liang	李湾清梁	李湾清梁
Li yang ho	溧阳河	溧阳河
Liang choei ho	冷水河	冷水河
Liang hoameng	梁家茆村	梁家茆村
Liang ts'ounn	梁村	梁村
Liangchan	梁山镇	梁山镇
Lichechoan	李士川	李士村
Licheokeou	李家沟	李家沟
Lien hea chan	狼儿山	狼儿山
Lien hoa keou	莲花沟	莲花沟
Lien tao aokeou	连搭乡	连搭乡
Lienchoei	两水村	两水村
Lienhoatcheng	莲花镇	莲花镇
Lieull	梨园村	梨园村
Ligne de Pou keou	埠口线	埠口线
Lihoa yuan	梨花塬	梨花塬
Lik.tch.	李庄村	西李庄村
Lik.tch'ang	里庄	里庄
Likaipouze	李家堡村	李家堡村
Likenn	泥沟村	泥沟村
Likia tchoang	李家庄	李庄村
Likiamo	李家茆村	李家茆村
Likiapou	李家堡村	李家堡村
Likiatan	李家榻	李家榻
Likiatien	李家店	李店村
Likiawanze	吕家湾村	吕家湾村
Limglinntian	良埜店	良埜店
Lin tsing	柳辛庄	柳辛庄
Lin tsing tcheou	临清州	临清市
Ling chang sseu	凌庄村	凌庄寺
Ling changsseu	陵上寺村	陵上寺村
Ling cheu hien	灵石县	灵石县
Ling kaopou	临皋村	临皋村
Ling kotchenn	零口镇	零口镇
Ling pei t'sounn	令佰村	令佰村
Ling tong hien	临潼县	临潼县
Lingchang	岭上	岭上
Lingliousinn	林留信村	林留信村
Lingnant'ai	岭南台村	岭南台村
Lingti	岭底	岭底
Linho	洨河	洨河
Linn ming koan	临洺关镇	临洺关镇
Linn si	林西村	林西村
Linn tch'eng	临城县	临城县
Linnhien	临县	临县
Linnkiaseu	林家寺	林家寺
Linnming koan	临洺关	临洺关镇
Linntcheghien	临城县	临城县
Liou bsong	柳董庄	柳董庄
Liou chou ying	留守营镇	留守营镇
Liou fou tch	留富庄村	留富庄村
Liou keou	柳沟	柳沟
Liou keou p'ing	柳沟店坪	柳沟店坪
Liou kia keou	刘家沟	刘家沟
Liou kia ying ze	罗家营村	罗家营村
Liou kia yuan	刘家垣镇	刘家垣镇
Liou ko yao	六个窑	六窑村
Liou ling pou	柳林铺	柳林铺
Liou pan chan	六盘山	六盘山
Liou pouo	廉坡村	廉坡村
Liou si	留寺村	留寺村
Liou tcheng kia	刘镇家	刘镇店
Liou tch'uan wang	柳泉湾	柳泉湾
Liou tou	留路村	东、西留路村
Liou ts'ounn	留村	留村
Liouchap'ouo	柳树坪	柳树坪
Lioucheulipou	六十里铺	六十里铺
Liouchoei keou	流水沟	流水沟
Liouchouhoei	柳树会	柳树会
Liouchoutchoang	柳树庄村	柳树庄村
Liouho	柳河	柳河
Lioukeou ho	柳沟河	柳沟河
Lioukia Yuan	刘家院村	刘家院村
Lioukiafang	录家坊	东录佳庄村
Lioukialiang	柳家梁	柳家湾
Lioukiamao	刘家茆村	刘家茆村
Lioukianai	刘家梁	刘家梁
Liouk'iaotsinn	柳条井村	柳条井村
Lioukiatchangze	刘家杖子	刘家杖子
Lioukiatchoang	刘家庄村	刘家庄村
Lioukiatch'uan	刘家川	刘川村
Lioukiatien	刘家店	刘家店
Lioukièsseu	流澥寺村	流澥寺村
Lioukot'ounn	柳河屯村	柳河屯村
Liouli pieull	六里坪	六里坪
lioulienhoa	刘千河	刘千河
Lioupiao tchoang	柳条庄村	柳条庄村
Lioupouoze	六拔子	六拔子
Liouseukeou	留寺阁村	李留寺阁村
Lioutchongho	刘庄河	刘家庄
Lioutch'uanchan	流传山	流传山
Lioutchungye	刘庄治	刘庄治
Lisoei tchenn	临水河	临水河
Liun ts'ounn	龙村	龙田村
Liyuan ling	梨园岭	梨园岭
Lizeyuan	李子园	李子园
ln ts'ounn	尹村镇	尹村镇
lng li	龙贵村	龙贵村
lo pou ling	断口岭	断口岭
Loan ho	滦河	滦河
Loantch'aipou	乱柴铺	联财镇
Loeitan he	雷塔河	雷塔河
Loho	洛河	洛河
Long hoa	隆化镇	隆化镇
Long menn	龙门	龙门
Long tch'uan pou	龙川铺	龙川
Looloungtanhia	老龙潭峡	老龙潭
Lou ing	鲁营村	古鲁营村
Lou k.tch.	卢庄村	大道卢庄村
Lou kia tchauong	卢家庄	卢家庄
Lou kou k'iag	卢沟桥	卢沟桥
Lou nanfou	潞安府	潞安府
Lou tsounn	留村	留村
Lou wan ts'ao	罗文皂镇	罗文皂镇
Lou wenn k'iao	罗纹桥	罗纹桥
Louehant'ang	罗汉堂	罗汉堂
Louen liou	乱流村	乱流村
Loukinn tchenn	路井镇	路井镇
Louldenfangze	六间房村	六间房村
Louli	楼里	楼里
Loulouochan	罗楼山	罗楼山
Loung choe Hou liou ou hoa lou ho	葫芦河	葫芦河
Loung fong chan	龙凤山	龙凤山
Loung hienChen si	陇县	陇县
Loung k'eou yu	陇口峪	陇关
Loung kiang hia	隆泾峡	隆泾峡
Loung menn	龙门村	龙门村
Loung menn tong	龙门洞	龙门洞
Loung p'ing	隆平县	隆尧县

法文名称	原地名	现地名
Loung tchouang	龙庄村	龙庄村
loung tchoung	连庄	连庄
Loung tchuan sseu	龙泉寺	龙泉寺
Loung tei hien	隆德县	隆德县
Loung teitcheng	隆德城	隆德城
Loung t'eou	龙堂村	五龙堂村
Loung wang tong	矾龙王塘村	矾龙王塘村
Loungchantcheou	龙山镇	龙山镇
Loungchenn	龙神	神龙山
Loungfongchan	龙凤山	龙凤山
Loungkanchan	隆干山	隆干山
Loungkeouchan	龙咀山	龙咀山
Loungmennsoue	龙门所镇	龙门所镇
Loungtanpo Lioukiakeou	龙潭坝　刘家沟	龙潭坝　刘家沟
Louo chan	罗山	罗山
Louo kia chan	罗家山	罗家山
Louo tchenn tchoan	乐正川	乐正川
Louo toeu niang	火沟梁	火沟梁
Louo touo ho	骆驼河	骆驼河
Louo yen chan	老爷山	老爷山
Louo yu ho	罗峪河	罗峪河
Louo yu keou	罗峪沟	罗峪沟
Louohoayingze	落花营村	落花营村
Louokiachan	罗家山	罗家山
Louokiapou	罗家堡	罗家堡
Louoyangkeou	驮阳沟	驮阳沟
Loutcheng	骆城	骆城
Loutchongtch'ounn	罗庄村	罗家庄
Loutouotcheng	骆驼城	骆驼城
Louts'ounn	逯村	逯村
Lu kia tchoang	吕家庄	东吕庄
Luk.tch	吕庄村	东吕庄村
Lutchoang	陆庄村	陆庄村
Lutchoangze	逯庄子	逯庄子
Lutien	吕店村	吕店村
Luweiho	芦苇河	芦苇河
Ma ho Chan	马后山	马后山
Ma hoangyu	麻黄峪村	麻黄峪村
Ma kia chan pan	马家山畔	马家山
Ma kia keou	马家沟村	马家沟村
Ma kia pou	莫家堡村	莫家堡村
Ma kia sinn tien	马家辛店	马家店
Ma kia tchoang	马家庄	北马庄
Ma liebt'an	马连滩	马连滩
Ma lien tchuan	马莲川	马莲乡
Ma ling koan	马岭关	马岭关
Ma ling ze	马岭子	马岭子
Ma lou keou	马路沟	马路沟
Ma mau chan	马猴山	马猴山
Ma qi keou	马其沟村	马其沟村
Ma tch'ang	下马厂村	下马厂村
Ma tch'ang keou Seu iao ling	慢坪山　西岭沟	慢坪山　西岭沟
Ma tch'ang liang	马场梁	马场梁
Ma tong chan	马东山	马东山
Ma yang tze	马营村	马营村
Ma yen hia	麻庵乡	麻庵乡
Ma Ying's chenn	马营镇	马营镇
Machenn miao	马神庙	马神庙
Machennkiaetchenn	马伸桥镇	马伸桥镇
Mafong	马峰村	马峰村
Mahlsang pou	马昌堡	马昌堡
Mahoayingze	马虎营子	马虎营子
Mahoeize	马回子	马回子
Mai ze yen Hien	麦积山	麦积山
Mai ze yuan	麦子塬	麦子塬
Maisonhauts	高房子	高房子
Maisons Mahoulou	房屋　毛河洛	房屋　毛河洛

法文名称	原地名	现地名
Makia miao	马家庙村	马家庙村
Makiak'eou	马家沟	马峡镇
Makiakoai	马家捞村	马家捞村
Makial'ai	马家雷	马家雷
Makiawa	马家王村	马家王村
Makiawan,Maison	马家湾，房屋	马家湾，房屋
Makoeitchuan	马水泉	马跑泉
Malantéou	马兰头	马兰头
Malanyu	马兰峪镇	马兰峪镇
Mammelons	南沟门	南沟门
Mamou	马牧村	马牧村
Manchoei	漫水村	漫水村
Mangan	马兰山	马兰山
Mangque	缺少	缺少
Manhannour	满汉淖	满汉淖
Mao kia tai ze	毛家台子	毛家台子
Mao kia tsien ze	峁儿尖子山顶	峁儿尖山
Mao ti kia	毛李家	毛李家
Maochan	马鞍山	马鞍山
Maoeohuen	猫儿崖	猫儿崖
Maogusou	毛乌素	毛乌素
Maokiatairuines	毛家台子	毛家台子
Maotéou ts'ounn Coke	毛则渠	毛则渠
Maot'eoukoukoan	毛团囫囵	毛团囫囵
Maou	马嵬镇	马嵬镇
Maoutsoun	马茂庄	马茂庄
Mapou	马堡村	马堡村
Mapoulingkeon	马夫林宫	马夫林宫
Match'aze keoumeull	马栅子沟门	马栅子沟门
Matchazekeou	马栅子沟	马栅子沟
Match'azeleangtihia	马栅子梁底下	马栅子梁底下
Match'uankeou	马泉沟	马泉沟
Matéoutch'enn	马头镇	马头镇
Mati hien	马底下	马底下
Matiwan	马蹄湾	马蹄湾
Matsifa	马起乏	马起乏
Mats'ounn	马村镇	马村镇
Mayingze	马营子村	马营子村
Mayu	麻峪	麻峪
Mayulinn	麻峪村	麻峪村
Meadow's R	泰安路	泰安路
Mei kaochan	米缸山	米缸山
Meng ho	蟒河	蟒河
Menn chang tch'uan	门上川	门上川
Menn t'eou keou	门头沟	门头沟区
Menn ying ze	门营村	门营村
Mennt'eoukeou	门头沟	门头沟
Meo yu	莫峪	莫峪
Metchengtze	马丈子	马丈子
Miaochan	庙山	庙山
Miaokeouruines	庙沟破坏	庙儿沟
miaokiakoiai	苗圪台村	苗圪台村
Miaoloungkeou	庙隆沟	庙隆沟
Miaotiahnn	苗家坪	苗家坪
Miaotsounn	苗村	苗村
Mien chang	棉上村	棉上村
Mien choei	绵水	绵水
Mïeulltchuan	猫尾川村	猫尾川村
Mihien	眉县	眉县
Mijangtchuan	米江川	米江川
Ming ho	洺河	洺河
Ming ii	鸣李村	鸣李村
Mingchoei	明水	明水
Mingsinsseu	明星寺	明星寺
Mission	传教会驻地	传教会驻地
Moeuil hia	磨儿硖	磨儿硖
Molienwan	马莲窝	马莲窝
Mong k.tch	二孟庄村	二孟庄村

法文名称	原地名	现地名
Mong kialsi	蒙家山	蒙家山
Mongk.tch	孟庄	孟庄
Mongkiataize	孟家台子	孟台村
Mongkiatchoang	孟家庄村	孟家庄村
Mongtcheng	萌城	萌城
Monn	莫恩	莫恩
Montée au col	爬山坡	爬山坡
Montée dibicile	斜坡	斜坡
Mop'angtchuan	麻堡子川	麻堡子
Mou tao ho	木刀沟	木刀沟
Mouhokeou	木河沟	木河沟
Moukeouling	磨口岭	磨口岭
Moukiawan	王家磨	王家磨
Moulapïng	茂塔坪村	茂塔坪村
Moumennkan	木门村	木门村
Mouo cheu leang	魔石梁	魔石梁
Mouokiapouo	马家铺	马家湾
Moutang	墨镫乡	墨镫乡
Moutanyuan	牡丹园	牡丹园
Moutchouang	木庄村	木庄村
Mout'eoukeou	木头沟	木头沟
Na kia yua ei wang tsi	那家塬　雷王集	那家塬　雷王集
Nai kia ho	乃家河	乃家河
Nainaimiao	奶奶庙	奶奶庙
Naits'ounn	安业村	安业村
Nakiakeou	纳家沟	纳家沟
Nan cha ho	南沙河	南沙河
Nan chan	南山	南山
Nan fang tchong	南凤山村	南凤山村
Nan han ts'ounn	南合村	南合村
Nan hao ts'ien	南壕堑镇	南壕堑镇
Nan ia ts'ounn	岸下村	岸下村
Nan kai	南开区	南开区
Nan keou	南口镇	南口镇
Nan koan	南关村	南关村
Nan le tsounn	南郭村	南郭村
Nan mennze p'ouo	南门子堡	南门子堡
Nan piacheu	南家什	南家什
Nan pié wang	南平望村	上下平望村
Nan tchang ts'ounn	南张村	南张村
Nan tcheou	南青村	南青村
Nan teou	南头村	南头村
Nan tsing ts'ounn	南新村	南新村
Nan tzeu ta Dunes	南紫塔　沙丘	南紫塔　沙丘
Nan wei	南位村	南位村
Nan yang ho	南阳河	南阳河
Nan yangtchéng	南阳城村	南阳城村
Nan yuan	南堰	南堰
Nanchank'i	南三岐村	南三岐村
Nangkiawan	党家湾	党家湾
Nangnikeou	南泥沟村	南泥沟村
Nanhok'an	南海滩	南海滩
Nank'ièk'iying	南铁匠营	南铁匠营
Nankiu	南区	南区
Nankoan	南关村	南关村
Nanmng ho	南洺河	南洺河
Nannga	南寨脑	南寨脑
Nansanyaoze	南山窑村	南山窑村
Nant'ai	南寨	南寨
Nant'aize	南寨子	南寨子
Nantchai	南白鸽子井村	南白鸽子井村
Nantch'eng	南陈	南陈
Nantchoang	安庄村	安庄村
Nantchoangts'ounn	南庄	南庄
Nantienmenn	南天门	南天门
Nantzeuta	南紫塔村	南紫塔村
Nanyaots'ounn	南姚村	南姚村
Nanyuanze	南营子	南二营

法文名称	原地名	现地名
Nao tou	南杜村	南杜村
Nao-pou ts'ounn	南堡村	南堡村
Nayeull	南营村	南营村
Nei K'iou hien	内丘县	内丘县
Nen hnung koan	南横口村	南横口村
Nen tchang	南正村	南正村
Ngan cha	全岔	全岔
Ngan ho tch'uan	南河川	南河川
Ngan kouo tchenn	安国镇	安国镇
Ngan tell	安业	安业梁
Ngan tong choei yu	南董水沟	南董水沟
Ngan yang tchenn	韩阳镇	韩阳镇
Ngan yi hien	安邑县	安邑县
Nganjoeiho	南泾河	南泾河
Ngankeou	南沟	南沟
Ngank'eouyao	安口窑	安口窑
Ngantsi keou	南七沟	南七沟
Nganyu	南峪	南峪
Ngo keou liang	安沟梁	安沟梁
Ngoo chengchan	葛城山	葛城山
Ni kia wang	戾家望	戾家庄村
Niang niangmiao	娘娘庙	娘娘庙
Niangniangpa	娘娘坝镇	娘娘坝镇
Niches	窝	窝
Nie kia keou	聂家沟	聂家湾
Nièkiayou	聂家窑	聂家窑
Nienzechan	碾子山	碾子山
Nienzekeoumeull	碾子沟	碾子沟
Nièzep'ing	聂子坪村	聂子坪村
Nikiatsounn	义家村	义居
Ning hai	宁海	南海村
Ning yuan chan	宁远	宁远
Ningtsinn hien	宁晋县	宁晋县
Niou keou ho	牛头河	牛头河
Niou kiawa	牛家凹村	牛家凹村
Niou kiuana keou	牛全沟	牛全沟
Niou mou tounn	牛牧屯村	牛牧屯村
Niou tenu ho	牛头河	牛头河
Niou ying ze	牛营子	牛营子
Nioukiapai	顾家店	顾家店
Nioutch'uan	牛川村	牛川村
Niouteouchan	牛头山	牛头山
Nitchuan	义泉村	义泉村
Nizeleang	硬地梁	硬地梁
Nnn t'ounnts'ounn	南屯村	南屯村
Noao ten ho	牛头河南支流	牛头河南支流
Nombreuxvillages	许多村庄	许多村庄
Noorsalé	咸水淖	咸水淖
Nou ve nu	纽卫	纽卫
Nouvelle pagode	新寺	狄梁公庙
Noyer	水淹洼地	水淹洼地
O kia ling	吴家堡	吴家堡
Ou cheu ts'ounn	吴城村	吴城村
Ou hing hou	伍姓湖	伍姓湖
Ou kiang hien	武强县	武强县
Ou kiao	吴桥县	吴桥县
Ou kiapaug	吴家铺	吴家铺
Ou li chan	五里山	五里山
Ou li p'ou	五里铺	五里铺
Ou lou hai ying ze	乌拉海营子	乌拉海营村
Ou loung chan	五龙山	五龙山
Ou loung keou	五龙沟	五龙沟
Ou nan	武安市	武安市
Ou ying	五营村	五营村
Ou yuan pou	武原堡	武原堡
Ouakú	罗局镇	罗局镇
Ouayao	瓦窑	瓦窑
Oucheu t'sounn	午城镇	午城镇

法文名称	原地名	现地名
Ouei hoei fou	卫辉府	卫辉府
Oufouopou?	古佛堡村	古佛堡村
Ouho	吴河	吴河
Oukia	吴家庄	吴家庄
Oukiakeou	吴家沟	吴家沟
Oukialing	霍家岭村	霍家岭村
Oukiatatchoang	吴家庄	吴家村
Oukiatch	吴家庄村	吴家庄村
Oukiatchoang	武家庄村	武家庄村
Oukiawan	路家湾	路家湾
Oukiawen	吴家湾	吴家湾
Oukiayingze	吴家营	吴家营
Oukong	胡公村	胡公村
Oukouo	毋庄	毋庄
Oulahota	乌哈达村	乌哈达村
Ouli pou	五里铺村	五里铺村
Ouliheou	五里垢	五里垢
Oulikiao	五里桥	五里桥
Oulipou	五里铺	五里铺
Oulitchoang	五里庄	五里庄
Oulongmiao	五龙庙	五龙庙
Ouloungchan	五龙山	五龙山
Ouloutch'uan	五龙川村	五龙川村
Oulsai	吴寨	吴寨
Oultichan	五台山	五台山
Ounanhien	武安市	武安市
Oupahou	五百户村	五百户村
Oupouoze	五拔子	五拔子
Oushianghien	武乡县	武乡县
Ousit'ang	武记塘	武记塘
Out'aichan	五台山	五台山
Out'aimiao	五台庙	五台庙
Outaokeou	五道沟	五道沟
Outaoyingze	五道营乡	五道营乡
Outchangtien	邬成店村	邬成店村
Outcheng	吴城镇	吴城镇
Outima	谷地茆	谷地茆
Outoan kia	吴关家	吴关家
Outongts'ounn	梧桐镇	梧桐镇
Outongyaoze	吴东窑	吴东窑
Outongze	五墩子	五墩子
Outs'ounnp'ou	武村铺	武村铺
Outs'ounnp'ouho	武村铺河	武村铺河
Ouzelinn	孤子岭	孤子岭
Pa Kai	白鸽村	北白鸽井村
Pa ta ts'ounn	八册屯	八册屯
Pa te ling	八达岭	八达岭
Pagode des Lettrés	文昌庙	文昌庙
Pagode du chansi	山西塔	山西塔
Pagode du Chennsi	陕西塔	陕西塔
Pagode du Dragon	龙塔	龙王庙
Pahiangtai	拔仙台	拔仙台
P'ahochennkeou	胖和尚沟	胖和尚沟
Pai ho	白河	北运河
Pai ho	白河	潮白河
Pai ling tchenn	北岭塔村	北岭塔村
Pai miao t'an	大庙滩村	大庙滩村
Pai táo k'iou	北豆角村	北豆角村
Pai yang k'eou	白羊口	白羊口
Pai yang tch'eng	彭阳城	彭阳县
Pai yenpou	白彦堡	白彦堡
Paicha	白茶	白茶
Paichaichenn	白沙乡	白沙乡
Paicheu keou	白石口	白石口
Paichoei	白水镇	白水镇
Paifout'ou	白浮图村	白浮图村
Paignitsingze	白泥井镇	白泥井镇
Paiho	白和村	白和村

法文名称	原地名	现地名
Paihoachan	百花山	百花山
Paihoutchenn	白狐窑村	白狐窑村
Paik.lo	白楼村	白楼村
Paikang chou	白杨村	白杨村
Paikiatchuan	百家川	百家村
Paikiayingze	白家营子	白营村
PaiKieull	白界村	白界村
Paikouta	白口塔	白口塔
Paikoutá	八里疙瘩	八里疙瘩
Paimaho	白麻河	白麻河
Painahia	白音峡	白音村
Painobo	白脑包村	白脑包村
PaiPai mieo	太白庙	太白庙
Paipouchang	柏铺城	粉铺村
Paitachoei	白塔水村	白塔水村
Pait'aize	北台村	北台村
Pait'aokiou	北豆角	北豆角
Paitcha tsi	北岔集	北岔集
Paitch'engze	白城子村	白城子村
Paitchoangze	白庄子	白庄子
Paitien	白涧镇	白涧镇
Paitou	白道村	白道村
Pait'ouyaeull	白杨凸	白杨凸
Paitśaopan	百草畔	百草畔
Paitsuan ho	七里河	七里河
Paitsunn hp yang kia ho	柏树村	柏树村
Paiyangk'iu	伯杨渠	伯杨渠
Paiyanglinn	白羊岭	白羊岭
Paiyangyou	白羊峪村	白羊峪村
Paiyao	板窑村	板窑村
Paiyichan	白音山	白音山
Paiyingfang	北营房镇	北营房镇
Paiyunnkoan	兰州市上白云观	兰州市上白云观
pakiakeou	八甲口	八甲口
Pàkiao	霸桥	霸桥
Palik'iao	八里桥	八里桥
Palitchoang	八里村	八里村
Paliyao	八里窑	八里窑
Pamenntienn	八门店	八门店
Pán Kiao	板桥	新板桥
Pan p'ouokie	半坡街	半坡街
Pang kia	彭家庄村	彭家庄村
P'ang kia wan	庞家湾	庞湾村
Páng kia ying	庞家营村	庞家营村
Pang kunn tchenn	邦均镇	邦均镇
Pang ts'ounn	彭村	彭村
Pangkiawan	彭家湾	下彭家湾
Pangtchoeichan	磬锤峰风景区	磬锤峰风景区
Pánkiaouan	潘家湾村	潘家湾村
Pankiats'oueull	潘涧子	潘涧子
Pankiayvang	班家滩村	班家滩村
P'anlong tchenn	蟠龙镇	蟠龙镇
Panloungchan	盘龙山	盘龙山
Pànloungpou	盘龙铺	盘龙村
Panpou	板铺村	板铺村
Pantien	鲍店	鲍店
Páo chan	宝山	宝山
Pao t'eou	泊头	泊头市
Pao ting fou	保定	保定
Pao yang	柏香镇	柏香镇
Pao yè	博野县	博野县
Paochanmiao	雹神庙	雹神庙
Paokiak'eou	鲍家口	鲍家口
Paokihien	宝鸡县	宝鸡县
Paoloungtchuan	爬龙川	爬龙川
Paotchang	保障村	保障村
Papaibeouruinea	八百户	八百户
Pap'an	八盘峡	八盘峡

续表

法文名称	原地名	现地名
Papouoze	八拨子	八拨子
Papouozeling	八拨子岭	八拨子岭
Patalahaize	巴达乃海子	巴达乃海子
Pataling	八达岭	八达岭
Patch'ats'ounn	八册屯村	东、西八册屯
Pat'eou	坝头	坝头
Payig seu	观音寺	观音寺
Payingtchenn	八营	八营
Pe ho liou	北合流村	北合流村
Pe ian	北峪	北峪
Pebchaize	花寨子村	花寨子村
Pei hai ze	北海子	北海村
Pei ing	北营子村	北营子村
Pei lin tze	北林子村	北林子村
Pei ling	北岭	北岭
Pei ling tien	北辛店村	北辛店村
Pei loan tchê	北联池	北联池
Pei ming ho	北洺河	北洺河
Pei nien ho tchenn	白面河	白面河
Pei póuoti	柏坡底村	柏坡底村
Pei ta ho	北戴河	北戴河
Pei t'ang	北塘	北塘
Pei t'ang ho	北塘河	北塘河
Pei tchang	北张村	北张村
Péi wang tcheuang	白王庄村	白王庄村
Pei yangtch'eng	北阳城村	北阳城村
Pei ying tch'ang	白银市	白银市
Peihia Kouchoeiko	北峡　葫芦河	北峡　葫芦河
Peihotchenn	北格镇	北格镇
Peijoei ho	北酒河	北河村
Peikeou	北沟	北沟
Peikiachan	白家山	白家山
Peikiakeou	白家沟村	白家沟村
Peik'ièk'iying	北铁匠营	北铁匠营
PEIKING	北京	北京
Peik'iu	北区村	北区村
Peileang tchenn	百良镇	百良镇
Peiliouketvhoang	北刘各庄村	北刘各庄村
Peilongchoeiyu	北龙水峪	北龙水峪
Peipalitch	八里庄村	八里庄村
Peit choang	碑庄村	碑庄村
Peitaho	北戴河	北戴河
Peit'ai	北台	北台
Peitchang	北掌村	北掌村
Peitchangeulltcheng	北张庄镇	北张庄镇
Peitchao	北张村	北张村
Peitchuan	裴村	裴村
Peitsiz	蟠桃沟	蟠桃沟
Peitzeuta	北紫塔村	北紫塔村
Peiyaots'ounn	北姚村	北姚村
Peiyuantan	北湾	北湾
PEKIN	北京	北京
Pen kia	彭家庄村	彭家庄村
Petite porte de l'Ouest	小西门	小西门
Peupliеès	白杨	白杨
Pi kia	坯下	坯下
Pi sin tchenn	陂西镇	陂西镇
Pièhan	白韩	白韩
P'ien tch'eng pou	偏城堡	偏城堡
P'ienling	偏岭	偏岭
P'ientsiho	北界河	北界滩
Pierres précieuses	宝石	宝石
Pihg liang tch'eng	平凉城	平凉城
Ping chan hien	平山县	平山县
Ping fan ho	平番河	平番河
Ping fan ho ou Charijn Gol	平番河	平番河
Ping kien yu	平涧峪	平峪沟
Ping liang hien	平凉县	平凉县

法文名称	原地名	现地名
P'ing t'eou tchuan	平头川镇	平头川镇
PING TINGTCHEOU	平定县	平定县
P'ing t'inobo	平堤堡	平堤堡
Ping tong	平南村	平南村
Ping yang fou	平阳府	平阳府
Ping yang fou	平阳府	临汾市
P'ing yang tchoang	平阳庄	平阳庄
Ping yao hien	平遥县	平遥县
P'ingchanye	平山营村	平山营村
Pingnan sçeu	平南寺	平南寺
Pingngantchuan	平南镇	平南镇
Pingnganze	平安乡	平安乡
Pingtan	平潭	平潭
Pingyanghien	平远村	平远村
Pisan pou	毗沙堡	毗沙村
P'iyè	皮野	皮野
Pong tch'eng	彭城	彭城
Pongngooou	彭堡镇	彭堡镇
Pont rouge	红桥	红桥区
Portacoke	焦炭门	焦炭门
Portique	信号桥	信号桥
postcarbonifères	后石炭系	后石炭系
Potala	小布达拉宫	小布达拉宫
P'ou ming p'ou youmiao	普宁普佑庙	普宁普佑庙
P'ou t'ao ho	滹沱河	滹沱河
p'ou tcha	普岔	普岔
Pou toh'eng	蒲掌乡	蒲掌乡
Póueullyao	盆儿窑	盆儿窑
Pouhien	蒲县	蒲县
Poukiats'ounn	堡家村	堡则村
P'oulousseu	普乐寺	普乐寺
P'oumingp'ouyaomiao	普宁普佑庙	普宁普佑庙
Poun ti	坡底	坡底
p'ouo	坡峪	坡峪
Pouo kiang yu	潘家浴	潘家浴
P'ouo t'eou	坡头村	坡头村
P'ouo tihia	坡底下村	坡底下村
Pouo yang kien	潘杨涧	潘杨涧
Pouo yang tien yuan	潘杨涧塬	潘杨涧
Pouohoachan	百花山	百花山
Pouolouopou	波罗村	波罗村
Pouotéou	泊头村	泊头村
Pousa	铺上村	铺上村
Póutaoho	滹沱河	滹沱河
P'outch'eng hien	蒲城县	蒲城县
Póutcheoufou	蒲州府	蒲州府
Poutéou	户头村	户头庄村
Poutoung.ho	濮通河	濮通河
Poutsáo	铺上	铺上
Pouze	铺子	筒子窑
Pouze vide	华朱乡	华朱乡
Praieries salées	盐碱地	盐碱地
P's yangchou	白羊墅村	白羊墅村
Raokiet'an	高家滩	高家滩
Rivieŕe àroseau	河流芦苇	河流芦苇
Rngkiawan	邴家湾	邴家湾
Route de chameaux	骆驼路	骆驼路
Rue de Ta kou	大沽路	大沽路
Rue st Louis	营口道	营口道
Russie	俄罗斯	俄罗斯
Sable	沙状	沙状
Sable arene	风化粗沙	风化粗沙
Sai iu	赛鱼	赛鱼街
San Fongchan	三峰山	三峰山
San ho	三河	三河
San houo tch'eng	三和成村	三和成村
San ki tchoang	三界庄村	三界庄村
San kia ts'ounn	三角村	三角村

法文名称	原地名	现地名
San k'iao	三桥	三桥
San kien	山尖村	山尖村
San koan keou	三关口	三关口
San li tchoang	三里庄村	三里庄村
San li yuan	三里塬村	三里塬村
San pou koan	三不管岭	三不管岭
San p'ouo	三坡峪	三坡峪
San tai seu hia	三赛苏峡	三赛苏峡
San tan keou	三岔沟	三岔沟
San tch'a ho	三叉河	三叉河
San ying	三营镇	三营镇
San yuan ze hia	桑园子峡	桑园村
San yuanhien	三原县	三原县
Sancheup'ou	三十铺	三十铺
Sang kan ho	桑干河	桑干河
Sang pai gu tch'uan	桑白古川	桑白古川
Sang yoan	桑园镇	桑园镇
Sanhaochan	三号山	三号山
Sanhotchenn	三河城	三河城
Sanjennkeou	三道沟	三道沟
Sankan	三间房	三间房
Sankiao	三交村	三交村
Sanki'ao	三交镇	三交镇
Sank'iaoouan	三道湾村	三道湾村
Sankiaotcheng	三桥村	三桥村
Sankiapanze	张家房村	张家房村
Sankiatchoang	魏家庄	魏家庄
Sankiatien	三家店	三家店蒲草湿地公园
Sankiats'ounn	三佳村	三佳村
Sankie tsounn	三家村	三家村
Sankienfangze	三间房村	三间房村
Sankouo	三郭	三郭
Sanlitch	三里村	西三里村
Sanlitchoang	三里村	三里村
Sanliti	三里堤	三里堤
Sanly yeull	四里营村	四里营村
Sanpou	三堡村	三堡村
Sanpouoze	四拨子	四拨子
Sant'aiYourtei	三台河	三台河
Santao keoumeull	撒袋沟门	撒袋沟门
Santaoho	三道河	三道河
Santaokeou	三道沟	三道沟
Santaok'eou	三岔口	三岔口
Santaokoan	三道关村	三道关村
Santaowa	三道洼	三道洼
Santaoyingze	三道营子	三道营子
Santiaikàn	沙坪沟村	沙坪沟村
Santiaoho	三交河村	三交河村
Santienfang	三间房	三间房村
Santiensseu	新店子村	新店子村
Sanyaoying ze	三道营村	三道营村
Sanyimiao	三义庙	三义庙
Sao yangtch'uan	三阳川	三阳川
Saohohien	三河县	三河县
Seu cheu li p'ou	三十里铺村	三十里铺村
Seu cheu pa ts'ounn	四十八村	四十八村
Seu choei	涑水河	涑水河
Seu ho	妫水河	妫水河
Seu keou ze hia	寺口子峡	寺口子
Seueheulip'ou	四十里铺	四十里铺
Seuhotch'uan	四合川	四合村
Seukank'i	四杆旗村	四杆旗村
Seukiatienyaozes	史家店	史家店
Seukiu	西渠村	西渠上村
Seukongmiao1	苏公庙	苏武庙村
Seulits'ounn	寺里村	寺里村
Seuloungpouo	苏龙堡	苏龙堡
Seuoufou	苏坊镇	苏坊镇

法文名称	原地名	现地名
Seupouoze	四拨子	四拨子
Seutáize	西寨子村	西寨子村
Seutao ying ze	四道营	四道营
Seutaoho	三道河村	三道河村
Seutaokeou	三道沟	三道沟
Seutár	四台蒙古营子	四台蒙古营子
Seutch'eng	西城村	西城村
Seutchoong	贾家崇村	贾家崇村
Seutien	史店村	史店村
Seutongzekeou	四东沟村	四东沟村
Seutsoeichan	四咀山	四咀山
Seyts'oupou	四桥堡	四河堡
Shankiu	善庆峪村	善庆峪村
Shintien	新店村	新店村
Si	大七里	大七里
Si Fang	西房	西房
Si fao tang	西佛堂	西佛堂
Si hai ze	西海子	西海子
Si han choei	西汉村	西汉村
Si han ho	西汉河	西汉河
Si hoa chan	西华山	南华山
Si I Tao	西驿头	西驿头
Si i tou	西驿头村	西驿头村
Si keou	西沟	西沟
Si lien pong chan	西联峰山	西联峰山
Si miao chan	西庙山	西庙山
Si pao t'eou	西泊头	西泊头
Si pei ping	西北营	西北营
Si pou tze	西拨子	西拨子
Si san kao	西三教	西三教
Si tchang	辛庄	辛庄
Si tchenn t'an	西镇滩	西滩乡 / 村
Si wan tze	小西湾村	小西湾村
Si yang ho	西洋河	西洋河
Si ying ze	喜营子	喜营子
Sia sang yu	后桑峪	后桑峪
Sia tcheng hao pa t'sien	下程河坝店	下程河坝店
Siaechoeitze	响水子	响水子
Sianchoeily	小水村	小水村
Siang en tchian	香峡	香峡
Siao fan tchenn	小范村	小范村
Siao hia	小峡	小峡
Siao ho tcheng	硝河城	硝河乡
Siao houng keou	小红沟	小红沟
Siao keou	效古村	效古村
Siao keou keou	小口沟	小沟
Siao k'eou keou	小西沟口	小西沟
Siao kiangyu	小强峪	小强峪
Siao kouotien	小郭店	小郭店
Siao ling tcheou	小岭沟	小岭沟
Siao liou si tsounn	小西留寺村	小西留寺村
Siao loo ho yuan	小路河源	小路河源
Siao lou ho	小路河	小路河
Siao louo tch'eu	小涝池	小涝池
Siào ma kia tchuang	小马家庄	小马家庄
Siao mei tch	小梅庄村	小梅庄村
Siao mien chan	小民山	小民山
Siao o utái miao	小五台庙	小五台庙
Siao ou tchoang	西武庄村	西武庄村
Siao ouan keou	西万口村	西万口村
Siao pai eulling	小白儿岭	小白家湾
Siao pei ho	小北河	桃河支流
Siao pou	小堡	小堡
Siao si pinio	西平乐乡	西平乐乡
Siao tao	小曹村	小曹村
Siao tch'eng heo pa	小城河坝	小城河坝
Siao tch'enn k.tch.	小陈家庄	小陈家庄
Siao tchoang	小场村	小场村

法文名称	原地名	现地名
Siao tien tchenn	小店镇	小店镇
Siao tsi	小萁村	小萁村
Siao yang	小阳	小阳泉新村
Siao yu	小峪	小峪
Siaohantchoang	小皇庄村	小皇庄村
Siaoho	小河村	小河村
Siaohoangho	小黄河	小黄河
Siaohoangt'i	小黄旗村	小黄旗村
Siaohoneull	小河南村	小河南村
Siaohou	上小河	上小河
Siaok'eoukeou	大西沟口	小西沟
Siaokiakeou	小家沟	小家沟
Siaokialeang	焦家梁村	焦家梁村
Siaokiaopan	小桥畔	小桥畔
Siaokoantch'eng	小虢城村	小虢城村
Siaokouo	小过村	小过村
Siaoleangkiafang	两间房	两间房
Siaolikeou	小里沟	小里沟
Siaoling	小岭村	小岭村
Siaoliousinn	肖留信村	肖留信村
Siaolongmenn	小龙门	小龙门
Siaolouochan	小罗山	小罗山
Siaomaotchoang	小毛庄	小毛庄
Siaomiaoze	小庙子	小庙子
Siaopingchan	小平山	小平山
Siaopoulo	小部落村	小部落村
Siaop'ouoseuchan	小坡寺山	小坡寺
Siaosi ē tchéng	小斜阳村	小斜阳村
Siaosinntchoang	小辛庄	小辛庄
Siaositienmiao sipouoti	小西天庙　西坡底	小西天庙　西坡底
Siaosongkotchoang	小孙各庄	小孙各庄
Siaosseuts'ounn	小茨村	小茨村
Siaotangketchoang	小邓各庄村	小邓各庄村
Siaotanze	小滩子	小滩子
Siaotingzen	小店子村	小店子村
Siaotipan	小地畔	小地畔
Siaotong keon	小东沟	小东沟
Siaotoueull	小屯村	小屯村
Siaotsingze	下营子	下营子
Siaouop'ou	下窝铺	下窝铺
Siaoyangtchenn	向阳寨	向阳寨
Siaoyaotchoang	小姚庄	小姚庄
Siaoyen	小延	小延
Siaoyi	孝义	孝义
Siaoyingze	小营村	小营村
Siapaik'i	下白旗	下白旗
Siauglyfang	桑里坊	桑楼村
Sichangting	西场庭	西场庭
Sichanyize	西山营子	西山营子
Sie yen tchuan	谢仁庄	谢仁庄
Sièkiapou	谢家堡	谢家堡
Sièkiatsoei	歇家嘴歇架咀村	歇家嘴歇架咀村
Sien hien	献县	献县
Sieohantien	小韩店	小韩店
Sifan keou	西凡沟	西凡沟
Sifengts'a	喜峰嵯村	喜峰嵯村
Si'gan Fou	西安府	西安市
Sihanchoeiyuan	西汉水源	西汉水源
Sihang	西岗	西岗
Sihaot'sien	西壕堑村	西壕堑村
Sihaou	西沟	西沟
Sihiaho	西岔河	西岔河
Sihn loung chan	兴隆山	兴隆山
Sihoti	西河底村	西河底村
Sikeou	西沟村	西沟村
Sikiao lch'ang	西乔庄	西乔庄
Sikoant'sounn	西观村	西观村
Sil'ang	西梁	西梁
Silao ts'ounn	西罗村	西罗村
Sileang	西梁村	西梁村
Siliceuxblanc	白水杨	白水杨
Siling	西灵山	西灵山
Simaling	洗马林	洗马林
Simalingkéou	西马岭沟	西马岭沟
SimennK'eouB	西门头沟	西门头沟
Simiaoleang	西庙岭	西庙岭
Sin an	辛安庄村	辛安庄村
Sin Fang	东辛房村	东辛房村
Sin k'iaoho	辛洨河	辛洨河
Sin lo	新乐县	新乐市
Sin pao nan	新保安镇	新保安镇
Sin tch'eng	新城镇	新城镇
Sin tsa ling	秦岭	秦岭
Sinan	新安村	新安村
Sinfangze	新房子	南新房
Sing fong tien	新丰镇	新丰镇
Singlongling	兴隆岭村	兴隆岭村
Sinho k'eou	新河口	子牙河口
Sinkongmiao	新孔庙	新孔庙
Sinloungchan	兴隆县	兴隆县
Sinloungkiè	兴隆街村	兴隆街村
Sinloungt'ang	西龙堂	西营村
Sinn ho kiéou	新河口	新河口
Sinn loung chan	兴隆山	兴隆山
Sinn ts'ounn	辛村镇	辛村镇
Sinnants'ounn	西艾口村	西艾口村
Sinnen	安新县	安新县
Sinnkiakeou	辛下沟	辛下庄沟
Sinnlchoang Keou	新庄口	王新庄
Sinntchoangze	新庄子	新庄村
Sinntien	新店	新胜村
Sinntsaoleang	行道岭村	行道岭村
Sinntsi	新溪	新溪
Sinpou	单堡	单家堡村
Sinpouze	新堡窑	新堡窑
Sintaitchuan	辛台庄	辛台庄
Sintao	新洞	新洞
Sintch'alai	辛岔	辛岔
Sintchangze	新杖子镇	新杖子镇
Sintch'eng	新城	新城
Sintcheoutchoang	孙镇庄	孙镇庄
Sintchoang	新庄	北新庄村
Sintchoangtou	辛庄户村	辛庄户村
Sintchoangze	辛庄子	辛庄子
Sintch'ounn	西村	西村
Sintien	新建村	新建村
Sint'iouan	新地湾村	新地湾村
Sintsaiu	新寨村	新寨村
Sintsaiv	肖家院子	肖家院子
Siny'eoll	辛营村	辛营村
Sinyuankeou	杏园沟	杏园沟
Siou taichan	五台山	五台山
Siouan	西堡村	西堡村
Sioukéou	西碢口村	西碢口村
Sipalitch	八里庄村	莫家八里庄村
Sipalitch Matèou	八里庄码头	八里庄码头
Sipalitchoang	八里庄村	大、小八里庄村
Sipeike	小北格村	小北格村
Sip'ou	西铺	铺上村
Sip'ouo	西坡	西坡
Sipoutee	西拨子	西拨子
Sisintieull	西辛店村	西辛店村
Sit'anchan	西湾山	西湾山
Sitao	小唐头村	小唐头村
Sitaoho	七道河村	七道河村
Sitchan tchcnn	席张村	席张村

法文名称	原地名	现地名
Sitchang	西张村	西张村
Sitchang kai	席张乡	席张乡
Sitchàze	西栅子村	西栅子村
Sitch'engts'ounn	西镇村	西镇村
Sitcheumenn	西城区	西城区
Sitien	西店村	西店村
Sits'ouo	新村	新村
Siu nai lmi chan	须弥山	须弥山
Siwan pou	西湾堡乡	西湾堡乡
Siwanze	西湾子	西湾子
Siwenza	西湾子	西湾子
Siyang	西阳村	西阳村
Siyangho	西洋河	西洋河
Siyangk'eou	西杨沟	西杨沟
Siyangtcheng	西阳城乡	西阳城乡
Siyao	西窑村	西窑村
Siyenchan	寺阴山	寺山
Siyentcheou	西安镇西安州	西安镇西安州
Siyu	西位村	西位村
Siyuho	试雨河	试雨河
Sjara esso gol	金鸡沙	金鸡沙
Soangtaize	双台村	双台村
Soangt'aize	双台村	双台村
Soctie du fleuve	四龙镇	四龙镇
Soinn houo tchang	新伙场村	新伙场村
song cheu tong chan	松石洞山	石洞山
Song kia fang	宋家房	宋家房
Song louotien	松罗村	松罗村
Song palsóunn	宋八屯村	宋八屯村
Songkeoukeou	松李沟	松李村
Songkiatchoang	孙家庄	孙儿庄
Songnanchan	松南山	松南山
Sou kia keou	苏家沟	苏家沟
Sou kia tchai	夏家寨	夏寨乡
Soukial'iao	苏家桥	苏家桥
Soukiatai	苏家台	孙家沟
Soumouyingze	苏木营子	苏木营子
Sounn K.t'ai	孙家台	孙家台
Sounn kia tchuang	冯家庄	冯家庄
Sounn kiatchoang	宋家庄村	宋家庄村
Sounn nan tchenn	孙常村	孙常村
Sounn nan tchenn	孙南村	孙南村
Sounn tchang kie	孙常街	孙常街
Sounnkiatchoang	宋家庄	宋家庄
Sounnkiats'ounn	宋家村	宋古乡
Sounntchoangze	孙庄子	孙家庄村
Souotchoang	梭庄村	梭庄村
Souotzeli	桑梓村	桑梓村
Sscu jennwan	寺儿湾坪	寺儿湾坪
Ssenjennwan	寺儿湾坪	寺儿湾坪
Sseu leang chan	三梁沟山	三梁沟山
Sseukiatchoang	史家庄村	史家庄村
Sseutsien tchenn	寺前镇	寺前镇
Su chants'ounn	磁山镇	磁山镇
Suan hoa fou	宣化府	宣化县
Suan hoa fou	宣化区	宣化区
Suen kia ho	沈家河	沈家河
Suen kia toan	孙家墩	孙家墩
Suke tchoang	胥各庄	胥各庄
Sukeouhien	徐沟镇	徐沟镇
Szetcheou	晋庙铺镇	晋庙铺镇
T Cheou cheu tchoang	周士庄镇	周士庄镇
T'oung ei hien	通渭县	通渭县
Ta cha ho	未知河	未知河
Ta chan kliken	大山顶村	大山顶村
Ta chan ling	大山顶	大山顶
Ta eullhn	大耳河	大耳河
Ta fang tan	大房滩	大房滩

法文名称	原地名	现地名
Ta fang t'an	大房滩	大房滩
Ta fenntoan	大水洞村	大水洞村
Ta fouosseu	大佛寺	大佛寺
Ta hnling	大寒岭	大寒岭
Ta houng keou	大红沟	大红沟
Ta keou	大口村	大口村
Ta k'eou kang ze	大沟岗子	大沟岗子
T'a kia	达家	达家
T'a kia tch'uan	达家川	达家川
Ta kiang yu	大强峪	大强峪
Ta Kou ho	大浴河	大浴河
Ta ling t'eou	大岭口	大岭口
Ta long menn	大龙门村	大龙门村
Ta lou ho	大路河	大路河
Ta lou ho yuan	大路河源	大路河源
Ta mei tch	大梅庄村	大梅庄村
Ta miao chan	大庙山	大庙山
Ta nan shan	大南门	大南门
Ta ning	大宁	大宁
ta pai	大白山	大白山
Ta p'ing ti	大坪底	大坪村
Ta t'ang chan	太统山	太统山
Ta tang ts'ounn	塔谈村	塔谈村
Ta tch'a ho	大岔河	大岔河
Ta tcheng	大陈庄村	大陈庄村
Ta tian keou	大吊沟	吊沟
Ta ts'ing chan	青山	青山
Ta ts'ing ho	大清河	大清河
Ta wan	大湾乡	大湾乡
Ta wan tien	大湾店	大湾店
Ta yaotchoang	大姚庄村	大姚庄村
Ta yentái	大扬台	大扬台
Ta ying	大营	大营
Ta ying chan	大阴山	大阴山
Ta'aimou	嗒安穆	嗒安穆
Tacheukeou	大石沟	大碱沟
Tachoeikeng	大水坑	大水坑
Tacullsseu	塔儿寺村	塔儿寺村
Tadong menn	大龙门	大龙门
Tafouesseu	大佛寺	大佛寺
Tahia	大峡	大峡
Tahiakeou	麻家沟村	麻家沟村
T'aho	塔河	塔河
Tahokouo	大河村	大河村
Tahouoli	打火店村	打火店村
Tahoutchenn	大武镇	大武镇
Tai an fou	泰安府	泰安
T'ai chan	泰山	泰山
Tai cheu yu	太石峪	太石峪
Tai kia keou tch'uan	谯家口庄	谯家口庄
T'ai ming fou	大名府	大名县
Tai pai chan	太白山	太白山
Tai p'ing hia	天平峡	天平峡
Tai ping tien	太平店	太平店
Tai t'ong fou	大同市	大同市
Tai tcheou	德州	德州
T'ai t'ong fou	大同	大同
Taihoang kiuliang	太黄渠梁	太黄渠
Taikiatá	柴家岔	柴家岔
Taikiatchoang	代家庄	代家庄
T'ailing	太林乡	太林乡
Tailioutchoang	代刘庄村	代刘庄村
Taipaimiao	太白庙	太白庙
Táiping tchoang	太平庄村	太平庄村
Taipingkenu	太平沟	太平沟
Taip'ingpou	太平堡	太平堡
Taipingtèounn	店坪村	店坪村
Taip'ingtsoang	太平庄	太平庄

法文名称	原地名	现地名
T'aitouachey	白驼村	白驼村
Taiwangmiao	台王庙	台王庙
Taiyouangchan	太阳山	太阳山
Taiyuantcheng	太原村	太原村
T'aizetch'eng	太子城	太子城
Takiatchoang	达家川	达家川
Takitan	大巨滩村	大巨滩村
Takoueull	大阁儿	大阁儿
Talai tien	大来店	大来店
Talatehe	打拉池城	打拉池城
Taleangkeou	褡裢沟	褡裢沟
Taleaoti	大梁底村	大梁底村
Talien tchenn	褡裢村	褡裢村
Talikeou	大里沟	大里沟
Talits'ounn	大陆村镇	大陆村镇
Talongmenn	大龙门村	大龙门村
Tama tsounn	大马	大马
Tan kia tsi	单家集	单家集
Tan tou chan	塔屯村	塔屯村
T'an yao keou	炭窑沟	炭窑沟
T'an yaochan	太阳山	太阳山
Tanchan	旦山	旦山
Tang chuan	凳川	凳川
Tang fang leang	塘坊梁村	塘坊梁村
Tang ho	汤河	大汤河
T'ang ho	唐河	唐河
Táng ho	汤河	汤河
Tang k tch	长清	长清
T'ang k.tch.	唐庄村	南唐庄村
Tang kia keou	党家沟	党家沟
Tang kia ping	谭家坪村	谭家坪村
Tang kianaiya	康家崖磘村	康家崖磘村
Tang ling chanExact	唐灵山	唐灵山
T'ang tch'uan	汤泉	汤泉
Táng wang ling	唐王陵	唐王陵
Tang yinhien	汤阴县	汤阴县
T'angchan	唐山	唐山
Tangfang	塘坊	塘坊
TangKiachoai	党家水	党家水
Tangkiakiaze	邓家栅子	邓家栅子
Tangkiatchuan	党川镇	党川镇
T'angmaochan	唐帽山	唐帽山
Tángtchú antse u	汤泉寺	汤泉寺
Tangyuho	汤峪河	汤峪河
Tániang	太宁村	太宁村
Taningt'ounn	大凝屯	大凝屯
Tankiotsounn	范家崖村	范家崖村
Tanmanyaoze	塘马窑则	塘马窑则
Tanshan	丹山	丹山
T'ao bch'uan ho	桃渭河	桃渭河
Tao hoa chan Sanhotchenn	桃花山　山河乡	桃花山　山河乡
Táo hoapou	桃花镇	桃花镇
Tao jenn tchong	大程村	大程村
Táo pou tou	套铺头	套铺头
T'ao t'angsseu	桃红寺	桃红角
Tao tchéan ho	桃川河	桃川河
Táo tchúanho	倒川河	倒川河
Táo ts'ounn	陶村镇	陶村镇
Táo yeullkeou	高崖根	高崖根
Taochan	高山	高山
Taoi	窦妪镇	窦妪镇
Táokéouk'iao	唐口桥	唐口桥
Taoloung tsoeï	倒拉嘴村	倒拉嘴村
Taomantchan	桃木山	桃木山
Taoniho	稠泥河村	稠泥河村
Taot'ounnze	倒墩子村	倒墩子村
Taouang	大王镇	大王镇
Taouanpou	大湾铺村	大湾铺村

法文名称	原地名	现地名
Tapailo	大牌楼	大牌楼
Tapakeou	大西沟	大西沟
Tapien	大边村	大边村
Tapouoliang	大锅梁	大锅梁
Tasanli	大三里村	大三里村
Tasiètcheng	太斜阳村	太斜阳村
Tasikeou	大西沟	大西沟
Tasong kotchoang	大孙各庄	大孙各庄
Tati	大地	大地
Tatien	大店村	大店村
Tatong p'ouolcang	大东堡	大东堡
Tatongk'iu	大东区	大东区村
Tatou	大沽河	大沽河
Tatounn	大屯	大屯
Tatśing Keou	大青沟	大青沟
Tatsouchan	大关山	大关山
Ta'vannao	大凸上	大凸上
Tavvali	大洼	大洼
Tawopouo	大乌金	大乌金
Tayang tchoang	大杨庄村	大杨庄村
Tayaokotchnang	大岳各庄	大岳各庄
Tayèhai	大爷海	大爷海
Tayingtchan	大营山	大营顶
Tayu	大峪	大峪
Tch'a ho keou	柴河口	柴河口
Tch'a keou	岔口	岔口
Tcha lao keou	叉路沟	叉路沟
T'ch'a p'ankeou	茶棚	茶棚
Tchaeulltchoangze	郑尔庄村	郑尔庄村
Tchahaits'ounn	张良村	张良村
Tch'ahokeou	柴河口	柴河口
Tch'ai ho	柴河	柴河
Tchai Kcoupou	柴口堡	柴口堡
Tchai keou pou	柴沟堡	柴沟堡
Tchai t'ang	斋堂镇	斋堂镇
Tchai yi ho	垂驿河	垂驿河
Tchaicheou	寨沟	寨沟
Tchaik.tch	翟庄村	翟庄村
Tchaitaoze	窄道子	窄道沟门
Tchaitaozekeou	窄道子沟	窄道子沟
Tch'aitipouo	策底坡	策底坡
Tchaititchenn	策底镇	策底镇
Tchan sounn	长寿村	西长寿村
Tchang eull tchoang	张二庄	张庄桥
Tchang fang wan	账房湾	账房湾
Tch'ang hien tchuan	张县川	张家川
Tch'ang ho	漳河	漳河
Tchang k.tch	张庄村	石槽张庄村
Tcháng k.tch.	常庄村	西常庄村
Tchang kia howan	达家河湾村	达家河湾村
Tchang kia k'iao	臧家桥	臧家桥
Tchang kia tchoang	郑家庄村	郑家庄村
Tchang kia tchuan	张家川	张家川
Tchang Kiapou	张家堡村	张家堡村
Tchang kiasseu	张家寺	张家寺
Tchang kiatchoang	张家庄	张家庄
Tchang koou ou lliang	张沟湾梁	张沟湾
Tchang kouo tien	张郭店	张郭店
Tchang li hien	昌黎县	昌黎县
Tch'ang nan	成安县	成安县
Tcháng ningseupon	常宁乡	常宁乡
Tchang piè	程壁村	程壁村
Tchang re fou	彰德府	彰德府
Tchang tcheng yuan	长城塬	长城塬
Tch'ang tch'eng yuan	长城塬	长城塬
Tchang tchoang k'iao	张庄桥	张庄桥
Tchang ts'onn	张村	使张村
Tchang tsounn	张家庄村	张家庄村

续表

法文名称	原地名	现地名
Tchang ts'ounn pou	张村堡	张村堡
Tchang wei ho	张魏河	张魏河
Tch'ang yuen	长垣县	长垣县
Tch'angfangleang	仓房梁	仓房梁
Tchanghia	张夏镇	张夏镇
Tchangi pou	张易堡	张易镇
Tchangk.tch.	张庄村	北张庄村
Tch'angkeou	张沟	北张
Tchangkeou ho	长沟河	长沟
Tchangkialing	张家岭	张桥庄村
Tchangkialiousinn	张留信村	前张留信村
Tchangkiatchoang	张家庄村	张家庄村
Tchangkiayaoze	张家窑村	北张家窑
Tchangkiyingze	张家营村	张家营村
Tchangk'u	张村	张村
Tchanglan bchenn	张兰城	张兰城
Tch'angli	崇礼	崇礼
Tchanglieng	中梁	中梁
Tchangliukeou	张吕沟	张吕村
Tchangmo	獐貘乡	獐貘乡
Tch'angning	长宁	长宁
Tchangsiang kong keou	张相子沟	张相子沟
Tchangteouyingze	庄头营	庄头营
Tchangweichan	长尾山	长尾沟
Tchankiawan	赵家湾	赵家湾
Tchao ho	潮河	潮河
Tchao kia p'ou	皂郊堡	皂郊堡
Tchao kutchenn	赵曲村	赵曲村
Tchao pïng	潮平	潮平
Tch'ao yi tchenn	赵伊镇	赵伊镇
Tchaokia leang	赵家营	赵家营
Tchaokiapóu	高家铺	高家铺
Tchaokiataize	赵家台子	赵家台子
Tchaokú	赵渠	赵村
Tchaolihou	赵老户村	赵老户村
Tch'aolingze	庙梁村	庙梁村
Tchaoma	赵马村	赵马村
Tchaowangtch'eng	赵王城	赵王城
Tcháoyi tchenn	赵伊镇	赵伊镇
Tchaukiacheupan	赵家石畔	赵石畔
Tch'cê tao ting	车道岭	车道岭
Tchcyaofaug	楚窑房	楚窑房
Tche cheui	测石村	测石村
Tch'e keou	石沟河	石沟河
Tch'e lioukia	车刘家	车刘家
Tch'e ou chou keou	臭水沟村	臭水沟村
Tche yu choei	柴峪水	柴峪水
Tch'eêeling	清恩岭	清恩岭
Tch'eekikoan	车骑关村	车骑关村
Tch'eèloukeou	车路沟村	车路沟村
Tch'ei ho	水河	水河
Tchen ts'onn	池村	池村
Tcheng k.tch	郑庄村	郑庄村
Tch'eng keull	长阁村	长阁村
Tch'eng kia tcheunngti	程家村	程家村
Tcheng kia tchoang	郑家庄	郑庄
Tcheng ma se keou	张麻沟	张麻沟
Tcheng nei	镇内	镇内
Tcheng ning pou	镇宁堡	镇宁堡
Tch'eng p'ing	常平村	常平村
Tcheng tao	镇头	镇头
Tch'eng tien	长街村	长街村
Tcheng ting fou	正定府	正定县
Tcheng ts'ing hien	镇靖镇	镇靖镇
Tcheng t'sounn	郑村	郑村
Tch'eng wei liang	郑魏梁	郑魏梁
Tch'eng-T'ai	郑太铁路	郑太铁路
Tch'éngzetai	深泽滩	深泽滩

法文名称	原地名	现地名
Tchenn eulichan	程儿山村	程儿山村
Tch'enn kia fenn	陈家坟	陈坟村
Tch'enn kia tounn ze	陈家洞子	陈家洞子
Tchenn kiatateang	陈家老庄	陈家老庄
Tch'enn ki'tchoang	陈家庄	东陈庄
Tchenn tsing pou	郑旗乡	郑旗乡
Tchenn wo	源涡镇	源涡镇
Tchenn young hien	镇原县	镇原县
Tchenn yuan hien	镇原县	镇原县
Tch'ennk.tch	陈庄村	陈庄村
Tch'ennk.tenn	陈坟村	陈坟村
Tch'ennkiahia	陈家峡	陈家峡
Tchennkiakhuan	陈家圈	陈家圈
Tchennnal	柏乡镇	柏乡镇
Tcheou cheu tchoang	周士庄镇	周士庄镇
Tcheou k.tch	周庄村	周庄村
Tcheou k'oan chan	周官沟	周官沟
Tcheou ma ho	周马河	周马河
Tcheou tcheou	涿州市	涿州市
Tcheou ts'bunn	周村镇	周村镇
Tcheoug ni ho	稠泥河	稠泥河
Tcheoukiaho	程家河	程家小湾
Tcheoulicu	周流村	周流村
Tcheououhien	周至县	周至县
Tchéu choeitchenn	赤水镇	赤水镇
Tcheu fang keou	蚜蚄口	蚜蚄口
Tcheu ho	冶河	冶河
Tcheu kiao eull	四桥儿	四道桥村
Tcheu li pou	七里铺	七里铺
Tcheufangkeou	好坊口村	好坊口村
TCHEU-LY	直隶	直隶
Tcheuniou	蚩尤村	蚩尤村
Tcheuotsoei	清嘴	清嘴
Tch'eupou	车铺	车铺
Tcheutchèng	赤城	赤城
Tch'eutien	池涧村	池涧村
Tchin tchong ho	金钟河	金钟河
Tch'ing chan tsoeihiang	金山嘴	金山嘴
Tch'ing hoa yuan	清华园	清华大学
Tch'ing loung K'iao	青龙桥	青龙桥
Tch'ing ta	青塘	青塘
Tch'inn Wang tao	秦皇岛	秦皇岛
Tchkongyunn	扯弓塬村	扯弓塬村
Tchnng tè fou	彰德府	安阳市
Tchoang king hien	崇信县	崇信县
Tchoanghopoutcheuchan	中和堡村	中和堡村
Tchoanglangtcheng	庄浪城	庄浪县
Tchoankia leang	张家梁	张家梁
Tchoankia wa	张家槽子	张家槽子
Tchoantsing	砖井镇	砖井镇
Tch'oeiyu	聪子峪	聪子峪
Tchong chan	中山	中山
Tchong choeiyou	崇水峪	崇水峪
Tchong houopouruines	中堡村	中堡村
Tchong kia choei keou	张家水沟	张家沟
Tchong lchuannze	中堡大坪	中堡大坪
Tchong nan	终南镇	终南镇
Tchong pou	庄旺村	庄旺村
Tch'ong sin hien	崇信县	崇信县
Tchou kia tingze	朱家井	朱家井
Tchou kia wan	周家湾	周家湾
Tchou lei pou	聚乐堡	聚乐堡
Tchou li keou	周里沟村	周里沟村
Tchou tchai	后寨	后寨
Tchou tchai tchoang	朱家庄	朱家庄
Tchoukiapóu	朱家铺	朱曹村
Tchoukiatien	朱店镇	朱店镇
Tchouliangseu	竹林寺	竹林寺

法文名称	原地名	现地名
Tchoung hien t'sonn	崇贤村	崇贤村
Tchoung keou	正沟	正沟
Tchoung kou lao keou	佟口老沟	佟口老沟
Tchoungti	钟底村	钟底村
Tchoungwopou	中窝铺	中窝铺
Tchouot Soeiling	猪咀岭村	猪咀岭村
tchuan ho	川河	川河
Tch'uank'eoutchenn	川口村	川口村
Tcli ts'oun	祁村	祁村
Tcnengt'ai	郑太	郑太
Teh'oei kianai	崔家崖	崔家崖
Teleang	大岭青松岭	青松岭梁
tengkiayuan	邓家塬	邓家塬
Tenu ying	头营村	头营村
Teou chan liang	头山梁	头山梁
Teou ho	唐河	唐河
T'eou keou keou	头沟沟	头沟沟
Teou kia keou	窦家沟	窦家沟
T'eou ts'nunn	头泉村	头泉村
Téou yuan	桃园村	桃园村
Teoumou Konç	斗母宫	斗母宫
T'eoupouzes	头堡子村	头堡子村
T'eoutaokeou	头道沟	头道沟
Teoutaoyingze	头道营子	头道营子
T'eoutaoyingze	东头营子	东头营村
Téoutaoyingze	头道沟	头道沟
Téoutch'uan	前陡泉村	前陡泉村
Téumoulou	土木路村	土木路村
Th'engtoanymg	陈官营	陈官营
Thuyas	崖柏	崖柏
Ti ho	泜河	泜河
Tiant'aichan	天台山	天台山
Tiantsounn	田村	田村
Tich'uan	第一川村	第一川村
Tie cheng chan	铁绳山	铁绳山
Tiè lié keou	叠黎沟	叠黎沟
T'iè linn sseu	天林寺	天林寺
Tiè lou p'ouo	铁路坡	铁路坡
Tiem ze liang	店子梁	店子沟
Tien choei hien	天水县	天水市
Tien choei p'ou	甜水镇	甜水镇
Tien eullling	儿岭村	儿岭村
T'ien fang yang kia liang	店范杨家梁	店范杨家梁
Tien hehou	县合后	县合后
Tien ho	浍河	浍河
Tien kiao eull keou	涧桥儿沟	葫芦河
Tien tai chan Mou choei tchuan	天台山　马河乡	天台山　马河乡
T'ien tchenn	天镇县	天镇县
Tien tchenn	天镇县	天镇县
Tien tou chan	天都山（西华山）	天都山（西华山）
Ti'en ts'ao ts'ounn	定屯村	定屯村
T'ien tsinn	天津	天津
Tien ts'mg koan	天井关村	天井关村
Tien Yang ho	千阳河	千阳河
Tien yemng	天爷顶	天爷顶
Tienboutéou	店子头	店子头
Tienchoei ho	涧水河	葫芦河
Tienchoeitchenn	天水镇	天水镇
Tienfangsseu	大佛寺	大佛寺
Tienhovoying	佃户营村	佃户营村
Tienk.tch	田庄村	田庄村
T'ienkeoutch'uan	剃头山	剃头山
Tienkiahoei	田家会	田家会
Ti'enkianfou	天桥浮村	天桥浮村
Tienkotchoang	田蔡庄	田蔡庄
Tienlaolche	铁冶沟	铁冶沟
Tienmats'ing	天马井	天马井

法文名称	原地名	现地名
Ti'enp'ing tchoang	天平庄	天平庄
Tient sinn	天津	天津
Tientaize	天台子	天台子
Tientchangtchenn	监漳镇	监漳镇
Tientcheng keoumeull	碱厂沟门	碱厂沟门
Tientsingchan	秦州区	秦州区
Tientzeu	奠基村	奠基村
Tienzatch	店子庄	傅店村
Tiertcheng fangze	天城房	天城房
Tietanghia	铁堂峡	铁堂峡
Tih'ang	西岗	西岗
Tihenze	奠安子	奠安乡
Tiho	澧河	澧河
Ti'Keng	地坑	地坑
Tikièt'an	地界坑	地界坑
Ting hiang tchenn	到贤镇	到贤镇
Ting ho	清河	清河
Ting hoa ling	青花岭	青花岭
Ting k.tch.	丁庄村	丁庄村
Ting ling	景陵	景陵
Ting ma pou liang	丁马堡梁	丁马堡
Ting tcheou	定州	定州市
Ting tsi ho	滹沱河故道	滹沱河故道
Tingkiatchong	景家庄	景家庄
Tingkiatchuan	邢家川	邢家山
Tingmapou	丁马堡塬	丁马堡塬
Tingpien	定边县	定边县
Tingpouze	东堡子	东堡子
T'ingtchoang	丁庄村	丁庄村
Tingzeleull	丁字路村	丁字路村
Tioutsounn	第五村	第五村
T'itchéetzekeou	地车沟	地车沟
Titien	底店村	底店村
Titsounn	西村	西街村
Ti-ts'ounn	西村	西太堡小区
To g tsing ming	东景萌村	东景萌村
Toan kia ling	段甲岭	段甲岭
Toan kia tehoang	段家庄村	段家庄村
Toangmatchuan	团马川	团马川
T'oantipou	屯堤堡	屯江堡
Toantsiang	断桥村	断桥村
Toants'ounntchenn	城关村	城关村
Toe kia keou	代家沟	代家沟
T'oeikiapirg	崔家坪村	崔家坪村
Toeipingchan	翠屏山	翠屏山
Toeizeleang	堆子梁镇	堆子梁镇
Toen euli wa	墩儿洼	墩儿洼
Toen eullchan	城儿山	城儿山
Toen ping liang	墒坪梁	墒坪梁
Toling kenn	大楞干	大楞干
Tombe du Prinee Sien	汉墓群	汉墓群
Tomtato	敦达图	敦达图
Tong chan	东山村	东山村
Tong chan pouo	东山坡	东山坡
Tong changting	东场庭	东场庭
Tong eull chan	东二山	东二山
Tong hia ho	东岔河	东岔河
Tong hingling	土陉村	土陉村
Tong ho tsai	同戈站村	同戈站村
Tóng hoà	通化镇	通化镇
T'ong hoa tch'uan	通化川	通化村
Tong keou	东沟	东沟
Tong keoumenn	东沟门	东沟门
Tong kia fang	董家庄村	董家庄村
Tong kia keou	党家沟	党家沟
Tong kia tcha	东家岔	东家岔
Tong Kiao mai p'iyao	东荞麦窑	东荞麦窑
T'ong Kiatchoang	同家庄镇	同家庄镇

法文名称	原地名	现地名
Tong kiu	东区	小东区村
Tong Kiunhiang	军响村	军响村
Tong ko yu	董河峪	董河峪
T'ong koan ting	潼关厅	潼关厅
Tong koang	东光县	东光县
Tong kou lien	东胡林	东胡林
Tong kou tchenn	东郭镇	东郭镇
Tong koulcheng	东古城村	东古城村
Tong kouo p'ous	东岗堡	东岗镇
Tong lao t'sounn	东芦村	东芦村
Tong leang	东岭	东岭
Tong leang tchouo	东里村	东里村
Tong liang	东林村	东林村
Tong lien ongch an	东联峰山	东联峰山
Tong ming	东明县	东明县
Tong oua ho	东化河	东化河
Tong pangho	东洋河	东洋河
Tong pao t'eou	东泊头	东泊头
Tong pien keou	通边沟	通边乡
Tong p'ou	东铺	东铺
Tong pousedeser	东堡子	东堡子
Tong ta k'iao	东大桥	东大豪小区
Tong tchengti	东镇	东镇
Tong ting chan	洞庭山	洞庭山
Tong ts'ounn	东狮村	东狮村
Tong wo chouui	东涡水	东涡水
Tong yan ho	东洋河	东洋河
Tong yang ho	东洋河	东洋河
Tong yang tch'eng	东阳城村	东阳城村
Tong yen li	东义里	东义村
Tong youts'ounn	东峪村	东峪村
Tong yuanfang	通远坊	通远坊
Tong yuen	东园村	东园村
Tongchan	东山	东山
Tóngchang	洞村	洞村
Tongchanliang	唐山梁	唐山梁
Tongchanti	东山底村	东山底村
Tonghoangchoei	东黄水镇	东黄水镇
Tonghoawan	东河湾村	东河湾村
Tongjennpou	东金堡	金大堡
Tongjenpou	东金堡	金大堡
Tongkia	东峡	东峡
Tongk'iao	东桥村	东桥村
Tongkiataoze	东家道子沟	东道沟村
Tongkoan	东关	东关
Tongli	东里堡	东里堡
Tongling	东灵	东灵
Tongling	东灵山	东灵山
Tongling	东灵	东灵
Tongmiao	东庙	东庙
Tongnalou	东南头	东南头
Tongsièchan	通镇	通镇
Tongtaichan	东台山	东山上
Tongt'ang	东梁	东梁
T'ongtcheou	通州	通州
Tongtchoang	东庄村	东庄村
Tongtchoangzotchenn	东孔庄村	东孔庄村
Tongtch'ounn	东村	东村
Tongts'ounn	东村	东村
Tono cha tán	常胜塔村	常胜塔村
Tonr	城楼	城楼
tou keou Siao tsaize	下寨子	下寨子
Tou kou twei	土谷堆	土谷堆
Tóu tchengze	土城子	土城子
Tou ts'ounn	富村	东富村、西富一村
Touéullfan	兔坂镇	兔坂镇
Tóuf'ang	都丰	都丰
Toukia keoungo	薛家湾垴	薛家湾垴

法文名称	原地名	现地名
Toukiachoang	杜家庄村	杜家庄村
Toukiakeou	杜家沟	杜沟村
T'oukiao	土桥子	土桥子
Toukiapou	杜家堡	张杜家沟
T'oulèngne	土岭村	土岭村
Toumenn	土门镇	土门镇
T'oumennt'ounn	土门墩	土门墩
Toung kia	董家	董家
Toung kiao p'ou	唐家铺	唐家沟村
Toung wan choei	东黄水镇	东黄水镇
Toung wo cliouei	源涡水	潇河
T'oungpientchenn	通边村	通边村
Tounn jou	董茹	董茹
T'ounn li	屯里村	屯里村
Tounnkiatchoang	东贾庄村	东贾庄村
Touo fang	驼坊村	驼坊镇
Touochan	罗山	罗山
Touochoei	罗水	罗水
Tourspyramides	金字塔之旅	金字塔之旅
T'outch'engt'eou	土城子	土城子
Touyaozetch'uan	豆窑子川	豆窑子川
Ts tauo ho	涂河	涂河
Tsa fong yuan	草峰塬	草峰塬
Tsae tcheou	泽州府	晋城市
Tsaghan Balgassoun	白沙淖村	白沙淖村
Tsai fang	蚕坊村	蚕坊村
Tsái hoao chan	翠华山	翠北山
Ts'ai yao chan	采凉山	采凉山
Ts'ai ze wan	寨子湾	寨子湾
Ts'aikiaho	蔡家河	蔡家河
Tsaikiatchenn	草贾村	草贾村
Ts'aizepi	才子坪	才子坪
Ts'akeou	岔沟	岔沟
Ts'alouheti	察老圪其	察老圪其
Tsan hoang hien	赞皇县	赞皇县
Tsan tch'uan	义安村	义安村
Tsang changtounn	仓上屯村	仓上屯村
Tsang k.k'iao	臧桥	臧桥
Tsang tcheou	沧州	沧州
Tsangtchoang	张庄村	张庄村
Tsankanling	见干岭	见干岭
Ts'ao iu ling	草峪岭	草峪岭
Tsáo k'iao tchoang	错桥村	错桥村
Ts'ao misa ze	草庙子	草庙乡
Ts'ao tán	草滩镇	草滩镇
Tsao tsounn	赵村	赵村
Ts'ao woze liang	草窝子梁	草窝子
Tsáohien	赵城县	赵城县
Tsaoiu	草峪村	草峪村
Ts'aokiatai	曹家台村	曹家台村
Ts ā olai	曹海	曹海
Tsáolieull	枣林村	枣林村
Tsaoling	枣林	枣林
Tsaoly	召里村	召里村
Tsaotan	草滩	草滩
Ts'aotchoang	曹庄	曹庄
Ts'aotchuan	曹圈	曹圈
Tsaotch'uanp'ouo	草川子铺	草川铺镇
Ts'aotseopou	皂郊堡	皂郊堡
Tsaoyuan	枣园村	枣园村
Tsaoze chang	鸽子巢	鸽子巢
Ts'atienkeou	槽碾沟	槽碾沟
Tsau kien?	轶店?	轶店?
Tsaukialieull	苏家窑	苏家窑
Ts'eufangkeou	纸房沟	纸房沟
Tseuoutohenn	子午镇	子午镇
Tseuyao	景窑	景窑
Tseuyaose	景窑子	景窑子

法文名称	原地名	现地名
Tsi chan hien	稷山县	稷山县
Ts'i hion	淇县	淇县
Tsi nan fou	济南	济南
Tsi ning tcheou	济宁市	济宁市
Tsi tch'akoueu l	齐家口儿	齐家口儿
Ts'i ying tchenn	七营镇	七营镇
Tsi yuan hien	济源县	济源市
Tsiang ho	香河县	香河县
Ts'iang menn pou	镇门堡村	镇门堡村
Tsiang t'ai pou	将台堡	将台堡
Tsiang tsiang ho	强强河	潮白河
Tsichan ?	青山?	青山?
Tsichan ?	青山?	青山?
T'sicheuhia	太石峡	太石村
Tsiè eullcheuhao	甲石河乡	甲石河乡
Tsien houo ling	枧桦岭	枧桦岭
Tsien kan hia	前湾峡	前湾里
Tsien ling pou	秦亭铺	秦亭镇
Tsienchan	尖山	尖山
Tsienchanze	店房子	店房
Ts'ienkeoumeull	前沟门	前沟门
Ts'ienk'outchoang	前口庄村	前口庄村
Tsihien	祁县	祁县
Tsihoamenn	西华门	西华门
Ts'ik.tch	齐庄村	北齐家庄村
Tsikiakang	吉家岗村	吉家岗村
Tsikiatchoang	齐家庄村	齐家庄村
T'sikiatien	戚家崖	戚家崖
Tsileangsseu	清凉寺乡	清凉寺乡
Ts'ilihotze	七里河	七里河区
Ts'iling keou	七令沟村	七令沟村
Ts'ilipou	七里堡	七里堡
T'silipòu	七里铺	七里铺
Tsilitái	七里滩村	七里滩村
Ts'ilitchoung	七里冢	七里冢
Tsin choei hien	沁水县	沁水县
Tsin choei ho	沁水河	沁河
Ts'ing cheu tsoei	青石嘴	青石嘴
Tsïng cheutsoei	青寺村	青寺村
Tsing choe hien	清水县	清水县
Ts'ing choei	清水镇	清水镇
Tsing choei ho	清水河	清水河
Ts'ing choei ho	清水河	清水河
Tśing choei ho	清水河	清水河
Ts'ing choei keou	清水沟	清水沟
Tsing hien	青县	青县
Ts'ing hien tchenn	勍香镇	勍香镇
Ts'ing hing hien	井陉县	井陉县
Ts'ing ho	青河	青河
T'sing ho	清水河	清水河
Ts'ing ho hien	清河县	清河县
Tsing hoa	清化	清化
Ts'ing hoa tchenn	清化镇	清化镇
Tsing kiang yi	青江驿	青江驿
Tsing long chan	青龙山	青龙山
Ts'ing nioutch	青牛庄	青牛庄
Ts'ing sseu miao	晋祠镇	晋祠镇
Ts'ing tchoang	晋庄镇	晋庄镇
Ts'ing ting pao	青亭堡	青亭堡
Tsing t'ou pouo	青土坡	青土坡
Ts'ing tsing keou	清净沟	清净沟
Tsing ying tchuan	清莹川	清莹川
Ts'ing yuen	靖远县	靖远县
Ts'ingchoeihien	清水县	清水县
Tsingchoeiyi	清水村清水驿	清水村清水驿
Tsingho	沁河	沁河
Ts'ingkangchan	清康山	清康山
Tsingningtcheng	静宁县	静宁县

法文名称	原地名	现地名
Ts'ingpienpou	镇靖堡	镇靖堡
Tsinn ling liang	秦亭梁	秦亭村
Tsinn loukeou	崎路沟	崎路沟
Ts'inn ngan hien	秦安县	秦安县
Ts'innngan	秦安县	秦安县
Tsinntcheou	沁县	沁县
Ts'ioeull tchoang	雀儿庄	雀儿庄
Ts'ion Kiun tai	千军台	千军台
Tsipaiheou	七百户	七百户
T'sip'anleang	棋盘梁	棋盘梁
T'sipouoze	七拔子	七拔子
Tsisullpóu	第二坡	第二坡
Tsitaichan	齐家山	靳家岔
Tsitao	岐道	岐道
Ts'itaokeou meull	七道沟门	七道沟门
Tsitchenn	西寨	西寨
Tsitcheou	磁县	磁县
Tsiying tchenn	七营镇	七营镇
Tsoan tzelien	转枝莲村	转枝莲村
Tsoei kia cheu tan	咀家石滩	咀家石滩
Tsong paits'ai	上摆察	上摆察
Ts'ouhou	租户村	租户村
Tsouo yaowo pou	左家窝铺	左家窝铺
TsouoKiak'iao	左家桥村	左家桥村
Ts'outchuan	草川村	草川村
Ts'uants'ounn	串村	串村
Tsze tcheu	泽州	晋城
Tzemiaokeou	子庙沟	子庙沟
Tzetchenn	枝镇	枝镇
Tzeuli	茨林	茨林
Tzeutien	集店	集店
Tzu ya ho	子牙河	子牙河
U hoang miao	玉皇庙	玉皇庙
U wanzeruines	姚堡子	姚堡子
uè tch'eleang	袁治梁村	袁治梁村
Uekiahangtao	梁家湾村	梁家湾村
Uhoangtcha	玉皇岔	玉皇岔
Ukiets'ounn	月镜村	月镜村
ukonghien	武功县	武功县
Ulingtchoang	裕营房	裕营房
Ulinn	榆林	两榆林
Universitè	大学	山西大学堂
Upingtchenn	玉屏村	玉屏村
Uputs'ounn	尉郭乡	尉郭乡
vankiao	魏桥	魏桥
Vers p'ingyao	向平遥	向平遥
Vers Yekeouying	向鸭格营	向鸭格营
Vieux p'ou t'ao ho	老滹沱河	老滹沱河
Vieux Sien hien	老献县	老献县
Village mongol	蒙古村	蒙古村
Ville des Mandchous	满族城市	新满洲城
Vongnganpouliang	王家铺梁	王家铺梁
Vuei kia p'ouo	魏咀家坡	魏咀家坡
Wa li wang	洼里王村	洼里王村
Wa longkeou	瓦桶沟	瓦桶沟
Wa ting	瓦亭村	瓦亭村
Wafangkeuo	瓦房沟	瓦房沟
Wakang hien	阿干镇	阿干镇
Wakiawan	王家洼村	王家洼村
Wali	洼里乡	洼里乡
Wan kia tchuan	王家川	王家川
Wan kia toan tchoang	马家滩子	马家滩子
Wan kiatchoangze	万家庄	万家庄
Wan tè	万德	万德
Wang beou keou	王堡沟	王堡沟
Wang hoa chan	万华山	万华山
Wang k.tch.	王庄	王庄
Wang kia nao	王家垴	王家垴

法文名称	原地名	现地名
Wang kia nao liang	王家垴梁	王家垴
Wang kiachan	王家沟	王家沟
Wang kiapievll	王家砭镇	王家砭镇
Wang koan jenn toonn	王官屯镇	王官屯镇
Wang léang tchenn	王寮镇	王寮镇
Wang ma	王马村	王马村
Wang ou	王屋镇	王屋镇
Wang p'ing cheu	王平石	王平石
Wang ping cheuchan	王平石山	王平石山
Wang tao	王陶村	王陶村
Wang tao sseu wa	王桃寺洼	王桃寺洼
Wang tchai	王寨村	王寨村
Wang tchai	王寨	王寨
Wang tou	望都县	望都县
Wang ts'onn	王庄	王庄
Wang wa chan	马武山	马武山
Wangkang	王岗村	王岗村
Wangkia nukeouvaoses	唐家堡	唐家堡
Wangkiaho	王家河	王河镇
Wangkiahounn	王家庄村	王家庄村
Wangkialchai	万家寨村	万家寨村
Wangkialiousinn	王留信村	王留信村
Wangkiatchoang	王家庄	王家庄
Wangkiatchoangze	王家庄子	王家庄子
Wangkiawa	王家洼	王洼村
Wangkiayingze	王家营子	王营乡
Wangk'iyao	王家窑村	王家窑村
Wanglikeou	王峪口村	王峪口村
Wangloungmiao	龙王庙	龙王庙
Wangpingkeou	王平口	王平口
Wangtien	王涧村	王涧村
Wankiapou	万家堡	万堡村
Wanling	南岭	南岭
Wanloutien	流涧村	流涧村
Wantchu'anhien	万全县	万全区
Wants'ounn	宛村	宛村
Wanze	湾子	湾子
Wapouo	窝铺	窝铺
Wayao	瓦窑	瓦窑
Wei choei	微水	微水
Wei chovei	微水店	微水店
Wei hien	威县	威县
Wei ho	卫河	卫河
Wei ho	渭河	渭河
wei ho	渭河	渭河
Wei hoei fou	卫辉市	卫辉市
Wei k.tch	韦庄村	西韦庄村
Wei kia keou	魏家沟	魏沟村
Weieulltsuejia	渭儿苏峡	渭儿苏峡
Weikeou	龙尾沟	龙尾沟
Weikiakeou	韦家沟	韦家沟
Weikialing	韦家岭村	韦家岭村
Weikiayou	魏家窑村	魏家窑村
Weinanhien	渭南县	渭南县
Weitch'engkeou	围场沟	围场沟
Weitcheou	韦州镇	韦州镇
Weiyongtchenn	威戎镇	威戎镇
Weizeyu	苇子峪村	苇子峪村
Wei tze p'ing	喂子坪	喂子坪
Wempingchan	文屏山	文屏山
Weng tien hia	翁店峡	翁店峡
Wenkiat'ann	温家湾	温家湾
Wenn hi hien	闻喜县	闻喜县
Wenn tien t'ounn	温泉屯镇	温泉屯镇
Wennhing tchang	万新庄	万新庄
Wennkiating	万家亭	万家亭
Wennkiayao	温家窑	温窑村
Wennkong miao	文公庙	文公庙
W'enntch'eng	温城县	温城县
Wenntsing	官厅	官厅
Witcheou	韦州镇	韦州镇
Wo yang chan	卧羊山	卧羊山
Wo yang tch'uan	卧羊川	卧羊川
Wokiatch'ouo	王家川村	王家川村
Woloungtchenn	卧龙川	卧龙乡
Woniouchan	卧牛山	卧牛山
Wontchenn	万村	万井余
Wopeullyao	瓦盆窑	瓦盆窑
Wopoua	窝铺湾	窝铺湾
Ya keou ying	鸭鸽营村	鸭鸽营村
Ya kia chou keou	雅家石沟	雅石沟村
Ya pei	哑柏	哑柏
Ya zetche	鸭子池	鸭子池
Yakeouying	鸭格营	鸭格营
Yakiyao	崖集窑	崖集窑
Yang chou keou menn	杨树沟门	杨树沟
Yang fang tchang	杨坊城	杨坊城
Yang ho	洋河	洋河
Yang hofan	羊河樊	羊河樊
Yang jou fang	羊肉房	羊肉房
Yang k.tch	杨庄村	杨庄村
Yang kai	羊獬村	羊獬村
Yang keou hien	阳高县	阳高县
Yang kia kéou	杨家村	杨家村
Yang kia leang	羊圈梁村	羊圈梁村
Yang kia pouze	杨堡村	杨堡村
Yang kia tien	杨家店村	杨家店村
Yang kialaotchoang	杨家洼	杨家洼
Yang kiapou	杨家堡	杨家堡小区
Yang k'iau	洋桥	洋桥
Yang kiayingze	杨营子	杨营子
Yang kiuan keou	杨泉沟	杨泉沟
Yang Koan jenn tounn	杨官屯村	杨官屯村
Yang kou tchoang	杨各庄	杨各庄
Yang kouohai	杨官海则村	杨官海则村
Yang koutchoang	杨各庄	杨各庄
Yang kú	杨曲村	杨曲村
Yang Ku ouan	阳曲镇	阳曲镇
Yang moulinn	杨木林村	杨木林村
Yang san tchuan	阳川乡	阳川乡
Yang tcheng hien	阳城县	阳城县
Yang tchon gpou	杨忠堡村	杨忠堡村
Yang t'ounn	杨坨	杨坨
Yang watcheang	阳面村	阳面村
Yangchao eull	杨柳村	杨柳村
Yangcheu	阳城村	阳城村
Yangchouti	杨树底	杨树底
Yanghout'ai	杨虎台	杨虎台
Yangkiasou	杨家寺镇	杨家寺镇
Yangkiatai	燕儿台	燕儿台
Yangkiatan	杨榻村	杨榻村
Yangkiataotchoang	杨家园子	杨家园子
Yangkiatchoangruines	杨家庄遗迹	杨家庄遗迹
Yangtch'eng	阳城	阳城
Yangtchuanchan	羊圈山村	羊圈山村
Yangts 'unnchan	杨村山	杨村山
Yangwachan	阳面山	阳面山
Yangwan	羊范镇	羊范镇
Yankiasinntchoang	阎家辛庄	阎家沟
Yao p'ouo	烟堡	烟庄村
Yao tch'éng	尧城村	尧城村
Yao t'eou	窑头	窑头
Yao tong keou	窑洞沟	窑洞沟
Yaochan positionporondit	窑山位置	窑山位置
Yaoeullouan	窑儿湾村	窑儿湾村
Yaoeullwan	窑湾村	窑湾村

法文名称	原地名	现地名
Yaohouoping	油房坪村	油房坪村
Yaokiapeu	杨家铺村	杨家铺村
Yaolze póuo	要子坡	要子坡
Yaolzewa	窑子洼	窑子洼
Yaomiao t'sounn	尧庙镇	尧庙镇
Yaoping	姚坪村	姚坪村
Yaopou	姚白	姚白
Yaopouchang	窑铺上	窑铺
Yaop'ouchang	瑶圃村	瑶圃村
Yaoseeuuin č es	打拉池城堡遗址	打拉池城堡遗址
Yaotchoangze	姚庄子	姚庄子
Yaotch'uan	窑厂	窑厂
Yaoupoutoun	摇不动村	摇不动村
Yatien	鸭涧村	鸭涧村
Ye ho ze	颉河子	颉河村
Yen ho tcheng tchann	尹河正山	尹河正山
Yen kia ping	颜家坪	颜家坪
Yen nan	岩南村	岩南村
Yen tchê	运城	运城
Yen ts'ounn pcu	沿村堡	沿村堡
Yen tze tchuan	胭脂川	胭脂川
Yenkialou	闫家炉	闫家炉
Yenk'iaotien	燕郊店	燕郊村
Yenkiapouoliang	杨家坡梁	杨家坡
Yenkiatch'akeou	闫家岔沟	闫家沟
Yenkiatch'uan	任家川	任家庄
Yenkiatien	闫家店	闫家店
Yenkoan	盐官镇	盐官镇
Yenlôkoan	因洛关	因洛关
Yenn kia tchoang	任家庄村	任家庄村
Yentch	闫城	闫城
Yentchoanglze	盐庄子	盐庄子
Yentzeli	鄢里村	鄢里村
Yenyangpou	姚家坡	姚家坡
Yeou loungchan	游龙山	游龙山
Yètch'eng	野场村	野场村
Yibanc bchem	义棠	义棠
Yikeouyi	宜沟	宜沟
Yin kia ts'ounn	尹家村	尹家村
Ying cheu keou	银石沟	银石沟
Ying choeipa	迎水坝	迎水坝
Ying fang	营房村	营房村
Ying fang liang	营房梁	营房梁
Ying ko tsoei ho	鹦鸽嘴河	鹦鸽嘴河
Ying t'eou	营头镇	营头镇
Ying wali	大湾里	大湾里
Yingwachan	阴凸山	阴凸山
Yo honng mian chan	岷山	岷山
Yǒng ho hien	荣河县万荣县	荣河县万荣县
Yong kia yao hien tchoei	杨家峺岘	杨家峺岘
Yong tapi	杨皮榻	杨皮榻
Yotch'eng	古城村	古城村
You fong tsounn	油坊村	油坊村
You keou	尤口	尤口
You Kia ho	牛家河	牛家河
You.k.t'oueull	尤家屯	尤家屯
Youchan	尧山村	尧山村
Youfang	油坊	油坊
Youkiayu	又家峪	峡峪沟
Young Fong tchenn	永丰镇	永丰镇
Young hodtchenn	光华乡	光华乡
Young hu	洋河	洋河
Young kia pou	永嘉堡村	永嘉堡村
Young menn chan	云梦山	云梦山
Young tch'eng	容城县	容城县
Youngmenn	云梦	云梦
Youngningtcheou	永宁州	吕梁
Youtcheoutch'eng	韦州城	韦州城
Yu hiang hien	虞乡村	虞乡村
YU HIEN	盂县	盂县
Yu ho	运河，南运河	运河，南运河
Yu ho ou	运河	运河
Yu ho ou wei ho	渭河	渭河
Yu kia wan	俞家湾	俞家湾
Yu kia ying ze	于家营	于家营
Yu kianai	俱家团庄	俱家团庄
Yu ko	榆科镇	榆科镇
Yu ling tchenn	榆林堡古驿站	榆林堡古驿站
Yu linn fou	榆林府	榆林府
Yu linn ho	榆林河	榆溪河
Yu linn keou	榆林沟	榆林沟
Yu menn bchenn	益门堡村	益门堡村
Yu mennkiué	禹门口	禹门口
Yu tch'eng hien	禹城市	禹城市
Yu tcheou	蔚州	蔚县
Yuan ting ze	圆亭子	圆亭子
Yuan you tsounn	原峪村	原峪村
Yuancheu hien	元氏县	元氏县
Yuen cheu hien	元氏县	元氏县
Yuantsout'eou	元龙头	元龙镇
Yuen cheu hien	元氏县	元氏县
Yuepienho	越白河	越白河
Yuho	御河	御河
Yukiatchoang	袁家庄	袁家庄
Yüling ts'oueull	裕陵	裕陵
Yun ou chan	云雾山	云雾村
Yun tch'eng	运城	运城
Yunkoangchan	云光山	云光山
Yunn ou chan	云雾山	云雾山
Yunn t'ai chan	云台山	云台山
Yunnmeng chan	云门山	云门山
Yunnmunntchenn	远门镇	远门镇
Yutien	虞店村	渭店村